AutoCAD 2024 中文版从入门到精通

李星新　胡仁喜　编著

机械工业出版社

本书重点介绍了AutoCAD 2024中文版的各项功能、使用方法和操作技巧。本书的特点是在讲解知识点的同时列举了大量的实例，使读者能够在实践中掌握AutoCAD 2024中文版的使用方法。

全书分为15章，分别介绍了AutoCAD 2024入门、二维绘图命令、精确绘图、图层设置、二维编辑命令、文字与表格、尺寸标注、图块及其属性、辅助绘图工具、三维实体绘制基础、三维编辑、实体编辑与渲染、AutoLISP语言概述、AutoLISP的基本函数以及对话框设计。

为了配合大、中专院校师生使用此书进行教学，随书配赠了电子资料包，内容包含了全书实例操作过程AVI文件和实例源文件，以及专为老师教学准备的PowerPoint多媒体电子教案。另外，为了延伸读者的学习范围，电子资料包中还包含了AutoCAD操作技巧170例、实用AutoCAD图样100套以及长达500min的操作过程讲解录音和动画。

图书在版编目（CIP）数据

AutoCAD 2024 中文版从入门到精通 / 李星新，胡仁喜编著 . —北京：机械工业出版社，2023.8
ISBN 978-7-111-73593-9

Ⅰ . ① A… Ⅱ . ①李…②胡… Ⅲ . ① AutoCAD 软件
Ⅳ . ① TP391.72

中国国家版本馆 CIP 数据核字（2023）第 138539 号

机械工业出版社（北京市百万庄大街 22 号 邮政编码 100037）
策划编辑：曲彩云 责任编辑：王 珑
责任校对：樊钟英 李 杉 责任印制：任维东
北京中兴印刷有限公司印刷
2023 年 9 月第 1 版第 1 次印刷
184mm×260mm · 33 印张 · 819 千字
标准书号：ISBN 978-7-111-73593-9
定价：99.00 元

电话服务 网络服务
客服电话：010-88361066 机 工 官 网：www.cmpbook.com
          010-88379833 机 工 官 博：weibo.com/cmp1952
          010-68326294 金 书 网：www.golden-book.com
封底无防伪标均为盗版 机工教育服务网：www.cmpedu.com

前　言

AutoCAD 是美国 Autodesk 公司推出的集二维绘图、三维设计、渲染、通用数据库管理和互联网通信功能于一体的计算机辅助绘图软件。自 1982 年推出 AutoCAD1.0 版本以来，经过多次版本更新和完善，现已发展到 AutoCAD 2024，其不仅在机械、电子和建筑等工程设计领域得到了广泛的应用，而且在地理、气象、航海等特殊图形的绘制，甚至乐谱、灯光、幻灯和广告制作等方面也得到了广泛的应用，目前已成为计算机 CAD 系统中应用较为广泛的图形软件之一。

本书的编者是在高校中多年从事计算机图形教学研究的一线人员，具有丰富的教学实践经验与教材编写经验，能够准确地把握读者的学习心理与实际需求。值此 AutoCAD 2024 面市之际，编者根据 AutoCAD 工程应用中学习的需要编写了本书。

本书具有以下突出特点：

- 在内容组织上遵循由浅入深的原则，突出了易懂、实用、全面的特点。每章前面有本章导读，可使读者有的放矢；每个功能讲解都附有实例，可使读者快速把握其应用。

- 注重理论与操作相结合。结合实例对知识点进行详细讲解，可使读者切实掌握相关知识，并做到举一反三。

- 注意对绘图整体设计观念的培养，同时注重绘图过程的详细介绍及实用性技巧的说明。

- 内容全面。本书内容涵盖了AutoCAD应用的各个方面，除AutoCAD二维和三维绘图等基本内容外，还讲解了其他书不具备的AutoLISP二次开发高级功能。

本书结构清晰，实例丰富。为了便于读者了解和掌握AutoCAD 2024，本书对基础概念的讲解比较全面，选用的实例均配有图形源文件和操作动画演示，并具有典型性、代表性。

本书首先对AutoCAD 2024中文版基础知识进行了详细介绍，包括AutoCAD 2024入门、二维绘图命令、精确绘图、图层设置、二维编辑命令；接着介绍了文字与表格、尺寸标注、图块及其属性、辅助绘图工具等；然后介绍了三维实体绘制基础、三维编辑、实体编辑与渲染；为了体现AutoCAD的高端分析功能，本书特意讲解了AutoLISP语言概述、AutoLISP的基本函数以及对话框设计等相关知识；部分章最后通过综合实例，介绍了工程设计的一般方法和技巧。

为了配合学校师生利用本书进行教学，随书配赠了电子资料包，内容包含了全书实例操作过程 AVI 文件和实例源文件，以及专为老师教学准备的 PowerPoint 多媒体电子教案。另外，为了延伸读者的学习范围，电子资料包中还包含了 AutoCAD 操作技巧 170 例、实用 AutoCAD 图样 100 套以及长达 500min 的操作过程讲解录音和动画，读者可以登录百度网盘（地址：https://pan.baidu.com/s/19iMgP3kU4r_WGo_ukma2bg；密码：swsw）
进行下载。也可以扫描下面二维码下载：

　　本书是面向AutoCAD初、中级用户的一本实用教程，既可以作为学校计算机辅助设计
（AutoCAD）的技能培训教材，也可以作为初学者的自学指导教材。

　　本书由陆军工程大学石家庄校区的李星新博士和 **Autodesk 中国认证考试中心首席
专家**、河北交通职业技术学院的胡仁喜博士编写，其中李星新执笔编写了第1~9章，胡
仁喜执笔编写了第10~15章。

　　由于编者水平有限，书中疏漏之处在所难免，不当之处恳请读者批评指正，编者不
胜感激。有任何问题，请联系 714491436@qq.com，也欢迎加入三维书屋图书学习交流群
QQ：696713911 交流探讨。

编　者

目　录

第**1**章

AutoCAD 2024 入门

本章介绍了 AutoCAD 2024 绘图的基本知识。包括设置系统参数、绘图环境，创建新的图形文件、打开已有文件的方法等。

重点与难点

- 设置绘图环境
- 配置绘图系统
- 了解文件管理
- 掌握图形缩放和平移操作

1.1 操作界面

AutoCAD 的操作界面是 AutoCAD 显示、编辑图形的区域，AutoCAD 2024 中文版的操作界面如图 1-1 所示。

图1-1　AutoCAD 2024中文版的操作界面

▲ 技巧与提示——界面模式切换

需要将 AutoCAD 的工作空间切换到"草图与注释"模式（单击操作界面右下角的"切换工作空间"按钮，在打开的菜单中单击"草图与注释"命令），才能显示如图 1-1 所示的操作界面。本书中的所有操作均在"草图与注释"模式下进行。

安装 AutoCAD 2024 后，默认的界面如图 1-2 所示，在绘图区中右击，打开快捷菜单，如图 1-3 所示，选择"选项"命令，打开"选项"对话框，选择"显示"选项卡，在"窗口元素"选项组中设置"颜色主题"为"明"，如图 1-4 所示，单击"确定"按钮，退出对话框。此时其操作界面如图 1-1 所示。

1.1.1 操作界面简介

1. 标题栏

在 AutoCAD 2024 中文版操作界面的最上端是标题栏。在标题栏中显示了系统当前正在运行的应用程序（AutoCAD 2024）和用户正在使用的图形文件。在第一次启动 AutoCAD 2024 时,在标题栏中将显示AutoCAD 2024在启动时创建并打开的图形文件的名称"Drawing1.dwg",如图 1-2 所示。

图1-2　默认界面

图1-3　快捷菜单　　　　　　　　　　图1-4　"选项"对话框

2. 菜单栏

在 AutoCAD 2024 快速访问工具栏处调出菜单栏,如图 1-5 所示,调出后的菜单栏如图 1-6 所示。同其他 Windows 程序一样,AutoCAD 2024 的菜单也是下拉形式的,并在菜单中包含子菜单。AutoCAD 2024 的菜单栏中包含 13 个菜单:"文件""编辑""视图""插入""格式"

图1-5 调出菜单栏

图1-6 菜单栏显示界面

"工具""绘图""标注""修改""参数""窗口""帮助"和"Express",这些菜单包含了AutoCAD 2024的所有绘图命令,后面的章节将围绕这些菜单展开讲述,在此从略。一般来讲,AutoCAD 2024下拉菜单中的命令有以下三种:

(1)带有小三角形的菜单命令:这种类型的命令后面带有子菜单。例如,单击"绘图"菜单,指向其下拉菜单中的"圆"命令,屏幕上就会进一步下拉出"圆"子菜单中所包含的命令,如图1-7所示。

(2)打开对话框的菜单命令:这种类型的命令后面带有省略号。例如,单击菜单栏中的"格式"菜单,选择其下拉菜单中的"文字样式(S)..."命令,如图1-8所示。屏幕上就会弹出对应的"文字样式"对话框,如图1-9所示。

(3)直接操作的菜单命令:这种类型的命令可直接进行相应的绘图或其他操作。例如,选择"视图"菜单中的"重画"命令,系统将刷新显示所有视口。

3.工具栏

工具栏是一组图标型工具的集合。选择菜单栏中的"工具"→"工具栏"→"AutoCAD",调出所需要的工具栏,把光标移动到某个图标,稍停片刻即在该图标一侧显示相应的工具提示。此时，单击图标也可以启动相应命令。

图1-7　带有子菜单的菜单命令

图1-8　打开相应对话框的菜单命令

图1-9　"文字样式"对话框

（1）设置工具栏：AutoCAD 2024 的标准菜单中提供了有几十种工具栏，选择菜单栏中的"工具"→"工具栏"→"AutoCAD"，调出所需要的工具栏，如图 1-10 所示。单击某一个未在界面显示中的工具栏名，系统会自动在界面打开该工具栏。反之，关闭该工具栏。

（2）工具栏的"固定""浮动"与"打开"：工具栏可以在绘图区"浮动"（见图1 11），

此时显示该工具栏标题，并可关闭该工具栏，可以拖动"浮动"工具栏到图形区边界，使它变为"固定"工具栏，此时该工具栏标题隐藏。也可以把"固定"工具栏拖出，使它成为"浮动"工具栏。

在有些图标的右下角带有一个小三角，单击会打开相应的工具栏。按住鼠标左键，将光标移动到某一图标上然后松手，该图标就为当前图标。单击当前图标，可执行相应命令。

图1-10　调出工具栏

图1-11　"浮动"工具栏

4. 快速访问工具栏和交互信息工具栏

（1）快速访问工具栏：该工具栏包括"新建""打开""保存""另存为""从 Web 和 Mobile 中打开""保存到 Web 和 Mobile""打印""放弃"和"重做"等最常用的工具按钮。用户也可以单击此工具栏后面的下拉按钮选择需要的常用工具。

（2）交互信息工具栏：该工具栏包括"搜索""Autodesk Account""Autodesk App Store""保持连接"和"单击此处访问帮助"等几个常用的数据交互访问工具按钮。

5. 功能区

在默认情况下，功能区包括"默认""插入""注释""参数化""三维工具""可视化""视图""管理""输出""附加模块""协作""自动化""Express Tools""精选应用"等几个选项卡，如图 1-12 所示。每个选项卡集成了相关的操作工具，方便用户的使用。用户可以单击功能区选项后面的按钮▣▾控制功能的展开与收缩。

图1-12　功能区选项卡

将光标放在面板中任意位置右击，打开如图 1-13 所示的快捷菜单。单击某一个未在功能区中显示的选项卡名，系统会自动在功能区打开该选项卡；反之，关闭选项卡（调出面板的方法与调出选项板的方法类似，这里不再赘述）。

打开或关闭功能区的操作方法如下：

（1）命令行：RIBBON（或 RIBBONCLOSE）。

（2）菜单：选择菜单栏中的"工具"→"选项板"→"功能区"命令。

图 1-13　快捷菜单

6．绘图区

绘图区是在功能区下方的大片空白区域，是用户使用 AutoCAD 绘制图形的区域，用户设计图形的主要工作都是在绘图区中完成的。

在绘图区中还有一个作用类似光标的十字线光标，其交点反映了光标在当前坐标系中的位置。通过光标显示当前点的位置。十字线的方向与当前用户坐标系的 X 轴、Y 轴方向平行，十字线的长度系统预设为屏幕大小的 5%。

7．坐标系

在绘图区的左下角有一个指向图标，称为坐标系，表示用户绘图时正使用的坐标系样式。坐标系图标的作用是为点的坐标确定一个参照系。根据工作需要，可以选择将其关闭，其方法是选择菜单栏中的"视图"→"显示"→"UCS 图标"→"开"命令，如图 1-14 所示。

图 1-14　"视图"菜单

8. 命令行窗口

命令行窗口是输入命令名和显示命令提示的区域。默认情况下命令行窗口布置在绘图区下方，由若干文本行构成。对命令行窗口，有以下几点需要说明：

1）移动拆分条，可以扩大和缩小命令行窗口。

2）可以拖动命令行窗口，布置在绘图区的其他位置。默认情况下在绘图区的下方。

3）对当前命令行窗口中输入的内容，可以按F2键用文本编辑的方法进行编辑，如图1-15所示。AutoCAD文本窗口和命令行窗口相似，可以显示当前AutoCAD进程中命令的输入和执行过程。在执行AutoCAD某些命令时，会自动切换到文本窗口列出有关信息。

4）AutoCAD通过命令行窗口反馈各种信息，也包括出错信息，因此用户要时刻关注在命令行窗口中出现的信息。

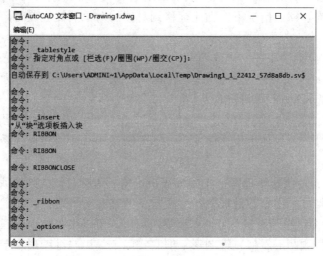

图1-15 文本窗口

9. 状态栏

状态栏在屏幕的底部，依次显示的有"坐标""模型空间""栅格""捕捉模式""推断约束""动态输入""正交模式""极轴追踪""等轴测草图""对象捕捉追踪""二维对象捕捉""线宽""透明度""选择循环""三维对象捕捉""动态UCS""选择过滤""小控件""注释可见性""自动缩放""注释比例""切换工作空间""注释监视器""单位""快捷特性""锁定用户界面""隔离对象""图形性能""全屏显示""自定义"30个功能按钮，如图1-16所示。单击部分按钮，可以实现相应功能。通过部分按钮也可以控制图形或绘图区的状态。这些按钮的功能与使用方法将在后面的章节详细介绍。

图1-16 状态栏

> **！ 注意**
>
> 　　默认情况下不会显示所有工具，可以通过状态栏上最右侧的按钮，选择要在"自定义"菜单显示的工具。状态栏上显示的工具可能会发生变化，具体取决于当前的工作空间以及当前显示的是"模型"选项卡还是"布局"选项卡。

　　（1）坐标：显示工作区光标放置点的坐标。

　　（2）模型空间：在模型空间与布局空间之间进行转换。

　　（3）栅格：栅格是覆盖整个坐标系（UCS）XY 平面的直线或点组成的矩形图案。使用栅格类似于在图形下放置一张坐标纸。利用栅格可以对齐对象并直观显示对象之间的距离。

　　（4）捕捉模式：对象捕捉对于在对象上指定精确位置非常重要。不论何时提示输入点，都可以指定对象捕捉。默认情况下，当光标移到对象的对象捕捉位置时，将显示标记和工具提示。

　　（5）推断约束：自动在正在创建或编辑的对象与对象捕捉的关联对象或点之间应用约束。

　　（6）动态输入：在光标附近显示出一个提示框（称为"工具提示"），工具提示中显示出对应的命令提示和光标的当前坐标值。

　　（7）正交模式：将光标限制在水平或垂直方向上移动，以便于精确地创建和修改对象。当创建或移动对象时，可以使用正交模式将光标限制在相对于用户坐标系的水平或垂直方向上。

　　（8）极轴追踪：使用极轴追踪，光标将按指定角度进行移动。创建或修改对象时，可以使用"极轴追踪"来显示由指定的极轴角度所定义的临时对齐路径。

　　（9）等轴测草图：通过设定"等轴测捕捉/栅格"，可以很容易地沿三个等轴测平面之一对齐对象。尽管等轴测图形看似三维图形，但它实际上是由二维图形表示，因此不能期望提取三维距离和面积、从不同视点显示对象或自动消除隐藏线。

　　（10）对象捕捉追踪：使用对象捕捉追踪，可以沿着基于对象捕捉点的对齐路径进行追踪。已获取的点将显示一个小加号（+），一次最多可以获取 7 个追踪点。获取点之后，在绘图路径上移动光标，将显示相对于获取点的水平、垂直或极轴对齐路径。例如，可以基于对象端点、中点或者对象的交点，沿着某个路径选择一点。

　　（11）二维对象捕捉：使用执行对象捕捉设置（也称为对象捕捉），可以在对象上的精确位置指定捕捉点。选择多个选项后，将应用选定的捕捉模式，以返回距离靶框中心最近的点。按 Tab 键可以在这些选项之间循环。

　　（12）线宽：分别显示对象所在图层中设置的不同宽度，而不是统一线宽。

　　（13）透明度：使用该命令，可调整绘图对象显示的明暗程度。

　　（14）选择循环：当一个对象与其他对象彼此接近或重叠时，准确地选择该这个对象是很困难的，此时使用选择循环的命令单击，打开"选择集"列表框（这时里面列出了光标单击周围的图形），即可在列表中选择所需的对象。

　　（15）三维对象捕捉：三维中的对象捕捉与在二维中工作的方式类似，不同之处在于在三维中可以投影对象捕捉。

　　（16）动态 UCS：在创建对象时使 UCS 的 XY 平面自动与实体模型上的平面临时对齐。

（17）选择过滤：根据对象特性或对象类型对选择集进行过滤。单击该图标后，将只选择满足指定条件的对象，其他对象将被排除在选择集之外。

（18）小控件：可使用户沿三维轴或平面移动、旋转或缩放一组对象。

（19）注释可见性：当图标亮显时表示显示所有比例的注释性对象，图标变暗时表示仅显示当前比例的注释性对象。

（20）自动缩放：注释比例更改时，自动将比例添加到注释对象。

（21）注释比例：单击注释比例右侧小三角符号，打开注释比例列表，如图 1-17 所示，可以根据需要选择适当的注释比例。

（22）切换工作空间：进行工作空间转换。

（23）注释监视器：打开仅用于所有事件或模型文档事件的注释监视器。

图 1-17　注释比例列表

（24）单位：指定线性和角度单位的格式和小数位数。

（25）快捷特性：控制快捷特性面板的使用与禁用。

（26）锁定用户界面：单击该按钮，可锁定工具栏、面板和可固定窗口的位置和大小。

（27）隔离对象：当选择隔离对象时，在当前视图中显示选定对象，所有其他对象都暂时隐藏；当选择隐藏对象时，在当前视图中暂时隐藏选定对象，所有其他对象都可见。

（28）图形性能：设定图形卡的驱动程序以及设置硬件加速的选项。

（29）全屏显示：可以清除 Windows 窗口中的标题栏、功能区和选项板等界面元素，使 AutoCAD 的绘图窗口全屏显示，如图 1-18 所示。

图 1-18　全屏显示

（30）自定义：通过该命令可以指定在状态栏中显示哪些命令按钮。

10．布局标签

AutoCAD 系统默认设定一个"模型"空间和"布局1""布局2"两个图样空间布局标签。在这里有两个概念需要解释如下：

（1）布局：布局是系统为绘图设置的一种环境，包括图样大小、尺寸单位、角度设定、数值精确度等。在系统预设的 3 个标签中，这些环境变量都按默认设置，用户可以根据实际需要改变这些变量的值。用户也可以根据需要设置符合自己要求的新标签。

（2）模型：AutoCAD 的空间分模型空间和图样空间两种。模型空间是通常绘图的环境，而在图样空间中，用户可以创建叫作"浮动视口"的区域，以不同视图显示所绘图形。用户可以在图样空间中调整浮动视口并决定所包含视图的缩放比例。如果用户选择图样空间，可打印多个视图，也可以打印任意布局的视图。AutoCAD 系统默认打开模型空间，用户可以通过单击操作界面下方的布局标签，选择需要的布局。

11．滚动条

AutoCAD 在绘图区下方和右侧还提供了用来浏览图形的水平和竖直方向的滚动条。拖动滚动条中的滚动块，可以在绘图区按水平或竖直两个方向浏览图形。

📖 1.1.2　操作实例——定制界面

🧑‍💻 绘制步骤：

1）启动 AutoCAD 2024，进入操作界面。

2）设置工具栏。单击菜单栏中的"工具"→"工具栏"→"AutoCAD"，系统会自动打开单独的工具栏标签，如图 1-19 所示。单击绘图、修改、标注工具栏名，系统会自动在界面打开该工具栏，如图 1-20 所示。

3）将"绘图"工具栏放到界面的左边，"修改"和"标注"工具栏放在界面的右边，如图 1-21 所示。

4）利用工具栏绘制一条线段。单击"绘图"工具栏中的"直线"按钮／，命令行提示与操作如下：

```
命令：_LINE
指定第一个点：（在适当位置单击，确定第一点）
指定下一点或 [放弃(U)]：（在适当位置单击，确定第二点）
指定下一点或 [放弃(U)]：
```

结果如图 1-22 所示。

5）利用命令行、菜单命令绘制一条线段。

图 1-19　单独的工具栏标签　　　　　　　　　图 1-20　打开工具栏

图1-21　放置工具栏

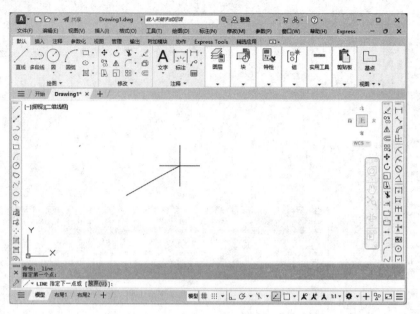

图1-22　绘制线段

1.2 绘图系统

1.2.1 绘图系统配置

每台计算机所使用的显示器、输入设备和输出设备的类型不同，用户喜好的风格及计算机的目录设置也不同。一般来讲，使用 AutoCAD 2024 的默认配置就可以绘图，但为了更好地使用用户的设备或打印机，并提高绘图的效率，推荐用户在开始作图前先进行必要的配置。

【执行方式】

命令行：PREFERENCES。
菜单栏：选择菜单栏中的"工具"→"选项"命令。
快捷菜单：在绘图区右击，系统打开快捷菜单，如图 1-23 所示，选择"选项"命令。

【操作步骤】

执行上述命令后，系统弹出"选项"对话框。可以在该对话框中设置有关选项，对绘图系统进行配置。下面就其中主要的两个选项卡做一下说明，其他配置选项将在后面用到时再做具体说明。

1．系统配置

"选项"对话框中的第 5 个选项卡为"系统"选项卡，如图 1-24 所示。在该选项卡中可设置系统的有关特性。其中"常规选项"选项组可用来确定是否选择系统配置的有关基本选项。

2. 显示配置

"选项"对话框中的第 2 个选项卡为"显示"选项卡，如图 1-25 所示。在该选项卡中可控制系统的外观，如设定滚动条显示与否、界面菜单显示与否、绘图区颜色、光标大小、AutoCAD 2024 的版面布局设置、各实体的显示精度等。

图1-23　快捷菜单　　　　　　　　　　图1-24　"系统"选项卡

图1-25　"显示"选项卡

📖 1.2.2 操作实例——设置屏幕颜色和光标大小

🪑 绘制步骤：

1）设置图形窗口中十字光标的大小。选择菜单栏中的"工具"→"选项"命令，打开"选项"对话框，下载"显示"选项卡，在"十字光标大小"选项组中的文本框中直接输入数值，或者拖曳文本框后的滑块，可对十字光标的大小进行调整，如图 1-26 所示。

图1-26 "选项"对话框中的"显示"选项卡

2）修改绘图区的颜色。在"显示"选项卡中单击"窗口元素"选项组中的"颜色"按钮，将打开如图 1-27 所示的"图形窗口颜色"对话框，单击 "颜色"右侧的下拉箭头，在打开的下拉列表中选择白色为绘图区颜色，然后单击"应用并关闭"按钮。

图1-27 "图形窗口颜色"对话框

◆ **技术看板——分辨率大小的恰当设置**

在如图1-26所示的对话框中"显示精度"选项组中设置实体显示精度时，请务必记住，显示质量越高，即精度越高，图线就显得越光滑，但计算机计算的时间也越长。建议不要将精度设置得太高。也不能设置得太低，如果设置的太低，系统就会用正多边形代替图或圆弧，导致图形显示失真，这就是有些初学习本软件的用户反映绘制圆（或圆弧）时总是显示正多边形（或折线）的原因。所以，根据需要，将显示质量设定在一个合理的程度即可。

1.3 文件管理

1. 新建文件

【执行方式】

命令行：NEW。

菜单栏：选择菜单栏中的"文件"→"新建"命令。

工具栏：单击"标准"工具栏中的"新建"按钮 。

选项卡：单击"开始"选项卡中的"新建"按钮。

执行上述操作后，系统打开如图1-28所示的"选择样板"对话框。

另外，还有一种快速创建图形的功能，使用该功能创建新图形最快捷。

命令行：QNEW✓

执行上述命令后，系统立即从所选的图形样板中创建新图形，而不显示任何对话框或提示。

图1-28 "选择样板"对话框

在运行快速创建图形功能之前必须进行如下设置：

1）在命令行输入"FILEDIA"命令，按 Enter 键，设置系统变量为 1；在命令行输入"STARTUP"，设置系统变量为 0。

2）选择菜单栏中的"工具"→"选项"命令，在打开的"选项"对话框中选择默认图形样板文件。具体方法是：在"文件"选项卡中单击"样板设置"前面的"+"，在展开的选项列表中选择"快速新建的默认样板文件名"选项，如图 1-29 所示。单击"浏览"按钮，打开"选择文件"对话框，然后选择需要的样板文件即可。

图1-29 "文件"选项卡

2. 打开文件

命令行：OPEN。

菜单栏：选择菜单栏中的"文件"→"打开"命令。

工具栏：单击"标准"→"打开"按钮 或单击快速访问工具栏→"打开"按钮 。

选项卡：单击"开始"选项卡中的"打开"按钮。

快捷键：Ctrl+O。

执行上述操作后，打开"选择文件"对话框，如图 1-30 所示，在"文件类型"下拉列表框中用户可选择.dwg 文件、.dwt 文件、.dxf 文件和.dws 文件。.dws 文件是包含标准图层、标注样式、线型和文字样式的样板文件；.dxf 文件是用文本形式存储的图形文件，能够被其他程序读取，许多第三方应用软件都支持.dxf 格式。

◆ 技术看板——恢复文件操作

有时在打开.dwg 文件时，系统会打开一个信息提示对话框，提示用户图形文件不能打开，此时先退出打开操作，然后选择菜单栏中的"文件"→"图形实用工具"→"修复"命令，或在命令行中输入"recover"，接着在"选择文件"对话框中输入要恢复的文件，确认后系统开始执行恢复文件操作。

图1-30　"选择文件"对话框

3．保存文件

【执行方式】

命令名：QSAVE（或 SAVE）。

菜单栏：选择菜单栏中的"文件"→"保存"命令。

工具栏：单击"标准"→"保存"按钮■或单击快速访问工具栏→"保存"按钮■。

执行上述操作后，若文件已命名，则系统自动保存文件；若文件未命名（即为默认名 drawing1.dwg），则系统打开如图 1-31 所示的"图形另存为"对话框，用户可以重新命名保存。在"保存于"下拉列表框中指定保存文件的路径，在"文件类型"下拉列表框中指定保存文件的类型。

为了防止因意外操作或计算机系统故障导致正在绘制的图形文件丢失，可以对当前图形文件设置自动保存，其操作方法如下：

1）在命令行输入"SAVEFILEPATH"命令，按 Enter 键，设置所有自动保存文件的位置，如"D:\HU\"。

2）在命令行输入"SAVEFILE"命令，按 Enter 键，设置自动保存文件名。该系统变量存储的文件是只读文件，用户可以从中查询自动保存的文件名。

3）在命令行输入"SAVETIME"命令，按 Enter 键，指定在使用自动保存时多长时间保存一次图形，单位是"分"。

图1-31   "图形另存为"对话框

4．另存为

【执行方式】

命令行：SAVEAS。

菜单栏：选择菜单栏中的"文件"→"另存为"命令。

工具栏：单击"快速访问"工具栏中的→"另存为"按钮 📷 。

执行上述操作后，打开"图形另存为"对话框，如图 1-31 所示，系统用新的文件名保存，并为当前图形更名。

5．退出

【执行方式】

命令行：QUIT 或 EXIT。

菜单栏：选择菜单栏中的"文件"→"退出"命令。

按钮：单击 AutoCAD 2024 操作界面右上角的"关闭"按钮 ✖ 。

执行上述操作后，若用户对图形所做的修改尚未保存，则会打开如图 1-32 所示的系统警告对话框。

单击"是"按钮，系统将保存文件，然后退出；单击"否"按钮，系统将不保存文件。若用户对图形所做的修改已经保存，则直接退出。

图1-32　系统警告对话框

1.4　图形显示工具

缩放和平移是最常用的图形显示工具，利用这两个命令，可以方便地查看图形的细节和不同位置的局部图形。

1.4.1　缩放

1. 实时缩放

AutoCAD 2024为交互式的缩放和平移提供了可能。有了实时缩放，就可以通过垂直向上或向下移动光标来放大或缩小图形。利用实时平移，能单击和移动光标重新放置图形。在实时缩放命令下，可以通过垂直向上或向下移动光标来放大或缩小图形。

【执行方式】

命令行：ZOOM。

菜单栏：选择菜单中的"视图"→"缩放"→"实时"命令。

工具栏：单击"标准"工具栏中的"实时缩放"按钮$^\pm$。

快捷菜单：绘图窗口中右击→缩放。

【操作步骤】

按住鼠标左键可垂直向上或向下移动图形。从图形的中点向顶端垂直地移动光标可以将图形放大一倍，向底部垂直地移动光标可以缩小一半图形。

2. 动态缩放

如果"快速缩放"功能已经打开，就可以用动态缩放改变画面显示而不产生重新生成的效果。动态缩放会在当前视区中显示图形的全部。

【执行方式】

命令行：ZOOM。

菜单栏：选择菜单中的"视图"→"缩放"→"动态"命令。

工具栏：单击"标准"工具栏上"缩放"下拉工具栏中的"动态缩放"按钮，如图1-33所示，或者单击"缩放"工具栏中的"动态缩放"按钮，如图1-34所示。

图1-33 "缩放"下拉工具栏

图1-34 "缩放"工具栏

【执行方式】

命令行：ZOOM↙

指定窗口的角点，输入比例因子 (nX 或 nXP)，或者

[全部(A)/中心(C)/动态(D)/范围(E)/上一个(P)/比例(S)/窗口(W)/对象(O)] <实时>：D↙

【操作步骤】

执行上述命令后，系统弹出一个图框。选取动态缩放前的画面呈绿色点线。如果要动态缩放的图形显示范围与选取动态缩放前的范围相同，则此框与白线重合而不可见。重生成区域的四周有一个蓝色虚线框，用以标记虚拟屏幕。

这时，如果线框中有一个"×"出现，如图1-35a所示，则可以拖动线框把它平移到另外一个区域。如果要放大图形到不同的放大倍数，按下鼠标左键，"×"则会变成一个箭头，如图1-35b所示。这时左、右拖动线框边界线就可以重新确定视区的大小。

a)   b)

图1-35 动态缩放

另外，还有窗口缩放、比例缩放、中心缩放、全部缩放和最大图形范围缩放功能，其操作方法与动态缩放类似，不再赘述。

1.4.2 平移

【执行方式】

命令栏：PAN。

菜单栏：选择菜单中的"视图"→"平移"→"实时"命令。

工具栏：单击"标准"工具栏中的"实时平移"按钮。

快捷菜单：绘图窗口中单击右键→平移。

【操作步骤】

执行上述命令后，按下鼠标左键，然后移动手形光标就可以平移图形。当移动到图形的边沿时，光标会变成一个三角形。

★知识链接——透明命令

在 *AutoCAD 2024* 中，有些命令不仅可以直接在命令行中使用，还可以在其他命令的执行过程中插入并执行，待该命令执行完毕后，系统继续执行原命令，这种命令称为透明命令。透明命令一般多为修改图形设置或打开辅助绘图工具的命令。

例如，在命令行中进行如下操作：

> 命令：ARC✓
>
> 指定圆弧的起点或 [圆心(C)]：'ZOOM✓（透明使用显示缩放命令 ZOOM）
>
> >>（执行 ZOOM 命令）
>
> 正在恢复执行 ARC 命令
>
> 指定圆弧的起点或 [圆心(C)]：（继续执行原命令）

1.5 动手练一练

【实例1】设置绘图环境

1. 目的要求

任何图形文件都有一个特定的绘图环境，包括图形边界、绘图单位、角度等。设置绘图环境通常有设置向导与单独的命令设置两种方法。通过学习设置绘图环境，可以促进读者对图形总体环境的认识。

2. 操作提示

1）选择菜单栏中的"文件"→"新建"命令，系统打开"选择样板"对话框，单击"打开"按钮，进入绘图界面。

2）选择菜单栏中的"格式"→"图形界限"命令，设置界限为"（0,0），（297,210）"，在命令行中可以重新设置模型空间界限。

3）选择菜单栏中的"格式"→"单位"命令，系统打开"图形单位"对话框，设置长度类型为"小数"，精度为"0.00"；角度类型为十进制度数，精度为"0"；用于缩放插入内容的单位为"毫米"，用于指定光源强度的单位为"国际"；角度方向为"顺时针"。

 【实例 2】管理图形文件

1. 目的要求

图形文件管理包括文件的新建、打开、保存、加密、退出等。本例要求读者熟练掌握 DWG 文件的赋名保存、自动保存、加密及打开的方法。

2. 操作提示

1）启动 AutoCAD 2024，进入操作界面。

2）打开一幅已经保存过的图形。

3）设置自动保存。

4）在图形上绘制任意图线。

5）将图形以新的名称保存。

6）退出该图形。

第2章

二维绘图命令

二维图形是指在二维平面空间绘制的图形，AutoCAD 2024 提供了大量的绘图工具，可以用来完成二维图形的绘制。用户利用 AutoCAD 2024 提供的二维绘图命令，可以快速方便地完成图形的绘制。本章主要介绍了直线、圆、平面图形、点、多段线、样条曲线和多线的绘制，以及图案填充。

重点与难点

- 了解二维绘图命令
- 熟练掌握二维绘图的方法

2.1 直线

2.1.1 绘制直线段

【执行方式】

命令行：LINE（快捷命令：L）。

菜单栏：选择菜单栏中的"绘图"→"直线"命令。

工具栏：单击"绘图"工具栏中的"直线"按钮 ╱。

功能区：单击"默认"选项卡"绘图"面板中的"直线"按钮 ╱。

【操作步骤】

命令行提示与操作如下：

> 命令：LINE↙
>
> 指定第一个点：（输入直线段的起点坐标或在绘图区单击指定点）
>
> 指定下一点或 [放弃(U)]：（输入直线段的端点坐标，或利用光标指定一定角度后，直接输入直线的长度）
>
> 指定下一点或 [放弃(U)]：（输入下一直线段的端点，或输入选项"U"放弃前面的输入；右击或按Enter键，结束命令）
>
> 指定下一点或 [闭合(C)/放弃(U)]：（输入下一直线段的端点，或输入选项"C"使图形闭合，结束命令）

【选项说明】

1）若采用按 Enter 键响应"指定第一个点"提示，系统会把上次绘制图线的终点作为本次图线的起始点。若上次操作为绘制圆弧，按 Enter 键后，会绘出通过圆弧终点并与该圆弧相切的直线段，该线段的长度为光标在绘图区指定的一点与切点之间线段的距离。

2）在"指定下一点"提示下，用户可以指定多个端点，从而绘出多条直线段。但是，每一段直线都是一个独立的对象，可以单独进行编辑操作。

3）绘制两条以上直线段后，若采用输入选项"C"响应"指定下一点"提示，系统会自动连接起始点和最后一个端点，从而绘出封闭的图形。

4）若采用输入选项"U"响应提示，则删除最近一次绘制的直线段。

5）若设置正交方式（单击状态栏中的"正交模式"按钮 ┗），则只能绘制水平线段或竖直线段。

6）若设置动态数据输入方式（单击状态栏中的"动态输入"按钮 ╋），则可以动态输入坐标或长度值，效果与非动态数据输入方式类似。除了特别需要，以后不再强调，将只按非动态数据输入方式输入相关数据。

2.1.2 操作实例——五角星

绘制如图 2-1 所示的五角星。

绘制步骤：

1）系统默认的是打开动态输入功能，这里先关闭状态栏上的"动态输入"按钮＋■。单击"默认"选项卡"绘图"面板中的"直线"按钮╱，命令行提示与操作如下：

> 命令：_LINE
>
> 指定第一个点：

2）在命令行输入"120,120"（即顶点 P1 的位置）后按 Enter 键，系统继续提示，用相似方法输入五角星的各个顶点。命令行提示与操作如下：

> 指定下一点或[放弃(U)]：@80<252✓（P2 点。也可以单击"动态输入"按钮，在光标位置为 108°时动态输入 80，如图 2-2 所示）
>
> 指定下一点或 [放弃(U)]：159.091,90.870✓（P3 点）
>
> 指定下一点或 [闭合(C)/放弃(U)]：@80,0 ✓ （错位的 P4 点，也可以单击"动态输入"按钮，在光标位置为 0°时动态输入 80）
>
> 指定下一点或 [闭合(C)/放弃(U)]：U✓（取消对 P4 点的输入）
>
> 指定下一点或 [闭合(C)/放弃(U)]：@-80,0 ✓ （P4 点，也可以单击"动态输入"按钮，在光标位置为 180°时动态输入 80）
>
> 指定下一点或 [闭合(C)/放弃(U)]：144.721,43.916✓ （P5 点）
>
> 指定下一点或 [闭合(C)/放弃(U)]：C✓ （封闭五角星并结束命令）

图2-1 五角星

图2-2 动态输入

▲ 技巧与提示——命令的执行方式

1）一般每个命令有 4 种执行方式，这里只给出了命令行执行方式，其他 3 种执行方式的操作方法与命令行执行方式相同。

2）坐标中的逗号必须在英文状态下输入，否则会出错。

★ 知识链接——坐标系统

AutoCAD 2024 有两种视图显示方式：模型空间和图纸空间。模型空间是指单一视图显示法，通常使用的都是这种显示方式；图纸空间是指在绘图区创建图形的多视图。可以对其中每一个视图进行单独操作。在默认情况下，当前 UCS（用户坐标系）与 WCS（世界坐标系）

重合。图 2-3a 所示为模型空间下的 UCS 图标，通常位于绘图区左下角；也可以指定它放在当前 UCS 的实际坐标原点位置，如图 2-3b 所示。如图 2-3c 所示为图纸空间下的坐标系图标。

a)

b)

c)

图2-3　坐标系图标

2.1.3　绘制构造线

【执行方式】

命令行：XLINE（快捷命令：XL）。
菜单栏：选择菜单栏中的"绘图"→"构造线"命令。
工具栏：单击"绘图"工具栏中的"构造线"按钮✓。
功能区：单击"默认"选项卡"绘图"面板中的"构造线"按钮✓。

【操作步骤】

命令行提示与操作如下：

命令：XLINE✓
指定点或 [水平(H)/垂直(V)/角度(A)/二等分(B)/偏移(O)]：（指定起点 1）
指定通过点：（指定通过点 2，绘制一条双向无限长直线）
指定通过点：（继续指定点，继续绘制直线，如图 2-4a 所示。按 Enter 键结束命令）

【选项说明】

1）执行选项中有"指定点""水平""垂直""角度""二等分"和"偏移"6 种方式绘制构造线，分别如图 2-4 所示。

2）构造线模拟手工作图中的辅助作图线，用特殊的线型显示，在图形输出时可不输出。应用构造线作为辅助线绘制机械制图中的三视图是构造线的最主要用途，构造线的应用保证了三视图之间"主俯视图长对正，主左视图高平齐，俯左视图宽相等"的对应关系。图 2-5 所示为应用构造线作为辅助线绘制机械制图中三视图的示例。图中细线为构造线，粗线为三视图轮廓线。

a)　　　　b)　　　　c)　　　　d)　　　　e)　　　　f)

图2-4　构造线

图2-5 构造线辅助绘制三视图

★ 知识链接——数据输入法

在 *AutoCAD 2024* 中，点的坐标可以用直角坐标、极坐标、球面坐标和柱面坐标表示，每一种坐标又分别具有两种坐标输入方式：绝对坐标和相对坐标。其中直角坐标系和极坐标最为常用。

1. 直角坐标法

直角坐标是用点的 *X*、*Y* 坐标值表示的坐标。在命令行中输入点的坐标"15,18"，则表示输入了一个 *X*、*Y* 的坐标值分别为 15、18 的点，此为绝对坐标输入方式，表示该点的坐标是相对于当前坐标原点的坐标值，如图 2-6a 所示。如果输入"@10,20"，则为相对坐标输入方式，表示该点的坐标是相对于前一点的坐标值，如图 2-6c 所示。

2. 极坐标法

极坐标是用长度和角度表示的坐标（只能用来表示二维点的坐标）。在绝对坐标系输入方式下，表示为"长度<角度"，如"25<50"，其中长度表示该点到坐标原点的距离，角度表示该点到原点的连线与 *X* 轴正向的夹角，如图 2-6b 所示。

在相对坐标输入方式下，表示为"@长度<角度"，如"@25<45"，其中长度为该点到前一点的距离，角度为该点至前一点的连线与 *X* 轴正向的夹角，如图 2-6d 所示。

图2-6 数据输入方法

3. 动态数据输入

单击状态栏中的"动态输入"按钮 ⊞，系统打开动态输入功能，可以在绘图区动态地输入某些参数数据。例如，绘制直线时，在光标附近会动态地显示"指定第一个点："以及后面的坐标框。当前坐标框中显示的是目前光标所在位置，可以输入数据，两个数据之间以逗号隔开，如图 2-7 所示。指定第一点后，系统动态显示直线的角度，同时要求输入线段长度值，如图 2-8 所示，其输入效果与"@长度<角度"方式相同。

图2-7 动态输入坐标值 　　　　　　　图2-8 动态输入长度值

2.2 圆

圆类命令主要包括"圆""圆弧""圆环""椭圆"以及"椭圆弧"命令，这几个命令是
AutoCAD 2024中最简单的曲线命令。

2.2.1 绘制圆

【执行方式】

命令行：CIRCLE（快捷命令：C）。

菜单栏：选择菜单栏中的"绘图"→"圆"命令。

工具栏：单击"绘图"工具栏中的"圆"按钮⊙。

功能区：在"默认"选项卡的"绘图"面板中单击"圆"下拉按钮，在打开的下拉列表
中选择一种绘制圆的方式。

【操作步骤】

命令行提示与操作如下：

命令：CIRCLE✓

指定圆的圆心或 [三点(3P)/两点(2P)/切点、切点、半径(T)]：（指定圆心）

指定圆的半径或 [直径(D)]：（直接输入半径值或在绘图区单击指定半径长度）

指定圆的直径 <默认值>：（输入直径值或在绘图区单击指定直径长度）

【选项说明】

（1）三点（3P）：通过指定圆周上的三点绘制圆。

（2）两点（2P）：通过指定直径的两端点绘制圆。

（3）切点、切点、半径（T）：通过先指定两个相切对象，再给出半径的方法绘制圆。如
图2-9所示为以"切点、切点、半径"方式绘制的圆（加粗的圆为最后绘制的圆）。

选择菜单栏中的"绘图"→"圆"命令，可以看到子菜单中有"相切、相切、相切（A）"
的绘制方法，如图2-10所示。当选择此方式时，命令行提示与操作如下：

指定圆上的第一个点：_tan 到：（选择相切的第一个圆弧）

指定圆上的第二个点：_tan 到：（选择相切的第二个圆弧）
指定圆上的第三个点：_tan 到：（选择相切的第三个圆弧）

图2-9　圆与另外两个对象相切

图2-10　"圆"下拉菜单

2.2.2　操作实例——哈哈猪

绘制如图 2-11 所示的哈哈猪。

图2-11　哈哈猪

AutoCAD 2024中文版从入门到精通

绘制步骤:

1)绘制哈哈猪的两个眼睛。单击"默认"选项卡"绘图"面板中的"圆"按钮⊙,绘制圆。命令行提示与操作如下:

命令:CIRCLE✓(输入绘制圆命令)

指定圆的圆心或 [三点(3P)/两点(2P)/切点、切点、半径(T)]:200,200✓(输入左边小圆的圆心坐标)

指定圆的半径或 [直径(D)] <75.3197>:25✓(输入圆的半径)

命令: C✓(输入绘制圆的快捷命令)

CIRCLE 指定圆的圆心或 [三点(3P)/两点(2P)/ 切点、切点、半径(T)]:2P✓(两点方式绘制右边小圆)

指定圆直径的第一个端点:280,200✓(输入圆直径的左端点坐标)

指定圆直径的第二个端点:330,200✓(输入圆直径的右端点坐标)

结果如图 2-12 所示。

2)绘制哈哈猪的嘴巴。打开"默认"选项卡"绘图"面板中的"圆"下拉菜单,以"相切、相切、半径(T)"方式⊙,捕捉两只眼睛的切点绘制半径为 50 的圆,结果如图 2-13 所示。

图2-12 哈哈猪的眼睛

图2-13 哈哈猪的嘴巴

3)绘制哈哈猪的头部。打开"默认"选项卡"绘图"面板中的"圆"下拉菜单,以"相切、相切、相切(A)"方式○,分别捕捉三个圆的切点绘制圆,结果如图 2-14 所示。

4)绘制哈哈猪的上下颌分界线。单击"默认"选项卡"绘图"面板中的"直线"按钮／,捕捉嘴巴的两个象限点为端点绘制直线,结果如图 2-15 所示。

图2-14 哈哈猪的头部

图2-15 哈哈猪的上下颌分界线

5)绘制哈哈猪的鼻子。单击"默认"选项卡"绘图"面板中的"圆"按钮⊙,分别以点(225,165)和(280,165)为圆心,绘制直径为 20mm 的圆,最终结果如图 2-11 所示。

2.2.3 绘制圆弧

【执行方式】

命令行：ARC（快捷命令：A）。

菜单栏：选择菜单栏中的"绘图"→"圆弧"命令。

工具栏：单击"绘图"工具栏中的"圆弧"按钮 。

功能区：在"默认"选项卡的"绘图"面板中单击"圆弧"下拉按钮，在打开的下拉列表中选择一种绘制圆弧的方式。

【操作步骤】

命令行提示与操作如下：

命令：ARC↙

指定圆弧的起点或 [圆心(C)]：（指定起点）

指定圆弧的第二个点或 [圆心(C)/端点(E)]：（指定第二点）

指定圆弧的端点：（指定末端点）

【选项说明】

1）用命令行方式绘制圆弧时，可以根据系统提示选择不同的选项，具体功能和利用菜单栏中的"绘图"→"圆弧"中子菜单提供的 11 种方式相似。这 11 种方式绘制的圆弧分别如图 2-16 所示。

三点	起点、圆心、端点	起点、圆心、角度	起点、圆心、长度	起点、端点、角度	起点、端点、方向
a)	b)	c)	d)	e)	f)

起点、端点、半径	圆心、起点、端点	圆心、起点、角度	圆心、起点、长度	继续
g)	h)	i)	j)	k)

图2-16 11种圆弧绘制方法

2）需要强调的是，"继续"方式绘制的圆弧与上一线段圆弧相切。继续绘制圆弧段，只提供端点即可。

2.2.4 操作实例——五瓣梅

绘制如图 2-17 所示的五瓣梅。

图2-17 五瓣梅

绘制步骤：

1）单击快速访问工具栏中的"新建"按钮 ，创建一个新图形。

2）单击"默认"选项卡"绘图"面板中的"三点"按钮 ，绘制第一段圆弧，命令行提示与操作如下：

命令：_ARC

指定圆弧的起点或 [圆心(C)]： 140,110✓

指定圆弧的第二个点或 [圆心(C)/端点(E)]： E✓

指定圆弧的端点：@40<180✓

指定圆弧的中心点(按住 Ctrl 键以切换方向)或 [角度(A)/方向(D)/半径(R)]： R✓

指定圆弧半径(按住<Ctrl>键以切换方向)：20✓

3）单击"默认"选项卡"绘图"面板中的"三点"按钮 ，绘制第二段圆弧，命令行提示与操作如下：

命令：_ARC

指定圆弧的起点或 [圆心(C)]：（选择步骤2）绘制的圆弧端点 P2）

指定圆弧的第二个点或 [圆心(C)/端点(E)]： E✓

指定圆弧的端点： @40<252✓

指定圆弧的中心点(按住 Ctrl 键以切换方向)或 [角度(A)/方向(D)/半径(R)]： A✓

指定夹角(按住<Ctrl>键以切换方向)：180✓

4）单击"默认"选项卡"绘图"面板中的"三点"按钮 ，绘制第三段圆弧，命令行提示与操作如下：

命令：_ARC

指定圆弧的起点或 [圆心(C)]：（选择步骤3）中绘制的圆弧端点 P3）

指定圆弧的第二个点或 [圆心(C)/端点(E)]： C✓

指定圆弧的圆心：@20<324✓

指定圆弧的端点(按住<Ctrl>键以切换方向)或 [角度(A)/弦长(L)]: A✓

指定夹角(按住<Ctrl>键以切换方向): 180✓

5）单击"默认"选项卡"绘图"面板中的"三点"按钮，绘制第四段圆弧，命令行提示与操作如下：

命令: _ARC

指定圆弧的起点或 [圆心(C)]: 选择步骤4）中绘制圆弧的端点 P4

指定圆弧的第二个点或 [圆心(C)/端点(E)]: C✓

指定圆弧的圆心: @20<36✓

指定圆弧的端点(按住<Ctrl>键以切换方向)或 [角度(A)/弦长(L)]: L✓

指定弦长(按住<Ctrl>键以切换方向): 40✓

6）单击"默认"选项卡"绘图"面板中的"三点"按钮，绘制第五段圆弧，命令行提示与操作如下：

命令: _arc

指定圆弧的起点或 [圆心(C)]: 选择步骤5）中绘制的圆弧端点 P5

指定圆弧的第二个点或 [圆心(C)/端点(E)]: E✓

指定圆弧的端点: 选择圆弧起点 P1

指定圆弧的中心点(按住<Ctrl>键以切换方向)或 [角度(A)/方向(D)/半径(R)]: D✓

指定圆弧起点的相切方向(按住<Ctrl>键以切换方向): @20<20✓

完成五瓣梅的绘制，结果如图 2-17 所示。

7）单击快速访问工具栏中的"保存"按钮，在打开的"图形另存为"对话框中输入文件名保存即可。

◆ **技术看板——准确把握圆弧的方向**

绘制圆弧时，圆弧的曲率是沿逆时针方向的，所以在选择指定圆弧两个端点和半径模式时，需要注意端点的指定顺序，否则有可能导致圆弧的凹凸形状与预期的相反。

2.2.5 绘制圆环

【执行方式】

命令行: DONUT（快捷命令: DO）。

菜单栏: 选择菜单栏中的"绘图"→"圆环"命令。

功能区: 单击"默认"选项卡"绘图"面板中的"圆环"按钮。

【操作步骤】

命令行提示与操作如下：

命令: DONUT✓

指定圆环的内径 <默认值>: （指定圆环内径）

指定圆环的外径 <默认值>: （指定圆环外径）

2024 AutoCAD

指定圆环的中心点或 <退出>：（指定圆环的中心点）

指定圆环的中心点或 <退出>：（继续指定圆环的中心点，则继续绘制相同内外径的圆环）

按<Enter>、空格键或右击，结束命令，结果如图 2-18a 所示。

【选项说明】

1）若指定内径为零，则画出实心填充圆，如图 2-18b 所示。

2）用命令"FILL"可以控制圆环是否填充，具体方法如下：

命令：FILL✓

输入模式 [开(ON)/关(OFF)] <开>：（选择"开"表示填充，选择"关"表示不填充，如图2-18c 所示）

a)   b)   c)

图2-18　绘制圆环

2.2.6　绘制椭圆与椭圆弧

【执行方式】

命令行：ELLIPSE（快捷命令：EL）。

菜单栏：选择菜单栏中的"绘制"→"椭圆"→"圆弧"命令。

工具栏：单击"绘图"工具栏中的"椭圆"按钮 ⊙ 或"椭圆弧"按钮 ⊙。

功能区：在"默认"选项卡的"绘图"面板中单击"椭圆"下拉按钮，在打开的下拉列表中选择一种绘制椭圆的方式。

【操作步骤】

命令行提示与操作如下：

命令：ELLIPSE✓

指定椭圆的轴端点或 [圆弧(A)/中心点(C)]：（指定轴端点 1，如图 2-19a 所示）

指定轴的另一个端点：（指定轴端点 2，如图 2-19a 所示）

指定另一条半轴长度或 [旋转(R)]：

【选项说明】

（1）指定椭圆的轴端点：根据两个端点定义椭圆的第一条轴，第一条轴的角度确定了整个椭圆的角度。第一条轴既可定义椭圆的长轴，也可定义其短轴。

（2）圆弧（A）：用于创建一段椭圆弧，与"单击'绘图'工具栏中的'椭圆弧'按钮⌒"功能相同。其中第一条轴的角度确定了椭圆弧的角度。第一条轴既可定义椭圆弧长轴，也可定义其短轴。选择该项，系统命令行中继续提示如下：

指定椭圆弧的轴端点或 [中心点(C)]：（指定端点，或输入"C"，按<Enter>键 ）
指定轴的另一个端点：指定另一端点
指定另一条半轴长度或 [旋转(R)]：（指定另一条半轴长度或输入"R"，按<Enter>键）
指定起始角度或 [参数(P)]：（指定起始角度，或输入"P"，按<Enter>键）
指定端点角度或 [参数(P)/夹角(I)]：

其中各选项含义如下：

1）起始角度：指定椭圆弧端点的两种方式之一，光标与椭圆中心点连线的夹角为椭圆端点位置的角度，如图 2-19b 所示。

2）参数（P）：指定椭圆弧端点的另一种方式，该方式同样是指定椭圆弧端点的角度，但通过以下矢量参数方程式创建椭圆弧。

$$p(u) = c + a\cos u + b\sin u$$

式中，c 是椭圆的中心点；a 和 b 分别是椭圆的长轴和短轴；u 为光标与椭圆中心点连线的夹角。

a）椭圆　　　　　　　　　　b）椭圆弧

图2-19　椭圆和椭圆弧

3）夹角（I）：定义从起始角度开始的包含角度。

4）中心点（C）：通过指定的中心点创建椭圆。

5）旋转（R）：通过绕第一条轴旋转圆来创建椭圆。相当于将一个圆绕椭圆轴翻转一个角度后的投影视图。

2.2.7　操作实例——洗脸盆

绘制如图 2-20 所示的洗脸盆。

绘制步骤：

1）单击"默认"选项卡"绘图"面板中的"直线"按钮╱，绘制水龙头图形，结果如图 2-21 所示。

2）单击"默认"选项卡"绘图"面板中的"圆"按钮⊙，绘制两个水龙头旋钮，结果如图 2-22 所示。

3）在"默认"选项卡的"绘图"面板中单击"椭圆"下拉按钮，在打开的下拉列表

2024

AutoCAD

中选择"轴，端点"按钮，绘制洗脸盆外沿，命令行提示与操作如下：

命令：_ELLIPSE

指定椭圆的轴端点或 [圆弧(A)/中心点(C)]：（指定椭圆轴端点）

指定轴的另一个端点：（指定另一端点）

指定另一条半轴长度或 [旋转(R)]：（在绘图区指定另一条半轴长度）

图2-20　洗脸盆图　　　　　　　图2-21　绘制水龙头　　　　　　图2-22　绘制水龙头旋钮

绘制结果如图 2-23 所示。

4）在"默认"选项卡的"绘图"面板中单击"椭圆"下拉按钮，在打开的下拉列表中选择"椭圆弧"按钮，绘制洗脸盆部分内沿，命令行提示与操作如下：

命令：_ELLIPSE

指定椭圆的轴端点或 [圆弧(A)/中心点(C)]：A

指定椭圆弧的轴端点或 [中心点(C)]：C✓

指定椭圆弧的中心点：（按下状态栏中的"对象捕捉"按钮，捕捉绘制的椭圆中心点）

指定轴的端点：（适当指定一点）

指定另一条半轴长度或 [旋转(R)]：R✓

指定绕长轴旋转的角度：（在绘图区指定椭圆轴端点）

指定起始角度或 [参数(P)]：（在绘图区指定起始角度）

指定端点角度或 [参数(P)/夹角(I)]：（在绘图区指定终止角度）

5）单击"默认"选项卡"绘图"面板中的"三点"按钮，命令行提示与操作如下：

命令：_ARC

指定圆弧的起点或 [圆心(C)]：（捕捉椭圆弧端点）

指定圆弧的第二个点或 [圆心(C)/端点(E)]：（指定第二点）

指定圆弧的端点：（捕捉椭圆弧另一端点）

绘制结果如图 2-24 所示。

6）单击"默认"选项卡"绘图"面板中的"三点"按钮，绘制洗脸盆内沿其他部分，结果如图 2-20 所示。

图2-23　绘制洗脸盆外沿　　　　　　　　图2-24　绘制洗脸盆部分内沿

2.3 平面图形

简单的平面图形命令包括"矩形"命令和"多边形"命令。

2.3.1 绘制矩形

【执行方式】

命令行：RECTANG（快捷命令：REC）。

菜单栏：选择菜单栏中的"绘图"→"矩形"命令。

工具栏：单击"绘图"工具栏中的"矩形"按钮▢。

功能区：单击"默认"选项卡"绘图"面板中的"矩形"按钮▢。

【操作步骤】

命令行提示与操作如下：

命令：RECTANG↙

指定第一个角点或 [倒角(C)/标高(E)/圆角(F)/厚度(T)/宽度(W)]：（指定角点）

指定另一个角点或 [面积(A)/尺寸(D)/旋转(R)]：

【选项说明】

（1）第一个角点：通过指定两个角点确定矩形，如图 2-25a 所示。

（2）倒角（C）：指定倒角距离，绘制带倒角的矩形，如图 2-25b 所示。每一个角点的逆时针和顺时针方向的倒角可以相同，也可以不同，其中第一个倒角距离是指角点逆时针方向倒角距离，第二个倒角距离是指角点顺时针方向倒角距离。

（3）标高（E）：指定矩形标高（Z 坐标），即把矩形放置在标高为 Z 并与 XOY 坐标面平行的平面上，并作为后续矩形的标高值。

（4）圆角（F）：指定圆角半径，绘制带圆角的矩形，如图 2-25c 所示。

（5）厚度（T）：指定矩形的厚度，绘制带厚度的矩形，如图 2-25d 所示。

（6）宽度（W）：指定线宽，绘制有一定线宽的矩形，如图 2-25e 所示。

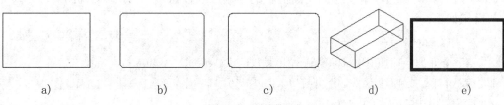

a)　　　　　　b)　　　　　　c)　　　　　　d)　　　　　　e)

图2-25　绘制矩形

（7）面积（A）：指定面积和长或宽创建矩形。选择该项，命令行提示与操作如下：

输入以当前单位计算的矩形面积 <20.0000>：（输入面积值）

计算矩形标注时依据 [长度(L)/宽度(W)] <长度>：（按 Enter 键或输入"W"）

输入矩形长度 <4.0000>：指定长度或宽度

指定长度或宽度后，系统自动计算另一个维度，绘制出矩形。如果矩形被倒角或圆角，则长度或面积计算中也会考虑此设置，如图 2-26 所示。

（8）尺寸（D）：使用长和宽创建矩形，第二个指定点将矩形定位在与第一角点相关的 4个位置之内。

（9）旋转（R）：使所绘制的矩形旋转一定角度。选择该项，命令行提示与操作如下：

指定旋转角度或 [拾取点(P)] <135>：（指定角度）

指定另一个角点或 [面积(A)/尺寸(D)/旋转(R)]：（指定另一个角点或选择其他选项）

指定旋转角度后，系统按指定的旋转角度绘制矩形，如图 2-27 所示。

倒角距离（1：1）
面积：20 长度：6

圆角半径：1.0
面积：20 长度：6

图2-26 按面积绘制矩形   图2-27 按指定旋转角度绘制矩形

2.3.2 操作实例——方头平键

绘制如图 2-28 所示的方头平键。

图2-28 方头平键

绘制步骤：

1）单击"默认"选项卡"绘图"面板中的"矩形"按钮 □，绘制主视图外形，命令行提示与操作如下：

命令：_RECTANG

指定第一个角点或 [倒角(C)/标高(E)/圆角(F)/厚度(T)/宽度(W)]：0,30↙

指定另一个角点或 [面积(A)/尺寸(D)/旋转(R)]：@100,11↙

绘制结果如图 2-29 所示。

2）单击"默认"选项卡"绘图"面板中的"直线"按钮 ∕，绘制主视图两条棱线。一条棱线端点的坐标为（0,32）和（@100,0），另一条棱线端点的坐标为（0,39）和（@100,0），绘制结果如图 2-30 所示。

图2-29　绘制主视图外形　　　　　　　　　　　　图2-30　绘制主视图棱线

3）单击"默认"选项卡"绘图"面板中的"构造线"按钮，绘制构造线，命令行提示与操作如下：

命令：_XLINE

指定点或 [水平(H)/垂直(V)/角度(A)/二等分(B)/偏移(O)]：（指定主视图左边竖线上一点）

指定通过点：（指定竖直位置上一点）

指定通过点：↙

采用同样的方法绘制右边竖直构造线，绘制结果如图 2-31 所示。

4）单击"默认"选项卡"绘图"面板中的"矩形"按钮，绘制俯视图，命令行提示与操作如下：

命令：_RECTANG

指定第一个角点或 [倒角(C)/标高(E)/圆角(F)/厚度(T)/宽度(W)]：0,0

指定另一个角点或 [面积(A)/尺寸(D)/旋转(R)]：@100,18

5）单击"默认"选项卡"绘图"面板中的"直线"按钮，接着绘制两条直线，端点的坐标分别为 {(0,2)，(@100,0)} 和 {(0,16)，(@100,0)}，绘制结果如图 2-32 所示。

6）单击"默认"选项卡"绘图"面板中的"构造线"按钮，绘制左视图构造线，命令行提示与操作如下：

命令：_xline

指定点或 [水平(H)/垂直(V)/角度(A)/二等分(B)/偏移(O)]：　H↙

指定通过点：（指定主视图上右上端点）

图2-31　绘制竖直构造线　　　　　　图2-32　绘制俯视图

指定通过点：（指定主视图上右下端点）

指定通过点：（指定俯视图上右上端点）

指定通过点：（指定俯视图上右下端点）

指定通过点：↙

命令：↙XLINE（按 Enter 键表示重复绘制构造线命令）

指定点或 [水平(H)/垂直(V)/角度(A)/二等分(B)/偏移(O)]：A↙

输入构造线的角度 (0) 或 [参照(R)]：-45↙

指定通过点：（任意指定一点）

指定通过点：✓

命令：✓XLINE

指定点或 [水平(H)/垂直(V)/角度(A)/二等分(B)/偏移(O)]：V✓

指定通过点：（指定斜线与向下数第 3 条水平线的交点）

指定通过点：（指定斜线与向下数第 4 条水平线的交点）

绘制结果如图 2-33 所示。

7）单击"默认"选项卡"绘图"面板中的"矩形"按钮 ☐，设置矩形两个倒角距离为 2，绘制左视图，命令行提示与操作如下：

命令：_RECTANG

指定第一个角点或 [倒角(C)/标高(E)/圆角(F)/厚度(T)/宽度(W)]：C✓

指定矩形的第一个倒角距离 <0.0000>：（指定主视图上右上端点）

指定第二点：（指定主视图上右上第二个端点）

指定矩形的第二个倒角距离 <2.0000>：✓

指定第一个角点或 [倒角(C)/标高(E)/圆角(F)/厚度(T)/宽度(W)]：（按构造线确定位置指定一个角点）

指定另一个角点或 [面积(A)/尺寸(D)/旋转(R)]：（按构造线确定位置指定另一个角点）

绘制结果如图 2-34 所示。

8）选择辅助构造线，按 Delete 键删除，最终的绘制结果如图 2-28 所示。

图2-33　绘制左视图构造线

图2-34　绘制左视图

2.3.3　绘制多边形

【执行方式】

命令行：POLYGON（快捷命令：POL）。

菜单栏：选择菜单栏中的"绘图"→"多边形"命令。

工具栏：单击"绘图"工具栏中的"多边形"按钮⬠。

功能区：单击"默认"选项卡"绘图"面板中的"多边形"按钮⬠。

【操作步骤】

命令行提示与操作如下：

命令：POLYGON✓

输入侧面数 <4>：（指定多边形的边数，默认值为 4）

指定正多边形的中心点或 [边(E)]：（指定中心点）

输入选项 [内接于圆(I)/外切于圆(C)] <I>：（指定是内接于圆或外切于圆）

指定圆的半径：（指定外接圆或内切圆的半径）

【选项说明】

（1）边（E）：选择该选项，则只要指定多边形的一条边，系统就会按逆时针方向创建正多边形，如图 2-35a 所示。

（2）内接于圆（I）：选择该选项，绘制的多边形内接于圆，如图 2-35b 所示。

（3）外切于圆（C）：选择该选项，绘制的多边形外切于圆，如图 2-35c 所示。

a)   b)   c)

图2-35　绘制正多边形

2.3.4　操作实例——螺母

绘制如图 2-36 所示的螺母。

绘制步骤：

1）单击"默认"选项卡"绘图"面板中的"圆"按钮⊙，绘制一个圆心坐标为（150,150）、半径为 50 的圆，结果如图 2-37 所示。

2）单击"默认"选项卡"绘图"面板中的"多边形"按钮⬠，绘制正六边形，命令行提示与操作如下：

命令：_POLYGON

输入侧面数 <4>：6↙

指定正多边形的中心点或 [边(E)]：　150,150↙

输入选项 [内接于圆(I)/外切于圆(C)] <I>：C↙

指定圆的半径：50↙

结果如图 2-38 所示。

3）单击"默认"选项卡"绘图"面板中的"圆"按钮⊙，以点（150,150）为圆心、以30 为半径绘制另一个圆，结果如图 2-36 所示。

图2-36　螺母　　　　　　图2-37　绘制圆　　　　图2-38　绘制正六边形

2.4 点

点在 AutoCAD 2024 中有多种不同的表示方式，用户可以根据需要进行设置，也可以设置等分点和测量点。

 ### 2.4.1 绘制点

【执行方式】

命令行：POINT（快捷命令：PO）。

菜单栏：选择菜单栏中的"绘图"→"点"命令。

工具栏：单击"绘图"工具栏中的"点"按钮 ⁙ 。

功能区：单击"默认"选项卡"绘图"面板中的"多点"按钮 ⁙ 。

【操作步骤】

命令行提示与操作如下：

命令：POINT↙
当前点模式：PDMODE=0　PDSIZE=0.0000
指定点：（指定点所在的位置）

【选项说明】

1）通过菜单方法操作时（见图 2-39），"单点"命令表示只输入一个点，"多点"命令表示可输入多个点。

2）可以单击状态栏中的"二维对象捕捉"按钮 □ ，设置点捕捉模式，帮助用户选择点。

3）点在图形中的表示样式共有 20 种。可通过"DDPTYPE"命令或选择菜单栏中的"格式"→"点样式"命令，在打开的"点样式"对话框中设置点的样式，如图 2-40 所示。

 ### 2.4.2 等分点与定距等分

1. 等分点

【执行方式】

命令行：DIVIDE（快捷命令：DIV）。

菜单栏：选择菜单栏中的"绘图"→"点"→"定数等分"命令。

功能区：单击"默认"选项卡"绘图"面板中的"定数等分"按钮 ⁂ 。

【操作步骤】

命令行提示与操作如下：

命令：DIVIDE✓

选择要定数等分的对象：

输入线段数目或 [块(B)]：（指定实体的等分数）

图 2-41a 所示为绘制等分点的图形。

图2-39 "点"的子菜单

图2-40 "点样式"对话框

【选项说明】

1）等分数目范围为2～32767。

2）在等分点处，按当前点样式设置画出等分点。

3）在第二提示行选择"块（B）"选项时，表示在等分点处插入指定的块。

2．定距等分

【执行方式】

命令行：MEASURE（快捷命令：ME）。

菜单栏：选择菜单栏中的"绘图"→"点"→"定距等分"命令。

功能区：单击"默认"选项卡"绘图"面板中的"定距等分"按钮 。

【操作步骤】

命令行提示与操作如下：

命令：MEASURE✓

选择要定距等分的对象：（选择要设置测量点的实体）

指定线段长度或 [块(B)]：（指定分段长度）

图 2-41b 所示为绘制定距等分的图形。

a)　　　　　　　　　b)

图2-41　绘制等分点和定距等分

【选项说明】

1）设置的起点一般是指定线的绘制起点。

2）在第二提示行选择"块（B）"选项时，表示在测量点处插入指定的块。

3）在等分点处，按当前点样式设置绘制测量点。

4）最后一个测量段的长度不一定等于指定分段长度。

2.4.3　操作实例——棘轮

绘制如图 2-42 所示的棘轮。

图2-42　棘轮

绘制步骤：

1）单击"默认"选项卡"绘图"面板中的"圆"按钮⊙，绘制 3 个半径分别为 90、60、40 的同心圆，如图 2-43 所示。

2）设置点样式。选择菜单栏中的"格式"→"点样式"命令，在打开的"点样式"对话框中选择"✕"样式。

3）单击"默认"选项卡"绘图"面板中的"定数等分"按钮，对圆进行等分圆，命令行提示与操作如下：

命令：_DIVIDE

选择要定数等分的对象：（选择 R90 圆）

输入线段数目或 [块(B)]：12✓

采用同样的方法，等分 R60 圆，结果如图 2-44 所示。

4）单击"默认"选项卡"绘图"面板中的"直线"按钮╱，连接 3 个等分点，绘制棘轮轮齿，如图 2-45 所示。

图2-43　绘制同心圆　　　　　　　图2-44　等分圆　　　　　　　图2-45　绘制棘轮轮齿

5）采用相同的方法连接其他点，然后选择绘制的点和多余的圆及圆弧，按 Delete 键删除，最终绘制结果如图 2-42 所示。

★　知识链接——命令的重复、撤消、重做

1．命令的重复

在命令行窗口中键入 Enter 键可重复调用上一个命令，不管上一个命令是完成了还是被取消了。

2．命令的撤销

在命令执行的任何时刻都可以取消和终止命令的执行。方法为：在命令行中输入 UNDO；选择菜单栏中的"编辑"→"放弃"命令；单击"标准"工具栏中的"放弃"按钮⇦。

3．命令的重做

已被撤销的命令还可以恢复重做。恢复撤销的最后的一个命令的方法为：在命令行中输入 REDO；选择菜单栏中的"编辑"→"重做"命令；单击"标准"工具栏中的"重做"按钮⇨。

该命令可以一次执行多重放弃和重做操作。单击 UNDO 或 REDO 列表箭头，可以显示并选择要放弃或重做的操作，如图 2-46 所示。

图2-46　多重放弃或重做的操作

2.5　多段线

多段线是一种由线段和圆弧组合而成的、可以有不同线宽的多线。由于多段线组合形式多样，线宽可以变化，弥补了直线或圆弧功能的不足，适合绘制各种复杂的图形轮廓，因而得到了广泛的应用。

2.5.1 绘制多段线

【执行方式】

命令行：PLINE（快捷命令：PL）。

菜单栏：选择菜单栏中的"绘图"→"多段线"命令。

工具栏：单击"绘图"工具栏中的"多段线"按钮↝。

功能区：单击"默认"选项卡"绘图"面板中的"多段线"按钮↝。

【操作步骤】

命令行提示与操作如下：

命令：PLINE✓

指定起点：（指定多段线的起点）

当前线宽为 0.0000

指定下一个点或 [圆弧(A)/半宽(H)/长度(L)/放弃(U)/宽度(W)]：（指定多段线的下一个点）

【选项说明】

多段线主要由连续且不同宽度的线段或圆弧组成，如果在上述提示中选择"圆弧（A）"选项，则命令行提示如下：

指定圆弧的端点(按住 Ctrl 键以切换方向)或[角度(A)/圆心(CE)/方向(D)/半宽(H)/直线(L)/半径(R)/第二个点(S)/放弃(U)/宽度(W)]：

绘制圆弧的方法与使用"圆弧"命令相似。

2.5.2 操作实例——交通标志

绘制如图 2-47 所示的交通标志。

图 2-47 交通标志

绘制步骤：

1）单击"默认"选项卡"绘图"面板中的"圆环"按钮◎，命令行提示与操作如下：

命令：_DONUT

指定圆环的内径 <0.5000>：110

指定圆环的外径 <1.0000>：140

指定圆环的中心点或 <退出>：100,100

结果如图2-48 所示。

2）单击"默认"选项卡"绘图"面板中的"多段线"按钮⟶⟩，绘制斜线，命令行提示
与操作如下：

命令：_PLINE

指定起点：（在圆环左上方适当捕捉一点）

当前线宽为 0.0000

指定下一个点或 [圆弧(A)/半宽(H)/长度(L)/放弃(U)/宽度(W)]：W↙

指定起点宽度 <0.0000>：10↙

指定端点宽度 <10.0000>：↙

指定下一个点或 [圆弧(A)/半宽(H)/长度(L)/放弃(U)/宽度(W)]：（斜向下在圆环上捕捉一点）

指定下一点或 [圆弧(A)/闭合(C)/半宽(H)/长度(L)/放弃(U)/宽度(W)]：↙

结果如图 2-49 所示。

图2-48　绘制圆环　　　图2-49　绘制斜杠

3）设置当前图层颜色为黑色。单击"默认"选项卡"绘图"面板中的"圆环"按钮◎，
绘制圆心坐标为（128,83）和（83,83），圆环内径为9，外径为14 的两个圆环作为轮胎，结
果如图 2-50 所示。

4）单击"默认"选项卡"绘图"面板中的"多段线"按钮⟶⟩，绘制车身。命令行提示
与操作如下：

命令：_PLINE

指定起点：140,83↙

当前线宽为 0.0000

指定下一个点或 [圆弧(A)/半宽(H)/长度(L)/放弃(U)/宽度(W)]：136.775,83↙

指定下一点或 [圆弧(A)/闭合(C)/半宽(H)/长度(L)/放弃(U)/宽度(W)]：A↙

指定圆弧的端点(按住 Ctrl 键以切换方向)或

[角度(A)/圆心(CE)/闭合(CL)/方向(D)/半宽(H)/直线(L)/半径(R)/第二个点(S)/放弃(U)/宽度(W)]：CE↙

指定圆弧的圆心：128,83↙

指定圆弧的端点(按住 Ctrl 键以切换方向)或 [角度(A)/长度(L)]：　<正交 开>（在极限追踪的条件下拖
动鼠标向左在屏幕上单击指定一点）

指定圆弧的端点(按住 Ctrl 键以切换方向)或

[角度(A)/圆心(CE)/闭合(CL)/方向(D)/半宽(H)/直线(L)/半径(R)/第二个点(S)/放弃(U)/宽度(W)]: L↙

指定下一点或 [圆弧(A)/闭合(C)/半宽(H)/长度(L)/放弃(U)/宽度(W)]: @-27.22,0↙

指定下一点或 [圆弧(A)/闭合(C)/半宽(H)/长度(L)/放弃(U)/宽度(W)]: A↙

指定圆弧的端点(按住 Ctrl 键以切换方向)或

[角度(A)/圆心(CE)/闭合(CL)/方向(D)/半宽(H)/直线(L)/半径(R)/第二个点(S)/放弃(U)/宽度(W)]: CE↙

指定圆弧的圆心: 83,83↙

指定圆弧的端点(按住 Ctrl 键以切换方向)或 [角度(A)/长度(L)]: A↙

指定夹角(按住 Ctrl 键以切换方向): 180↙

指定圆弧的端点(按住 Ctrl 键以切换方向)或

[角度(A)/圆心(CE)/闭合(CL)/方向(D)/半宽(H)/直线(L)/半径(R)/第二个点(S)/放弃(U)/宽度(W)]: L↙

指定下一点或 [圆弧(A)/闭合(C)/半宽(H)/长度(L)/放弃(U)/宽度(W)]: 58,83↙

指定下一点或 [圆弧(A)/闭合(C)/半宽(H)/长度(L)/放弃(U)/宽度(W)]: 58,104.5↙

指定下一点或 [圆弧(A)/闭合(C)/半宽(H)/长度(L)/放弃(U)/宽度(W)]: 71,127↙

指定下一点或 [圆弧(A)/闭合(C)/半宽(H)/长度(L)/放弃(U)/宽度(W)]: 82,127↙

指定下一点或 [圆弧(A)/闭合(C)/半宽(H)/长度(L)/放弃(U)/宽度(W)]: 82,106↙

指定下一点或 [圆弧(A)/闭合(C)/半宽(H)/长度(L)/放弃(U)/宽度(W)]: 140,106↙

指定下一点或 [圆弧(A)/闭合(C)/半宽(H)/长度(L)/放弃(U)/宽度(W)]: C↙

结果如图 2-51 所示。

图2-50 绘制轮胎

图2-51 绘制车身

▲ 技巧与提示——多段线圆弧的灵活运用

　　这里绘制载货汽车时，调用了多段线的命令，该命令的执行过程比较繁杂，反复使用了绘制圆弧和绘制直线的选项，注意灵活调用绘制圆弧的各个选项，尽量使绘制过程简单明了。

　　5）单击"默认"选项卡"绘图"面板中的"矩形"按钮 ▢ ，在车身后部适当的位置绘制几个矩形作为货物，结果如图 2-47 所示。

2.6 样条曲线

　　在 AutoCAD 2024 中使用的样条曲线为非一致有理 B 样条（NURBS）曲线，使用 NURBS 曲线能够在控制点之间产生一条光滑的曲线，如图 2-52 所示。样条曲线可用于绘制形状不规则的图形，如为地理信息系统（GIS）或汽车设计绘制的轮廓线。

图2-52　样条曲线

2.6.1　绘制样条曲线

【执行方式】

命令行：SPLINE（快捷命令：SPL）。

菜单栏：选择菜单栏中的"绘图"→"样条曲线"命令。

工具栏：单击"绘图"工具栏中的"样条曲线"按钮 。

功能区：单击"默认"选项卡"绘图"面板中的"样条曲线拟合"按钮 或"样条曲线控制点"按钮 。

【操作步骤】

命令行提示与操作如下：

命令：SPLINE✓

当前设置：方式=拟合　节点=弦

指定第一个点或 [方式(M)/节点(K)/对象(O)]：（指定一点或选择"对象(O)"选项）

输入下一个点或 [起点切向(T)/公差(L)]：（指定一点）

输入下一个点或 [端点相切(T)/公差(L)/放弃(U)]：（指定第三点）

输入下一个点或 [端点相切(T)/公差(L)/放弃(U)/闭合(C)]：

【选项说明】

（1）方式(M)：控制是使用拟合点还是使用控制点来创建样条曲线。选项会因选择的是使用拟合点创建样条曲线的选项，还是使用控制点创建样条曲线的选项而异。

（2）节点(K)：指定节点参数化，它会影响曲线在通过拟合点时的形状（SPLKNOTS 系统变量）。

（3）对象(O)：将二维或三维的二次或三次样条曲线拟合多段线转换为等价的样条曲线，然后（根据 DELOBJ 系统变量的设置）删除该多段线。

（4）起点切向(T)：基于切向创建样条曲线。

（5）公差(L)：指定距样条曲线必须经过的指定拟合点的距离。公差应用于除起点和端点外的所有拟合点。

（6）端点相切(T)：停止基于切向创建曲线。可通过指定拟合点继续创建样条曲线。选择"端点相切"后，将提示用户指定最后一个输入拟合点的最后一个切点。

（7）闭合（C）：将最后一点定义为与第一点一致，并使它在连接处相切，这样可以闭合样条曲线。选择该项，系统继续提示：

指定切向：（指定点或按 Enter 键）

用户可以指定一点来定义切向矢量，或者使用"切点"和"垂足"对象捕捉模式使样条曲线与现有对象相切或垂直。

📖2.6.2　操作实例——螺钉旋具

绘制如图 2-53 所示的螺钉旋具。

图2-53　螺钉旋具

🪑绘制步骤：

1）绘制螺钉旋具把手。

①单击"默认"选项卡"绘图"面板中的"矩形"按钮 ▭，指定两个角点坐标为（45,180）和（170,120），绘制矩形。

②单击"默认"选项卡"绘图"面板中的"直线"按钮╱，指定端点坐标为{（45,166）、（@125<0）}和{（45,134）、（@125<0）}，绘制两条直线。

③单击"默认"选项卡"绘图"面板中的"三点"按钮⌒，指定圆弧的 3 个端点坐标为（45,180）、（35,150）和（45,120），以三点方式绘制圆弧，结果如图 2-54 所示。

2）单击"默认"选项卡"绘图"面板中的"样条曲线控制点"按钮∿和"直线"按钮╱，画螺钉旋具的中间部分。命令行提示与操作如下：

命令：_SPLINE

当前设置：方式=拟合　节点=弦

指定第一个点或 [方式(M)/节点(K)/对象(O)]：_M

输入样条曲线创建方式 [拟合(F)/控制点(CV)] <拟合>：_FIT

当前设置：方式=拟合　节点=弦

指定第一个点或 [方式（M）节点(K)对象(O)]：170,180✓（指定样条曲线第一点的坐标）

输入下一个点或 [起点切向(T)/公差(L)]：192,165✓（指定样条曲线第二点的坐标）

输入下一个点或 [端点相切(T)/公差(L)/放弃(U)]：225,187✓（指定样条曲线第三点的坐标）

输入下一个点或 [端点相切(T)/公差(L)/放弃(U)/闭合(C)]：　255,180✓（指定样条曲线第四点的坐标）

输入下一个点或 [端点相切(T)/公差(L)/放弃(U)/闭合(C)]：✓（指定样条曲线起点的切线方向）

命令：_SPLINE

当前设置：方式=拟合　节点=弦

指定第一个点或 [方式(M)/节点(K)/对象(O)]：_M

输入样条曲线创建方式 [拟合(F)/控制点(CV)] <拟合>：_FIT

当前设置：方式=拟合　节点=弦

指定第一个点或 [方式(M)/节点(K)/对象(O)]：170,120✓

输入下一个点或 [起点切向(T)/公差(L)]：192,135✓

输入下一个点或 [端点相切(T)/公差(L)/放弃(U)]：225,113✓

输入下一个点或 [端点相切(T)/公差(L)/放弃(U)/闭合(C)]：255,120✓

输入下一个点或 [端点相切(T)/公差(L)/放弃(U)/闭合(C)]：✓

3）单击"默认"选项卡"绘图"面板中的"直线"按钮✓，指定端点坐标分别为（255,180）、（308,160）、（@5<90）、（@5<0）、（@30<-90）、（@5<-180）、（@5<90）、（255,120）、（255,180），绘制连续线段，重复"直线"命令，绘制另一线段，指定端点坐标分别为（308,160）、（@20<-90）。绘制完此步后的图形如图 2-55 所示。

4）单击"默认"选项卡"绘图"面板中的"多段线"按钮↪，绘制螺钉旋具的右部。命令行提示与操作如下：

命令：_PLINE　　（绘制多段线）

指定起点：313,155✓（给出多段线起点的坐标）

图2-54　绘制螺钉旋具左部把手　　　　图2-55　绘制完螺钉旋具中间部分后的图形

当前线宽为 0.0000

指定下一个点或 [圆弧(A)/半宽(H)/长度(L)/放弃(U)/宽度(W)]：@162<0✓（用相对极坐标指定多段线下一点的坐标值）

指定下一点或 [圆弧(A)/闭合(C)/半宽(H)/长度(L)/放弃(U)/宽度(W)]：A✓（转为画圆弧的方式）

指定圆弧的端点(按住 Ctrl 键以切换方向)或[角度(A)/圆心(CE)/闭合(CL)/方向(D)/半宽(H)/直线(L)/半径(R)/第二个点(S)/放弃(U)/宽度(W)]：490,160✓（指定圆弧的端点坐标值）

指定圆弧的端点(按住 Ctrl 键以切换方向)或[角度(A)/圆心(CE)/闭合(CL)/方向(D)/半宽(H)/直线(L)/半径(R)/第二个点(S)/放弃(U)/宽度(W)]：✓（退出）

命令：_PLINE

指定起点：313,145✓

当前线宽为 0.0000

指定下一个点或 [圆弧(A)/半宽(H)/长度(L)/放弃(U)/宽度(W)]：@162<0✓

指定下一点或 [圆弧(A)/闭合(C)/半宽(H)/长度(L)/放弃(U)/宽度(W)]：A✓

指定圆弧的端点(按住 Ctrl 键以切换方向)或[角度(A)/圆心(CE)/闭合(CL)/方向(D)/半宽(H)/直线(L)/半径(R)/第二个点(S)/放弃(U)/宽度(W)]：490,140✓

指定圆弧的端点(按住 Ctrl 键以切换方向)或[角度(A)/圆心(CE)/闭合(CL)/方向(D)/半宽(H)/直线(L)/半径(R)/第二个点(S)/放弃(U)/宽度(W)]: L↙ （转为直线方式）

指定下一点或 [圆弧(A)/闭合(C)/半宽(H)/长度(L)/放弃(U)/宽度(W)]: 510,145↙

指定下一点或 [圆弧(A)/闭合(C)/半宽(H)/长度(L)/放弃(U)/宽度(W)]: @10<90↙

指定下一点或 [圆弧(A)/闭合(C)/半宽(H)/长度(L)/放弃(U)/宽度(W)]: 490,160↙

指定下一点或 [圆弧(A)/闭合(C)/半宽(H)/长度(L)/放弃(U)/宽度(W)]: ↙

结果如图 2-53 所示。

2.7 多线

多线是一种复合线，由连续的直线段复合组成。多线的突出优点是能够大大提高绘图效率，保证图线之间的统一性。

2.7.1 绘制多线

【执行方式】

命令行: MLINE（快捷命令: ML）。

菜单栏: 选择菜单栏中的"绘图"→"多线"命令。

【操作步骤】

命令行提示与操作如下:

命令: MLINE↙

当前设置: 对正 = 上, 比例 =20.00, 样式 =STANDARD

指定起点或 [对正(J)/比例(S)/样式(ST)]: （指定起点）

指定下一点: （指定下一点）

指定下一点或 [放弃(U)]: （继续指定下一点，绘制线段；输入"U"，则放弃前一段多线的绘制；右击或按 Enter 键，结束命令）

指定下一点或 [闭合(C)/放弃(U)]: （继续指定下一点，绘制线段；输入"C"，则闭合线段，结束命令）

【选项说明】

（1）对正（J）: 该项用于指定绘制多线的基准。共有 "上""无"和"下"3 种对正类型。其中，"上"表示以多线上侧的线为基准，其他两项依次类推。

（2）比例（S）: 选择该项，要求用户设置平行线的间距。输入值为零时，平行线重合；输入值为负时，多线的排列倒置。

（3）样式（ST）: 用于设置当前使用的多线样式。

2.7.2　定义多线样式

【执行方式】

命令行：MLSTYLE。

菜单栏：选择菜单栏中的"格式"→"多线样式"命令。

执行上述命令后，系统打开如图2-56所示的"多线样式"对话框。在该对话框中，用户可以对多线样式进行定义、保存和加载等操作。下面通过定义一个新的多线样式来介绍该命令的使用方法。欲定义的多线样式由3条平行线组成，中心轴线的两条平行实线相对于中心轴线上、下各偏移0.5。

【操作步骤】

1）在"多线样式"对话框中单击"新建"按钮，系统打开"创建新的多线样式"对话框，如图2-57所示。

图2-56　"多线样式"对话框　　　　图2-57　"创建新的多线样式"对话框

2）在"创建新的多线样式"对话框的"新样式名"文本框中输入"THREE"，单击"继续"按钮。

3）系统打开"新建多线样式"对话框，如图2-58所示。

4）在"封口"选项组中可以设置多线起点和端点的特性，包括直线、外弧、内弧以及角度。

5）在"填充颜色"下拉列表框中可以选择多线填充的颜色。

6）在"图元"选项组中可以设置组成多线元素的特性。单击"添加"按钮，可以为多线添加元素；反之，单击"删除"按钮，可以为多线删除元素。在"偏移"文本框中可以设置选中元素的位置偏移值。在"颜色"下拉列表框中可以为选中的元素选择颜色。单击"线型"按钮，系统打开"选择线型"对话框，可以为选中的元素设置线型。

图2-58　"新建多线样式"对话框

7）设置完毕后，单击"确定"按钮，返回到如图 2-56 所示的"多线样式"对话框，在"样式"列表中会显示刚设置的多线样式名，选择该样式，单击"置为当前"按钮，则将刚设置的多线样式设置为当前样式，下面的预览框中会显示所选的多线样式。

8）单击"确定"按钮，完成多线样式的设置。

如图 2-59 所示为按设置后的多线样式绘制的多线。

2.7.3　编辑多线

【执行方式】

命令行：MLEDIT。

菜单栏：选择菜单栏中的"修改"→"对象"→"多线"命令。

执行上述命令后，打开"多线编辑工具"对话框，如图 2-60 所示。

利用该对话框，可以创建或修改多线的模式。对话框中分 4 列显示示例图形，单击选择某个示例图形，就可以调用该项编辑功能。其中，第一列管理十字交叉形多线，第二列管理 T 形多线，第三列管理拐角接合点和节点，第四列管理多线被剪切或连接的形式。

下面以"十字打开"为例，通过把选择的两条多线进行打开交叉，介绍多线编辑的方法。命令行提示与操作如下：

| 选择第一条多线：（选择第一条多线） |
| 选择第二条多线：（选择第二条多线） |

选择完毕后，第二条多线被第一条多线横断交叉，命令行提示与操作如下：

| 选择第一条多线： |

可以继续选择多线进行操作。选择"放弃"选项会撤销前次操作。执行结果如图 2-61 所示。

图2-59　绘制的多线

图2-60　"多线编辑工具"对话框

选择第一条多线　　　　　　　选择第二条多线　　　　　　　　执行结果

图2-61　十字打开

2.7.4　操作实例——墙体

绘制如图 2-62 所示的墙体。

绘制步骤：

1）单击"默认"选项卡"绘图"面板中的"构造线"按钮，绘制一条水平构造线和一条竖直构造线，组成"十"字辅助线，如图 2-63 所示。继续绘制辅助线，命令行提示与操作如下：

命令：_XLINE

指定点或 [水平(H)/垂直(V)/角度(A)/二等分(B)/偏移(O)]：O✓

指定偏移距离或[通过（T）]<通过>：4200✓

选择直线对象：（选择水平构造线）

指定向哪侧偏移：（指定上边一点）

选择直线对象：（继续选择水平构造线）

采用相同的方法将偏移得到的水平构造线依次向上偏移 5100、1800 和 3000，绘制的水平构造线如图 2-64 所示。采用同样的方法绘制竖直构造线，依次向右偏移 3900、1800、2100 和 4500。绘制完成的居室辅助线网格如图 2-65 所示。

图 2-62　墙体　　　　　　　　图 2-63　"十"字辅助线　　　　　图 2-64　水平构造线

2）定义多线样式。选择菜单栏中的"格式"→"多线样式"命令，系统打开"多线样式"对话框。单击"新建"按钮，系统打开"创建新的多线样式"对话框，在该对话框的"新样式名"文本框中输入"墙体线"，单击"继续"按钮。

3）系统打开"新建多线样式"对话框，进行如图 2-66 所示的多线样式设置。

图2-65　辅助线网格　　　　　　　　　图2-66　"新建多线样式"对话框

4）选择菜单栏中的"绘图"→"多线"命令，绘制多线墙体，命令行提示与操作如下：

命令：_mline
当前设置：对正 = 上，比例 = 20.00，样式 = STANDARD
指定起点或 [对正(J)/比例(S)/样式(ST)]：S↙

输入多线比例 <20.00>: L✓

当前设置: 对正 = 上, 比例 = 1.00, 样式 = STANDARD

指定起点或 [对正(J)/比例(S)/样式(ST)]: J✓

输入对正类型 [上(T)/无(Z)/下(B)] <上>: 'Z✓

当前设置: 对正 = 无, 比例 = 1.00, 样式 = STANDARD

指定起点或 [对正(J)/比例(S)/样式(ST)]: (在绘制的辅助线交点上指定一点)

指定下一点: (在绘制的辅助线交点上指定下一点)

指定下一点或 [放弃(U)]: (在绘制的辅助线交点上指定下一点)

指定下一点或 [闭合(C)/放弃(U)]: (在绘制的辅助线交点上指定下一点)

指定下一点或 [闭合(C)/放弃(U)]: C✓

采用相同的方法根据辅助线网格绘制多线, 绘制结果如图 2-67 所示。

5）编辑多线。选择菜单栏中的"修改"→"对象"→"多线"命令, 系统打开"多线编辑工具"对话框, 如图 2-68 所示。选择"T 形合并"选项, 命令行提示与操作如下:

命令: _MLEDIT

选择第一条多线: (选择多线)

选择第二条多线: (选择多线)

选择第一条多线或 [放弃(U)]: (选择多线)

选择第一条多线或 [放弃(U)]: ✓

图2-67 绘制多线   图2-68 "多线编辑工具"对话框

6）采用同样的方法继续进行多线编辑, 结果如图 2-62 所示。

2.8 图案填充

2.8.1 图案填充的操作

【执行方式】

命令行：BHATCH。

菜单栏：选择菜单栏中的"绘图"→"图案填充"命令。

工具栏：单击"绘图"工具栏中的"图案填充"按钮▨或"渐变色"▧。

功能区：单击"默认"选项卡"绘图"面板中的"图案填充"按钮▨。

【操作步骤】

执行上述命令后，系统打开如图 2-69 所示的"图案填充创建"选项卡，各面板中的按钮含义如下：

图2-69　"图案填充创建"选项卡

【选项说明】

（1）"边界"面板：

1）拾取点：通过选择由一个或多个对象形成的封闭区域内的点，确定图案填充边界（见图 2-70）。指定内部点时，可以随时在绘图区域中右击以显示包含多个选项的快捷菜单。

选择一点　　　　　　选择填充区域　　　　　　填充结果

图2-70　边界确定

2）选择边界对象：指定基于选定对象的图案填充边界。使用该选项时，不会自动检测内部对象，必须选择选定边界内的对象，以按照当前孤岛检测样式填充这些对象（见图 2-71）。

原始图形　　　　　　　　　选取边界对象　　　　　　　　　填充结果

图2-71　选择边界对象

3）删除边界对象：从边界定义中删除之前添加的任何对象（见图 2-72）。

选取边界对象　　　　　　　　删除边界　　　　　　　　　填充结果

图2-72　删除"岛"边界

4）重新创建边界：围绕选定的图案填充或填充对象创建多段线或面域，并使其与图案填充对象相关联（可选）。

5）显示边界对象：选择构成选定关联图案填充对象的边界的对象，使用显示的夹点可修改图案填充边界。

6）保留边界对象：指定如何处理图案填充边界对象。选项包括：

- 不保留边界（仅在图案填充创建期间可用）：不创建独立的图案填充边界对象。
- 保留边界 – 多段线（仅在图案填充创建期间可用）：创建封闭图案填充对象的多段线。
- 保留边界 – 面域（仅在图案填充创建期间可用）：创建封闭图案填充对象的面域对象。
- 选择新边界集：指定对象的有限集（称为边界集），以便通过创建图案填充时的拾取点进行计算。

（2）"图案"面板：显示所有预定义和自定义图案的预览图像。

（3）"特性"面板：

1）图案填充类型：指定是使用纯色、渐变色、图案还是用户定义的对象填充。

2）图案填充颜色：替代实体填充和填充图案的当前颜色。

3）背景色：指定填充图案背景的颜色。

4）图案填充透明度：设定新图案填充的透明度，替代当前对象的透明度。

5）图案填充角度：指定图案填充的角度。

6）填充图案比例：放大或缩小预定义或自定义填充图案。

7）相对于图纸空间（仅在布局中可用）：相对于图纸空间单位缩放填充图案。使用此选项，可很容易地做到以适合布局的比例显示填充图案。

8）交叉线（仅当"图案填充类型"设定为"用户定义"时可用）：将绘制第二组直线，与原始直线成 90°角，从而构成交叉线。

9）ISO 笔宽（仅对于预定义的 ISO 图案可用）：基于选定的笔宽缩放 ISO 图案。

（4）"原点"面板：

1）设定原点：直接指定新的图案填充原点。

2）左下：将图案填充原点设定在图案填充边界矩形范围的左下角。

3）右下：将图案填充原点设定在图案填充边界矩形范围的右下角。

4）左上：将图案填充原点设定在图案填充边界矩形范围的左上角。

5）右上：将图案填充原点设定在图案填充边界矩形范围的右上角。

6）中心：将图案填充原点设定在图案填充边界矩形范围的中心。

7）使用当前原点：将图案填充原点设定在 HPORIGIN 系统变量中存储的默认位置。

8）存储为默认原点：将新图案填充原点的值存储在 HPORIGIN 系统变量中。

（5）"选项"面板：

1）关联：指定图案填充为关联图案填充。关联的图案填充在用户修改其边界对象时将会更新。

2）注释性：指定图案填充为注释性。此特性会自动完成缩放注释过程，从而使注释能够以正确的大小在图纸上打印或显示。

3）特性匹配：

使用当前原点：使用选定图案填充对象（除图案填充原点外）设定图案填充的特性。

使用源图案填充的原点：使用选定图案填充对象（包括图案填充原点）设定图案填充的特性。

4）允许的间隙：设定将对象用作图案填充边界时可以忽略的最大间隙。默认值为 0，此值指定对象必须封闭区域而没有间隙。

5）创建独立的图案填充：控制当指定了几个单独的闭合边界时，是创建单个图案填充对象，还是创建多个图案填充对象。

6）孤岛检测：

● 普通孤岛检测：从外部边界向内填充。如果遇到内部孤岛，填充将关闭，直到遇到孤岛中的另一个孤岛。

● 外部孤岛检测：从外部边界向内填充。此选项仅填充指定的区域，不会影响内部孤岛。

● 忽略孤岛检测：忽略所有内部的对象，填充图案时将通过这些对象。

7）绘图次序：为图案填充或填充指定绘图次序。选项包括不更改、后置、前置、置于边界之后和置于边界之前。

（6）"关闭"面板：

关闭图案填充创建：退出 HATCH 并关闭上下文选项卡。也可以按 Enter 键或 Esc 键退出 HATCH。

2.8.2 操作实例——小屋

绘制如图2-73所示的田间小屋。

图2-73 田间小屋

绘制步骤：

1）单击"默认"选项卡"绘图"面板中的"直线"按钮╱和"矩形"按钮▭，设置矩形的两个角点坐标为（210,160）和（400,25），连续直线的端点坐标为（210,160）、（@80<45）、（@190<0）、（@135<-90）和（400,25），绘制房屋外框。用同样方法，设置坐标分别为（400,160）和（@80<45），绘制另一条直线。

2）单击"默认"选项卡"绘图"面板中的"矩形"按钮▭，设置一个矩形的两个角点坐标为（230,125）和（275,90），另一个矩形的两个角点坐标为（335,125）和（380,90），绘制窗户。

3）单击"默认"选项卡"绘图"面板中的"多段线"按钮⟿，绘制门。命令行提示与操作如下：

命令：_PLINE

指定起点：288,25✓

当前线宽为 0.0000

指定下一个点或 [圆弧(A)/闭合(C)/半宽(H)/长度(L)/放弃(U)/宽度(W)]：288,76✓

指定下一点或 [圆弧(A)/闭合(C)/半宽(H)/长度(L)/放弃(U)/宽度(W)]：A✓

指定圆弧的端点(按住 Ctrl 键以切换方向)或[角度(A)/圆心(CE)/闭合(CL)/方向(D)/半宽(H)/直线(L)/半径(R)/第二个点(S)/放弃(U)/宽度(W)]：A✓（用给定圆弧的包角方式画圆弧）

指定夹角：-180✓（包角值为负，则顺时针画圆弧；反之，则逆时针画圆弧）

指定圆弧的端点(按住 Ctrl 键以切换方向)或 [圆心(CE)/半径(R)]: 322,76✓（指定圆弧端点的坐标值）

指定圆弧的端点(按住 Ctrl 键以切换方向)或[角度(A)/圆心(CE)/闭合(CL)/方向(D)/半宽(H)/直线(L)/半径(R)/第二个点(S)/放弃(U)/宽度(W)]: L✓

指定下一点或 [圆弧(A)/闭合(C)/半宽(H)/长度(L)/放弃(U)/宽度(W)]: @51<-90✓

指定下一点或 [圆弧(A)/闭合(C)/半宽(H)/长度(L)/放弃(U)/宽度(W)]: ✓

4）单击"默认"选项卡"绘图"面板中的"图案填充"按钮▨，进行填充。命令行提示与操作如下：

命令：_HATCH

拾取内部点或 [选择对象(S)/放弃(U)/设置(T)]: 正在选择所有对象...（如图 2-74 所示，设置填充图案为"GRASS"，填充比例为 1，单击"拾取点"按钮，用光标在屋顶内拾取一点，如图 2-75 中的 1 点）

正在选择所有可见对象...

正在分析所选数据...

正在分析内部孤岛...

拾取内部点或 [选择对象(S)/放弃(U)/设置(T)]:

图2-74 "图案填充创建"选项卡

5）单击"默认"选项卡"绘图"面板中的"图案填充"按钮▨，选择"ANGLE"图案为预定义图案，设置角度为 0、比例为 2，拾取如图 2-76 中的点 2、3 填充窗户。

图2-75 绘制步骤1   图2-76 绘制步骤2

6）单击"默认"选项卡"绘图"面板中的"图案填充"按钮▨，选择"ANGLE"图案为预定义图案，设置角度为 0、比例为 0.25，拾取图 2-77 中的点 4 填充小屋侧面的砖墙。

7）单击"默认"选项卡"绘图"面板中的"图案填充"下拉菜单中的"渐变色"按钮▨，打开"图案填充创建"选项卡，按照图 2-79 所示进行设置，拾取如图 2-78 中的点 5 填充小屋侧面的砖墙，结果如图 2-73 所示。

图2-77　绘制步骤3

图2-78　绘制步骤4

图2-79　"图案填充创建"选项卡

2.9　综合演练——汽车

本实例绘制的汽车如图 2-80 所示。绘制的顺序是先绘制两个车轮，从而确定汽车的尺寸和位置，然后绘制车体轮廓，最后绘制车窗。绘制过程中要用到的命令有直线、圆、圆弧、多段线、圆环、矩形和正多边形等。

图2-80　汽车

绘制步骤：

1. 绘制车轮

1）单击"默认"选项卡"绘图"面板中的"圆"按钮⊙，命令行提示与操作如下：

命令：_CIRCLE
指定圆的圆心或 [三点(3P)/两点(2P)/ 切点、切点、半径(T)]：500,200✓
指定圆的半径或 [直径(D)] <163.7959>：150✓

用同样方法，指定圆心坐标为（1500,200），半径为 150 绘制另外一个圆。

2）选择菜单栏中的"绘图"→"圆环"命令，命令行提示与操作如下：

命令：_DONUT
指定圆环的内径 <10.0000>：30✓
指定圆环的外径 <80.0000>：100✓

指定圆环的中心点或 <退出>：500,200↙

指定圆环的中心点或 <退出>：1500,200↙

指定圆环的中心点或 <退出>：↙

结果如图 2-81 所示。

2．绘制车体轮廓

1）单击"默认"选项卡"绘图"面板中的"直线"按钮 ╱，命令行提示与操作如下：

命令：_LINE

指定第一个点：50,200↙

指定下一点或 [放弃(U)]：350,200↙

指定下一点或 [放弃(U)]：↙

用同样方法，指定端点坐标分别为{（650,200）、（1350,200）}和{（1650,200）、（2200,200）}，作为底板绘制两条线段，结果如图 2-82 所示。

图2-81　绘制车轮　　　　　　　　　　　　图2-82　绘制底板

2）单击"默认"选项卡"绘图"面板中的"多段线"按钮 ⎯⎯，命令行提示与操作如下：

命令：_PLINE

指定起点：50,200↙

当前线宽为 0.0000

指定下一个点或 [圆弧(A)/半宽(H)/长度(L)/放弃(U)/宽度(W)]：A↙（在 AutoCAD 中执行命令时，采用大写字母与小写字母效果相同）

指定圆弧的端点(按住 Ctrl 键以切换方向)或[角度(A)/圆心(CE)/方向(D)/半宽(H)/直线(L)/半径(R)/第二个点(S)/放弃(U)/宽度(W)]：S↙

指定圆弧上的第二个点： 0,380↙

指定圆弧的端点：50,550↙

指定圆弧的端点(按住 Ctrl 键以切换方向)或[角度(A)/圆心(CE)/闭合(CL)/方向(D)/半宽(H)/直线(L)/半径(R)/第二个点(S)/放弃(U)/宽度(W)]：L↙

指定下一点或 [圆弧(A)/闭合(C)/半宽(H)/长度(L)/放弃(U)/宽度(W)]：@375,0↙

指定下一点或 [圆弧(A)/闭合(C)/半宽(H)/长度(L)/放弃(U)/宽度(W)]：@160,240↙

指定下一点或 [圆弧(A)/闭合(C)/半宽(H)/长度(L)/放弃(U)/宽度(W)]：@780,0↙

指定下一点或 [圆弧(A)/闭合(C)/半宽(H)/长度(L)/放弃(U)/宽度(W)]：@365,-285↙

指定下一点或 [圆弧(A)/闭合(C)/半宽(H)/长度(L)/放弃(U)/宽度(W)]：@470,-60↙

指定下一点或 [圆弧(A)/闭合(C)/半宽(H)/长度(L)/放弃(U)/宽度(W)]：↙

3）单击"默认"选项卡"绘图"面板中的"圆弧"按钮 ╱，命令行提示与操作如下：

命令：_ARC

指定圆弧的起点或 [圆心(C)]：2200,200↙

指定圆弧的第二个点或 [圆心(C)/端点(E)]：2256,322↙

指定圆弧的端点：2200,445↙

结果如图 2-83 所示。

图2-83　绘制车体轮廓

3．绘制车窗

单击"默认"选项卡"绘图"面板中的"矩形"按钮 □，命令行提示与操作如下：

命令：_RECTANG

指定第一个角点或 [倒角(C)/标高(E)/圆角(F)/厚度(T)/宽度(W)]：650,730↙

指定另一个角点或 [面积(A)/尺寸(D)/旋转(R)]：880,370↙

单击"默认"选项卡"绘图"面板中的"多边形"按钮 ⬠，命令行提示与操作如下：

命令：_POLYGON

输入侧面数 <4>：↙

指定正多边形的中心点或 [边(E)]：E↙

指定边的第一个端点：920,730↙

指定边的第二个端点：920,370↙

结果如图 2-80 所示。

2.10　动手练一练

【实例1】绘制如图 2-84 所示的椅子

1．目的要求

绘制本例图形涉及的命令主要是"直线"和"圆弧"。为了做到准确无误，要求通过输入点坐标指定线段的端点和圆弧的相关点，本例的目的是使读者灵活掌握线段以及圆弧的绘制方法。

2．操作提示

1）利用"直线"命令绘制初步轮廓。

2）利用"圆弧"命令绘制图形中的圆弧部分。

3）利用"直线"命令绘制连接线段。

【实例2】绘制如图 2-85 所示的雨伞

1．目的要求

绘制本例图形涉及的命令有"多段线""圆弧"和"样条曲线"。本例对尺寸要求不是很严格，在绘图时可以适当指定位置。本例的目的是使读者掌握样条曲线的绘制方法，同时复习多段线的绘制方法。

2．操作提示

1）利用"圆弧"命令绘制伞的上部外框。

2）利用"样条曲线"命令绘制伞的底边。

3）利用"圆弧"命令绘制伞面条纹。

4）利用"多段线"命令绘制伞尖和伞把。

【实例3】绘制如图2-86所示的墙体

1．目的要求

本例绘制的是一个建筑图形，对尺寸要求不太严格，涉及的命令有"多线样式""多线"和"多线编辑工具"。本例的目的是使读者掌握多线相关命令的使用方法，同时体会利用多线绘制建筑图形的优点。

2．操作提示

1）设置多线样式。

2）利用"多线"命令绘制多线。

3）打开"多线编辑工具"对话框。

4）编辑多线。

图2-84　椅子

图2-85　雨伞

图2-86　墙体

第 3 章

精确绘图

为了能够快速准确地绘制图形，AutoCAD 2024 提供了多种必要的和辅助的绘图工具，利用这些工具，可以方便、准确地完成图形的绘制和编辑，不仅可以提高工作效率，而且能保证图形的质量。本章将介绍精确定位工具、对象捕捉、对象追踪和对象约束等知识。

重点与难点

- 了解精确定位工具
- 熟练掌握对象捕捉、对象追踪和对象约束

3.1 精确定位工具

精确定位工具是指能够快速准确地定位某些特殊点（如端点、中点、圆心等）和特殊位置（如水平位置、垂直位置）的工具。

 ### 3.1.1 正交模式

在使用 AutoCAD 2024 绘图过程中，经常需要绘制水平直线和垂直直线，但是用光标选择线段的端点时很难保证两个点严格沿水平或垂直方向，为此，AutoCAD 2024 提供了正交功能。当启用正交模式时，画线或移动对象时只能沿水平方向或垂直方向移动光标，也只能绘制平行于坐标轴的正交线段。

【执行方式】

命令行：ORTHO。

状态栏：单击状态栏中的"正交模式"按钮 ∟。

快捷键：按 F8 键。

【操作步骤】

命令行提示与操作如下：

命令：ORTHO✓

输入模式 [开(ON)/关(OFF)] <开>：（设置开或关）

 ### 3.1.2 栅格显示

应用栅格显示工具可以使绘图区显示网格，它是一个形象的画图工具，就像传统的坐标纸一样。下面介绍控制栅格显示及设置栅格参数的方法。

【执行方式】

菜单栏：选择菜单栏中的"工具"→"绘图设置"命令。

状态栏：单击状态栏中的"栅格"按钮 ⊞（仅限于打开与关闭）。

快捷键：按 F7 键（仅限于打开与关闭）。

【操作步骤】

选择菜单栏中的"工具"→"绘图设置"命令，系统打开"草图设置"对话框，选择"捕捉和栅格"选项卡，如图 3-1 所示。其中，"启用栅格"复选框用于控制是否显示栅格；"栅格 X 轴间距"和"栅格 Y 轴间距"文本框用于设置栅格在水平与垂直方向的间距。如果"栅格 X 轴间距"和"栅格 Y 轴间距"设置为 0，则系统会自动将捕捉栅格间距应用于栅格，且其原点和角度总是与捕捉栅格的原点和角度相同。另外，还可以通过"Grid"命令在命令行设置栅格间距。

图3-1　"捕捉和栅格"选项卡

3.1.3　捕捉模式

为了准确地在绘图区捕捉点，AutoCAD 2024 提供了捕捉工具，可以在绘图区生成一个隐含的栅格（捕捉栅格）。这个栅格能够捕捉光标，约束它只能落在栅格的某一个节点上，使用户能够精确地捕捉和选择这个栅格上的点。本节主要介绍捕捉栅格的参数设置方法。

 【执行方式】

菜单栏：选择菜单栏中的"工具"→"绘图设置"命令。

状态栏：单击状态栏中的"捕捉模式"按钮 ⠿（仅限于打开与关闭）。

快捷键：按 F9 键（仅限于打开与关闭）。

 【操作步骤】

选择菜单栏中的"工具"→"绘图设置"命令，打开"草图设置"对话框，选择"捕捉和栅格"选项卡，如图 3-1 所示。

 【选项说明】

（1）"启用捕捉"复选框：控制捕捉功能启闭的开关，与按 F9 键或单击状态栏上的"捕捉模式"按钮 ⠿功能相同。

（2）"捕捉间距"选项组：设置捕捉参数。其中"捕捉 X 轴间距"与"捕捉 Y 轴间距"文本框用于确定捕捉栅格点在水平和垂直两个方向上的间距。

（3）"捕捉类型"选项组：确定捕捉类型和样式。AutoCAD 2024 提供了两种捕捉栅格的方式："栅格捕捉"和"PolarSnap"（极轴捕捉）。"栅格捕捉"是指按正交位置捕捉位置点；"PolarSnap"则可以根据设置的任意极轴角捕捉位置点。

"栅格捕捉"又分为"矩形捕捉"和"等轴测捕捉"两种方式。在"矩形捕捉"方式下捕捉栅格是标准的矩形，在"等轴测捕捉"方式下捕捉栅格和光标十字线不再互相垂直，而是成绘制等轴测图时的特定角度，这种方式对于绘制等轴测图十分方便。

（4）"极轴间距"选项组：该选项组只有在选择"PolarSnap"捕捉类型时才可用。可在"极轴距离"文本框中输入距离值，也可以在命令行输入"SNAP"，设置捕捉的有关参数。

3.2 对象捕捉

在利用 AutoCAD 2024 画图时经常要用到一些特殊点，如圆心、切点、线段或圆弧的端点、中点等。如果只利用光标在图形上选择，要准确地确定这些点是十分困难的，因此 AutoCAD 2024 提供了一些识别这些点的工具。利用这些工具可以准确地找到特殊点，精确地绘制图形，进而且绘制的图形比传统手工绘图更精确也更容易维护。在 AutoCAD 2024 中，这种功能称为对象捕捉功能。

3.2.1 特殊位置点捕捉

在绘制图形时，有时需要指定一些特殊位置的点，如圆心、端点、中点、平行线上的点等，见表 3-1。这些点可以通过对象捕捉功能来捕捉。

表 3-1 特殊位置点捕捉模式

捕捉模式	快捷命令	功　　能
临时追踪点	TT	建立临时追踪点
两点之间的中点	M2P	捕捉两个独立点之间的中点
捕捉自	FRO	与其他捕捉方式配合使用建立一个临时参考点，作为指出后继点的基点
端点	ENDP	用来捕捉对象（如线段或圆弧等）的端点
中点	MID	用来捕捉对象（如线段或圆弧等）的中点
圆心	CEN	用来捕捉圆或圆弧的圆心
节点	NOD	捕捉用POINT或DIVIDE等命令生成的点
象限点	QUA	用来捕捉距光标最近的圆或圆弧上可见部分的象限点，即圆周上0°、90°、180°、270°位置上的点
交点	INT	用来捕捉对象（如线、圆弧或圆等）的交点
延长线	EXT	用来捕捉对象延长线上的点
插入点	INS	用于捕捉块、形、文字、属性或属性定义等对象的插入点

（续）

捕捉模式	快捷命令	功　　能
垂足	PER	在直线、圆或圆弧上捕捉一个点，使之与最后生成的点的连线与该直线、圆或圆弧正交
切点	TAN	最后生成的一个点到选中的圆或圆弧上引切线的切点位置
最近点	NEA	用于捕捉离拾取点最近的线段、圆、圆弧等对象上的点
外观交点	APP	用来捕捉两个对象在视图平面上的交点。若两个对象没有直接相交，则系统自动计算其延长后的交点；若两个对象在空间上为异面直线，则系统计算其投影方向上的交点
平行线	PAR	用于捕捉与指定对象平行方向的点
无	NON	关闭对象捕捉模式
对象捕捉设置	OSNAP	设置对象捕捉

AutoCAD 2024 提供了命令行、工具栏和右键快捷菜单三种执行特殊点对象捕捉的方法。

在使用特殊位置点捕捉的快捷命令前，必须先选择绘制对象的命令或工具，再在命令行中输入其快捷命令。

3.2.2　操作实例——盘盖

绘制如图 3-2 所示的盘盖。

图3-2　盘盖

绘制步骤：

1）设置图层。单击"默认"选项卡"图层"面板中的"图层特性"按钮，新建两个图层。

● 中心线层：线型为 CENTER，颜色为红色，其余属性采用默认值。

● 粗实线层：线宽为 0.30mm，其余属性采用默认值。

2）绘制中心线。将"中心线层"图层设置为当前图层，单击"默认"选项卡"绘图"面板中的"直线"按钮，绘制相互垂直的中心线。

3）打开捕捉功能。选择菜单栏中的"工具"→"绘图设置"命令，在打开的"草图设置"对话框中选择"对象捕捉"选项卡，单击"全部选择"按钮，选择所有的捕捉模式，并选中

"启用对象捕捉"复选框，单击"确定"按钮退出。

4）绘制辅助圆。单击"默认"选项卡"绘图"面板中的"圆"按钮⊙，捕捉垂直中心线的交点为圆心，如图 3-3a 所示。结果如图 3-3b 所示。

图3-3 绘制圆形

5）绘制外圆和内孔。将"粗实线层"图层设置为当前图层，单击"默认"选项卡"绘图"面板中的"圆"按钮⊙，捕捉垂直中心线的交点为圆心，如图 3-4a 所示，绘制盘盖外圆和内孔。结果如图 3-4b 所示。

图3-4 绘制外圆和内孔

6）绘制螺孔。单击"默认"选项卡"绘图"面板中的"圆"按钮⊙，捕捉圆形中心线与垂直中心线（水平中心线）的交点为圆心，如图 3-5a 所示，绘制螺孔。结果如图 3-5b 所示。

7）绘制其余螺孔。用同样的方法绘制其他 3 个螺孔，或者单击"修改"工具栏中的"复制"按钮⅜，结果如图 3-2 所示。

图3-5 绘制螺孔

▲技巧与提示——公切线的绘制

在绘制公切线时，可将直线两端的端点都捕捉作为切点。不管指定圆上哪一点作为切点，系统都会根据圆的半径和指定的大致位置确定准确的切点位置，并能根据大致指定的点与内外切点距离，依据距离趋近原则判断绘制外切线还是内切线。

3.2.3　对象捕捉设置

在 AutoCAD 2024 中绘图之前，可以根据需要事先设置开启一些对象捕捉模式，绘图时系统就能自动捕捉这些特殊点，从而加快绘图速度，提高绘图质量。

【执行方式】

命令行：DDOSNAP。

菜单栏：选择菜单栏中的"工具"→"绘图设置"命令。

工具栏：单击"对象捕捉"工具栏中的"对象捕捉设置"按钮 𝗻.。

状态栏：单击状态栏中的"二维对象捕捉"按钮 □（仅限于打开与关闭）。

快捷键：按 F3 键（仅限于打开与关闭）。

快捷菜单：选择快捷菜单中的"捕捉替代"→"对象捕捉设置"命令。

执行上述操作后，系统打开"草图设置"对话框，选择"对象捕捉"选项卡，如图 3-6 所示。在此选项卡中可对对象捕捉方式进行设置。

图3-6　"对象捕捉"选项卡

【选项说明】

（1）"启用对象捕捉"复选框：勾选该复选框，在"对象捕捉模式"选项组中勾选的捕捉模式处于激活状态。

（2）"启用对象捕捉追踪"复选框：用于打开或关闭自动追踪功能。

（3）"对象捕捉模式"选项组：此选项组中列出各种捕捉模式的复选框，勾选复选框的捕捉模式处于激活状态。单击"全部清除"按钮，则所有捕捉模式均被清除；单击"全部选择"按钮,则所有捕捉模式均被选中。

另外,在对话框的左下角有一个"选项"按钮,单击该按钮可以打开"选项"对话框,在该对话框中可对捕捉模式的各项进行设置。

📖3.2.4 操作实例——三环旗

绘制如图3-7所示的三环旗。

图3-7 三环旗

绘制步骤:

1)单击"默认"选项卡"绘图"面板中的"直线"按钮 ╱,绘制辅助线。命令行提示与操作如下:

> 命令: _LINE
>
> 指定第一个点:(在绘图区单击指定一点)
>
> 指定下一点或 [放弃(U)]:(移动光标到合适位置,单击指定另一点,绘制出一条倾斜直线,作为辅助线)
>
> 指定下一点或 [放弃(U)]: ✓

绘制结果如图3-8所示。

2)单击"默认"选项卡"绘图"面板中的"多段线"按钮 ⟶⟩,绘制旗尖。命令行提示与操作如下:

> 命令: _PLINE
>
> 指定起点:(单击"对象捕捉"工具栏中的"捕捉到最近点"按钮 ⺫)
>
> _nea 到:(将光标移至直线上,选择一点)
>
> 当前线宽为 0.0000
>
> 指定下一点或 [圆弧(A)/闭合(C)/半宽(H)/长度(L)/放弃(U)/宽度(W)]: W✓
>
> 指定起点宽度 <0.0000>: ✓
>
> 指定端点宽度 <0.0000>: 8✓
>
> 指定下一点或 [圆弧(A)/闭合(C)/半宽(H)/长度(L)/放弃(U)/宽度(W)]:(单击"对象捕捉"工具栏中的"捕捉到最近点"按钮 ⺫)

_nea 到：（将光标移至直线上，选择一点）

指定下一点或 [圆弧(A)/闭合(C)/半宽(H)/长度(L)/放弃(U)/宽度(W)]：W✓

指定起点宽度 <8.0000>：✓

指定端点宽度 <8.0000>：0✓

指定下一点或 [圆弧(A)/闭合(C)/半宽(H)/长度(L)/放弃(U)/宽度(W)]：（单击"对象捕捉"工具栏中的"捕捉到最近点"按钮）

_nea 到：（将光标移至直线上，选择一点，使旗尖图形接近对称）

绘制结果如图 3-9 所示。

3）单击"默认"选项卡"绘图"面板中的"多段线"按钮⊃，绘制旗杆。命令行提示与操作如下：

命令：_PLINE

指定起点：（单击"对象捕捉"工具栏中的"捕捉到端点"按钮）

_endp 于：捕捉所画旗尖的端点

当前线宽为 0.0000

指定下一个点或 [圆弧(A)/半宽(H)/长度(L)/放弃(U)/宽度(W)]：W✓

指定起点宽度 <0.0000>：2✓

指定端点宽度 <2.0000>：✓

指定下一个点或 [圆弧(A)/半宽(H)/长度(L)/放弃(U)/宽度(W)]：（单击"对象捕捉"工具栏中的"捕捉到最近点"按钮）

_nea 到：（将光标移至辅助线上，选择一点）

指定下一点或 [圆弧(A)/闭合(C)/半宽(H)/长度(L)/放弃(U)/宽度(W)]：✓

绘制结果如图 3-10 所示。

图3-8 绘制辅助直线　　　　图3-9 绘制旗尖　　　　图3-10 绘制旗杆

4）单击"默认"选项卡"绘图"面板中的"多段线"按钮⊃，绘制旗面，命令行提示与操作如下：

命令：_PLINE

指定起点：（单击"对象捕捉"工具栏中的"捕捉到端点"按钮）

_endp 于：（捕捉旗杆的端点）

当前线宽为 0.0000

指定下一点或 [圆弧(A)/闭合(C)/半宽(H)/长度(L)/放弃(U)/宽度(W)]：A✓

指定圆弧的端点(按住 Ctrl 键以切换方向)或[角度(A)/圆心(CE)/闭合(CL)/方向(D)/半宽(H)/直线(L)/半径(R)/第二点(S)/放弃(U)/宽度(W)]：S✓

指定圆弧的第二点：（单击选择一点，指定圆弧的第二点）

指定圆弧的端点：（单击选择一点，指定圆弧的端点）

指定圆弧的端点(按住 Ctrl 键以切换方向)或[角度(A)/圆心(CE)/闭合(CL)/方向(D)/半宽(H)/直线(L)/半径(R)/第二点(S)/放弃(U)/宽度(W)]：（单击选择一点，指定圆弧的端点）

指定圆弧的端点(按住 Ctrl 键以切换方向)或[角度(A)/圆心(CE)/闭合(CL)/方向(D)/半宽(H)/直线(L)/半径(R)/第二点(S)/放弃(U)/宽度(W)]：✓

采用相同的方法绘制旗面另一条边线。

5）单击"默认"选项卡"绘图"面板中的"直线"按钮／，绘制旗面右端封闭直线。命令行提示与操作如下：

命令：_LINE

指定第一个点：（单击"对象捕捉"工具栏中的"捕捉到端点"按钮 ）

_endp 于：捕捉旗面上边的端点

指定下一点或 [放弃(U)]：（单击"对象捕捉"工具栏中的"捕捉到端点"按钮 ）

_endp 于：（捕捉旗面下边的端点）

指定下一点或 [放弃(U)]：✓

绘制结果如图 3-11 所示。

6）选择菜单栏中的"绘图"→"圆环"命令，绘制 3 个圆环。命令行提示与操作如下：

命令：_DONUT

指定圆环的内径 <10.0000>：30✓

指定圆环的外径 <20.0000>：40✓

指定圆环的中心点 <退出>：（在旗面内单击选择一点，确定第一个圆环的中心）

指定圆环的中心点 <退出>：（在旗面内单击选择一点，确定第二个圆环中心，使绘制的 3 个圆环排列为一个三环形状）

指定圆环的中心点 <退出>：✓

图3-11　绘制旗面后的图形

绘制结果如图 3-7 所示。

3.3　对象追踪

利用对象追踪功能可按指定角度或与其他对象建立的指定关系绘制对象。可以结合对象捕捉功能进行自动追踪，也可以指定临时点进行临时追踪。

3.3.1　自动追踪

利用自动追踪功能可以对齐路径，有助于以精确的位置和角度创建对象。自动追踪包括"极轴追踪"和"对象捕捉追踪"两种。"极轴追踪"是指按指定的极轴角或极轴角的倍数对齐要指定点的路径；"对象捕捉追踪"是指以捕捉到的特殊位置点为基点，按指定的极轴角或极轴角的倍数对齐要指定点的路径。

"极轴追踪"必须配合"对象捕捉"功能一起使用，"对象捕捉追踪"必须配合"对象捕捉"功能一起使用。

【执行方式】

命令行：DDOSNAP。

菜单栏：选择菜单栏中的"工具"→"绘图设置"命令。

工具栏：单击"对象捕捉"工具栏中的"对象捕捉设置"按钮🅝。

状态栏：单击状态栏中的"对象捕捉"按钮🗖和"对象捕捉追踪"按钮∠或单击"极轴追踪"右侧的下拉按钮，在弹出的下拉列表中选择"正在追踪设置"选项。

快捷键：按 F11 键。

执行上述操作后，或右击"对象捕捉"开关或"对象捕捉追踪"开关，在弹出的快捷菜单中选择相应的"设置"命令，打开"草图设置"对话框，然后选择"对象捕捉"选项卡，选中"启用对象捕捉追踪"复选框，即完成对象捕捉追踪设置。

3.3.2　操作实例——特殊位置线段的绘制

绘制步骤：

1）绘制一条线段，使该线段的一个端点与另一条线段的端点在同一条水平线上。

2）单击状态栏中的"二维对象捕捉"按钮🗖和"极轴追踪"按钮⟲，启动对象捕捉追踪功能。

3）绘制一条线段。

4）绘制第二条线段，命令行提示与操作如下：

```
命令：_LINE
指定第一个点：（指定点 1，如图 3-12a 所示）
指定下一点或 [放弃(U)]：（将光标移动到点 2 处，系统自动捕捉到第一条线段的点 2，如图 3-12b 所
```

AutoCAD 2024

示。系统显示一条虚线为追踪线，移动光标，在追踪线的适当位置指定点 3，如图 3-12c 所示）

　　指定下一点或 [放弃(U)]：↙

a）指定点1　　　　　　b）捕捉点2　　　　　　c）指定点3

图3-12　绘制一个端点与另一条线段的端点在同一条水平线上的线段

📖3.3.3　极轴追踪设置

【执行方式】

　　命令行：DDOSNAP。

　　菜单栏：选择菜单栏中的"工具"→"绘图设置"命令。

　　工具栏：单击"对象捕捉"工具栏中的"对象捕捉设置"按钮🎛。

　　状态栏：单击状态栏中的"对象捕捉"按钮🔲和"极轴追踪"按钮⊘。

　　快捷键：按 F10 键。

　　执行上述操作，或在"极轴追踪"按钮⊘上右击，选择快捷菜单中的"正在追踪设置"命令，系统打开如图 3-13 所示"草图设置"对话框的"极轴追踪"选项卡。其中各选项功能如下：

图3-13　"极轴追踪"选项卡

（1）"启用极轴追踪"复选框：勾选该复选框，可启用极轴追踪功能。

（2）"极轴角设置"选项组：设置极轴角的值。可以在"增量角"下拉列表框中选择一种角度值，也可勾选"附加角"复选框。单击"新建"按钮可设置任意附加角。系统在进行极轴追踪时，同时追踪增量角和附加角。可以设置多个附加角。

（3）"对象捕捉追踪设置"和"极轴角测量"选项组：按界面提示设置相应选项。利用自动追踪可以完成三视图绘制。

3.3.4　操作实例——通过极轴追踪绘制方头平键

本实例绘制的方头平键如图 3-14 所示，先绘制主视图，然后绘制俯视图，最后根据其对应关系绘制左视图。绘制过程中要用到直线、矩形等命令。利用二维对象捕捉和对象追踪两个按钮可以绘制所需的直线形式。

图3-14　方头平键

绘制步骤：

1）单击"默认"选项卡"绘图"面板中的"矩形"按钮 ▭，在绘图平面上适当位置指定一点为第一角点，设置第二个角点坐标为（@100,11），绘制主视图外形。结果如图 3-15 所示。

图3-15　绘制主视图外形

2）单击"默认"选项卡"绘图"面板中的"直线"按钮 ╱，捕捉矩形左上角点，如图 3-16 所示，设置偏移为（@0,-2），然后捕捉矩形右边上的垂足，如图 3-17 所示，绘制一条棱线。采用相同方法，以矩形左下角点为基点，向上偏移 2，利用基点捕捉绘制下边的另一条棱线，结果如图 3-18 所示。

图3-16　捕捉角点　　　　　　　　　图3-17　捕捉垂足

图3-18　绘制主视图棱线

3）单击状态栏上的"二维对象捕捉"和"极轴追踪"按钮，启动对象捕捉追踪功能。并打开"草图设置"对话框中的"极轴追踪"选项卡，将"增量角"设置为 90，将对象捕捉追踪设置为"仅正交追踪"。

4）单击"默认"选项卡"绘图"面板中的"矩形"按钮 □，捕捉主视图左下角点，系统显示追踪线，沿追踪线向下在适当位置指定一点为第一角点，如图 3-19 所示，设置第二个角点坐标为（@100,18），绘制俯视图外形，结果如图 3-20 所示。

图3-19　沿追踪线指定一点

图3-20　绘制俯视图外形

5）单击"默认"选项卡"绘图"面板中的"直线"按钮 ╱，设置偏移距离为 2，结合基点捕捉功能绘制俯视图棱线，结果如图 3-21 所示。

图3-21　绘制俯视图棱线

6）绘制左视图构造线。单击"默认"选项卡"绘图"面板中的"构造线"按钮 ╱，绘制角度为-45°的构造线。如图 3-22 所示。然后绘制两条水平构造线，再捕捉两水平构造线与斜构造线交点为指定点绘制两条竖直构造线，如图 3-23 所示。

7）绘制左视图。单击"默认"选项卡"绘图"面板中的"矩形"按钮 □，命令行提示与操作如下：

```
命令：_RECTANG
指定第一个角点或 [倒角(C)/标高(E)/圆角(F)/厚度(T)/宽度(W)]：C✓
指定矩形的第一个倒角距离 <0.0000>：2✓
指定矩形的第二个倒角距离 <2.0000>：✓
指定第一个角点或 [倒角(C)/标高(E)/圆角(F)/厚度(T)/宽度(W)]：(捕捉主视图矩形上边延长线与第一
```

条竖直构造线交点，如图 3-24 所示)

　　　指定另一个角点或 [尺寸(D)]：(捕捉主视图矩形下边延长线与第二条竖直构造线交点)

　　　　图3-22　绘制左视图构造线　　　　　　图3-23　完成左视图构造线的绘制

结果如图 3-25 所示。

8）删除构造线，结果如图 3-14 所示。

图3-24　捕捉对象

图3-25　绘制左视图

3.4　对象约束

　　约束能够精确地控制草图中的对象。草图约束有几何约束和尺寸约束两种类型。

　　几何约束建立草图对象的几何特性（如要求某一直线具有固定长度），或是两个或更多草图对象的关系类型（如要求两条直线垂直或平行，或是几个圆弧具有相同的半径）。在绘图区，用户可以使用"参数化"选项卡内的"全部显示""全部隐藏"或"显示"来显示有关信息，并显示代表这些约束的直观标记，如图 3-26 所示的水平标记━和共线标记✕。尺寸约束建立草图对象的大小（如直线的长度、圆弧的半径等），或是两个对象之间的关系（如两点之间的距离）。图 3-27 所示为带有尺寸约束的图形。

图3-26 "几何约束"示意图

图3-27 带尺寸约束的图形

3.4.1 几何约束

利用几何约束工具，可以指定草图对象必须遵守的条件，或是草图对象之间必须维持的
关系。主要几何约束模式及其功能见表 3-2。"几何约束"面板（在"草图与注释"工作空间
"参数化"选项卡的"几何"面板中）及工具栏如图 3-28 所示。

菜单栏：选择菜单栏中的"参数"→"约束设置"命令。

工具栏：单击"参数化"工具栏中的"约束设置"按钮。

功能区：单击"参数化"选项卡"几何"面板中的"对话框启动器"按钮。

执行上述操作后，系统打开"约束设置"对话框，选择"几何"选项卡，如图 3-29 所示。
在此对话框中可以控制约束栏上约束类型的显示。

表3-2　几何约束模式及其功能

约束模式	功　　　能
重合	约束两个点使其重合，或约束一个点使其位于曲线（或曲线的延长线）上。可以使对象上的约束点与某个对象重合，也可以使其与另一对象上的约束点重合
共线	使两条或多条直线段沿同一直线方向，使它们共线
同心	将两个圆弧、圆或椭圆约束到同一个中心点，结果与将重合约束应用于曲线的中心点所产生的效果相同
固定	将几何约束应用于一对对象时，选择对象的顺序以及选择每个对象的点可能会影响对象彼此间的放置方式
平行	使选定的直线位于彼此平行的位置。平行约束在两个对象之间应用
垂直	使选定的直线位于彼此垂直的位置。垂直约束在两个对象之间应用
水平	使直线或点位于与当前坐标系 X 轴平行的位置。默认选择类型为对象
竖直	使直线或点位于与当前坐标系 Y 轴平行的位置
相切	将两条曲线约束为保持彼此相切或其延长线保持彼此相切。相切约束在两个对象之间应用
平滑	将样条曲线约束为连续，并与其他样条曲线、直线、圆弧或多段线保持连续性
对称	使选定对象受对称约束，相对于选定直线对称
相等	将选定圆弧和圆的尺寸重新调整为半径相同，或将选定直线的尺寸重新调整为长度相同

图3-28　"几何约束"面板及工具栏

图3-29　"约束设置"对话框

【选项说明】

（1）"约束栏显示设置"选项组：此选项组控制图形编辑器中是否为对象显示约束栏或约束点标记。例如，可以为水平约束和竖直约束隐藏约束栏的显示。

（2）"全部选择"按钮：选择全部几何约束类型。

（3）"全部清除"按钮：清除所有选定的几何约束类型。

（4）"仅为处于当前平面中的对象显示约束栏"复选框：仅为当前平面上受几何约束的对象显示约束栏。

（5）"约束栏透明度"选项组：设置图形中约束栏的透明度。

（6）"将约束应用于选定对象后显示约束栏"复选框：手动应用约束或使用"AUTOCONSTRAIN"命令时，显示相关约束栏。

3.4.2 操作实例——绘制相切及同心的圆

绘制如图 3-30 所示的同心相切圆。

绘制步骤：

1）单击"默认"选项卡"绘图"面板中的"圆"按钮 ⊙，以适当半径绘制 4 个圆，结果如图 3-31 所示。

2）在界面上方的工具栏区右击，选择快捷菜单中的"几何约束"命令，打开"几何约束"工具栏。

3）单击"几何约束"工具栏中的"相切"按钮 ⚬，命令行提示与操作如下：

命令：_GcTangent

选择第一个对象：（使用光标选择圆 1）

选择第二个对象：（使用光标选择圆 2）

4）系统自动将圆 2 向左移动与圆 1 相切，结果如图 3-32 所示。

图3-30　同心相切圆　　　　图3-31　绘制圆　　　　图3-32　建立圆1与圆2的相切关系

5）单击"几何约束"工具栏中的"同心"按钮 ◎，使其中两圆同心，命令行提示与操作如下：

命令：_GcConcentric

选择第一个对象：（选择圆 1）

选择第二个对象：（选择圆 3）

系统自动建立同心的几何关系，结果如图3-33所示。

6）采用同样的方法，使圆3与圆2建立相切几何约束，结果如图3-34所示。

图3-33　建立圆1与圆3的同心关系　　　　图3-34　建立圆3与圆2的相切关系

7）采用同样的方法，使圆1与圆4建立相切几何约束，结果如图3-35所示。

8）采用同样的方法，使圆4与圆2建立相切几何约束，结果如图3-36所示。

9）采用同样的方法，使圆3与圆4建立相切几何约束，结果如图3-30所示。

图3-35　建立圆1与圆4的相切关系　　　　图3-36　建立圆4与圆2的相切关系

3.4.3　尺寸约束

1. 建立尺寸约束

建立尺寸约束可以限制图形几何对象的大小，与在草图上标注尺寸相似。同样，设置尺寸标注线，与此同时也会建立相应的表达式，不同的是可以在后续的编辑工作中实现尺寸的参数化驱动。"标注约束"面板（在"草图与注释"工作空间"参数化"选项卡的"标注"面板中）及工具栏如图3-37所示。

图3-37　"标注约束"面板及工具栏

在生成尺寸约束时，可以选择草图曲线、边、基准平面或基准轴上的点，生成水平、竖直、平行、垂直和角度尺寸。

生成尺寸约束时，系统会生成一个表达式，其名称和值显示在一个文本框中，如图3-38所示，用户可以在其中编辑该表达式的名称和值。

生成尺寸约束时，只要选中了几何体，其尺寸及其延伸线和箭头就会全部显示出来。将尺寸拖动到位后单击，即可完成尺寸约束的添加。完成尺寸约束后，用户还可以随时更改尺寸约束，只需在绘图区选中该值双击，就可以使用生成过程中所采用的方式，编辑其名称、值或位置。

图3-38　编辑尺寸约束

2．设置尺寸约束

在用 AutoCAD 2024 绘图时，打开"约束设置"对话框中的"标注"选项卡，如图 3-39 所示，可设置显示标注约束时的系统配置。标注约束控制设计尺寸的大小和比例。尺寸约束的具体内容如下：

● 　对象之间或对象上点之间的距离。

● 　对象之间或对象上点之间的角度。

图3-39　"标注"选项卡

　【执行方式】

命令行：CONSTRAINTSETTINGS（CSETTINGS）。

菜单栏：选择菜单栏中的"参数"→"约束设置"命令。

工具栏：单击"参数化"工具栏中的"约束设置"按钮。

功能区：单击"参数化"选项卡"标注"面板中的"约束设置，标注"按钮 。

执行上述操作后，系统打开"约束设置"对话框，选择"标注"选项卡，如图 3-39 所示。在此对话框中可以控制约束栏上约束类型的显示。

【选项说明】

（1）"标注约束格式"选项组：在该选项组内可以设置标注名称格式和锁定图标的显示。

（2）"标注名称格式"下拉列表框：为应用标注约束时显示的文字指定格式。可将名称格式设置为显示名称、值或名称和表达式。例如，宽度=长度/2。

（3）"为注释性约束显示锁定图标"复选框：针对已应用注释性约束的对象显示锁定图标。

（4）"为选定对象显示隐藏的动态约束"复选框：显示选定时已设置为隐藏的动态约束。

3.4.4　操作实例——利用尺寸驱动更改方头平键尺寸

更改如图 3-40 所示的方头平键尺寸。

图3-40　更改方头平键尺寸

绘制步骤：

1）打开电子资料包中的"源文件/方头平键（键 B18×100）"，如图 3-41 所示。

图3-41　键B18×100

2）在操作界面上方的工具栏区右击，打开"几何约束"工具栏，单击"共线"按钮，使左端各竖直直线建立共线的几何约束。采用同样的方法，使右端各直线建立共线的几何约束。

3）单击"几何约束"工具栏中的"相等"按钮，使最上端水平线与下面各条水平线建立相等的几何约束。

4）单击"标注约束"工具栏中的"水平"按钮，更改水平尺寸。命令行提示与操作如下：

命令：_DcHorizontal

指定第一个约束点或 [对象(O)] <对象>：（选择最上端直线左端）

指定第二个约束点：（选择最上端直线右端）

指定尺寸线位置：（在合适位置单击）

标注文字 = 100：80✓

5）系统自动将长度调整为80，结果如图3-40所示。

★ 知识链接——命令输入方式

AutoCAD 2024 交互绘图必须输入必要的指令和参数。有 AutoCAD 2024 多种命令输入方式（以画直线为例）。

1. 在命令行窗口输入命令名

命令字符可不区分大小写。例如：命令：LINE✓。执行命令时，在命令行提示中经常会出现命令选项，如输入绘制直线命令"LINE"后，命令行提示与操作如下：

命令：LINE✓

指定第一个点：（在屏幕上指定一点或输入一个点的坐标）

指定下一点或 [放弃(U)]：

选项中不带括号的提示为默认选项，因此可以直接输入直线段的起点坐标或在屏幕上指定一点，如果要选择其他选项，则应该首先输入该选项的标识字符，如输入"放弃"选项的标识字符"U"，然后按系统提示输入数据即可。在命令选项的后面有时候还带有尖括号，尖括号内的数值为默认数值。

2. 在命令行窗口输入命令缩写字

如 L (Line)、C (Circle)、A (Arc)、Z (Zoom)、R (Redraw)、M (More)、CO (Copy)、PL (Pline)、E (Erase) 等。

3. 选取绘图菜单直线选项

选取该选项后，在状态栏中可以看到相应的命令说明及命令名。

4. 选取工具栏中的对应图标

选取该图标后在状态栏中也可以看到相应的命令说明及命令名。

5. 在命令行打开右键快捷菜单

如果在前面刚使用过要输入的命令，可以在绘图区打开右键快捷菜单，在"最近的输入"子菜单中选择需要的命令，如图3-42所示。"最近的输入"子菜单中储存了最近使用的 6 个命令，如果经常重复使用某个 6 次操作以内的命令，这种方法就比较快速简洁。

6. 在绘图区右击

如果用户要重复使用上次使用的命令，可以直接在绘图区右击，系统会立即重复执行上次使用的命令。这种方法适用于重复执行某个命令。

图 3-42　命令行右键快捷菜单

3.5 动手练一练

【实例1】在如图3-43所示的四边形上、下边延长线交点作四边形右边的平行线

1. 目的要求

本例要绘制的图形比较简单，但是要准确找到四边形上、下边延长线交点必须启用"对象捕捉"功能。通过本例，读者可以体会到对象捕捉功能的方便与快捷。

2. 操作提示

1）在操作界面上方的工具栏区右击，选择弹出的快捷菜单中的"对象捕捉"命令，打开"对象捕捉"工具栏。

2）利用"对象捕捉"工具栏中的"捕捉到交点"工具捕捉四边形上、下边的延长线交点作为直线起点。

3）利用"对象捕捉"工具栏中的"捕捉到平行线"工具捕捉一点作为直线终点。

【实例2】利用对象追踪功能，在如图 3-44a 所示的图形基础上绘制一条特殊位置直线，如图3-44b 所示

1. 目的要求

本例要绘制的图形比较简单，但是要准确找到直线的两个端点必须启用"对象捕捉"和"对象捕捉追踪"工具。通过本例，读者可以体会到对象捕捉和对象捕捉追踪功能的方便与快捷。

2. 操作提示

1）启用对象捕捉追踪与对象捕捉功能。

2）在三角形左边的延长线上捕捉一点作为直线起点。

3）结合对象捕捉追踪与对象捕捉功能在三角形右边延长线上捕捉一点作为直线终点。

图3-43 四边形

a)

b)

图3-44 绘制直线

第4章

图层设置

利用 AutoCAD 2024 提供的图层工具，可对每个图层设置颜色和线型，并把具有相同特征的图形对象放在同一图层上绘制。由于在绘图时不用对每个对象都设置线型和颜色，不仅方便绘图，而且保存图形时只需存储其几何数据和所在图层即可，因而既节省了存储空间，又可以提高工作效率。本章将对有关图层的知识以及图层颜色和线型的设置进行介绍。

重点与难点

- 学习图层颜色的设置
- 了解图层线型的设置
- 熟练掌握利用对话框和工具栏设置图层
- 了解在"图层特性管理器"中设置线型

4.1 设置图层

图层的概念类似投影片，绘制图形就像是将不同属性的对象分别放置在不同的投影片（图层）上。例如，将图形的主要线段、中心线、尺寸标注等分别绘制在不同的图层上（每个图层可设定不同的线型、线条颜色），然后把不同的图层叠加在一起，即可成为一张完整的图形。这样绘制的图形层次分明，方便图形对象的编辑与管理。一个完整的图形就是由它所包含的所有图层上的对象叠加在一起构成的，如图4-1 所示。

图4-1 图层效果

4.1.1 利用对话框设置图层

AutoCAD 2024 提供了详细直观的"图层特性管理器"选项板，用户可以方便地通过对该对话框及其二级对话框中的选项进行设置，从而实现创建新图层、设置图层颜色及线型的各种操作。

【执行方式】

命令行：LAYER。

菜单栏：选择菜单栏中的"格式"→"图层"命令。

工具栏：单击"图层"工具栏中的"图层特性管理器"按钮。

功能区：单击"默认"选项卡"图层"面板中的"图层特性"按钮，或单击"视图"选项卡"选项板"面板中的"图层特性"按钮。

执行上述操作后，系统打开如图 4-2 所示的"图层特性管理器"选项板。

图4-2 "图层特性管理器"选项板

【选项说明】

（1）"新建特性过滤器"按钮：单击该按钮，可以打开"图层过滤器特性"对话框，如图 4-3 所示。在该对话框中可以基于一个或多个图层特性创建图层过滤器。

（2）"新建组过滤器"按钮 □：单击该按钮，可以创建一个图层过滤器，其中包含了用户选定并添加到该过滤器的图层。

（3）"图层状态管理器"按钮 ：单击该按钮，可以打开"图层状态管理器"对话框，如图 4-4 所示。在该对话框中可以将图层的当前特性设置保存到命名图层状态中，以后可以再恢复这些设置。

图4-3 "图层过滤器特性"对话框

图4-4 "图层状态管理器"对话框

（4）"新建图层"按钮：单击该按钮，图层列表中出现一个新的图层名称"图层 1"，用户可使用此名称，也可改名。要想同时创建多个图层，可选中一个图层名后，输入多个名称，各名称之间以逗号分隔。图层的名称可以包含字母、数字、空格和特殊符号，AutoCAD 2024 支持长达 255 个字符的图层名称。新的图层继承了创建新图层时所选中的已有图层的所有特性（如颜色、线型、开/关状态等），如果新建图层时没有图层被选中，则新图层采用默认的设置。

（5）"在所有视口中都被冻结的新图层视口"按钮：单击该按钮，将创建新图层，然后在所有现有布局视口中将其冻结。可以在"模型"空间或"布局"空间上访问此按钮。

（6）"删除图层"按钮：在图层列表中选中某一图层，然后单击该按钮，可把该图层删除。

（7）"置为当前"按钮：在图层列表中选中某一图层，然后单击该按钮，可把该图层设置为当前图层，并在"当前图层"列中显示其名称。当前图层的名称存储在系统变量 CLAYER 中。另外，双击图层名也可把其设置为当前图层。

（8）"搜索图层"文本框：输入字符时，按名称快速过滤图层列表。关闭"图层特性管理器"选项板时并不保存此过滤器。

（9）状态行：显示当前过滤器的名称、列表视图中显示的图层数和图形中的图层数。

（10）"反转过滤器"复选框：勾选该复选框，显示所有不满足选定图层特性过滤器中条件的图层。

（11）图层列表区：显示已有的图层及其特性。要修改某一图层的某一特性，单击它所对应的图标即可。右击空白区域，利用快捷菜单可快速选中所有图层。图层列表区中各列的含义如下：

1）状态：指示项目的类型，有图层过滤器、正在使用的图层、空图层或当前图层 4 种。

2）名称：显示满足条件的图层名称。如果要对某图层进行修改，首先要选中该图层的名称。

3）状态转换图标：在"图层特性管理器"选项板的图层列表中有一列图标，单击这些图标，可以打开或关闭该图标所代表的功能。图标及其功能说明见表 4-1。

表 4-1　图标及其功能

图示	名称	功能说明
💡/💡	开/关	将图层设定为打开或关闭状态。当呈现关闭状态时，该图层上的所有对象将隐藏不显示，只有处于打开状态的图层会在绘图区上显示或可由打印机打印出来，因此绘制复杂的图形时，先将不编辑的图层暂时关闭，可降低图形的复杂性。图 4-5 所示为尺寸标注图层打开和关闭的情形
☀/❄	解冻/冻结	将图层设定为解冻或冻结状态。当图层呈现冻结状态时，该图层上的对象均不会显示在绘图区，也不能由打印机打出，而且不会执行重生（REGEN）、缩放（EOOM）、平移（PAN）等命令的操作，因此若将视图中不编辑的图层暂时冻结，可加快执行绘图编辑的速度。而💡/💡（打开/关闭）功能只是单纯将对象隐藏，因此并不会加快执行速度

（续）

图示	名称	功能说明
🔓 / 🔒	解锁 / 锁定	将图层设定为解锁或锁定状态。被锁定的图层仍然显示在绘图区，但不能编辑修改被锁定的对象，只能绘制新的图形，这样可防止重要的图形被修改
🖨 / 🖨	打印 / 不打印	设定该图层是否可以打印图形

图4-5　打开或关闭尺寸标注图层

4）颜色：显示和改变图层的颜色。如果要改变某一图层的颜色，单击其对应的颜色图标，系统打开如图 4-6 所示的"选择颜色"对话框，用户可从中选择需要的颜色。

图4-6　"选择颜色"对话框

5）线型：显示和修改图层的线型。如果要修改某一图层的线型，单击该图层的"线型"项，系统打开"选择线型"对话框，如图 4-7 所示，其中列出了当前可用的线型，用户可从中进行选择。

6）线宽：显示和修改图层的线宽。如果要修改某一图层的线宽，单击该图层的"线宽"列，打开"线宽"对话框，如图 4-8 所示，其中列出了设定的线宽，用户可从中进行选择。其中"线宽"列表框中显示了可以选用的线宽值，用户可从中选择需要的线宽。"旧的"显示行显示前面赋予图层的线宽，当创建一个新图层时，采用默认线宽（其值为 0.25mm），默认线宽的值由系统变量 LWDEFAULT 设置；"新的"显示行显示赋予图层的新线宽。

7）打印样式：打印图形时各项属性的设置。

◆ **技术看板——合理利用图层**

合理利用图层，可以事半功倍。在开始绘制图形前，可预先设置一些基本图层，并使每个图层用于自己的专门用途，这样在绘制图形时只需绘制一份图形文件，就可以组合生成许多需要的图样，需要修改时也可针对各个图层进行。

图4-7　"选择线型"对话框

图4-8　"线宽"对话框

4.1.2　利用面板设置图层

AutoCAD 2024 提供了一个"特性"面板，如图 4-9 所示。可以利用该面板下拉列表框中的选项，快速地察看和改变所选对象的图层、颜色、线型和线宽特性。"特性"面板上的图层颜色、线型、线宽和打印样式的控制增强了察看和编辑对象属性的功能。在绘图区选择任何对象，都将在面板上自动显示它所在图层、颜色、线型等属性。"特性"面板各部分的功能介绍如下：

图4-9　"特性"面板

（1）"颜色控制"下拉列表框：单击右侧的向下箭头，可从打开的选项列表中选择一种颜色，使之成为当前颜色，如果选择"选择颜色"选项，系统打开"选择颜色"对话框，可以从中选择其他颜色。修改当前颜色后，不论在哪个图层上绘图都采用这种颜色，但对各个图层的颜色设置没有影响。

（2）"线型控制"下拉列表框：单击右侧的向下箭头，可从打开的选项列表中选择一种线型，使之成为当前线型。修改当前线型后，不论在哪个图层上绘图都采用这种线型，但对各个图层的线型设置没有影响。

（3）"线宽控制"下拉列表框：单击右侧的向下箭头，可从打开的选项列表中选择一种线宽，使之成为当前线宽。修改当前线宽后，不论在哪个图层上绘图都采用这种线宽，但对各个图层的线宽设置没有影响。

（4）"打印类型控制"下拉列表框：单击右侧的向下箭头，可从打开的选项列表中选择一种打印样式，使之成为当前打印样式。

4.2 设置颜色

AutoCAD 2024 绘制的图形对象都具有一定的颜色。为使绘制的图形能够清晰表达，可把同一类的图形对象用相同的颜色绘制，而使不同类的对象具有不同的颜色，以示区分。这样就需要适当地对颜色进行设置。AutoCAD 2024 允许用户设置图层颜色，为新建的图形对象设置当前颜色，还可以改变已有图形对象的颜色。

【执行方式】

命令行：COLOR（快捷命令：COL）。

菜单栏：选择菜单栏中的"格式"→"颜色"命令。

功能区：在"默认"选项卡的"特性"面板中打开"对象颜色"下拉列表，选择"●更多颜色"。

执行上述操作后，系统如打开图 4-6 所示的"选择颜色"对话框。

【选项说明】

（1）"索引颜色"选项卡：打开此选项卡，可以在系统所提供的 255 种颜色索引表中选择所需要的颜色，如图 4-6 所示。

1）"颜色索引"列表框：依次列出了 255 种索引色。可在此列表框中选择所需要的颜色。

2）"颜色"文本框：所选择的颜色代号值显示在"颜色"文本框中，也可以直接在该文本框中输入自己设定的代号值来选择颜色。

3）"ByLayer"和"ByBlock"按钮：单击"ByLayer"按钮，颜色按图层设置；单击"ByBlock"按钮，颜色按图块设置。这两个按钮只有在设定了图层颜色和图块颜色后才可以使用。

（2）"真彩色"选项卡：打开此选项卡，可以选择需要的任意颜色，如图 4-10 所示。可以拖动调色板中的颜色指示光标和亮度滑块选择颜色及亮度。也可以通过"色调""饱和度"和"亮度"的调节钮来选择需要的颜色。所选颜色的红、绿、蓝值显示在下面的"颜色"文本框中，也可以直接在该文本框中输入自己设定的红、绿、蓝值来选择颜色。

在此选项卡中还有一个"颜色模式"下拉列表框，默认的颜色模式为"HSL"模式，即图 4-10 所示的模式。RGB模式也是常用的一种颜色模式，如图 4-11 所示。

（3）"配色系统"选项卡：打开此选项卡，可以从标准配色系统（如 Pantone）中选择预定义的颜色，如图 4-12所示。在"配色系统"下拉列表框中选择需要的系统，然后拖动右边的滑块来选择具体的颜色，所选颜色编号显示在下面的"颜色"文本框中，也可以直接在该文本框中输入编号值来选择颜色。

图4-10 "真彩色"选项卡

图4-11　RGB模式　　　　　图4-12　"配色系统"选项卡

4.3　图层的线型

4.3.1　在"图层特性管理器"选项板中设置线型

单击"图层"工具栏中的"图层特性管理器"按钮，打开"图层特性管理器"选项板，如图 4-2 所示。在图层列表的线型列下单击线型名，系统打开"选择线型"对话框，如图 4-7 所示。该对话框中选项的含义如下：

（1）"已加载的线型"列表框：显示在当前绘图中加载的线型，可供用户选用，其右侧显示线型的形式。

（2）"加载"按钮：单击该按钮，打开"加载或重载线型"对话框，如图 4-13 所示。用户可通过此对话框加载线型并把它添加到线型列中。但要注意，加载的线型必须在线型库（LIN）文件中定义过。标准线型都保存在 acad.lin 文件中。

图4-13　"加载或重载线型"对话框

4.3.2　直接设置线型

【执行方式】

命令行：LINETYPE。

功能区：在"默认"选项卡"特性"面板中打开"线型"下拉列表，选择"其他"选项。

在命令行输入上述命令后按 Enter 键，系统打开"线型管理器"对话框，如图 4-14 所示，可在该对话框中设置线型。

图4-14　"线型管理器"对话框

★ 知识链接——国标对图线的规定

在国家标准 GB/T4457.4-2002 中，对机械图样中使用的各种图线名称、线型、线宽以及在图样中的应用做了规定，见表 4-2。其中常用的图线有 4 种，即粗实线、细实线、虚线、细点画线。图线分为粗、细两种，粗线的宽度 b 应按图样的大小和图形的复杂程度，在 0.5～2mm 之间选择，细线的宽度约为 $b/2$。

表 4-2　图线名称和线型及主要用途

图线名称	线型	线宽	主要用途
粗实线	——————	b	可见轮廓线
细实线	——————	约 $b/2$	尺寸线、尺寸界线、剖面线、引出线、弯折线、牙底线、齿根线、辅助线等
细点画线	— — — —	约 $b/2$	轴线、对称中心线、齿轮节线等
虚线	— — — —	约 $b/2$	不可见轮廓线、不可见过渡线
波浪线	∿∿∿	约 $b/2$	断裂处的边界线、剖视图与视图的分界线
双折线	∿↯∿	约 $b/2$	断裂处的边界线
粗点画线	━ ━ ━	b	有特殊要求的线或面的表示线
双点画线	— ·· — ·· —	约 $b/2$	相邻辅助零件的轮廓线、极限位置的轮廓线、假想投影的轮廓线

4.3.3 操作实例——螺栓

绘制如图 4-15 所示的螺栓。

绘制步骤：

1）单击"默认"选项卡"图层"面板中的"图层特性管理器"按钮，打开"图层特性管理器"选项板。

2）单击"新建图层"按钮，创建一个新图层，把名称由默认的"图层1"改为"中心线"。

3）单击"中心线"图层对应的"颜色"项，打开"选择颜色"对话框，选择红色为该图层颜色。单击"确定"按钮，返回"图层特性管理器"选项板。

图4-15 螺栓

4）单击"中心线"图层对应的"线型"项，打开"选择线型"对话框。

5）在"选择线型"对话框中单击"加载"按钮，系统打开"加载或重载线型"对话框，选择"CENTER"线型，单击"确定"按钮退出。在"选择线型"对话框中选择"CENTER"（点画线）为该图层线型，单击"确定"按钮，返回"图层特性管理器"选项板。

6）单击"中心线"图层对应的"线宽"项，打开"线宽"对话框，选择线宽为 0.09mm，单击"确定"按钮退出。

7）用相同的方法再建立两个新图层，分别命名为"轮廓线"和"细实线"。设置"轮廓线"图层的颜色为白色、线型为 Continuous（实线）、线宽为 0.30mm。设置"细实线"图层的颜色设置为蓝色、线型为 Continuous、线宽为 0.09mm。设置完成后，使 3 个图层均处于打开、解冻和解锁状态。各项设置如图 4-16 所示。

图4-16 新建图层的各项设置

8）将"中心线"图层设置为当前图层。

9）在"中心线"图层上绘制图 4-15 中的中心线，结果如图 4-17a 所示。

10）将"轮廓线"层图设置为当前图层，并在其上绘制图 4-15 中的主体图形，结果如图 4-17b 所示。

11）将"细实线"图层设置为当前图层，并在"细实线"图层上绘制螺纹牙底线。结果如图 4-15 所示。

a)   b)

图4-17　绘制过程

★ 知识链接——命令的执行方式

有的命令有两种执行方式，即通过对话框或通过命令行输入命令。如果指定使用命令行窗口方式，可以在命令名前加短画来表示，如"-LAYER"表示用命令行方式执行"图层特性管理器"命令。而如果在命令行输入"LAYER"，系统则会自动弹出"图层特性管理器"选项板。

另外，有些命令同时存在命令行、菜单和工具栏 3 种执行方式，这时如果选择菜单或工具栏方式，命令行会显示该命令，并在前面加一下画线，如通过菜单或工具栏方式执行"直线"命令时，命令行会显示"_LINE"，命令的执行过程与结果与命令行方式相同。

4.4 综合演练——绘制泵轴

绘制如图 4-18 所示的泵轴。

图4-18　泵轴

绘制步骤：

1．图层设置

1）单击"默认"选项卡"图层"面板中的"图层特性管理器"按钮，打开"图层特性管理器"选项板。

2）单击"新建图层"按钮，创建一个新图层，把该图层命名为"中心线"。

3）单击"中心线"图层对应的"颜色"列，打开"选择颜色"对话框，如图 4-19 所示。选择红色为该图层颜色，单击"确定"按钮，返回"图层特性管理器"选项板。

4）单击"中心线"图层对应的"线型"列，打开"选择线型"对话框，如图 4-20 所示。

5）在"选择线型"对话框中，单击"加载"按钮，系统打开"加载或重载线型"对话框，选择"CENTER"线型，如图4-21所示，单击"确定"按钮退出。在"选择线型"对话框中选择"CENTER"（点画线）为该图层线型，单击"确定"按钮，返回"图层特性管理器"选项板。

6）单击"中心线"图层对应的"线宽"列，打开"线宽"对话框，如图4-22所示。选择线宽为0.09mm，单击"确定"按钮。

图4-19 "选择颜色"对话框

图4-20 "选择线型"对话框

图4-21 "加载或重载线型"对话框

图4-22 "线宽"对话框

7）采用相同的方法再创建两个新图层，分别命名为"轮廓线"和"尺寸线"。设置"轮廓线"图层的颜色为白色、线型为Continuous（实线）、线宽为0.30mm。设置"尺寸线"图层的颜色设置为蓝色、线型为Continuous、线宽为0.09mm。设置完成后，使3个图层均处于打开、解冻和解锁状态，各项设置如图4-23所示。

2. 绘制泵轴的中心线

将"中心线"图层设置为当前图层。单击"默认"选项卡"绘图"面板中的"直线"按钮／，绘制泵轴中心线。命令行提示与操作如下：

```
命令：LINE↙
指定第一个点：65,130↙
指定下一点或［放弃(U)］：170,130↙
指定下一点或［放弃(U)］：↙
```

命令：LINE↙（绘制φ5圆的竖直中心线）

指定第一个点：110, 135↙

指定下一点或［放弃(U)］：110, 125↙

指定下一点或［放弃(U)］：↙

命令：↙（绘制φ2圆的竖直中心线）

指定第一点：158, 133↙

指定下一点或［放弃(U)］：158, 127↙

指定下一点或［放弃(U)］：↙

图4-23　新建图层的各项设置

3. 绘制泵轴的外轮廓线

将"轮廓线"图层设置为当前图层。单击"默认"选项卡"绘图"面板中的"矩形"按钮 ▢，绘制泵轴外轮廓线，命令行提示与操作如下：

命令：RECTANG↙（执行矩形命令，绘制左端φ14轴段）

指定第一个角点或［倒角(C)/标高(E)/圆角(F)/厚度(T)/宽度(W)］：70, 123↙（输入矩形的左下角点坐标）

指定另一个角点或［面积(A)/尺寸(D)/旋转(R)］：@66, 14↙（输入矩形的右上角点相对坐标）

命令：LINE↙（绘制φ11轴段）

指定第一个点：_from 基点：（单击"对象捕捉"工具栏中的图标，打开"捕捉自"功能，按提示操作）

_int 于：（捕捉φ14轴段右端与水平中心线的交点）

＜偏移＞：@0, 5.5↙

指定下一点或［放弃(U)］：@14, 0↙

指定下一点或［放弃(U)］：@0, -11↙

指定下一点或［闭合(C)/放弃(U)］：@-14, 0↙

指定下一点或［闭合(C)/放弃(U)］：↙

命令：LINE↙

指定第一个点：_from 基点：_int 于（捕捉φ11轴段右端与水平中心线的交点）

＜偏移＞：@0, 3.75↙

指定下一点或［放弃(U)］：@ 2, 0↙

指定下一点或［放弃(U)］：↙

命令：LINE↙

指定第一个点：_from 基点：_int 于（捕捉φ11轴段右端与水平中心线的交点）

＜偏移＞：@0, -3.75↙

指定下一点或［放弃(U)］：@2, 0↙

指定下一点或［放弃(U)］：↙

命令：RECTANG↙（绘制右端φ10轴段）

指定第一个角点或 [倒角(C)/标高(E)/圆角(F)/厚度(T)/宽度(W)]：152,125↙　（输入矩形的左下角点坐标）

指定另一个角点或 [面积(A)/尺寸(D)/旋转(R)]：@12,10↙　（输入矩形的右上角点相对坐标）

绘制结果如图4-24所示。

图 4-24　泵轴的外轮廓线

4．绘制轴的孔及键槽

单击"默认"选项卡"绘图"面板中的"圆"按钮 ⊙ 及"多段线"按钮 ⟶，绘制轴的孔及键槽，命令行提示与操作如下：

命令：CIRCLE↙

指定圆的圆心或 [三点(3P)/两点(2P)/切点、切点、半径(T)]：　（选择左边竖直中心线与水平中心线的交点为圆心）

指定圆的半径或 [直径(D)]：D↙

指定圆的直径：5↙

命令：CIRCLE↙

指定圆的圆心或 [三点(3P)/两点(2P)/切点、切点、半径(T)]：　（选择右边竖直中心线与水平中心线的交点为圆心）

指定圆的半径或 [直径(D)] <2.5000>：D↙

指定圆的直径 <5.0000>：2↙

命令：PLINE↙　（执行多段线命令.绘制泵轴的键槽）

指定起点：140,132↙

当前线宽为 0.0000

指定下一个点或 [圆弧(A)/半宽(H)/长度(L)/放弃(U)/宽度(W)]：@6,0↙

指定下一点或 [圆弧(A)/闭合(C)/半宽(H)/长度(L)/放弃(U)/宽度(W)]：A↙　（绘制圆弧）

指定圆弧的端点(按住 Ctrl 键以切换方向)或[角度(A)/圆心(CE)/闭合(CL)/方向(D)/半宽(H)/直线(L)/半径(R)/第二个点(S)/放弃(U)/宽度(W)]：@0,-4↙

指定圆弧的端点(按住 Ctrl 键以切换方向)或[角度(A)/圆心(CE)/闭合(CL)/方向(D)/半宽(H)/直线(L)/半径(R)/第二个点(S)/放弃(U)/宽度(W)]：L↙

指定下一点或 [圆弧(A)/闭合(C)/半宽(H)/长度(L)/放弃(U)/宽度(W)]：@-6,0↙

指定下一点或 [圆弧(A)/闭合(C)/半宽(H)/长度(L)/放弃(U)/宽度(W)]：A↙

指定圆弧的端点(按住 Ctrl 键以切换方向)或[角度(A)/圆心(CE)/闭合(CL)/方向(D)/半宽(H)/直线(L)/半径(R)/第二个点(S)/放弃(U)/宽度(W)]：_endp 于（捕捉上部直线段的左端点，绘制左端的圆弧）

指定圆弧的端点(按住 Ctrl 键以切换方向)或[角度(A)/圆心(CE)/闭合(CL)/方向(D)/半宽(H)/直线(L)/半径(R)/第二个点(S)/放弃(U)/宽度(W)]：↙

最终绘制的结果如图4-18所示。

4.5　动手练一练

【实例1】利用图层命令绘制如图 4-25 所示的支架

1．目的要求

本例要绘制的图形虽然简单，但与前面"动手练一练"所画的图形有一个明显的不同，就是图 4-25 中不止一种图线。本例的要求是使读者掌握设置图层的方法与步骤。

2. 操作提示

1）设置 3 个新图层。

2）绘制中心线。

3）绘制支架轮廓线。

4）标注尺寸。

 【实例 2】绘制如图 4-26 所示的五环旗

1. 目的要求

本例要绘制的图形由一些基本图线组成，最大的特点是不同的图线要求用不同的颜色绘制，因此必须设置不同的图层。本例的要求是使读者掌握设置图层的方法与图层转换过程的操作。

2. 操作提示

1）利用图层命令 LAYER 创建 5 个图层。

2）利用"直线""多段线""圆环""圆弧"等命令在不同图层绘制图线。

3）每绘制一种颜色图线前需进行图层转换。

图4-25　支架

图4-26　五环旗

第5章

二维编辑命令

　　二维图形编辑操作配合绘图命令的使用可以完成复杂图形的绘制工作，并可使用户合理安排和组织图形，保证作图准确，减少重复。因此对编辑命令的熟练掌握和使用，有助于提高设计和绘图的效率。本章主要介绍复制类命令、改变位置类命令、改变几何特性类命令、删除及恢复类命令和对象编辑命令。

重点与难点

- 学习绘图的编辑命令
- 掌握编辑命令的操作
- 了解对象编辑

5.1 选择对象

AutoCAD 2024 提供了以下几种选择对象的方法。

1）选择一个编辑命令，然后选择对象，按 Enter 键结束操作。

2）使用 SELECT 命令，在命令行输入"SELECT"，按 Enter 键，按提示选择对象，按 Enter 键结束。

3）利用定点设备选择对象，然后调用编辑命令。

4）定义对象组。

无论使用哪种方法，AutoCAD 2024 都将提示用户选择对象，并且光标的形状由十字光标变为拾取框。下面结合 SELECT 命令说明选择对象的方法。

SELECT 命令可以单独使用，也可以在执行其他编辑命令时被自动调用。在命令行输入"SELECT"，按 Enter 键，命令行提示如下：

选择对象：

等待用户以某种方式选择对象作为回答。AutoCAD 2024 提供了多种选择方式，可以输入"？"，查看这些选择方式。选择选项后，出现如下提示：

需要点或窗口(W)/上一个(L)/窗交(C)/框(BOX)/全部(ALL)/栏选(F)/圈围(WP)/圈交(CP)/编组(G)/添加(A)/删除(R)/多个(M)/前一个(P)/放弃(U)/自动(AU)/单个(SI)/子对象(SU)/对象(O)

选择对象：

其中部分选项含义如下：

（1）点：表示直接通过点取的方式选择对象。利用鼠标或键盘移动拾取框，使其框住要选择的对象，然后单击，被选中的对象就会高亮显示。

（2）窗口（W）：用由两个对角顶点确定的矩形窗口选择位于其范围内部的所有图形，与边界相交的对象不会被选中，如图 5-1 所示。指定对角顶点时应该按照从左向右的顺序。

选择框   选择后的图形

图5-1 "窗口"对象选择方式

（3）上一个（L）：在"选择对象"提示下输入"L"，按 Enter 键，系统自动选择最后绘出的一个对象。

（4）窗交（C）：该方式与"窗口"方式类似，其区别在于它不但选中矩形窗口内部的对象，也选中与矩形窗口边界相交的对象，如图 5-2 所示。

（5）框（BOX）：使用框时，系统根据用户在绘图区指定的两个对角点的位置而自动引用"窗口"或"窗交"选择方式。若从左向右指定对角点，则为"窗口"方式；反之，为"窗交"方式。

选择框   选择后的图形

图5-2 "窗交"对象选择方式

（6）全部（ALL）：选择绘图区所有对象。

（7）栏选（F）：用户临时绘制一些直线（这些直线不必构成封闭图形），凡是与这些直线相交的对象均被选中，如图 5-3 所示。

虚线为选择栏   选择后的图形

图5-3 "栏选"对象选择方式

（8）圈围（WP）：使用一个不规则的多边形来选择对象。根据提示，用户依次输入构成多边形所有顶点的坐标，按 Enter 键结束操作，系统将自动连接第一个顶点与最后一个顶点，形成封闭的多边形，凡是被多边形围住的对象均被选中（不包括边界），如图 5-4 所示。

多边形为选择框   选择后的图形

图5-4 "圈围"对象选择方式

（9）圈交（CP）：类似于"圈围"方式，在提示后输入"CP"，按 Enter 键，后续操作与圈围方式相同。区别在于，执行此命令后与多边形边界相交的对象也被选中。

其他几个选项的含义与上面选项的含义类似，这里不再赘述。

▲ 技巧与提示——巧用矩形选择框

若矩形框从左向右定义，即第一个选择的对角点为左侧的对角点，则矩形框内部的对象被选中，矩形外部及与矩形框边界相交的对象不会被选中；若矩形框从右向左定义，则矩形框内部及与矩形框边界相交的对象都会被选中。

 5.2 复制类命令

5.2.1 复制

 【执行方式】

命令行：COPY（快捷命令：CO）。

菜单栏：选择菜单栏中的"修改"→"复制"命令。

工具栏：单击"修改"工具栏中的"复制"按钮 ∷。

快捷菜单：选中要复制的对象右击，选择快捷菜单中的"复制选择"命令。

功能区：单击"默认"选项卡"修改"面板中的"复制"按钮 ∷。

【操作步骤】

命令行提示与操作如下：

命令：COPY✓

选择对象：（选择要复制的对象）

用前面介绍的对象选择方法选择一个或多个对象，按 Enter 键结束选择，命令行提示如下：

当前设置：复制模式 = 多个

指定基点或 [位移(D)/模式(O)] <位移>：（指定基点或位移）

指定第二个点或 [阵列(A)] <使用第一个点作为位移>：

 【选项说明】

（1）指定基点：指定一个坐标点后，AutoCAD 2024 把该点作为复制对象的基点，命令行提示"指定第二个点或[阵列(A)] <使用第一个点作为位移>："。在指定第二个点后，系统将根据这两点确定的位移矢量把选择的对象复制到第二点处。如果此时直接按 Enter 键，即选择默认的"使用第一个点作为位移"，则第一个点被当作相对于 X、Y、Z 的位移。例如，如果指定基点为（2,3），并在下一个提示下按 Enter 键，则该对象从它当前的位置开始在 X 方向上移动 2，在 Y 方向上移动 3。复制完成后，命令行提示"指定第二个点："。这时，可以不断指定新的第二点，从而实现多重复制。

（2）位移（D）：直接输入位移值，表示以选择对象时的拾取点为基准，以拾取点坐标为移动方向，按纵横比移动指定位移后确定的点为基点。例如，选择对象时拾取点坐标为(2,3)，输入位移为 5，则表示以点（2,3）为基准，沿纵横比为 3：2 的方向移动 5 所确定的点为基点。

（3）模式（O）：控制是否自动重复该命令。该设置由 COPYMODE 系统变量控制。

5.2.2　操作实例——办公桌

绘制如图 5-5 所示的办公桌。

图5-5　办公桌

绘制步骤：

1）单击"默认"选项卡"绘图"面板中的"矩形"按钮 □，绘制矩形，如图 5-6 所示。

2）单击"默认"选项卡"绘图"面板中的"矩形"按钮 □，在适当的位置绘制一系列的矩形，结果如图 5-7 所示。

图5-6　绘制矩形1　　　　　　　　图5-7　绘制矩形2

3）单击"默认"选项卡"绘图"面板中的"矩形"按钮 □，在适当的位置绘制一系列的矩形，结果如图 5-8 所示。

4）单击"默认"选项卡"绘图"面板中的"矩形"按钮 □，在适当的位置绘制一矩形，结果如图 5-9 所示。

图5-8　绘制矩形3　　　　　　　　图5-9　绘制矩形4

5）单击"默认"选项卡"修改"面板中的"复制"按钮 ✂，将办公桌左边的一系列矩形复制到右边，完成办公桌的绘制，命令行提示与操作如下：

命令：_COPY

选择对象：（选择左边的一系列矩形）

选择对象：✓

指定基点或 [位移(D)] <位移>：选择最外面的矩形与桌面的交点

指定第二个点或[阵列(A)] <使用第一个点作为位移>：选择放置矩形的位置

指定第二个点[阵列(A)/退出(E)/放弃(U)] <退出>：✓

绘制结果如图 5-5 所示。

5.2.3 镜像命令

镜像命令是指把选择的对象以一条镜像线为轴做对称复制。镜像操作完成后，可以保留原对象，也可以将其删除。

【执行方式】

命令行：MIRROR（快捷命令：MI）。

菜单栏：选择菜单栏中的"修改"→"镜像"命令。

工具栏：单击"修改"工具栏中的"镜像"按钮⚠。

功能区：单击"默认"选项卡"修改"面板中的"镜像"按钮⚠。

【操作步骤】

命令行提示与操作如下：

命令：MIRROR✓

选择对象：（选择要镜像的对象）

选择对象：✓

指定镜像线的第一点：（指定镜像线的第一个点）

指定镜像线的第二点：（指定镜像线的第二个点）

要删除源对象吗？[是(Y)/否(N)] <否>：（确定是否删除源对象）

选择的两点确定一条镜像线，被选择的对象以该直线为对称轴进行镜像。包含该线的镜像平面与用户坐标系的 XY 平面垂直，即镜像操作在与用户坐标系的 XY 平面平行的平面上。图 5-10 所示为利用"镜像"命令绘制的办公桌。读者可以比较用"复制"命令绘制的办公桌（见图 5-5）和用"镜像"命令绘制的办公桌有何异同。

图5-10 利用"镜像"命令绘制的办公桌

5.2.4 操作实例——压盖

绘制如图 5-11 所示的压盖。

图5-11 压盖

绘制步骤：

1）单击"默认"选项卡"图层"面板中的"图层特性管理器"按钮，设置如下图层：
- 第一图层命名为"轮廓线"，设置线宽为 0.3mm，其余属性默认。
- 第二图层命名为"中心线"，设置颜色为红色、线型为 CENTER，其余属性默认。

2）绘制中心线。将"中心线"图层设置为当前图层。单击"默认"选项卡"绘图"面板中的"直线"按钮／，在屏幕上适当位置指定直线端点坐标，绘制一条水平中心线和两条竖直中心线，如图 5-12 所示。

3）将"轮廓线"图层设置为当前图层，单击"默认"选项卡"绘图"面板中的"圆"按钮⊙，分别捕捉两中心线交点为圆心，指定适当的半径绘制两个圆，如图 5-13 所示。

图5-12 绘制中心线   图5-13 绘制圆

4）单击"默认"选项卡"绘图"面板中的"直线"按钮／，结合对象捕捉功能，绘制一条切线，如图 5-14 所示。

5）单击"默认"选项卡"修改"面板中的"镜像"按钮 ⚠，以水平中心线为对称轴镜像刚绘制的切线。命令行提示与操作如下：

命令：_MIRROR

选择对象：（选择切线）

选择对象：✓

指定镜像线的第一点：

指定镜像线的第二点：（在中间的中心线上选取两点）

要删除源对象吗？[是(Y)/否(N)] <否>：✓

结果如图 5-15 所示。

113

图5-14 绘制切线

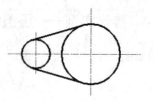

图5-15 镜像切线

★知识链接——按键定义

在 *AutoCAD 2024* 中，除了可以通过在命令行窗口中输入命令、选择工具栏图标或选择菜单项外，还可以使用键盘上的一组功能键或快捷键，快速实现指定功能，如单击 *F1* 键，系统调用 *AutoCAD 2024* 帮助对话框。

系统使用 *AutoCAD 2024* 传统标准（*Windows* 之前）或 *Microsoft Windows* 标准解释快捷键。有些功能键或快捷键在 *AutoCAD 2024* 的菜单中已经说明，如"粘贴"的快捷键为"*Ctrl+V*"，这些只要用户在使用的过程中多加留意，就会熟练掌握。快捷键的定义可参见菜单命令后面的说明，如"粘贴(*P*) *Ctrl+V*"。

5.2.5 偏移命令

偏移命令是指保持选择对象的形状，在不同的位置以不同的尺寸大小新建一个对象。

 【执行方式】

命令行：OFFSET（快捷命令：O）。

菜单栏：选择菜单栏中的"修改"→"偏移"命令。

工具栏：单击"修改"工具栏中的"偏移"按钮 ⊜。

功能区：单击"默认"选项卡"修改"面板中的"偏移"按钮 ⊜。

 【操作步骤】

命令行提示与操作如下：

> 命令：OFFSET✓
> 当前设置：删除源=否 图层=源 OFFSETGAPTYPE=0
> 指定偏移距离或 [通过(T)/删除(E)/图层(L)] <通过>：（指定偏移距离值）
> 选择要偏移的对象，或 [退出(E)/放弃(U)] <退出>：（选择要偏移的对象，按 Enter 键结束操作）
> 指定要偏移的那一侧上的点，或 [退出(E)/多个(M)/放弃(U)] <退出>：（指定偏移方向）
> 选择要偏移的对象，或 [退出(E)/放弃(U)] <退出>：

 【选项说明】

（1）指定偏移距离：输入一个距离值，或按 Enter 键使用当前的距离值，系统把该距离值作为偏移的距离，如图 5-16a 所示。

（2）通过（T）：指定偏移的通过点，选择该选项后，命令行提示如下：

选择要偏移的对象或 <退出>：（选择要偏移的对象，按 Enter 键结束操作）

指定通过点：（指定偏移对象的一个通过点）

执行上述操作后，系统会根据指定的通过点绘制出偏移对象，如图 5-16b 所示。

a)　　　　　　　　　　　　　　　　　　　b)

图5-16　偏移选项说明1

（3）删除（E）：偏移源对象后将其删除，如图 5-17a 所示，选择该项后，命令行提示如下：

要在偏移后删除源对象吗？［是(Y)/否(N)］<当前>：

（4）图层（L）：确定是将偏移对象创建在当前图层上还是原对象所在的图层上，也就是说可以在不同的图层上偏移对象。选择该项后，命令行提示如下：

输入偏移对象的图层选项［当前(C)/源(S)］<当前>：

如果偏移对象的图层选择为当前图层，则偏移对象的图层特性与当前图层相同，如图 5-17b 所示。

（5）多个（M）：使用当前偏移距离重复进行偏移操作，并接受附加的通过点，结果如图 5-18 所示。

a) 删除源对象　　　　　b) 偏移对象的图层为当前图层

图5-17　偏移选项说明2　　　　　　　　　　图5-18　偏移选项说明3

▲ 技巧与提示——巧用"偏移"命令

在 AutoCAD 2024 中，可以使用"偏移"命令，对指定的直线、圆弧、圆等对象做定距离偏移复制操作。在实际应用中，常利用"偏移"命令的特性创建平行线或等距离分布图形，效果与"阵列"相同。默认情况下，需要先指定偏移距离，再选择要偏移复制的对象，然后指定偏移方向，以复制出需要的对象。

5.2.6　操作实例——挡圈

绘制如图 5-19 所示的挡圈。

绘制步骤：

1）单击"默认"选项卡"图层"面板中的"图层特性管理器"按钮，打开"图层特性管理器"选项板，单击其中的"新建图层"按钮，新建两个图层：

● 第一图层命名为"粗实线"，线宽为0.3mm，其余属性默认。
● 第二图层命名为"中心线"，线型为CENTER，其余属性默认。

2）将"中心线"图层设置为当前图层，单击"默认"选项卡"绘图"面板中的"直线"按钮，绘制中心线。

图5-19 挡圈

3）将"粗实线"图层设置为当前图层，单击"默认"选项卡"绘图"面板中的"圆"按钮，设置半径为8，绘制挡圈内孔，如图5-20所示。

4）单击"默认"选项卡"修改"面板中的"偏移"按钮，偏移绘制的内孔圆。命令行提示与操作如下：

命令：_offset
当前设置：删除源=否　图层=源　OFFSETGAPTYPE=0
指定偏移距离或 [通过(T)/删除(E)/图层(L)] <通过>：6✓
选择要偏移的对象，或 [退出(E)/放弃(U)] <退出>：（选择内孔圆）
指定要偏移的那一侧上的点，或 [退出(E)/多个(M)/放弃(U)] <退出>：（在圆外侧单击）
选择要偏移的对象，或 [退出(E)/放弃(U)] <退出>：✓

采用相同的方法，分别指定偏移距离为38和40，以初始绘制的内孔圆为对象，向外偏移复制该圆，绘制轮廓线，结果如图5-21所示。

图5-20 绘制内孔　　　　　　　　　　　　图5-21 绘制轮廓线

5）单击"默认"选项卡"绘图"面板中的"圆"按钮，设置半径为4，绘制小孔，最终结果如图5-19所示。

5.2.7 阵列命令

阵列命令是指多重复制选择的对象，并把这些副本按矩形或环形排列。把副本按矩形排列称为创建矩形阵列，把副本按环形排列称为创建环形阵列。

AutoCAD 2024 提供了"ARRAY"命令创建阵列，用该命令可以创建矩形阵列、路径阵列和环形阵列。

【执行方式】

命令行：ARRAY（快捷命令：AR）。

菜单栏：选择菜单栏中的"修改"→"阵列"下的命令。

工具栏：单击"修改"工具栏中的"阵列"按钮品⚬⚬⚬⚬。

功能区：单击"默认"选项卡"修改"面板中的"矩形阵列"按钮品／"路径阵列"按钮⚬⚬／"环形阵列"按钮⚬⚬。

【操作步骤】

命令行提示与操作如下：

命令：ARRAY✓

选择对象：（使用对象选择方法）

选择对象：✓

输入阵列类型[矩形（R）/路径（PA）/极轴（PO）]<矩形>：

【选项说明】

（1）矩形（R）：将选定对象的副本分布到行数、列数和层数的任意组合。选择该选项后，命令行提示与操作如下：

选择夹点以编辑阵列或 [关联(AS)/基点(B)/计数(COU)/间距(S)/列数(COL)/行数(R)/层数(L)/退出(X)] <退出>：（通过夹点，调整间距、列数、行数和层数；或者输入选项）

输入列数数或 [表达式(E)] <4>：（输入指定列数）

指定 列数 之间的距离或 [总计(T)/表达式(E)] <405.1165>：（输入列间距）

选择夹点以编辑阵列或 [关联(AS)/基点(B)/计数(COU)/间距(S)/列数(COL)/行数(R)/层数(L)/退出(X)] <退出>：（输入选项）

输入行数数或 [表达式(E)] <3>：（输入行数）

指定 行数 之间的距离或 [总计(T)/表达式(E)] <108.9144>：（输入行间距）

指定 行数 之间的标高增量或 [表达式(E)] <0>：

选择夹点以编辑阵列或 [关联(AS)/基点(B)/计数(COU)/间距(S)/列数(COL)/行数(R)/层数(L)/退出(X)] <退出>：

（2）路径（PA）：沿路径或部分路径均匀分布选定对象的副本。选择该选项后，命令行提示与操作如下：

选择路径曲线：（选择一条曲线作为阵列路径）

选择夹点以编辑阵列或 [关联(AS)/方法(M)/基点(B)/切向(T)/项目(I)/行(R)/层(L)/对齐项目(A)/Z 方向(Z)/退出(X)] <退出>：（通过夹点，调整阵列数和层数；也可以分别选择各选项输入数值）

（3）极轴（PO）：在绕中心点或旋转轴的环形阵列中均匀分布对象副本。选择该选项后，命令行提示与操作如下：

指定阵列的中心点或 [基点(B)/旋转轴(A)]：（选择中心点、基点或旋转轴）

选择夹点以编辑阵列或 [关联(AS)/基点(B)/项目(I)/项目间角度(A)/填充角度(F)/行(ROW)/层(L)/旋转项

目(ROT)/退出(X)] <退出>：（通过夹点，调整角度，填充角度；也可以分别选择各选项输入数值）

▲ 技巧与提示——巧用"阵列"命令

阵列在平面作图时有两种方式，可以在矩形或环形（圆形）阵列中创建对象的副本。对于矩形阵列，可以控制行和列的数目以及它们之间的距离。对于环形阵列，可以控制对象副本的数目并决定是否旋转副本。

📖 5.2.8 操作实例——弹簧

绘制如图 5-22 所示的弹簧。

绘制步骤：

1）单击"默认"选项卡"图层"面板中的"图层特性管理器"按钮，打开"图层特性管理器"选项板，单击其中的"新建图层"按钮，新建 3 个图层。

图5-22 弹簧

- 第一图层命名为"轮廓线"，线宽为 0.3mm，其余属性默认。
- 第二图层命名为"中心线"，颜色为红色，线型为 CENTER，其余属性默认。
- 第三图层命名为"细实线"，颜色为蓝色，线宽为 0.09mm，其余属性默认。

2）将"中心线"图层设置为当前图层，单击"默认"选项卡"绘图"面板中的"直线"按钮，绘制一条水平中心线。

3）单击"默认"选项卡"修改"面板中的"偏移"按钮，将水平中心线向上、向下各偏移 15。

4）单击"默认"选项卡"绘图"面板中的"直线"按钮，绘制辅助直线，命令行提示与操作如下：

```
命令：_LINE
指定第一个点：（在水平直线下方任取一点）
指定下一点或 [放弃(U)]：@45<96↙
指定下一点或 [放弃(U)]：↙
```

绘制结果如图 5-23 所示。

5）将"轮廓线"图层设置为当前图层。单击"默认"选项卡"绘图"面板中的"圆"按钮，分别以点 1、点 2 为圆心，绘制半径为 3 的圆，结果如图 5-24 所示。

图5-23 绘制辅助直线　　　　　　　　　　　　　　　　　图5-24 绘制圆

6）单击"默认"选项卡"绘图"面板中的"直线"按钮，绘制两条与两个圆相切的直线，结果如图 5-25 所示。

7）单击"默认"选项卡"修改"面板中的"矩形阵列"按钮▦，选择刚绘制的对象，在命令行中输入列数为4、列之间的距离为10，进行阵列，结果如图5-26所示，命令行提示与操作如下：

> 命令：_arrayrect
> 选择对象：(选择上步绘制的对象)
> 选择对象：（按 Enter 键结束选择）
> 类型 = 矩形　关联 = 否
> 选择夹点以编辑阵列或 [关联(AS)/基点(B)/计数(COU)/间距(S)/列数(COL)/行数(R)/层数(L)/退出(X)] <退出>：AS↙
> 创建关联阵列 [是(Y)/否(N)] <否>：N↙
> 选择夹点以编辑阵列或 [关联(AS)/基点(B)/计数(COU)/间距(S)/列数(COL)/行数(R)/层数(L)/退出(X)] <退出>：COL↙
> 输入行数数或 [表达式(E)] <3>：4↙
> 指定列数之间的距离或 [总计(T)/表达式(E)] <422969.2094>：10↙
> 指定列数之间的标高增量或 [表达式(E)] <0>：↙
> 选择夹点以编辑阵列或 [关联(AS)/基点(B)/计数(COU)/间距(S)/列数(COL)/行数(R)/层数(L)/退出(X)] <退出>：R↙
> 输入行数数或 [表达式(E)] <4>：1↙
> 指定行数之间的距离或 [总计(T)/表达式(E)] <380.9865>：1↙
> 选择夹点以编辑阵列或 [关联(AS)/基点(B)/计数(COU)/间距(S)/列数(COL)/行数(R)/层数(L)/退出(X)] <退出>：↙

图5-25　绘制切线

图5-26　矩形阵列结果

8）单击"默认"选项卡"绘图"面板中的"直线"按钮╱，绘制与圆相切的线段3、4，结果如图5-27所示。

9）单击"默认"选项卡"修改"面板中的"矩形阵列"按钮▦，选择对象为线段3和4，阵列设置与步骤7）相同，进行阵列，结果如图5-28所示。

图5-27　绘制线段3和4

图5-28　矩形阵列线段3和4

10）单击"默认"选项卡"修改"面板中的"复制"按钮❀，以图形上侧最右边圆的圆心为基点，向右偏移10，复制偏移的结果如图5-29所示。

11）单击"默认"选项卡"绘图"面板中的"直线"按钮╱，绘制辅助直线5，如图5-30所示。

12）单击"默认"选项卡"修改"面板中的"修剪"按钮 ✄（后面章节会详细讲述），以直线 5 为剪切边，剪去多余的线段，结果如图 5-31 所示，命令行提示与操作如下：

图5-29　复制偏移圆

图5-30　绘制辅助直线

命令：_TRIM

当前设置：投影=UCS,边=无,模式=标准

选择剪切边...

选择对象或 [模式(O)]：（选择直线 5 为剪切边）

选择对象↙

选择要修剪的对象，或按住 Shift 键选择要延伸的对象或[剪切边(T)/栏选(F)/窗交(C)/模式(O)/投影(P)/边(E)/删除(R)]：（选择需要修建的直线和圆弧）

......

选择要修剪的对象，或按住 Shift 键选择要延伸的对象或[剪切边(T)/栏选(F)/窗交(C)/模式(O)/投影(P)/边(E)/删除(R)/放弃(U)]：

13）选择多余的直线，按Delete 键，删除多余直线，结果如图 5-32 所示。

图5-31　修剪处理

图5-32　删除多余直线

14）单击"默认"选项卡"修改"面板中的"旋转"按钮 ⟳（后面章节会详细讲述），将弹簧复制旋转。命令行提示与操作如下：

命令：_ROTATE

UCS 当前的正角方向：　ANGDIR=逆时针　ANGBASE=0

选择对象：选择图形中要旋转的部分

选择对象：↙

指定基点：_int 于：在水平中心线上取一点

指定旋转角度，或 [复制(C)/参照(R)] <0>：C↙（复制选定的对象）

指定旋转角度，或 [复制(C)/参照(R)] <0>：180↙

旋转结果如图 5-33 所示。

图5-33　旋转结果

15）图案填充。将细实线图层设置为当前图层。单击"默认"选项卡"绘图"面板中的"图案填充"按钮，系统显示"图案填充创建"选项板。设置图案填充类型为"图案"，图案填充图案为"ANSI31"、"角度"为 0°、"比例"为 0.1，单击"添加：拾取点"按钮，选择相应的填充区域，按 Enter 键完成，结果如图 5-22 所示。

5.3　改变位置类命令

改变位置类编辑命令是指按照指定要求改变当前图形或图形中某部分的位置，主要包括移动、旋转和缩放命令。

5.3.1　旋转命令

【执行方式】

命令行：ROTATE（快捷命令：RO）。
菜单栏：选择菜单栏中的"修改"→"旋转"命令。
工具栏：单击"修改"工具栏中的"旋转"按钮 ⟳ 。
快捷菜单：选择要旋转的对象，在绘图区右击，选择快捷菜单中的"旋转"命令。
功能区：单击"默认"选项卡"修改"面板中的"旋转"按钮 ⟳ 。

【操作步骤】

命令行提示与操作如下：

> 命令：ROTATE✓
> UCS 当前的正角方向：　　ANGDIR=逆时针　ANGBASE=0
> 选择对象：（选择要旋转的对象）
> 选择对象：✓
> 指定基点：（指定旋转基点，在对象内部指定一个坐标点）
> 指定旋转角度，或 [复制(C)/参照(R)] <0>：（指定旋转角度或其他选项）

【选项说明】

（1）复制（C）：选择该选项，则在旋转对象后保留原对象，如图 5-34 所示。
（2）参照（R）：采用参照方式旋转对象时，命令行提示与操作如下：

> 指定参照角 <0>：（指定要参照的角度，默认值为 0）
> 指定新角度：（输入旋转后的角度值）

操作完毕后，对象被旋转至指定的角度位置。

▲ 技巧与提示——巧用"旋转"命令

可以用拖动光标的方法旋转对象。选择对象并指定基点后，从基点到当前光标位置会出现一条连线，拖动光标，选择的对象会动态地随着该连线与水平方向夹角的变化而旋转，如

图 5-35 所示，按 Enter 键确认旋转操作。

旋转前　　　　　旋转后

图5-34　复制旋转

图5-35　拖动鼠标旋转对象

5.3.2　操作实例——曲柄

绘制如图 5-36 所示的曲柄。

图5-36　曲柄

绘制步骤：

1）设置绘图环境。单击"默认"选项卡"图层"面板中的"图层特性管理器"按钮，新建 3 个图层：

- 第一图层命名为"粗实线"，线宽为 0.3mm，其余属性默认。
- 第二图层命名为"细实线"，线宽为 0.15mm，其余属性默认。
- 第三图层命名为"中心线"，颜色为红色，线型为 CENTER，线宽为 0.15mm，其余属性默认。

2）将"中心线"图层设置为当前图层，绘制中心线。单击"默认"选项卡"绘图"面板中的"直线"按钮，设置端点坐标为{（100，100），（180，100）}和{（120，120），（120，80）}，结果如图 5-37 所示。

3）对所绘制的竖直中心线进行偏移操作。单击"默认"选项卡"修改"面板中的"偏移"按钮，将竖直中心线向右偏移 48，结果如图 5-38 所示。

图5-37　绘制中心线　　　　　　　　　　图5-38　偏移竖直中心线

4）将"粗实线"图层设置为当前图层，绘制同心圆。单击"默认"选项卡"绘图"面板中的"圆"按钮，以左端中心线的交点为圆心，绘制直径为 32 和 20 的同心圆，以右端对称中心线的交点为圆心，绘制直径为 10 和 20 的同心圆，结果如图 5-39 所示。

5）绘制切线。

①单击"默认"选项卡"绘图"面板中的"直线"按钮 ╱，命令行提示与操作如下：

命令： _LINE（绘制左端 Φ32 圆与右端 Φ20 圆的切线）

指定第一个点： _tan 到（捕捉右端 Φ20 圆上部的切点）

指定下一点或 [放弃(U)]： _tan （捕捉左端 Φ32 圆上部的切点）

指定下一点或 [放弃(U)]： ↙

②单击"默认"选项卡"修改"面板中的"镜像"按钮 ⚠ ，以水平中心线为镜像轴，镜像刚绘制的切线，结果如图 5-40 所示。

图5-39 绘制同心圆 图5-40 绘制切线

6）单击"默认"选项卡"修改"面板中的"偏移"按钮 ⊜，将左边竖直中心线向右偏移 12.8，将水平中心线分别向上、向下偏移 3，结果如图 5-41 所示。

7）绘制键槽。

①单击"默认"选项卡"绘图"面板中的"直线"按钮 ╱，命令行提示与操作如下：

命令： _LINE（绘制中间的键槽）

指定第一个点： _int 于（捕捉上部水平中心线与小圆的交点）

指定下一点或 [放弃(U)]： _int 于（捕捉上部水平中心线与竖直中心线的交点）

指定下一点或 [放弃(U)]： _int 于（捕捉下部水平中心线与竖直中心线的交点）

指定下一点或 [闭合(C)/放弃(U)]： _int 于（捕捉下部水平中心线与小圆的交点）

指定下一点或 [闭合(C)/放弃(U)]： ↙（结果如图 5-42 所示）

图5-41 偏移中心线 图5-42 绘制键槽

②单击"默认"选项卡"修改"面板中的"删除"按钮 ✐（后面章节会详细讲述），删除偏移的中心线。然后单击"默认"选项卡"修改"面板中的"修剪"按钮 ✂，以键槽的上下边为剪切边，修剪键槽中间的圆弧（后面章节会详细讲述），结果如图 5-43 所示，命令行提示与操作如下：

命令： _ERASE

选择对象：（选择偏移后的对称中心线，按 Enter 键删除）

命令： _TRIM

当前设置: 投影=UCS,边=无,模式=标准

选择剪切边...

选择对象或 [模式(O)]：（按 Enter 键）

选择要修剪的对象，或按住 Shift 键选择要延伸的对象或[剪切边(T)/栏选(F)/窗交(C)/模式(O)/投影(P)/边(E)/删除(R)]（选择需要修剪的对象）

......

选择要修剪的对象，或按住 Shift 键选择要延伸的对象或[剪切边(T)/栏选(F)/窗交(C)/模式(O)/投影(P)/边(E)/删除(R)/放弃(U)]：

8）复制旋转。单击"默认"选项卡"修改"面板中的"旋转"按钮 ↻，命令行提示与操作如下：

命令：_rotate

UCS 当前的正角方向： ANGDIR=逆时针 ANGBASE=0

选择对象：（选择图形对象，如图5-44 所示）

选择对象：✓

指定基点：_int 于（捕捉左边中心线的交点）

指定旋转角度，或 [复制(C)/参照(R)] <0>：C✓

指定旋转角度，或 [复制(C)/参照(R)] <0>：150✓

图5-43 修剪键槽   图5-44 选择复制对象

结果如图 5-36 所示。

5.3.3 移动命令

【执行方式】

命令行：MOVE（快捷命令：M）。

菜单栏：选择菜单栏中的"修改"→"移动"命令。

工具栏：单击"修改"工具栏中的"移动"按钮 ✛。

快捷菜单：选择要移动的对象，在绘图区右击，选择快捷菜单中的"移动"命令。

功能区：单击"默认"选项卡"修改"面板中的"移动"按钮 ✛。

【操作步骤】

命令行提示与操作如下：

命令：MOVE✓

选择对象：（用前面介绍的对象选择方法选择要移动的对象，按 Enter 键结束选择）

指定基点或<位移>：（指定基点或位移）

指定基点或 [位移(D)] <位移>：指定基点或位移

指定第二个点或 <使用第一个点作为位移>:

"移动"命令选项的功能与"复制"命令类似。

5.3.4　操作实例——餐厅桌椅

绘制如图 5-45 所示的餐厅桌椅。

绘制步骤：

1）单击"默认"选项卡"绘图"面板中的"矩形"按钮 □，绘制长方形桌面，如图 5-46 所示。

2）单击"默认"选项卡"绘图"面板中的"圆弧"按钮 ，绘制椅子前端弧线的一半，如图 5-47 所示。

3）单击"默认"选项卡"绘图"面板中的"矩形"按钮 □ 和"直线"按钮 ，绘制椅子扶手部分造型，即弧线上的矩形，如图 5-48 所示。

图5-45　餐厅桌椅　　　　图5-46　绘制桌面　　　　图5-47　绘制前端弧线

4）单击"默认"选项卡"绘图"面板中的"多段线"按钮 ，根据扶手的大体位置绘制稍大的近似矩形，如图 5-49 所示。

图5-48　绘制弧线上的矩形　　　　　图5-49　绘制矩形

5）单击"默认"选项卡"绘图"面板中的"圆弧"按钮 和 "修改"面板中的"偏移"按钮 ，绘制椅子弧线靠背，如图 5-50 所示。

6）单击"默认"选项卡"绘图"面板中的"直线"按钮 和"修改"面板中的"偏移"按钮 ，绘制椅子背部造型，如图 5-51 所示。

图5-50 绘制椅子弧线靠背   图5-51 绘制椅子背部造型

7）单击"默认"选项卡"绘图"面板中的"圆弧"按钮 ，绘制靠背造型内侧弧线，如图 5-52 所示。

8）将椅子环形扶手及其靠背镜像，绘制椅子造型。单击"默认"选项卡"修改"面板中的"镜像"按钮 ，通过镜像绘制整个椅子造型，如图 5-53 所示。

图 5-52 绘制内侧弧线   图 5-53 绘制椅子造型

9）单击"默认"选项卡"修改"面板中的"移动"按钮 ，调整椅子与餐桌位置，如图 5-54 所示，命令行提示与操作如下：

```
命令：_MOVE
选择对象：（选择对象）
选择对象：✓
指定基点或<位移>：（指定基点）
指定第二个点或 <使用第一个点作为位移>：（指定第二点）
```

10）单击"默认"选项卡"修改"面板中的"镜像"按钮 ，绘制餐桌另外一端对称的椅子，如图 5-55 所示。

11）单击"默认"选项卡"修改"面板中的"复制"按钮 ，复制一个椅子造型，如图 5-56 所示。

图5-54 调整椅子位置   图5-55 绘制对称椅子   图5-56 复制椅子

12）单击"默认"选项卡"修改"面板中的"旋转"按钮 ↺，将该复制的椅子以椅子的中心点为基点逆时针旋转 90°，如图 5-57 所示。

13）单击"默认"选项卡"修改"面板中的"复制"按钮 ，通过复制完成餐桌一侧的椅子造型的绘制，如图 5-58 所示。

14）单击"默认"选项卡"修改"面板中的"镜像"按钮 ⚠，通过镜像绘制餐桌另外一侧的椅子造型，结果如图 5-45 所示。

图5-57　旋转椅子

图5-58　复制完成一椅子的绘制

5.3.5　缩放命令

【执行方式】

命令行：SCALE（快捷命令：SC）。
菜单栏：选择菜单栏中的"修改"→"缩放"命令。
工具栏：单击"修改"工具栏中的"缩放"按钮。
快捷菜单：选择要缩放的对象，在绘图区右击，选择快捷菜单中的"缩放"命令。
功能区：单击"默认"选项卡"修改"面板中的"缩放"按钮。

【操作步骤】

命令行提示与操作如下：

命令：SCALE✓
选择对象：（选择要缩放的对象）
选择对象：✓
指定基点：（指定缩放基点）
指定比例因子或 [复制（C）/参照(R)]：

【选项说明】

1）采用参照方向缩放对象时，命令行提示如下：

指定参照长度 <1>：（指定参照长度）
指定新的长度或 [点(P)] <1.0000>：（指定新长度）

若新长度大于参照长度，则放大对象；否则，缩小对象。操作完毕后，系统以指定的基点按指定的比例因子缩放对象。如果选择"点（P）"选项，则选择两点来定义新的长度。

2）可以用拖动光标的方法缩放对象。选择对象并指定基点后，从基点到当前光标位置会出现一条连线，线段的长度即比例大小。拖动光标，选择的对象会动态地随着该连线长度的变化而缩放，按 Enter 键确认缩放操作。

3）选择"复制（C）"选项时，可以复制缩放对象，即缩放对象时保留原对象，如图 5-59 所示。

缩放前　　　　　　　　　缩放后

图5-59　复制缩放

5.3.6　操作实例——紫荆花

绘制如图 5-60 所示的紫荆花。

图5-60　紫荆花

绘制步骤：

1. 绘制花瓣外框

单击"默认"选项卡"绘图"面板中的"多段线"按钮 和"圆弧"按钮 ，命令行提示与操作如下：

> 命令：_PLINE
> 指定起点：（在适当位置指定一点）
> 当前线宽为 0.0000
> 指定下一个点或 [圆弧(A)/半宽(H)/长度(L)/放弃(U)/宽度(W)]： A√
> 指定圆弧的端点(按住 Ctrl 键以切换方向)或[角度(A)/圆心(CE)/方向(D)/半宽(H)/直线(L)/半径(R)/第二个点(S)/放弃(U)/宽度(W)]： D√
> 指定圆弧的起点切向：（单击适当位置指定切向）
> 指定圆弧的端点(按住 Ctrl 键以切换方向)：
> 指定圆弧的端点(按住 Ctrl 键以切换方向)或[角度(A)/圆心(CE)/闭合(CL)/方向(D)/半宽(H)/直线(L)/半径(R)/第二个点(S)/放弃(U)/宽度(W)]： L√
> 指定下一点或 [圆弧(A)/闭合(C)/半宽(H)/长度(L)/放弃(U)/宽度(W)]：
> 指定下一点或 [圆弧(A)/闭合(C)/半宽(H)/长度(L)/放弃(U)/宽度(W)]： A√
> 指定圆弧的端点(按住 Ctrl 键以切换方向)或[角度(A)/圆心(CE)/闭合(CL)/方向(D)/半宽(H)/直线(L)/半径(R)/第二个点(S)/放弃(U)/宽度(W)]：（指定位置）
> 指定圆弧的端点(按住 Ctrl 键以切换方向)或[角度(A)/圆心(CE)/闭合(CL)/方向(D)/半宽(H)/直线(L)/半径(R)/第二个点(S)/放弃(U)/宽度(W)]：
> 指定圆弧的端点(按住 Ctrl 键以切换方向)或[角度(A)/圆心(CE)/闭合(CL)/方向(D)/半宽(H)/直线(L)/半

径(R)/第二个点(S)/放弃(U)/宽度(W)]：　D↙

指定圆弧的起点切向：（单击适当位指定切向置）

指定圆弧的端点(按住 Ctrl 键以切换方向)：（指定适当位置）

指定圆弧的端点(按住 Ctrl 键以切换方向)或[角度(A)/圆心(CE)/闭合(CL)/方向(D)/半宽(H)/直线(L)/半径(R)/第二个点(S)/放弃(U)/宽度(W)]：　A↙

指定圆弧的端点(按住 Ctrl 键以切换方向)或[角度(A)/圆心(CE)/闭合(CL)/方向(D)/半宽(H)/直线(L)/半径(R)/第二个点(S)/放弃(U)/宽度(W)]：　D↙

指定圆弧的起点切向：（单击适当位指定切向置）

指定圆弧的端点(按住 Ctrl 键以切换方向)：（指定适当位置）

指定圆弧的端点(按住 Ctrl 键以切换方向)或[角度(A)/圆心(CE)/闭合(CL)/方向(D)/半宽(H)/直线(L)/半径(R)/第二个点(S)/放弃(U)/宽度(W)]：

命令：　_ARC

指定圆弧的起点或 [圆心(C)]：　（指定起点）

指定圆弧的第二个点或 [圆心(C)/端点(E)]：　（指定第二点）

指定圆弧的端点：　（指定端点）

绘制结果如图 5-61 所示。

2. 绘制五角星

1）单击"默认"选项卡"绘图"面板中的"多边形"按钮⬠，命令行提示与操作如下：

命令：　_POLYGON

输入侧面数 <4>：5↙

指定正多边形的中心点或 [边(E)]：（指定中心点）

输入选项 [内接于圆(I)/外切于圆(C)] <I>：　↙

指定圆的半径：（指定半径）

2）单击"默认"选项卡"绘图"面板中的"直线"按钮╱，将正五边形的 5 个顶点用连续线段连接起来。绘制结果如图 5-62 所示。

图5-61　绘制花瓣外框　　　　　　　图5-62　绘制五角星

3. 编辑五角星

1）单击"默认"选项卡"修改"面板中的"删除"按钮🗑（后面章节会详细讲述），删除正五边形，结果如图 5-63 所示。单击"默认"选项卡"修改"面板中的"修剪"按钮✂（后面章节会详细讲述），将五角星内部线段进行修剪，结果如图 5-64 所示，命令行提示与操作如下：

命令：　_ERASE

选择对象：（选择正五边形，按 Enter 键删除）

命令：_TRIM

当前设置：投影=UCS,边=无,模式=标准

选择剪切边...

选择对象或 [模式(O)] <全部选择>：（按 Enter 键）

选择对象：

选择要修剪的对象，或按住 Shift 键选择要延伸的对象或[剪切边(T)/栏选(F)/窗交(C)/模式(O)/投影(P)/边(E)/删除(R)]：（选择五角星内部线段进行修剪）

……

选择要修剪的对象，或按住 Shift 键选择要延伸的对象或[剪切边(T)/栏选(F)/窗交(C)/模式(O)/投影(P)/边(E)/删除(R)/放弃(U)]：

2）单击"默认"选项卡"修改"面板中的"缩放"按钮 □，命令行提示与操作如下：

命令：_SCALE

选择对象：（框选修剪的五角星）

选择对象：✓

指定基点：（指定五角星斜下方凹点）

指定比例因子或 [复制(C)/参照(R)]：0.5✓

结果如图 5-65 所示。

图5-63　删除正五边形　　　　图5-64　修剪五角星　　　　图5-65　缩放五角星

4．阵列花瓣

单击"默认"选项卡"修改"面板中的"环形阵列"按钮 ，设置项目总数为 5、填充角度为 360，选择花瓣下端点外一点为中心，选择绘制的花瓣为对象，单击"确定"按钮退出。绘制的紫荆花如图 5-60 所示。

5.4　改变几何特性类命令

改变几何特性类编辑命令即在对指定对象进行编辑后，可使编辑对象的几何特性发生改变。包括修剪、延伸、拉伸、拉长、圆角、倒角、打断等命令。

5.4.1　修剪命令

【执行方式】

命令行：TRIM（快捷命令：TR）。

菜单栏：选择菜单栏中的"修改"→"修剪"命令。

工具栏：单击"修改"工具栏中的"修剪"按钮 。

功能区：单击"默认"选项卡"修改"面板中的"修剪"按钮 。

【操作步骤】

命令行提示与操作如下：

命令：TRIM↙

当前设置:投影=UCS，边=无，模式=标准

选择剪切边

选择对象或 [模式(O)] <全部选择>：　选择用作修剪边界的对象，按 Enter 键结束对象选择

选择要修剪的对象，或按住 Shift 键选择要延伸的对象或[剪切边(T)/栏选(F)/窗交(C)/模式(O)/投影(P)/边(E)/删除(R)]：

【选项说明】

1）在选择对象时，如果按住 Shift 键，则系统会自动将"修剪"命令转换成"延伸"命令，"延伸"命令将在 5.4.3 节介绍。

2）选择"栏选（F）"选项时，系统以"栏选"的方式选择被修剪的对象，如图 5-66 所示。

3）选择"窗交（C）"选项时，系统以"窗交"的方式选择被修剪的对象，如图 5-67 所示。

选定剪切边　　使用"栏选"选定要修剪的对象　　结果

图5-66　以"栏选"方式修剪对象

选定剪切边　　使用"窗交"选定要修剪的对象　　结果

图5-67　以"窗交"方式修剪对象

4）选择"边（E）"选项时，可以选择对象的修剪方式。

①延伸（E）：延伸边界进行修剪。在此方式下，如果剪切边没有与要修剪的对象相交，系统会延伸剪切边直至与对象相交，然后再修剪，如图 5-68 所示。

选择剪切边　　　　选择要修剪的对象　　　　修剪后的结果

图5-68　以"延伸"方式修剪对象

②不延伸（N）：不延伸边界修剪对象，只修剪与剪切边相交的对象。

5）被选择的对象可以互为边界和被修剪对象，此时系统会在选择的对象中自动判断边界。

▲ 技巧与提示——巧用"修剪"命令

在使用"修剪"命令选择修剪对象时，通常需要逐个单击选择对象，效率比较低，要比较快地实现修剪过程，可以先输入修剪命令"TR"或"TRIM"，然后按空格键或 Enter 键，在命令行中提示选择修剪的对象时可以不选择对象，继续按空格键或 Enter 键，此时系统默认选择全部，这样就可以很快地完成修剪过程。

5.4.2　操作实例——足球

绘制如图 5-69 所示的足球。

绘制步骤：

1）绘制正六边形。单击"默认"选项卡"绘图"面板中的"多边形"按钮，命令行提示与操作如下：

> 命令：_POLYGON
> 输入侧面数 <4>：6↙
> 指定正多边形的中心点或 [边(E)]：240,120↙
> 输入选项 [内接于圆(I)/外切于圆(C)] <I>：↙
> 指定圆的半径：20↙

2）镜像操作。单击"默认"选项卡"修改"面板中的"镜像"按钮，命令行提示与操作如下：

> 命令：_MIRROR
> 选择对象：↙（用鼠标左键选择正六边形上的一点）
> 选择对象：↙（按 Enter 键结束选择）
> 指定镜像线的第一点：<对象捕捉 开>（捕捉正六边形下边的顶点）
> 指定镜像线的第二点：（方法同上）
> 是否删除源对象？[是(Y)/否(N)] <否>：（不删除源对象）

结果如图 5-70 所示。

图5-69　足球　　　　　　图5-70　镜像正六边形后的图形

3）阵列操作。单击"默认"选项卡"修改"面板中的"环形阵列"按钮，生成如图5-71 所示的图形。命令行提示与操作如下：

命令：_ARRAYPOLAR

选择对象：　找到 1 个（选择图 5-70 下方的正六边形为源对象）

选择对象：

类型 = 极轴　关联 = 是

指定阵列的中心点或 [基点(B)/旋转轴(A)]：　240,120✓

选择夹点以编辑阵列或 [关联(AS)/基点(B)/项目(I)/项目间角度(A)/填充角度(F)/行(ROW)/层(L)/旋转项目(ROT)/退出(X)] <退出>：I✓

输入阵列中的项目数或 [表达式(E)] <6>：6✓

选择夹点以编辑阵列或 [关联(AS)/基点(B)/项目(I)/项目间角度(A)/填充角度(F)/行(ROW)/层(L)/旋转项目(ROT)/退出(X)] <退出>：F✓

指定填充角度(+=逆时针、-=顺时针)或 [表达式(EX)] <360>：✓

选择夹点以编辑阵列或 [关联(AS)/基点(B)/项目(I)/项目间角度(A)/填充角度(F)/行(ROW)/层(L)/旋转项目(ROT)/退出(X)] <退出>：X✓

4）绘制圆。单击"默认"选项卡"绘图"面板中的"圆"按钮，以点（250,115）为圆心，绘制半径为 40 的圆，结果如图 5-72 所示。

5）修剪操作。单击"默认"选项卡"修改"面板中的"分解"按钮，分解环形阵列形成的对象。单击"默认"选项卡"修改"面板中的"修剪"按钮，对图形进行修剪，结果如图 5-73 所示，命令行提示与操作如下：

命令：_EXPLODE

选择对象：（选择上步绘制的对象，按 Enter 键进行分解）

命令：_TRIM

当前设置：投影=UCS,边=延伸,模式=标准

选择剪切边...

选择对象或 [模式(O)] <全部选择>：　（选择圆）

选择对象：　（按 Enter 键结束选择）

选择要修剪的对象，或按住 Shift 键选择要延伸的对象或[剪切边(T)/栏选(F)/窗交(C)/模式(O)/投影(P)/边(E)/删除(R)]：（选择需要修剪的对象）

……

选择要修剪的对象，或按住 Shift 键选择要延伸的对象或[剪切边(T)/栏选(F)/窗交(C)/模式(O)/投影(P)/边(E)/删除(R)/放弃(U)]：✓

AutoCAD
2024

图5-71　环形阵列后的图形　　　图5-72　绘制圆后的图形　　　图5-73　修剪后的图形

6）填充操作。单击"默认"选项卡"绘图"面板中的"图案填充"按钮▩，系统打开如图 5-74 所示的"图案填充创建"选项卡，将图案填充类型设置为"图案"，"填充图案"设置为"SOLID"，用光标指定三个将要填充的区域，然后按 Enter 键，生成的图形如图 5-69 所示。

图5-74　"图案填充创建"选项卡

📖5.4.3　延伸命令

延伸命令是指延伸对象直到另一个对象的边界线，如图 5-75 所示。

选择边界　　　　　　　选择要延伸的对象　　　　　　　执行结果

图5-75　延伸对象1

【执行方式】

命令行：EXTEND（快捷命令：EX）。
菜单栏：选择菜单栏中的"修改"→"延伸"命令。
工具栏：单击"修改"工具栏中的"延伸"按钮➞|。
功能区：单击"默认"选项卡"修改"面板中的"延伸"按钮➞|。

【操作步骤】

命令行提示与操作如下：

命令：EXTEND✓
当前设置：投影=UCS,边=延伸,模式=标准选择边界的边…

选择对象或 [模式(O)] <全部选择>：选择边界对象

此时可以选择对象来定义边界，若直接按 Enter 键，则选择所有对象作为可能的边界对象。

系统规定可以用作边界对象的对象有：直线段、射线、双向无限长线、圆弧、圆、椭圆、二维/三维多义线、样条曲线、文本、浮动的视口、区域。如果选择二维多义线作为边界对象，系统会忽略其宽度而把对象延伸至多义线的中心线。

选择边界对象后，命令行提示如下：

选择要延伸的对象，或按住 Shift 键选择要修剪的对象，或[栏选(F)/窗交(C)/投影(P)/边(E)/放弃(U)]：

【选项说明】

1）如果要延伸的对象是适配样条多义线，则延伸后会在多义线的控制框上增加新节点。如果要延伸的对象是锥形的多义线，系统会修正延伸端的宽度，使多义线从起始端平滑地延伸至新终止端。如果延伸操作导致终止端宽度可能为负值，则取宽度值为 0，如图 5-76 所示。

选择边界对象　　　选择要延伸的多义线　　　延伸后的结果

图5-76　延伸对象2

2）选择对象时，如果按住 Shift 键，系统会自动将"延伸"命令转换成"修剪"命令。

5.4.4　操作实例——螺钉

绘制如图 5-77 所示的螺钉。

绘制步骤：

1）单击"默认"选项卡"图层"面板中的"图层特性管理器"按钮，设置 3 个新图层。

- 第一图层命名为"粗实线"，线宽 0.3mm，其余属性为默认值。
- 第二图层命名为"细实线"，所有属性为默认值。
- 第三图层命名为"中心线"，颜色为红色，线型为 CENTER，其余属性为默认值。

2）将"中心线层"图层设置为当前图层，单击"默认"选项卡"绘图"面板中的"直线"按钮，设置坐标分别为 {（930,460），（930,430）}和{（921,445），（921,457）}，绘制中心线，结果如图 5-78 所示。

图5-77　螺钉

AutoCAD 2024

3）将"粗实线层"图层设置为当前图层，单击"默认"选项卡"绘图"面板中的"直线"按钮 ╱，设置坐标分别为{（930，455），（916，455），（916，432）}，绘制轮廓线，结果如图 5-79 所示。

4）单击"默认"选项卡"修改"面板中的"偏移"按钮 ⊆，将刚绘制的竖直轮廓线分别向右偏移 3、7、8 和 9.25，将刚绘制的水平轮廓线分别向下偏移 4、8、11、21 和 23，如图 5-80 所示。

5）单击"默认"选项卡"修改"面板中的"修剪"按钮 ⅀，分别选取适当的界线和对象修剪偏移产生的轮廓线，结果如图 5-81 所示。

6）单击"默认"选项卡"修改"面板中的"倒角"按钮 ╱，对螺钉端部进行倒角（以后章节会详细讲述）。命令行提示与操作如下：

```
命令：_CHAMFER
（"修剪"模式) 当前倒角距离 1 = 0.0000，距离 2 = 0.0000
选择第一条直线或 [放弃(U)/多段线(P)/距离(D)/角度(A)/修剪(T)/方式(E)/多个(M)]：D↙
指定第一个倒角距离 <0.0000>： 2↙
指定第二个倒角距离 <2.0000>： ↙
选择第一条直线或 [放弃(U)/多段线(P)/距离(D)/角度(A)/修剪(T)/方式(E)/多个(M)]：（选择图 5-81 最下边的直线)
选择第二条直线，或按住 Shift 键选择要应用角点的直线：（选择与其相交的侧面直线)
```

图5-78　绘制中心线　　　　图5-79　绘制轮廓线　　　　图5-80　偏移轮廓线

结果如图 5-82 所示。

7）绘制螺孔底部。单击"默认"选项卡"绘图"面板中的"直线"按钮 ╱，设置端点坐标分别为{（919，451），（@10<-30）}和{（923，451），（@10<210）}，绘制螺孔底部的两条直线，结果如图 5-83 所示。

图5-81　修剪轮廓线　　　　图5-82　倒角处理　　　　图5-83　绘制螺孔底部直线

8）单击"默认"选项卡"修改"面板中的"修剪"按钮 ⅀，修剪多余的线段，结果如

图 5-84 所示。

9）将"细实线"图层设置为当前图层，单击"默认"选项卡"绘图"面板中的"直线"按钮╱，绘制螺纹牙底线，如图 5-85 所示。

10）单击"默认"选项卡"修改"面板中的"延伸"按钮━┤，将螺纹牙底线延伸至倒角处，命令行提示与操作如下：

命令：_EXTEND

当前设置：投影=UCS，边=无

选择边界的边...

选择对象或<全部选择>：（选择倒角生成的斜线）

找到 1 个

选择对象：✓

选择要延伸的对象，或按住 Shift 键选择要延伸的对象，或[栏选(F)/窗交(C)/投影(P)/边(E)/放弃(U)]：（选择刚绘制的细实线）

选择要延伸的对象，或按住 Shift 键选择要延伸的对象，或[栏选(F)/窗交(C)/投影(P)/边(E)/放弃(U)]：✓

结果如图 5-86 所示。

图5-84　修剪螺孔底部图线

图5-85　绘制螺纹牙底线

11）单击"默认"选项卡"修改"面板中的"镜像"按钮⚠，以长中心线为轴、该中心线左边所有的图线为对象进行镜像，结果如图 5-87 所示。

图5-86　延伸螺纹牙底线

图5-87　镜像对象

12）绘制剖面。单击"默认"选项卡"绘图"面板中的"图案填充"按钮▨，打开"图案填充创建"选项卡，设置图案填充类型为"图案"、填充图案为"ANSI31"，单击"拾取点"按钮，在图形中要填充的区域拾取点，然后按 Enter 键，结果如图 5-77 所示。

5.4.5　拉伸命令

拉伸命令是指拖拽选择的对象，且使对象的形状发生改变，如图 5-88 所示。拉伸对象时应指定拉伸的基点和移至点。利用一些辅助工具（如捕捉、钳夹功能及相对坐标等），可以提高拉伸的精度。

选择对象　　　　　　　拉伸后

图5-88　拉伸

【执行方式】

命令行：STRETCH（快捷命令：S）。

菜单栏：选择菜单栏中的"修改"→"拉伸"命令。

工具栏：单击"修改"工具栏中的"拉伸"按钮 。

功能区：单击"默认"选项卡"修改"面板中的"拉伸"按钮 。

【操作步骤】

命令行提示与操作如下：

命令：STRETCH↙

以交叉窗口或交叉多边形选择要拉伸的对象...

选择对象：　C↙

指定第一个角点：　指定对角点：找到 2 个：（采用交叉窗口的方式选择要拉伸的对象）

选择对象：　↙

指定基点或 [位移(D)] <位移>：（指定拉伸的基点）

指定第二个点或 <使用第一个点作为位移>：（指定拉伸的移至点）

此时，若指定第二个点，系统将根据这两点决定矢量拉伸的对象；若直接按 Enter 键，系统会把第一个点作为 X 和 Y 轴的分量值。

拉伸命令将使完全包含在交叉窗口内的对象不被拉伸，部分包含在交叉选择窗口内的对象被拉伸，如图 5-88 所示。

5.4.6　操作实例——手柄

绘制如图 5-89 所示的手柄。

图5-89　手柄

绘制步骤：

1）单击"默认"选项卡"图层"面板中的"图层特性管理器"按钮 ，新建两个图层：

"轮廓线"图层，线宽为 0.3mm，其余属性默认。

"中心线"图层，颜色为红色，线型为 CENTER，其余属性默认。

2）将"中心线"图层设置为当前图层。单击"默认"选项卡"绘图"面板中的"直线"按钮 ╱，设置直线的两个端点坐标为（150, 150）和（@100, 0），绘制直线，结果如图 5-90 所示。

3）将"轮廓线"图层设置为当前图层。单击"默认"选项卡"绘图"面板中的"圆"按钮 ⊙，以点（160, 150）为圆心、半径为 10 绘制圆，以点（235, 150）为圆心、半径为 15 绘制圆。再绘制半径为 50 的圆与前两个圆相切，结果如图 5-91 所示。

图5-90　绘制直线　　　　　　　　　　　图5-91　绘制圆

4）单击"默认"选项卡"绘图"面板中的"直线"按钮 ╱，以端点坐标为{（250, 150），（@10<90），（@15<180）}绘制直线，然后重复"直线"命令，绘制从点（235, 165）到点（235, 150）的直线。结果如图 5-92 所示。

5）单击"默认"选项卡"修改"面板中的"修剪"按钮 ✂，修剪图线，结果如图 5-93 所示。

图5-92　绘制直线　　　　　　　　　　　图5-93　修剪处理

6）单击"默认"选项卡"绘图"面板中的"圆"按钮 ⊙，以半径为 12，绘制与圆弧 1 和圆弧 2 相切的圆，结果如图 5-94 所示。

7）单击"默认"选项卡"修改"面板中的"修剪"按钮 ✂，将多余的圆弧进行修剪，结果如图 5-95 所示。

图5-94　绘制圆　　　　　　　　　　　图5-95　修剪处理

8）单击"默认"选项卡"修改"面板中的"镜像"按钮 ⚠，以中心线为对称轴，不删除原始对象，镜像中心线以上的对象，结果如图 5-96 所示。

2024　AutoCAD

9）单击"默认"选项卡"修改"面板中的"修剪"按钮，进行修剪处理，结果如图5-97 所示。

图5-96　镜像处理

图5-97　修剪处理

10）单击"默认"选项卡"修改"面板中的"拉伸"按钮，拉长接头部分。命令行提示与操作如下：

命令：_STRETCH
以交叉窗口或交叉多边形选择要拉伸的对象...
选择对象：C↙
指定第一个角点：（框选手柄接头部分，如图5-98 所示）
指定对角点：找到 6 个
选择对象：↙
指定基点或 [位移(D)] <位移>：100,100↙
指定位移的第二个点或 <用第一个点作位移>：105,100↙

结果如图 5-99 所示。

图5-98　选择对象

图5-99　拉伸结果

11）单击"默认"选项卡"修改"面板中的"拉长"按钮（后面章节会详细讲述），拉长中心线。命令行提示与操作如下：

命令：_LENGTHEN
选择对象或 [增量(DE)/百分比(P)/总计(T)/动态(DY)]：DE↙
输入长度增量或 [角度(A)] <0.0000>：4↙
选择要修改的对象或 [放弃(U)]：（选择中心线右端）
选择要修改的对象或 [放弃(U)]：（选择中心线左端）
选择要修改的对象或 [放弃(U)]：↙

最终结果如图 5-89 所示。

▲ **技巧与提示——拉伸对象的选择**

在执行"STRETCH"命令时，必须采用"交叉窗口"的方式选择对象。用交叉窗口选择拉伸对象后，交叉窗口内的端点被拉伸，外部的端点保持不变。

5.4.7　拉长命令

【执行方式】

命令行：LENGTHEN（快捷命令：LEN）。

菜单栏：选择菜单栏中的"修改"→"拉长"命令。

功能区：单击"默认"选项卡"修改"面板中的"拉长"按钮／。

【操作步骤】

命令行提示与操作如下：

命令：LENGTHEN↙

选择要测量的对象或 [增量(DE)/百分比(P)/总计(T)/动态(DY)] <增量(DE)>：　DE↙（选择拉长或缩短的方式为增量方式）

输入长度增量或 [角度(A)] <0.0000>：　10↙（在此输入长度增量数值。如果选择圆弧段，则可输入选项"A"，给定角度增量）

选择要修改的对象或 [放弃(U)]：　选定要修改的对象，进行拉长操作

选择要修改的对象或 [放弃(U)]：　继续选择，或按 Enter 键结束命令

【选项说明】

（1）增量（DE）：用指定增加量的方法改变对象的长度或角度。

（2）百分比（P）：用指定占总长度百分比的方法改变圆弧或直线段的长度。

（3）总计（T）：用指定新总长度或总角度值的方法改变对象的长度或角度。

（4）动态（DY）：在此模式下可以使用拖动光标的方法来动态地改变对象的长度或角度。

5.4.8　操作实例——挂钟

绘制如图 5-100 所示的挂钟。

绘制步骤：

1）单击"默认"选项卡"绘图"面板中的"圆"按钮⊙，以（100，100）为圆心，绘制半径为 20 的圆形作为挂钟的外轮廓线，如图 5-101 所示。

2）单击"默认"选项卡"绘图"面板中的"直线"按钮／，绘制坐标为{（100,100），（100,117.25）}，{（100,100），（82.75,100）}，{（100,100），（105,94）}的 3 条直线作为挂钟的指针，如图 5-102 所示。

图5-100　挂钟　　　　　图5-101　绘制圆形　　　　　图5-102　绘制指针

3）单击"默认"选项卡"修改"面板中的"拉长"按钮 ，将秒针拉长至圆的边，绘制挂钟完成，结果如图 5-100 所示。

5.4.9 圆角命令

圆角命令是指用一条指定半径的圆弧平滑连接两个对象。可以平滑连接一对直线段、非圆弧的多义线段、样条曲线、双向无限长线、射线、圆、圆弧和椭圆，并且可以在任何时候平滑连接多义线的每个节点。

 【执行方式】

命令行：FILLET（快捷命令：F）。

菜单栏：选择菜单栏中的"修改"→"圆角"命令。

工具栏：单击"修改"工具栏中的"圆角"按钮 。

功能区：单击"默认"选项卡"修改"面板中的"圆角"按钮 。

 【操作步骤】

命令行提示与操作如下：

命令：FILLET↙

当前设置：模式 = 修剪，半径 = 0.0000

选择第一个对象或[放弃(U)/多段线(P)/半径(R)/修剪(T)/多个(M)]：（选择第一个对象或别的选项）

选择第二个对象，或按住 Shift 键选择对象以应用角点或 [半径(R)]：（选择第二个对象）

 【选项说明】

（1）多段线（P）：在一条二维多段线两直线段的节点处插入圆弧。选择多段线后系统会根据指定的圆弧半径把多段线各顶点用圆弧平滑连接起来。

（2）修剪（T）：决定在用圆角平滑连接两条边时，是否修剪这两条边，如图 5-103 所示。

图5-103 圆角连接

（3）多个（M）：同时对多个对象进行圆角编辑，而不必重新起用命令。

（4）按住 Shift 键并选择两条直线，可以快速创建零距离倒角或零半径圆角。

▲ 技巧与提示——巧用"圆角"命令

1）如果在圆与圆之间作圆角，则不修剪圆，而且选取点的位置不同，圆角的位置也不同，系统将根据选取点与切点相近的原则来判断倒圆角的位置，如图 5-104 所示。

2）在平行直线间作圆角时，将忽略当前圆角半径，系统自动计算两平行线的距离来确定圆角半径，并从第一线段的端点处作半圆。而且半圆优先出现在较长的一端，如图 5-105 所

示。

3）如果倒圆角的两个对象具有相同的图层、线型和颜色，则创建的圆角对象也具有相同的图层线型和颜色。否则，圆角对象采用当前的图层、线型和颜色。

操作前　　　　　倒圆角后，不修剪　　　选择点不同，圆角位置不同

图5-104　圆与圆的圆角

操作前　　　　　　　　　　　倒圆角

图5-105　平行线间的圆角

5.4.10　操作实例——吊钩

绘制如图 5-106 所示的吊钩。

绘制步骤：

1）单击"默认"选项卡"图层"面板中的"图层特性管理器"按钮，打开"图层特性管理器"选项板，单击其中的"新建图层"按钮，新建两个图层：

- 第一图层命名为"轮廓线"，线宽为 0.3mm，其余属性默认。
- 第二图层命名为"中心线"，颜色为红色，线型为CENTER，其余属性默认。

图5-106　吊钩

2）将"中心线"图层设置为当前图层。单击"默认"选项卡"绘图"面板中的"直线"按钮，绘制两条相互垂直的定位中心线，结果如图 5-107 所示。

3）单击"默认"选项卡"修改"面板中的"偏移"按钮，将竖直中心线依次向右偏移 142 和 160，将水平中心线依次向下偏移 180 和 210，结果如图 5-108 所示。

4）将"轮廓线"图层设置为当前图层。单击"默认"选项卡"绘图"面板中的"圆"按钮，以点 1 为圆心分别绘制半径为 120 和 40 的同心圆，再以点 2 为圆心绘制半径为 96 的圆，以点 3 为圆心绘制半径为 80 的圆，以点 4 为圆心绘制半径为 42 的圆，结果如图 5-109 所示。

5）单击"默认"选项卡"修改"面板中的"偏移"按钮⊂，将直线段 5 分别向左和向右偏移 22.5 和 30，将线段 6 向上偏移 80，结果如图 5-110 所示。

6）单击"默认"选项卡"修改"面板中的"修剪"按钮Ϟ，修剪直线，结果如图 5-111 所示。

图5-107　绘制定位中心线

图5-108　偏移处理

图5-109　绘制圆

图5-110　偏移处理

7）单击"默认"选项卡"修改"面板中的"圆角"按钮⌒，指定圆角半径为 80，选择线段 7 和半径 96 的圆进行倒圆角. 命令行提示与操作如下：

```
命令：_FILLET
当前设置：  模式 = 不修剪，半径 = 0.0000
选择第一个对象或 [放弃(U)/多段线(P)/半径(R)/修剪(T)/多个(M)]：T↙
输入修剪模式选项 [修剪(T)/不修剪(N)] <不修剪>：T↙
放弃(U)/多段线(P)/半径(R)/修剪(T)/多个(M)]：R↙
指定圆角半径 <0.0000>：  80↙
选择第一个对象或 [放弃(U)/多段线(P)/半径(R)/修剪(T)/多个(M)]：（选择线段 7）
选择第二个对象，或按住 Shift 键选择对象以应用角点或 [半径(R)]：（选择半径为 96 的圆）
```

重复"圆角"命令，指定圆角半径为 120，选择线段 8 和半径为 40 的圆进行倒圆角，结果如图 5-112 所示。

8）单击"默认"选项卡"绘图"面板中的"圆"按钮。以半径为 42 的圆为第一切点、半径为 96 的圆为第二切点、半径为 80 的圆的第三切点绘制圆，结果如图 5-113 所示。

9）单击"默认"选项卡"修改"面板中的"修剪"按钮，对多余线段进行修剪，结果如图 5-114 所示。

10）单击"默认"选项卡"修改"面板中的"删除"按钮，删除多余线段，结果如图 5-106 所示。

图5-111　修剪处理

图5-112　圆角处理

图5-113　三点画圆

图5-114　修剪处理

5.4.11　倒角命令

倒角命令即斜角命令，是用斜线连接两个不平行的线性对象。可以用斜线连接直线段、双向无限长线、射线和多义线。

系统采用两种方法确定连接两个对象的斜线：指定两个斜线距离，指定斜线角度和一个斜线距离。下面分别介绍这两种方法的使用。

1．指定两个斜线距离

斜线距离是指从被连接对象与斜线的交点到被连接的两对象交点之间的距离，如图 5-115 所示。

2．指定斜线角度和一个斜线距离

采用这种方法连接对象时，需要输入两个参数：斜线与一个对象的斜线距离和斜线与该对象的夹角，如图 5-116 所示。

【执行方式】

命令行：CHAMFER（快捷命令：CHA）。

菜单栏：选择菜单栏中的"修改"→"倒角"命令。

工具栏：单击"修改"工具栏中的"倒角"按钮 。

功能区：单击"默认"选项卡"修改"面板中的"倒角"按钮 。

图5-115 指定两个斜线距离   图5-116 指定斜线角度和一个斜线距离

【操作步骤】

命令行提示与操作如下：

命令：CHAMFER✓

（"不修剪"模式）当前倒角距离 1 = 0.0000，距离 2 = 0.0000

选择第一条直线或 [放弃(U)/多段线(P)/距离(D)/角度(A)/修剪(T)/方式(E)/多个(M)]：（选择第一条直线或别的选项）

选择第二条直线，或按住 Shift 键选择直线以应用角点或 [距离(D)/角度(A)/方法(M)]：（选择第二条直线）

【选项说明】

（1）多段线（P）：对多段线的各个交叉点倒斜角。为了得到最好的连接效果，一般设置斜线是相等的值，系统根据指定的斜线距离把多段线的每个交叉点都作斜线连接，连接的斜线成为多段线新的构成部分，如图 5-117 所示。

（2）距离（D）：选择倒角的两个斜线距离。这两个斜线距离可以相同也可以不相同，若二者均为 0，则系统不绘制连接的斜线，而是把两个对象延伸至相交并修剪超出的部分。

（3）角度（A）：选择第一条直线的斜线距离和第一条直线的倒角角度。

（4）修剪（T）：与圆角连接命令"FILLET"相同，该选项决定连接对象后是否剪切源对象。

选择多段线   倒斜角

图5-117 斜线连接多段线

（5）方式（E）：决定采用"距离"方式还是"角度"方式来倒斜角。

（6）多个（M）：同时对多个对象进行倒斜角编辑。

▲ **技巧与提示——巧用"倒角"命令**

1）倒角距离为 0 时，CHAMFER 命令将使两边相交。

2）如果倒圆角的两条直线具有相同的图层、线型和颜色，则创建的倒角边也具有相同的

图层、线型和颜色。否则，倒角边采用当前的图层、线型和颜色。

📖5.4.12 操作实例——轴

绘制如图 5-118 所示的轴。

图5-118 轴

绘制步骤：

1）单击"默认"选项卡"图层"面板中的"图层特性管理器"按钮📰，打开"图层特性管理器"选项板，单击其中的"新建图层"按钮📑，新建两个图层：
- 第一图层命名为"轮廓线"，线宽为 0.3mm，其余属性默认。
- 第二图层命名为"中心线"，颜色设为红色，线型加载为 CENTER，其余属性默认。

2）将"中心线"图层设置为当前图层，单击"默认"选项卡"绘图"面板中的"直线"按钮╱，绘制水平中心线，再将"轮廓线"图层设置为当前图层，重复"直线"命令绘制竖直线，结果如图 5-119 所示。

图5-119 绘制定位直线

3）单击"默认"选项卡"修改"面板中的"偏移"按钮▣，将水平中心线依次向上偏移 25、27.5、30、35，将竖直线依次向右偏移 2.5、108、163、166、235、315.5、318。然后选择偏移形成的 4 条水平点画线，将其所在图层修改为"轮廓线"图层，将其线型转换成实线，结果如图 5-120 所示。

图5-120 偏移直线

4）单击"默认"选项卡"修改"面板中的"修剪"按钮▣，修剪多余的线段，结果如图 5-121 所示。

5）单击"默认"选项卡"修改"面板中的"倒角"按钮╱，对轴的左端进行倒角处理。

命令行提示与操作如下：

命令： _CHAMFER

（"修剪"模式）当前倒角距离 1 = 0.0000，距离 2 = 0.0000

择第一条直线或 [放弃(U)/多段线(P)/距离(D)/角度(A)/修剪(T)/方式(E)/多个(M)]： D✓

指定 第一个 倒角距离 <2.0000>： 2.5✓

指定 第二个 倒角距离 <2.5000>： ✓

选择第一条直线或 [放弃(U)/多段线(P)/距离(D)/角度(A)/修剪(T)/方式(E)/多个(M)]：（选择最左端的竖直线）

选择第二条直线，或按住 Shift 键选择直线以应用角点或 [距离(D)/角度(A)/方法(M)]：（选择与最左端的竖直线相交的水平线）

图5-121　修剪处理

重复"倒角"命令，对轴的右端进行倒角处理，结果如图 5-122 所示。

图5-122　倒角处理

6）单击"默认"选项卡"修改"面板中的"镜像"按钮△，将轴的上半部分以水平中心线为对称轴进行镜像，结果如图 5-123 所示。

7）单击"默认"选项卡"修改"面板中的"偏移"按钮⊂，将线段 1 依次向左偏移 12 和 49，将线段 2 依次向右偏移 12 和 69，结果如图 5-124 所示。

8）单击"默认"选项卡"绘图"面板中的"圆"按钮⊙，选择偏移后的线段与水平中心线的交点为圆心，绘制半径为 9 的 4 个圆，结果如图 5-125 所示。

9）单击"默认"选项卡"绘图"面板中的"直线"按钮／，绘制与圆相切的 4 条直线，结果如图 5-126 所示。

图5-123　镜像处理　　　　　　　　　　　图5-124　偏移、修剪处理

图5-125　绘制圆　　　　　　　　　　　　图5-126　绘制切线

10）单击"默认"选项卡"修改"面板中的"删除"按钮，将步骤 7）中偏移得到的线段删除，结果如图 5-127 所示。

11）单击"默认"选项卡"修改"面板中的"修剪"按钮，对多余的线进行修剪，结果如图 5-118 所示。

图5-127　删除线段

5.4.13　打断命令

【执行方式】

命令行：BREAK（快捷命令：BR）。

菜单栏：选择菜单栏中的"修改"→"打断"命令。

工具栏：单击"修改"工具栏中的"打断"按钮凸。

功能区：单击"默认"选项卡"修改"面板中的"打断"按钮凸。

【操作步骤】

命令行提示与操作如下：

命令：BREAK↙

选择对象：（选择要打断的对象）

指定第二个打断点或 [第一点(F)]：（指定第二个断开点或输入"F"↙）

【选项说明】

如果选择"第一点（F）"选项，系统将放弃前面选择的第一个点，重新提示用户指定两个断开点。

5.4.14　操作实例——连接盘

本例绘制的连接盘如图 5-128 所示。

图5-128　连接盘

绘制步骤：

1）设置图层。单击"默认"选项卡"图层"面板中的"图层特性管理器"按钮，新建3个图层：

- 第一图层命名为"轮廓线"，线宽为0.3mm，其余属性默认。
- 第二图层命名为"中心线"，颜色为红色，线型为CENTER，其余属性默认。
- 第三图层命名为"虚线"，颜色为蓝色，，线型为ACAD_ISO02W100,其余属性默认。

2）绘制中心线。将"中心线"图层设置为当前图层，单击"默认"选项卡"绘图"面板中的"直线"按钮 ╱，绘制两条相互垂直的直线，再单击"默认"选项卡"绘图"面板中的"圆"按钮 ⊙，以两条中心线的交点为圆心，绘制半径为130的圆，结果如图5-129所示。

3）绘制圆。将"轮廓线"图层设置为当前图层。单击"默认"选项卡"绘图"面板中的"圆"按钮 ⊙，分别绘制半径为170、80、70、40的同心圆，并将半径为80的圆放置在"虚线"图层。结果如图5-130所示。

4）绘制辅助直线。将"中心线"图层设置为当前图层。单击"默认"选项卡"绘图"面板中的"直线"按钮 ╱，绘制与水平方向成45°的辅助直线。单击"默认"选项卡"修改"面板中的"打断"按钮 凵，命令行提示与操作如下：

命令：_BREAK
选择对象：（选择斜点画线上适当一点）
指定第二个打断点或 [第一点(F)]：（选择圆心点）

结果如图5-131所示。

5）绘制圆。将"轮廓线"图层设置为当前图层。单击"默认"选项卡"绘图"面板中的"圆"按钮 ⊙，以辅助直线与半径为130的圆的交点为圆心，绘制半径分别为20和30的同心圆。重复"圆"命令，以竖直中心线与半径为130圆的交点为圆心绘制半径为20的圆，结果如图5-132所示。

6）阵列处理。单击"默认"选项卡"修改"面板中的"环形阵列"按钮 ⁛⁛，手足阵列项目数为4，在绘图区域选择半径为20和30的同心圆及其斜中心线，手足阵列的中心点为两条中心线的交点，进行阵列，结果如图5-133所示。

图5-129　绘制中心线　　　　图5-130　绘制圆　　　　图5-131　绘制辅助直线

7）偏移处理。单击"默认"选项卡"修改"面板中的"偏移"按钮 ⊂，将竖直中心线向左偏移150，将水平中心线分别向两侧偏移50。选取偏移后的直线，将其所在图层转换为"轮廓线"图层，结果如图5-134所示。

8）修剪处理。单击"默认"选项卡"修改"面板中的"修剪"按钮 ✂，对图形进行修剪处理，结果如图 5-135 所示。

图5-132 绘制圆

图5-133 阵列处理

图5-134 偏移处理

9）绘制辅助直线。转换图层，单击"默认"选项卡"绘图"面板中的"直线"按钮 ，绘制辅助直线，结果如图 5-136 所示。

图5-135 修剪处理

图5-136 绘制辅助直线

10）偏移处理。单击"默认"选项卡"修改"面板中的"偏移"按钮 ，将竖直辅助直线依次向右偏移 70、110、120 和 220，再将水平辅助直线向上依次偏移 40、50、70、80、110、130、150 和 170。选取偏移后的直线，将其所在图层转换为"轮廓线"图层或"虚线"图层，结果如图 5-137 所示。

11）修剪处理。单击"默认"选项卡"修改"面板中的"修剪"按钮 ，进行修剪处理，并且将轴槽处的图线转换成轮廓线，结果如图 5-138 所示。

12）倒角及镜像处理。单击"默认"选项卡"修改"面板中的"倒角"按钮 ，设置倒角距离为 5、倒角角度为 45°，对图形进行倒角，再单击"默认"选项卡"绘图"面板中的"直线"按钮 ，绘制倒角处的连接线，然后单击"默认"选项卡"修改"面板中的"镜像"按钮 ，以水平辅助直线为镜像轴，镜像左侧的主视图上半部分，结果如图 5-139 所示。

图5-137 偏移处理

图5-138 修剪处理

13）绘制圆弧。将"轮廓线"图层设置为当前图层。单击"默认"选项卡"绘图"面板中的"圆弧"按钮 ⌒，命令行提示与操作如下：

命令：_ARC
指定圆弧的起点或 [圆心(C)]：（选取点 2）
指定圆弧的第二个点或 [圆心(C)/端点(E)]：E↙
指定圆弧的端点：（选取点 1）
指定圆弧的中心点(按住 Ctrl 键以切换方向)或 [角度(A)/方向(D)/半径(R)]：R↙
指定圆弧的半径(按住 Ctrl 键以切换方向)：50↙

结果如图 5-140 所示。

图5-139　倒角及镜像处理　　　　　　　　图5-140　绘制圆弧

5.4.15　打断于点命令

打断于点命令是指在对象上指定一点，从而把对象在此点拆分成两部分，此命令与打断命令类似。

【执行方式】

工具栏：单击"修改"工具栏中的"打断于点"按钮 ⊏。
功能区：单击"默认"选项卡"修改"面板中的"打断于点"按钮 ⊏。

【操作步骤】

单击"修改"工具栏中的"打断于点"按钮 ⊏，命令行提示与操作如下：

命令：_BREAKATPOINT
选择对象：（选择要打断的对象）
指定打断点：（选择打断点）

5.4.16　操作实例——油标尺

绘制如图 5-141 所示的变速箱的油标尺。

绘制步骤：

1）设置图层。单击"默认"选项卡"图层"面板中的"图层特性管理器"按钮 ⛁，新建 4 个图层：

- 第一图层命名为"轮廓线"，线宽为 0.3mm，其余属性默认。
- 第二图层命名为"中心线"，颜色为红色，线型加载为 CENTER，其余属性默认。
- 第三图层命名为"细实线"，颜色为白色，其余属性默认。
- 第四图层命名为"剖面线"，颜色为蓝色，其余属性默认。

2）绘制中心线。将"中心线"图层设置为当前图层。单击"默认"选项卡"绘图"面板中的"直线"按钮／，绘制端点坐标为{(150,100)，(150,250)}的直线，如图 5-142 所示。

3）绘制直线。将"轮廓线"图层设置为当前图层。单击"默认"选项卡"绘图"面板中的"直线"按钮／，绘制端点坐标为{(140,110)，(160,110)}的直线与端点坐标为{(140,110)，(140,220)}的直线，如图 5-143 所示。

图5-141　油标尺　　　　　图5-142　绘制中心线　　　　图5-143　绘制直线

4）绘制轮廓线。单击"默认"选项卡"修改"面板中的"偏移"按钮⊜，将水平直线向上依次偏移 80、90、102 和 108，将竖直直线向右依次偏移 2、4 和 7，结果如图 5-144 所示。

5）修剪图形。单击"默认"选项卡"修改"面板中的"修剪"按钮✂，对图形进行修剪，结果如图 5-145 所示。

6）绘制螺纹。单击"默认"选项卡"修改"面板中的"偏移"按钮⊜，将直线 1 向下偏移 2，将直线 2 向右偏移 1，并单击"默认"选项卡"修改"面板中的"修剪"按钮✂，将中心线右边的图线修剪掉，结果如图 5-146 所示。继续修剪刚偏移的直线，生成螺纹，结果如图 5-147 所示。

图5-144　绘制偏移线　　　图5-145　修剪图形　　　图5-146　偏移与修剪图线　　　图5-147　绘制螺纹

7）倒角。单击"默认"选项卡"修改"面板中的"倒角"按钮╱，将直线 2 与其下面相交的水平直倒角 C1.5。再单击"默认"选项卡"绘图"面板中的"直线"按钮 ，在倒角交点绘制一条与中心线相交的水平线，结果如图 5-148 所示。

8）打断直线。单击"默认"选项卡"修改"面板中的"打断于点"按钮 ，命令行提示与操作如下：

命令：_BREAKATPOINT
选择对象：（选择直线 3）
指定打断点：（指定交点 4）

将直线 3 的图层属性更改为"细实线"，结果如图 5-149 所示。

9）绘制偏移直线和圆弧。单击"默认"选项卡"修改"面板中的"偏移"按钮 ，将水平直线 5 向上偏移 4 和 8，中心线向左偏移 6，再单击"默认"选项卡"绘图"面板中的"圆弧"按钮 ，使用三点绘制方式，选择交点 6、7、8 绘制圆弧，结果如图 5-150 所示。

10）修剪图形。单击"默认"选项卡"修改"面板中的"修剪"按钮 和"删除"按钮 ，对图形进行修剪编辑，结果如图 5-151 所示。

图5-148　倒角　　　　图5-149　打断直线　　　图5-150　偏移直线和绘制圆弧　　　图5-151　修剪图形

11）绘制偏移直线和倒圆角。单击"默认"选项卡"修改"面板中的"偏移"按钮 ，将图 5-151 中最上面两条水平线分别向内偏移 1；单击"默认"选项卡"修改"面板中的"圆角"按钮 ，设置圆角半径为 1，将图 5-151 中最上面两条水平线与左边竖线相交处倒圆角，结果如图 5-152 所示。

12）绘制圆。单击"默认"选项卡"绘图"面板中的"圆"按钮 ，以中心线与最上面水平线的交点为圆心，绘制半径为 3 的圆，并修剪为左上 1/4 圆弧，结果如图 5-153 所示。

13）镜像图形。单击"默认"选项卡"修改"面板中的"镜像"按钮 ，以中心线为镜像轴，将中心线左侧图形镜像到中心线右侧，结果如图 5-154 所示。

14）绘制剖面线。单击"默认"选项卡"绘图"面板中的"图案填充"按钮 ，打开"图案填充创建"选项卡，将图案填充类型设置为"ANSI37"，在所需填充区域中拾取任意一个点，并重复拾取，直至整个填充区域都被虚线框所包围，按 Enter 键完成图案填充操作，即完成剖面线的绘制，结果如图 5-141 所示。

▲ 技巧与提示——巧用"打断"命令

如果指定的第二断点在所选对象的外部，可分为两种情况：如果所选对象为直线或圆弧，则对象的该端被切掉，如图 5-155a、b 所示；如果所选对象为圆，则从第一断点逆时针方向到第二断点的部分被切掉，如图 5-155c 所示。

图5-152　绘制偏移直线和倒圆角　　图5-153　绘制圆弧　　图5-154　镜像处理

a）直线的打断　　　　b）圆弧的打断　　　c）圆的打断

图5-155　打断点在对象外部

5.4.17　分解命令

【执行方式】

命令行：EXPLODE（快捷命令：EX）。

菜单栏：选择菜单栏中的"修改"→"分解"命令。

工具栏：单击"修改"工具栏中的"分解"按钮 📄。

功能区：单击"默认"选项卡"修改"面板中的"分解"按钮 📄。

【操作步骤】

命令行提示与操作如下：

命令：EXPLODE↙

选择对象：（选择要分解的对象）

选择一个对象后，该对象会被分解，系统继续提示该信息，继续选择可以分解多个对象。

▲ 技巧与提示——巧用"分解"命令

分解命令可将一个合成图形分解为部件。例如，一个矩形被分解后就会变成4条直线，且一个有宽度的直线分解后会失去其宽度属性。

5.4.18　操作实例——圆头平键

绘制如图 5-156 所示的圆头平键。

图5-156　圆头平键

绘制步骤：

1）设置图层。单击"默认"选项卡"图层"面板中的"图层特性管理器"按钮，新建三个图层：

● 第一图层命名为"粗实线"，线宽为 0.3mm，其余属性默认。

● 第二图层命名为"中心线"，颜色为红色，线型为 CENTER，其余属性默认。

2）绘制中心线。将线宽显示打开。将"中心线"图层设置为当前图层，单击"默认"选项卡"绘图"面板中的"直线"按钮 ╱ ，以坐标点（-5，-21）和（@110，0）绘制中心线。

3）绘制主视图。

①将"粗实线"图层设置为当前图层，单击"默认"选项卡"绘图"面板中的"矩形"按钮 ▭ ，以角点坐标（0，0）和（@100，11）绘制矩形。

②单击"默认"选项卡"绘图"面板中的"直线"按钮 ╱ ，分别以坐标点{（0，2）（@100，0）}和{（0，9），（@100，0）}绘制直线，结果如图 5-157 所示。

4）绘制俯视图。单击"默认"选项卡"绘图"面板中的"矩形"按钮 ▭ ，以两个角点的坐标0，-30）和（@100，18）绘制矩形。

5）单击"默认"选项卡"修改"面板中的"偏移"按钮 ⊑ ，选择步骤 5）绘制的矩形，将 4 条边都向内侧偏移 2，结果如图 5-158 所示。

6）单击"默认"选项卡"修改"面板中的"分解"按钮 ⬚ ，框选主视图，将主视图矩形分解成为 4 条直线。

图5-157　绘制主视图　　　　　　　　　　　图5-158　绘制俯视图

7）单击"默认"选项卡"修改"面板中的"倒角"按钮 ╱ ，设置倒角距离为 2，对图5-159 中的两条直线进行倒角处理，结果如图 5-160 所示。

图5-159　选择要倒角的两条直线　　　　　　图5-160　倒角后的图形

继续运用倒角命令，对其他边进行倒角，结果如图 5-161 所示。

图5-161　倒角处理

8）单击"默认"选项卡"修改"面板中的"圆角"按钮，设置圆角半径为9，对图5-162中俯视图的外轮廓线矩形进行圆角处理，结果如图5-163所示。

继续对俯视图中的内侧矩形进行圆角操作，结果如图5-156所示。

图5-162　选择要圆角的矩形　　　　　　　图5-163　圆角后的图形

◆ 技术看板——多段线直线线段圆角

可以对多段线的直线线段进行圆角，这些直线可以相邻、不相邻、相交或由线段隔开。如果多段线的线段不相邻，则将其延伸以适应圆角。如果它们是相交的，则被修剪以适应圆角。如果图形界限检查打开时要创建圆角，则多段线的线段必须收敛于图形界限之内。

圆角处理的结果是包含圆角（作为弧线段）的单个多段线。这条新多段线的所有特性（如图层、颜色和线型）将继承所选的第一个多段线的特性。

📖 5.4.19　合并命令

可以将直线、圆、椭圆弧和样条曲线等独立的图线合并为一个对象，如图5-164所示。

【执行方式】

命令行：JOIN。
菜单栏：选择菜单栏中的"修改"→"合并"命令。
工具栏：单击"修改"工具栏中的"合并"按钮。
功能区：单击"默认"选项卡"修改"面板中的"合并"按钮。

图5-164　合并对象

【操作步骤】

命令行提示与操作如下：

命令：JOIN↙
选择源对象或要一次合并的多个对象：（选择一个对象）
选择要合并的对象：（选择另一个对象）
找到 1 个

选择要合并的对象：✓
已将 1 条直线合并到源

5.5 删除及恢复类命令

删除及恢复类命令主要用于删除图形某部分或对已被删除的部分进行恢复，包括删除、恢复、重做、清除等命令。

5.5.1 删除命令

如果所绘制的图形不符合要求或不小心错绘了图形，可以使用删除命令"ERASE"把其删除。

【执行方式】

命令行：ERASE（快捷命令：ER）。

菜单栏：选择菜单栏中的"修改"→"删除"命令。

工具栏：单击"修改"工具栏中的"删除"按钮。

快捷菜单：选择要删除的对象，在绘图区右击，选择快捷菜单中的"删除"命令。

功能区：单击"默认"选项卡"修改"面板中的"删除"按钮。

可以先选择对象再调用删除命令，也可以先调用删除命令再选择对象。选择对象时可以使用前面介绍的选择对象的各种方法。

当选择多个对象时，多个对象都会被删除；若选择的对象属于某个对象组，则该对象组中的所有对象都被删除。

▲ **技巧与提示——巧用"删除"命令**

在绘图过程中，如果出现了绘制错误或绘制的图形不满意，需要删除时，可以单击"标准"工具栏中的"放弃"按钮，也可以按Delete键，命令行提示"_ERASE"。删除命令可以一次删除一个或多个图形，如果删除错误，可以利用"重做"按钮 来恢复。

5.5.2 恢复命令

若不小心误删了图形，可以使用恢复命令"OOPS"，恢复误删的对象。

【执行方式】

命令行：OOPS 或 U。

工具栏：单击"标准"工具栏中的"放弃"按钮。

快捷键：按 Ctrl+Z 键。

5.5.3　清除命令

此命令与"删除"的命令功能完全相同。

【执行方式】

快捷键：按 Delete 键。

执行上述操作后，命令行提示如下：

命令：_.ERASE
选择对象找到 1 个（选择要清除的对象，按 Delete 键执行清除命令）

5.6　对象编辑命令

在对图形进行编辑时，还可以对图形对象本身的某些特性进行编辑，从而方便地进行图形绘制。

5.6.1　钳夹功能

利用钳夹功能可以快速方便地编辑对象。AutoCAD 2024 在图形对象上定义了一些特殊点，称为夹持点，如图 5-165 所示。利用夹持点可以灵活地控制对象。

图5-165　夹持点

要使用钳夹功能编辑对象，必须先打开钳夹功能，打开方法是：选择菜单栏中的"工具"→"选项"命令，系统打开"选项"对话框。选择"选择集"选项卡，勾选"夹点"选项组中的"显示夹点"复选框。在该选项卡中还可以设置代表夹点的小方格尺寸和颜色。

也可以通过 GRIPS 系统变量控制是否打开钳夹功能，1 代表打开，0 代表关闭。

打开钳夹功能后，应该在编辑对象之前先选择对象。夹点表示对象的控制位置。

使用夹点编辑对象，首先要选择一个夹点作为基点（称为基准夹点），然后选择一种编辑操作，如镜像、移动、旋转、拉伸和缩放。可以按空格键或 Enter 键循环选择这些功能。

下面以其中的拉伸对象操作为例进行讲解。

在图形上拾取一个夹点，该夹点将改变颜色，此点为夹点编辑的基准夹点，如图 5-166 所示。可在选中变色编辑基准夹点后直接向一侧拉伸。

如果要转换其他操作，可右击，在弹出的如图 5-167 所示的快捷菜单中选择相应的命令，如选择"镜像"命令，系统就会转换为"镜像"操作。其他操作类似。

5.6.2　操作实例——利用钳夹功能编辑图形

绘制如图 5-168a 所示的图形，并利用钳夹功能编辑成如图 5-168b 所示的图形。

绘制步骤:

1) 单击"默认"选项卡"绘图"面板中的"直线"按钮╱和"圆"按钮⊙,绘制图形轮廓。

2) 进行图案填充。单击"默认"选项卡"绘图"面板中的"图案填充"按钮▨,系统打开"图案填充创建"选项卡,将图案填充类型设置为"用户定义","角度"设置为45°(注意,单击"选项"面板中的"关联"按钮),在绘图区选择要填充的区域,按 Enter 键,结果如图 5-168a 所示。

图5-166 拉伸夹点   图5-167 快捷菜单

a)绘制图形   b)编辑图形

图5-168 利用钳夹功能编辑图形

3) 设置钳夹功能。选择菜单栏中的"工具"→"选项"命令,系统打开"选项"对话框,选择"选择集"选项卡,在"夹点"选项组中勾选"显示夹点"复选框。

4) 钳夹编辑。选择图形左边界的两条线段,这两条线段上会显示出相应特征的点方框,再选择图中最左边的特征点,该点以醒目方式显示,如图 5-169 所示。移动光标,使光标到如图 5-170 所示的相应位置后单击,得到如图 5-171 所示的图形。

图5-169 显示边界特征点   图5-170 移动夹点到新位置

5）选择圆，圆上会出现相应的特征点，如图 5-172 所示，选择圆心特征点，则该特征点以醒目方式显示。移动光标，将圆移动到新的位置，如图 5-173 所示。单击确认，结果如图 5-168b 所示。

图5-171　编辑后的图形

图5-172　显示圆上特征点

图5-173　移动圆到新位置

 5.6.3　修改对象属性

【执行方式】

命令行：DDMODIFY 或 PROPERTIES。

菜单栏：选择菜单栏中的"修改"→"特性"命令。

工具栏：单击"标准"工具栏中的"特性"按钮 圖 。

功能区：单击"默认"选项卡"特性"面板中的"特性"按钮 ˎ 。

执行上述操作后，系统打开"特性"选项板，如图 5-174 所示。在该选项板中可以方便地设置或修改对象的各种属性。不同的对象，属性种类和值不同，修改属性值，对象将改变为新的属性。

图5-174　"特性"选项板

📖5.6.4 操作实例——花朵的绘制

绘制如图 5-175 所示的花朵。

图5-175 花朵图案

🪑绘制步骤：

1）单击"默认"选项卡"绘图"面板中的"圆"按钮⊙，绘制花蕊。

2）单击"默认"选项卡"绘图"面板中的"多边形"按钮⬠，捕捉图 5-176 中的圆心，绘制正多边形的中心点与圆同心的正五边形，结果如图 5-177 所示。

图5-176 捕捉圆心

图5-177 绘制正五边形

▲ 技巧与提示——绘图先后顺序的区别

一定要先绘制中心的圆，因为正五边形的外接圆与此圆同心，必须通过捕捉获得正五边形的外接圆圆心位置。如果反过来，先画正五边形，再画圆，会发现无法捕捉正五边形外接圆的圆心。

3）单击"默认"选项卡"绘图"面板中的"圆弧"按钮⌒，以最上斜边的中点为圆弧起点，左上斜边中点为圆弧端点，绘制一段圆弧，结果如图 5-178 所示。重复"圆弧"命令，绘制另外 4 段圆弧，结果如图 5-179 所示。

删除正五边形，结果如图 5-180 所示。

图5-178 一段圆弧

图5-179 绘制所有圆弧

图5-180 删除正五边形

4）单击"默认"选项卡"绘图"面板中的"多段线"按钮⟶，设置花枝的宽度为 4，叶子的起点半宽为 12、端点半宽为 3，绘制枝叶。命令行提示与操作如下：

命令：_PLINE

指定起点：(捕捉圆弧右下角的交点)

当前线宽为 0.0000

指定下一个点或 [圆弧(A)/半宽(H)/长度(L)/放弃(U)/宽度(W)]：　W ✓

指定起点宽度 0.0000>：　4 ✓

指定端点宽度 <4.0000>：　✓

指定下一个点或 [圆弧(A)/半宽(H)/长度(L)/放弃(U)/宽度(W)]：　A ✓

指定圆弧的端点(按住 Ctrl 键以切换方向)或[角度(A)/圆心(CE)/方向(D)/半宽(H)/直线(L)/半径(R)/第二个点(S)/放弃(U)/宽度(W)]：　S ✓

指定圆弧上的第二个点：（指定第二点）

指定圆弧的端点：（指定第三点）

指定圆弧的端点(按住 Ctrl 键以切换方向)或[角度(A)/圆心(CE)/闭合(CL)/方向(D)/半宽(H)/直线(L)/半径(R)/第二个点(S)/放弃(U)/宽度(W)]：　✓（完成花枝绘制）

命令：_PLINE

指定起点：（捕捉花枝上一点）

当前线宽为 4.0000

指定下一个点或 [圆弧(A)/半宽(H)/长度(L)/放弃(U)/宽度(W)]：H ✓

指定起点半宽 <2.0000>：　12 ✓

指定端点半宽 <12.0000>：　3 ✓

指定下一个点或 [圆弧(A)/半宽(H)/长度(L)/放弃(U)/宽度(W)]：A ✓

指定圆弧的端点(按住 Ctrl 键以切换方向)或[角度(A)/圆心(CE)/方向(D)/半宽(H)/直线(L)/半径(R)/第二个点(S)/放弃(U)/宽度(W)]：　S ✓

指定圆弧上的第二个点：（指定第二点）

指定圆弧的端点：（指定第三点）

指定圆弧的端点(按住 Ctrl 键以切换方向)或[角度(A)/圆心(CE)/闭合(CL)/方向(D)/半宽(H)/直线(L)/半径(R)/第二个点(S)/放弃(U)/宽度(W)]：　✓

采用同样方法，绘制另两片叶子，结果如图 5-181 所示。

5）选择枝叶，枝叶上显示夹点标志，如图 5-182 所示。在一个夹点上单击鼠标右键，打开快捷菜单，选择其中的"特性"命令，如图 5-183 所示。系统打开"特性"选项板，在"颜色"下拉列表框中选择"绿"，如图 5-184 所示。

图5-181　完成花朵的绘制

图5-182　选择枝叶

6) 按照步骤 5) 的方法,修改花朵颜色为红色、花蕊颜色为洋红色,结果如图 5-175 所示。

图5-183 右键快捷菜单

图5-184 选择枝叶颜色

5.6.5 特性匹配

特性匹配是将一个对象的某些或所有特性复制到另一个或多个对象上。可以复制的特性包括颜色、图层、线型、线型比例、厚度以及标注、文字和图案填充特性。

 【执行方式】

命令行:MATCHPROP。

菜单栏:选择菜单栏中的"修改"→"特性匹配"命令。

功能区:单击"默认"选项卡"特性"面板中的"特性匹配"按钮。

 【操作步骤】

命令行提示与操作如下:

命令:MATCHPROP ✓

选择源对象:(选择源对象)

当前活动设置: 颜色 图层 线型 线型比例 线宽 透明度 厚度 打印样式 标注 文字 图案填充 多段线 视口 表格材质 阴影显示 多重引线

选择目标对象或 [设置(S)]：（选择目标对象）

5.7 综合演练

5.7.1 组合沙发的绘制

本实例将通过详细介绍如图 5-185 所示沙发的绘制方法与操作技巧，讲解使用 AutoCAD 2024 相关功能命令绘制室内装饰家具的方法。

图5-185 沙发

绘制步骤：

1）单击"默认"选项卡"绘图"面板中的"直线"按钮 ⁄ ，绘制其中单人沙发面的 4 条边，如图 5-186 所示。

2）单击"默认"选项卡"绘图"面板中的"圆弧"按钮 ⁄ ，将沙发面的 4 条边连接起来，生成完整的沙发面，如图 5-187 所示。

3）单击"默认"选项卡"绘图"面板中的"直线"按钮 ⁄ ，绘制侧面扶手，如图 5-188 所示。

图5-186 创建单人沙发面4条边　　　　图5-187 生成沙发面　　　　图5-188 绘制扶手

4）单击"默认"选项卡"绘图"面板中的"圆弧"按钮 ⁄ ，绘制侧面扶手弧边线，如图 5-189 所示。

5）单击"默认"选项卡"修改"面板中的"镜像"按钮 ⚖ ，以沙发面中间的水平轴线作为镜像轴进行镜像，绘制另外一侧的扶手，结果如图 5-190 所示。

6）单击"默认"选项卡"绘图"面板中的"圆弧"按钮 ⁄ ，绘制沙发背部左侧，再单击"默认"选项卡"修改"面板中的"镜像"按钮 ⚖ ，镜像沙发背部右侧，结果如图 5-191 所示。

7）单击"默认"选项卡"绘图"面板中的"圆弧"按钮 和直线按钮 ，继续完善沙发背部，再单击"默认"选项卡"修改"面板中的"镜像"按钮 ，镜像沙发背部，结果如图 5-192 所示。

8）偏移直线。单击"默认"选项卡"修改"面板中的"偏移"按钮 ，对沙发面边线进行偏移，使其更为形象，结果如图 5-193 所示。

图5-189　绘制扶手弧边线

图5-190　创建另外一侧扶手

图5-191　创建沙发背部右侧

图5-192　完善沙发背部

图5-193　偏移沙发面边线

9）单击"默认"选项卡"绘图"面板中的"多点"按钮 ，细化沙发面造型，结果如图 5-194 所示。

10）单击"默认"选项卡"绘图"面板中的"多点"按钮 ，进一步细化沙发面造型，结果如图 5-195 所示。

图5-194　细化沙发面

图5-195　进一步细化沙发面

11）按照步骤 2）～10），绘制 3 人座的沙发面造型，结果如图 5-196 所示。

12）单击"默认"选项卡"绘图"面板中的"直线"按钮 和"默认"选项卡"修改"面板中的"镜像"按钮 ，绘制 3 人座沙发扶手造型，结果如图 5-197 所示。

图5-196　绘制3人座沙发

图5-197　绘制3人座沙发扶手

13）单击"默认"选项卡"绘图"面板中的"圆弧"按钮╱和直线按钮╱，绘制3人座沙发背部造型，如图5-198所示。

14）单击"默认"选项卡"绘图"面板中的"多点"按钮┅，对3人座沙发面造型进行细化，如图5-199所示。

图5-198　绘制3人座沙发背部造型

图5-199　细化3人座沙发面

15）单击"默认"选项卡"修改"面板中的"移动"按钮✛，调整两个沙发造型的相互位置，如图5-200所示。

16）单击"默认"选项卡"修改"面板中的"镜像"按钮⚖，对单人沙发进行镜像，得到沙发组造型，结果如图5-201所示。

图5-200　调整沙发位置

图5-201　沙发组

17）单击"默认"选项卡"绘图"面板中的"椭圆"按钮⬭，绘制1个椭圆形作为茶几造型，如图5-202所示。

18）单击"默认"选项卡"绘图"面板中的"图案填充"按钮▨，对茶几进行图案填充，如图5-203所示。

图5-202　绘制椭圆形茶几

图5-203　填充茶几图案

19）单击"默认"选项卡"绘图"面板中的"多边形"按钮⬠，绘制沙发之间的正方形桌面，如图5-204所示。

20）单击"默认"选项卡"绘图"面板中的"圆"按钮◷，绘制两个大小和圆心位置不同的圆形，如图5-205所示。

21）单击"默认"选项卡"绘图"面板中的"直线"按钮／，绘制随机斜线，完成灯罩的绘制，如图 5-206 所示。

22）单击"默认"选项卡"修改"面板中的"镜像"按钮 ⚐，镜像桌面灯造型，如图 5-207 所示，完成组合沙发的绘制，结果如图 5-208 所示图形。

图5-204　绘制正方形桌面　　　　图5-205　绘制两个圆形　　　　图5-206　完成灯罩的绘制

图5-207　镜像桌面灯造型　　　　　　图5-208　完成组合沙发的绘制

5.7.2　齿轮的绘制

绘制如图 5-209 所示的齿轮。

图5-209　齿轮

绘制步骤:

1. 设置图层

单击"默认"选项卡"图层"面板中的"图层特性管理器"按钮⧉，新建3个图层:

- 第一图层命名为"实体层"，线宽为0.3mm，其余属性默认。
- 第二图层命名为"中心线"，颜色为红色，线型为CENTER，其余属性默认。
- 第三图层命名为"剖面层"，属性默认。

2. 绘制圆柱齿轮

1）绘制中心线。

①切换图层:将"中心线"图层设置为当前图层。

②绘制中心线:单击"默认"选项卡"绘图"面板中的"直线"按钮∕，绘制直线{(25,170)，(410,170)}、直线{(75,47)，(75,292)}和直线{(270,47)，(270,292)}，如图5-210所示。

2）绘制圆柱齿轮主视图。

①绘制边界线。将"实体层"图层设置为当前图层，单击"默认"选项卡"绘图"面板中的"直线"按钮∕，利用"FROM"选项绘制两条直线，结果如图5-211所示，命令行提示与操作如下:

```
命令：_LINE
指定第一个点：FROM ✓
基点：（利用对象捕捉选择左侧中心线的交点）
<偏移>：@-41,0 ✓
指定下一点或 [放弃(U)]：@0,120 ✓
指定下一点或 [放弃(U)]：@41,0 ✓
指定下一点或 [闭合(C)/放弃(U)]：✓
```

②偏移直线。单击"默认"选项卡"修改"面板中的"偏移"按钮⊜，将最左侧的直线向右偏移33，再将最上部的直线向下依次偏移8、20、30、60、70和91，然后将中心线依次向上偏移75和116，结果如图5-212所示。

图5-210 绘制中心线　　　　图5-211 绘制边界线　　　　图5-212 绘制偏移线

③倒角。单击"默认"选项卡"修改"面板中的"倒角"按钮⟋，指定斜线角度和一个斜线距离，对齿轮的左上角处倒直角C4；单击"默认"选项卡"修改"面板中的"圆角"按钮⟋，设置半径为5，对中间凹槽倒圆角，然后进行修剪，结果如图5-213所示。

④绘制键槽。单击"默认"选项卡"修改"面板中的"偏移"按钮⊜，将中心线向上偏移8，然后进行修剪，结果如图5-214所示。

⑤镜像图形。单击"默认"选项卡"修改"面板中的"镜像"按钮 ⚐ ，分别以竖直和水平两条中心线为镜像轴进行镜像操作，结果如图 5-215 所示。

⑥绘制剖面线。将"剖面层"图层设置为当前图层，单击"默认"选项卡"绘图"面板中的"图案填充"按钮 ▧ ，选择"ANSI31"图案作为填充图案，选择填充区域进行填充，完成圆柱齿轮主视图的绘制，结果如图 5-216 所示。

图5-213　图形倒角　　　图5-214　绘制键槽　　　图5-215　镜像成型　　　图5-216　圆柱齿轮主视图

3）绘制圆柱齿轮左视图。

◆ 技术看板——巧用辅助定位线绘制左视图

圆柱齿轮左视图由一组同心圆和环形分布的圆孔组成。左视图是在主视图的基础上生成的，因此需要借助主视图的位置信息确定同心圆的半径或直径。这时就需要从主视图引出相应的辅助定位线，利用"对象捕捉"确定同心圆。6个减重圆孔利用"环形阵列"进行绘制。

①绘制辅助定位线。单击"默认"选项卡"绘图"面板中的"直线"按钮 ╱ ，利用"对象捕捉"功能在主视图中确定直线起点，再利用"正交"功能保证引出线水平，终点位置任意，绘制结果如图 5-217 所示。

②绘制同心圆。单击"默认"选项卡"绘图"面板中的"圆"按钮 ⊙ ，以右侧中心线交点为圆心，依次捕捉辅助定位线与中心线的交点，绘制同心圆，然后删除辅助直线；再重复"圆"命令，绘制减重圆孔，结果如图 5-218 所示。注意，减重圆孔的圆环属于"中心线"图层。

　　　　图5-217　绘制辅助定位线　　　　　　　　　　　图5-218　绘制同心圆和减重圆孔

③环形阵列圆孔。单击"默认"选项卡"修改"面板中的"环形阵列"按钮 ❁ ，以同心圆的圆心为阵列中心点，选取图 5-218 中的减重圆孔及其中心线为阵列对象，输入阵列个数

为 6，设置阵列角度为 360，绘制环形分布的减重圆孔。单击"默认"选项卡"修改"面板中的"打断"按钮⌐，修剪阵列减重阀孔过长的中心线，结果如图 5-219 所示。

④绘制键槽边界线。单击"默认"选项卡"修改"面板中的"偏移"按钮⋐，以偏移量为 33.3 向左偏移同心圆的竖直中心线，以上、下偏移量分别为 8 偏移水平中心线。并更改其图层属性为"实体层"，结果如图 5-220 所示。

图5-219　绘制环形分布的减重圆孔

图5-220　绘制键槽边界线

⑤修剪图形。单击"默认"选项卡"修改"面板中的"修剪"按钮✄，对键槽进行修剪编辑，得到圆柱齿轮左视图，如图 5-221 所示。

⑥复制键槽。单击"默认"选项卡"修改"面板中的"复制"按钮♋，选择键槽轮廓线和中心线进行复制，如图 5-222 所示。

图5-221　圆柱齿轮左视图

图5-222　键槽轮廓线和中心线

5.8　动手练一练

 【实例1】绘制如图 5-223 所示的桌椅

1. 目的要求

本例设计的图形除了要用到基本的绘图命令外，还要用到"阵列"编辑命令。本例要求读者能够灵活掌握绘图的基本技巧，并能利用一些编辑命令快速灵活地完成绘图工作。

2. 操作提示

1）利用"圆"和"偏移"命令绘制圆形餐桌。

2）利用"直线""圆弧"以及"镜像"命令绘制椅子。

3）阵列椅子。

【实例 2】绘制如图 5-224 所示的人脸

1. 目的要求

本例设计的图形除了要用到很多基本的绘图命令外，考虑到图形对象的对称性，还要用到"镜像"编辑命令。本例要求读者能够灵活掌握绘图的基本技巧，并能掌握镜像命令的用法。

2. 操作提示

1）利用"圆""直线""圆环""多段线"和"圆弧"命令绘制小人头一半的轮廓。

2）以外轮廓圆竖直方向上的两点为对称轴镜像图形。

图5-223　桌椅

图5-224　人脸

【实例 3】绘制如图 5-225 所示的均布结构图形

1. 目的要求

本例设计的图形是一个常见的机械零件。在绘制的过程中，除了要用到"直线""圆"等基本绘图命令外，还要用到"剪切"和"阵列"编辑命令。本例要求读者能够熟练掌握"剪切"和"阵列"编辑命令的用法。

2. 操作提示

1）设置新图层。

2）绘制中心线和基本轮廓。

3）进行阵列编辑。

4）进行剪切编辑。

【实例 4】绘制如图 5-226 所示的圆锥滚子轴承

1. 目的要求

本例要绘制的是一个圆锥滚子轴承的剖视图。除了要用到一些基本的绘图命令外，还要用到"图案填充"命令以及"旋转""镜像""剪切"等编辑命令。通过对本例图形的绘制，可使读者进一步熟悉常见编辑命令以及"图案填充"命令的使用。

2. 操作提示

1）新建图层。

2）绘制中心线及滚子所在的矩形。

3）旋转滚子所在的矩形。

4）绘制半个轴承轮廓线。

5）对绘制的图形进行剪切。

6）镜像图形。

7）分别对轴承外圈和内圈进行图案填充。

图5-225 均布结构图形

图5-226 圆锥滚子轴承

第6章

文字与表格

　　文字注释是绘制图形过程中很重要的内容。进行各种设计时，不仅要绘制出图形，还要在图形中标注一些注释性的文字（如技术要求、注释说明等）对图形对象加以解释。AutoCAD 2024 提供了多种在图形中输入文字的方法。图表在 AutoCAD 2024 图形中也有大量的应用，如明细栏、参数表和标题栏等。本章将详细介绍文本的注释和编辑功能，以及文字与图表的使用方法。

重点与难点
- 了解文本样式、文本编辑
- 熟练掌握文本标注的操作
- 学习表格的创建及表格文字的编辑

6.1 文本样式

　　所有 AutoCAD 2024 图形中的文字都有与其相对应的文本样式。当输入文字对象时，AutoCAD 2024 使用当前设置的文本样式。文本样式是用来控制文字基本形状的一组设置。AutoCAD 2024 提供了"文字样式"对话框，在这个对话框中可以方便直观地设置需要的文本样式，或是对已有文本样式进行修改。

 【执行方式】

　　命令行：STYLE（快捷命令：ST）或 DDSTYLE。

　　菜单栏：选择菜单栏中的"格式"→"文字样式"命令。

　　工具栏：单击"文字"工具栏中的"文字样式"按钮 A。

　　功能区：单击"默认"选项卡"注释"面板中的"文字样式"按钮 A。

　　执行上述操作后，系统打开"文字样式"对话框，如图 6-1 所示。

图6-1　"文字样式"对话框

 【选项说明】

　　（1）"样式"列表框：列出所有已设定的文字样式名或对已有样式名进行相关操作。单击"新建"按钮，系统打开如图 6-2 所示的"新建文字样式"对话框，在该对话框中可以为新建的文字样式输入名称。从"样式"列表框中选中要改名的文本样式并右击，选择如图 6-3 所示的快捷菜单中的"重命名"命令，可以为所选文本样式输入新的名称。

图6-2　"新建文字样式"对话框

　　（2）"字体"选项组：用于确定字体样式。文字的字体确定字符的形状，在 AutoCAD 2024 中，除了它固有的 SHX 形状字体文件外，还可以使用 TrueType 字体，如宋体和楷体等。一种字体可以设置不同的效果，从而被多种文本样式使用，如图 6-4 所示为同一种字体（宋体）的不同样式。

（3）"大小"选项组：用于确定文本样式使用的字体文件、字体风格及字高。"高度"文本框用来设置创建文字时的固定字高，在用 TEXT 命令输入文字时，AutoCAD 2024 不再提示输入字高参数。如果在此文本框中设置字高为 0，系统会在每一次创建文字时提示输入字高，所以如果不想固定字高，可以把"高度"文本框中的数值设置为 0。

图6-3 快捷菜单   图6-4 同一种字体的不同样式

（4）"效果"选项组：

1）"颠倒"复选框：勾选该复选框，表示将文本文字倒置标注，如图 6-5a 所示。

2）"反向"复选框：确定是否将文本文字颠倒、反向标注，如图 6-5b 所示。

3）"垂直"复选框：确定文本是水平标注还是垂直标注。勾选该复选框时为垂直标注，否则为水平标注。垂直标注如图 6-6 所示。

a)   b)

图6-5 文字倒置标注与反向标注   图6-6 垂直标注

4）"宽度因子"文本框：设置宽度系数，确定文本字符的宽高比。当此系数为 1 时，表示将按字体文件中定义的宽高比标注文字。当此系数小于 1 时，字会变窄，反之变宽。图 6-4 所示为在不同比例系数下标注的文本文字。

5）"倾斜角度"文本框：用于确定文字的倾斜角度。角度为 0 时不倾斜，为正数时向右倾斜，为负数时向左倾斜，效果如图 6-4 所示。

（5）"应用"按钮：确认对文字样式的设置。当创建新的文字样式或对现有文字样式的某些特征进行修改后，都需要单击此按钮，系统才会确认所做的改动。

▲ **技巧与提示——统一字体的方法**

1）如果要使用不同于系统默认样式 STANDARD 的文字样式，最好的方法是自己建立一个新的文字样式，而不要对默认样式进行修改。

2）系统默认样式 STANDARD 不允许删除或重命名。

3）"大字体"是针对中文、韩文、日文等符号文字的专用字体。若要在单行文字中使用汉字，必须将"字体"设置为"大字体"，并选择相应的汉字大字体。

6.2 文本标注

在绘制图形的过程中，文字能够传递很多设计信息，它可能是一个很复杂的说明，也可能是一个简短的文字信息。当需要文字标注的文本不太长时，可以利用 TEXT 命令创建单行文本。当需要标注很长、很复杂的文字信息时，可以利用 MTEXT 命令创建多行文本。

6.2.1 单行文本标注

【执行方式】

命令行：TEXT。
菜单栏：选择菜单栏中的"绘图"→"文字"→"单行文字"命令。
工具栏：单击"文字"工具栏中的"单行文字"按钮A。
功能区：单击"默认"选项卡"注释"面板中的"单行文字"按钮A。或单击"注释"选项卡"文字"面板中的"单行文字"按钮A。

【操作步骤】

命令行提示与操作如下：

> 命令：TEXT✓
> 当前文字样式："Standard" 文字高度：2.5000 注释性：否 对正：左
> 指定文字的起点或 [对正(J)/样式(S)]:

【选项说明】

（1）指定文字的起点：在此提示下可直接在绘图区选择一点作为输入文本的起始点，命令行提示如下：

> 指定高度 <0.2000>:（确定文字高度）
> 指定文字的旋转角度 <0>:（确定文本行的倾斜角度）

执行上述命令后，即可在指定位置输入文本文字，然后按 Enter 键，文本文字另起一行，可继续输入文字，待全部输入完后按两次 Enter 键，退出 TEXT 命令。可见，TEXT 命令也可创建多行文本，只是这种多行文本每一行是一个对象，不能对多行文本同时进行操作。

▲ **技巧与提示——巧用单行文字命令**

只有当前文本样式中设置的字符高度为 0，在使用 TEXT 命令时，系统才会出现要求用户确定字符高度的提示。AutoCAD 2024 允许将文本行倾斜排列，如图 6-7 所示为倾斜角度分别是 0°、45° 和-45° 时的排列效果。可在"指定文字的旋转角度 <0>"提示下输入文本行的倾斜角度或在绘图区拉出一条直线来指定倾斜角度。

图6-7 文本行倾斜排列的效果

（2）对正（J）：在"指定文字的起点或[对正（J）/样式（S）]"提示下输入"J"，用可确定文本的对齐方式。对齐方式决定文本的哪部分与所选插入点对齐。执行此选项，命令行提示如下：

> 输入选项 [左(L)/居中(C)/右(R)/对齐(A)/中间(M)/布满(F)/左上(TL)/中上(TC)/右上(TR)/左中(ML)/正中(MC)/右中(MR)/左下(BL)/中下(BC)/右下(BR)]：

在此提示下可选择一个选项作为文本的对齐方式。当文本文字水平排列时，AutoCAD 2024为标注文本的文字定义了如图 6-8 所示的顶线、中线、基线和底线。文本对齐方式如图 6-9 所示，图中大写字母对应上述提示中的各个选项。下面以"对齐"方式为例进行简要说明。

图6-8 文本行的底线、基线、中线和顶线 　　　　图6-9 文本的对齐方式

选择"对齐（A）"选项，要求用户指定文本行基线的起始点与终止点的位置，命令行提示与操作如下：

> 指定文字基线的第一个端点：(指定文本行基线的起点位置)
>
> 指定文字基线的第二个端点：(指定文本行基线的终点位置)
>
> 输入文字：(输入一行文本后按 Enter 键)
>
> 输入文字：（继续输入文本或直接按 Enter 键结束命令）

执行结果：输入的文本文字均匀地分布在指定的两点之间，如果两点间的连线不水平，则文本行倾斜放置，倾斜角度由两点间的连线与 X 轴夹角确定；字高、字宽根据两点间的距离、字符的多少以及文本样式中设置的宽度系数自动确定。指定了两点之后，每行输入的字符越多，字宽和字高越小。其他选项与"对齐"类似，此处不再赘述。

实际绘图时，有时需要标注一些特殊字符，例如，直径符号、上划线或下划线、温度符号等，由于这些符号不能直接从键盘上输入，AutoCAD 2024 提供了一些控制码，用来实现这些要求。控制码用两个百分号（%%）加一个字符构成，常用的控制码及功能见表 6-1。

表 6-1 中，%%O 和 %%U 分别是上划线和下划线的开关，第一次出现此符号时开始画上划线和下划线，第二次出现此符号时，上划线和下划线终止。如输入"I want to %%U go to Beijing%%U."，则得到如图 6-10a 所示的文本行；输入"50%%D+%%C75%%P12"，则得到如图 6-10b 所示的文本行。

利用 TEXT 命令可以创建一个或若干个单行文本，即此命令可以用来标注多行文本。

在"输入文字"提示下输入一行文本文字后按 Enter 键，命令行继续提示"输入文字"，用户可输入第二行文本文字，依此类推，在文本文字全部输入完毕后，在此提示下按两次 Enter 键，可结束文本输入命令。每一次按 Enter 键可结束一个单行文本的输入。每一个单行文本是一个对象，可以单独修改其文本样式、字高、旋转角度、对齐方式等。

用 TEXT 命令创建文本时，在命令行输入的文字同时显示在绘图区，而且在创建过程中可以随时改变文本的位置。移动光标到新的位置并单击，则当前行结束，随后输入的文字将在新的文本位置出现。用这种方法可以把多行文本标注到绘图区的不同位置。

表 6-1　AutoCAD 2024 常用控制码及功能

控制码	功能	控制码	功能
%%O	上划线	\u+0278	电相位
%%U	下划线	\u+E101	流线
%%D	"度"符号（°）	\u+2261	标识
%%P	正负符号（±）	\u+E102	界碑线
%%C	直径符号（∅）	\u+2260	不相等（≠）
%%%	百分号（%）	\u+2126	欧姆（Ω）
\u+2248	约等于（≈）	\u+03A9	欧米伽（Ω）
\u+2220	角度（∠）	\u+214A	低界线
\u+E100	边界线	\u+2082	下标 2
\u+2104	中心线	\u+00B2	上标 2
\u+0394	差值		

I want to go to Beijing.

a)

50°+∅75±12

b)

图6-10　文本行

6.2.2　多行文本标注

【执行方式】

命令行：MTEXT（快捷命令：T 或 MT）。

菜单栏：选择菜单栏中的"绘图"→"文字"→"多行文字"命令。

工具栏：单击"绘图"工具栏中的"多行文字"按钮 **A**，或单击"文字"工具栏中的"多行文字"按钮 **A**。

功能区：单击"默认"选项卡"注释"面板中的"多行文字"按钮 **A**，或单击"注释"选项卡"文字"面板中的"多行文字"按钮 **A**。

【操作步骤】

命令行提示与操作如下：

命令：MTEXT✔

当前文字样式：　"Standard"　文字高度：　1571.5998　注释性：　否

指定第一角点：（指定矩形框的第一个角点）

指定对角点或 [高度(H)/对正(J)/行距(L)/旋转(R)/样式(S)/宽度(W)/栏(C)]:

【选项说明】

（1）指定对角点：在绘图区选择两个点作为矩形框的两个角点，以这两个点为对角点构成一个矩形区域，其宽度即将来要标注的多行文本的宽度，第一个点即第一行文本顶线的起点。执行"多行文字"命令后，打开如图 6-11 所示的"文字编辑器"选项卡和多行文字编辑器，可利用此编辑器输入多行文本文字并对其格式进行设置。

图6-11　"文字编辑器"选项卡和多行文字编辑器

"文字编辑器"选项卡中的选项可用来控制文本文字的显示特性。可以在输入文本文字前设置文本的特性，也可以改变已输入的文本文字特性。要改变已有文本文字的显示特性，首先应选择要修改的文本。选择文本的方式有以下 3 种：

● 将光标定位到文本文字开始处，按住鼠标左键，拖到文本末尾。
● 双击某个文字，则该文字被选中。
● 3 次单击，则选中全部内容。

选项卡中部分选项的功能介绍如下：

1）"文字高度"下拉列表框：用于确定文本的字符高度。可在文本编辑器中设置输入新的字符高度，也可从此下拉列表框中选择已设定过的高度值。

2）"粗体" **B** 和"斜体" *I* 按钮：用于设置加粗或斜体效果。但这两个按钮只对 TrueType 字体有效。

3）"下划线" U 和"上划线" Ō 按钮：用于设置或取消文字的上、下划线。

4）"堆叠"按钮：为层叠或非层叠文本按钮，用于层叠所选的文本文字，也就是创建分数形式。当文本中某处出现"/""^"或"#"3 种层叠符号之一时，可层叠文本，其方法是选中需层叠的文字，然后单击此按钮，则符号左边的文字作为分子，右边的文字作为分母进行层叠。AutoCAD 2024 提供了 3 种分数形式：如选中"abcd/efgh"后单击此按钮，得到如图 6-12a 所示的分数形式；如果选中"abcd^efgh"后单击此按钮，则得到如图 6-12b 所示的形式，此形式多用于标注极限偏差；如果选中"abcd#efgh"后单击此按钮，则创建斜排的分数形式，如图 6-12c 所示。如果选中已经层叠的文本对象后单击此按钮，则恢复到非层叠形式。

5）"倾斜角度" *0/* 下拉列表框：用于设置文字的倾斜角度。

▲ **技巧与提示——倾斜角度与斜体效果的区别**

　　倾斜角度与斜体效果是两个不同的概念，前者可以设置任意倾斜角度，后者是在任意倾斜角度的基础上设置斜体效果。如图 6-13 所示，第一行倾斜角度为 0°，非斜体效果；第二行倾斜角度为 12°，非斜体效果；第三行倾斜角度为 12°，斜体效果。

6）"符号"按钮@：用于输入各种符号。单击此按钮，系统打开如图 6-14 所示的符号列表，可以从中选择符号输入到文本中。

7）"插入字段"按钮：用于插入一些常用或预设字段。单击此按钮，系统打开如图 6-15 所示的"字段"对话框，用户可从中选择字段，插入到标注文本中。

abcd　abcd　abcd/efgh
efgh　efgh

都市农夫
都市农夫
都市农夫

a)　　b)　　c)

图6-12　文本层叠　　　　　　图6-13　倾斜角度与斜体效果

图6-14　符号列表　　　　　　图6-15　"字段"对话框

8）"追踪"下拉列表框：用于增大或减小选定字符之间的空间。设置 1.0 表示常规间距，设置大于 1.0 表示增大间距，设置小于 1.0 表示减小间距。

9）"宽度因子"下拉列表框：用于扩展或收缩选定字符。1.0 表示设置代表此字体中字母的常规宽度，可以增大该宽度或减小该宽度。

10）"上标" X^2 按钮：将选定文字转换为上标，即在键入线的上方设置稍小的文字。

11）"下标" X_2 按钮：将选定文字转换为下标，即在键入线的下方设置稍小的文字。

12）"清除格式"下拉列表：删除选定字符的字符格式，或删除选定段落的段落格式，或删除选定段落中的所有格式。

- 关闭：如果选择此选项，将从应用了列表格式的选定文字中删除字母、数字和项目符号。不更改缩进状态。
- 以数字标记：应用将带有句点的数字用于列表中的项的列表格式。
- 以字母标记：应用将带有句点的字母用于列表中的项的列表格式。如果列表含有的项多于字母中含有的字母，可以使用双字母继续序列。

- 以项目符号标记：应用将项目符号用于列表中的项的列表格式。
- 启动：在列表格式中启动新的字母或数字序列。如果选定的项位于列表中间，则选定项下面的未选中的项也将成为新列表的一部分。
- 继续：将选定的段落添加到上面最后一个列表然后继续序列。如果选择了列表项而非段落，选定项下面的未选中的项将继续序列。
- 允许自动项目符号和编号：在键入时应用列表格式。以下字符可以用作字母和数字后的标点并不能用作项目符号：句点（.）、逗号（,）、右括号（)）、右尖括号（>）、右方括号（]）和右花括号（}）。
- 允许项目符号和列表：如果选择此选项，列表格式将应用到外观类似列表的多行文字对象中的所有纯文本。
- 拼写检查：确定键入时拼写检查处于打开还是关闭状态。
- 编辑词典：显示"词典"对话框，从中可添加或删除在拼写检查过程中使用的自定义词典。
- 标尺：在编辑器顶部显示标尺。拖动标尺末尾的箭头可更改文字对象的宽度。列模式处于活动状态时，还显示高度和列夹点。

13）段落：为段落和段落的第一行设置缩进。指定制表位和缩进，控制段落对齐方式、段落间距和段落行距。"段落"对话框如图6-16所示。

图6-16 "段落"对话框

14）输入文字：选择此项，系统打开如图6-17所示的"选择文件"对话框，可以从中选择任意ASCII或RTF格式的文件。输入的文字保留原始字符格式和样式特性，但可以在多行文字编辑器中编辑和格式化输入的文字。选择要输入的文本文件后，可以替换选定的文字或全部文字，或在文字边界内将插入的文字附加到选定的文字中。输入文字的文件必须小于32K。

15）编辑器设置：显示"文字格式"工具栏的选项列表。有关详细信息请参见编辑器设置。

▲ 技巧与提示——巧用"多行文字"命令

多行文字可由任意数目的文字行或段落组成，布满指定的宽度后还可以沿垂直方向无限延伸。多行文字中，无论行数是多少，单个编辑任务中创建的每个段落集将构成单个对象，用户可对其进行移动、旋转、删除、复制、镜像或缩放操作。

图6-17 "选择文件"对话框

（2）对正（J）：用于确定所标注文本的对齐方式。选择此选项，命令行提示如下：

输入对正方式 [左上(TL)/中上(TC)/右上(TR)/左中(ML)/正中(MC)/右中(MR)/左下(BL)/中下(BC)/右下(BR)] <左上(TL)>：

这些对齐方式与 TEXT 命令中的各对齐方式相同。选择一种对齐方式后按 Enter 键，系统回到上一级提示。

（3）行距（L）：用于确定多行文本的行间距。这里所说的行间距是指相邻两文本行基线之间的垂直距离。选择此选项，命令行提示如下：

输入行距类型 [至少(A)/精确(E)] <至少(A)>：

在此提示下有"至少"和"精确"两种方式确定行间距。在"至少"方式下，系统根据每行文本中最大的字符自动调整行间距；在"精确"方式下，系统为多行文本赋予一个固定的行间距，可以直接输入一个确切的间距值，也可以输入"nx"的形式，其中 n 是一个具体数，表示行间距设置为单行文本高度的 n 倍，而单行文本高度是本行文本字符高度的 1.66 倍。

（4）旋转（R）：用于确定文本行的倾斜角度。选择此选项，命令行提示与操作如下：

指定旋转角度 <0>：

输入角度值后按 Enter 键，系统返回到"指定对角点或 [高度(H)/对正(J)/行距(L)/旋转(R)/样式(S)/宽度(W)/栏(C)]："的提示

（5）样式（S）：用于确定当前的文本文字样式。

（6）宽度（W）：用于指定多行文本的宽度。可在绘图区选择一点，与前面确定的第一个

角点组成一个矩形框的宽即为多行文本的宽度；也可以输入一个数值，精确设置多行文本的宽度。

在创建多行文本时，只要指定文本行的起始点和宽度后，系统就会打开如图 6-11 所示的多行文字编辑器，用户可以在该编辑器中输入和编辑多行文本，包括设置字高、文本样式以及倾斜角度等。该编辑器与 Microsoft Word 编辑器界面相似，事实上，该编辑器与 Word 编辑器的某些功能趋于一致。这样既增强了多行文字的编辑功能，又能使用户更熟悉和方便地使用。

（7）栏（C）：指定多行文字对象的栏选项。

1）静态：指定总栏宽、栏数、栏间距宽度（栏之间的间距）和栏高。

2）动态：指定栏宽、栏间距宽度和栏高。动态栏由文字驱动。调整栏将影响文字流，而文字流将导致添加或删除栏。

3）不分栏：将不分栏模式设置给当前多行文字对象。

默认列设置存储在系统变量 MTEXTCOLUMN 中。

6.2.3 操作实例——技术要求

绘制如图 6-18 所示的技术要求。

绘制步骤：

1）单击"默认"选项卡"注释"面板中的"多行文字"按钮 **A**，命令行提示与操作如下：

技术要求

1.热处理要求

255~302HBW(d=3.8~3.5)。

2.未注倒角$C2$。

3.氧化。

图6-18 技术要求

```
命令：_MTEXT
当前文字样式："Standard"  文字高度：2.5  注释性：否
指定第一角点：
指定对角点或 [高度(H)/对正(J)/行距(L)/旋转(R)/样式(S)/宽度(W)/栏(C)]：H↙
指定高度 <2.5>：5↙
指定对角点或 [高度(H)/对正(J)/行距(L)/旋转(R)/样式(S)/宽度(W)/栏(C)]：
```

系统打开"文字编辑器"选项卡和多行文字编辑器，设置字体大小为 5，如图 6-19 所示。

2）在多行文字编辑器中输入文字，结果如图 6-18 所示。

图6-19 "文字编辑器"选项卡和多行文字编辑器

6.3 文本编辑

【执行方式】

命令行：TEXTEDIT。

菜单栏：选择菜单栏中的"修改"→"对象"→"文字"→"编辑"命令。

工具栏：单击"文字"工具栏中的"编辑"按钮 ![]。

【操作步骤】

命令行提示与操作如下：

命令：TEXTEDIT↙

当前设置：编辑模式 = Multiple

选择注释对象或 [放弃(U)/模式(M)]:

选择想要修改的文本，同时光标变为拾取框。用拾取框选择对象，如果选择的文本是用 TEXT 命令创建的单行文本，则亮显该文本，可对其进行修改；如果选择的文本是用 MTEXT 命令创建的多行文本，选择对象后则打开"多行文字"编辑器（见图 6-11），可根据前面的介绍对各项设置或内容进行修改。

★ 知识链接——国家标准对标题栏的规定

国家标准 GB/T 14691《技术制图 字体》中规定了汉字、字母和数字的结构型式。书写字体的基本要求是：

1）图样中书写的汉字、数字、字母必须做到：字体端正、笔画清楚、排列整齐、间隔均匀。

2）字体的大小以号数表示，字体的号数就是字体的高度（单位为 mm），字体高度（用 h 表示）的公称尺寸系列为：1.8、2.5、3.5、5、7、10、14、20。如果需要书写更大的字，其字体高度应按 $\sqrt{2}$ 的比率递增。用作指数、分数、注脚和尺寸偏差数值，一般采用小一号字体。

3）汉字应写成长仿宋体字，并应采用中华人民共和国国务院正式推行的《汉字简化方案》中规定的简化字。长仿宋体字的书写要领是：横平竖直、注意起落、结构均匀、填满方格。汉字的高度 h 不应小于 3.5mm，其字宽一般为 $h/\sqrt{2}$。

4）字母和数字分为 A 型和 B 型。字体的笔画宽度用 d 表示。A 型字体的笔画宽度 d=h/14，B 型字体的笔画宽度 d=h/10。字母和数字可写成斜体和直体。

5）斜体字字头向右倾斜，与水平基准线成 75°。绘图时，一般用 B 型斜体字。在同一图样上，只允许选用一种字体。

图 6-20、图 6-21 所示的分别为图样上常见字体的书写示例。

字体端正笔划清楚
排列整齐间隔均匀

0123456789

I II III IV V VI VII VIII IX X

图6-20　长仿宋字　　　　　　　图6-21　数字书写示例

6.4 表格

在以前的 AutoCAD 版本中，要绘制表格必须采用绘制图线或结合偏移、复制等编辑命令来完成，这样的操作过程烦琐而复杂，不利于提高绘图效率。AutoCAD 2024 新增加了"表格"绘图功能，有了该功能，创建表格就变得非常容易，用户可以直接插入设置好样式的表格，而不用绘制由单独图线组成的表格。

6.4.1 定义表格样式

和文字样式一样，所有 AutoCAD 2024 图形中的表格都有与其相对应的表格样式。当插入表格对象时，系统使用当前设置的表格样式。表格样式是用来控制表格基本形状和间距的一组设置。模板文件 ACAD.DWT 和 ACADISO.DWT 中定义了名为"Standard"的默认表格样式。

【执行方式】

命令行：TABLESTYLE。

菜单栏：选择菜单栏中的"格式"→"表格样式"命令。

工具栏：单击"样式"工具栏中的"表格样式"按钮▦。

功能区：单击"默认"选项卡"注释"面板中的"表格样式"按钮▦，或单击"注释"选项卡"表格"面板上的"表格样式"下拉菜单中的"管理表格样式"按钮，或单击"注释"选项卡"表格"面板中"表格样式..."按钮◥。

执行上述操作后，系统打开"表格样式"对话框，如图 6-22 所示。

【选项说明】

（1）"新建"按钮：单击该按钮，系统打开"创建新的表格样式"对话框，如图 6-23 所示。输入新的表格样式名后，单击"继续"按钮，系统打开如图 6-24 所示的"新建表格样式"对话框，从中可以定义新的表格样式。

"新建表格样式"对话框的"单元样式"下拉列表框中有 "数据""表头"和"标题"3 个重要的选项，分别控制表格中数据、列标题和总标题的有关参数，如图 6-25 所示。在"新建表格样式"对话框中有 3 个重要的选项卡，分别介绍如下：

1）"常规"选项卡：用于控制数据栏格与标题栏格的上下位置关系。

2）"文字"选项卡：用于设置文字属性。选择此选项卡，在"文字样式"下拉列表框中可以选择已定义的文字样式并应用于数据文字，也可以单击右侧的按钮···重新定义文字样式。其中"文字高度""文字颜色"和"文字角度"各选项设定相应参数格式，可供用户选择。

3）"边框"选项卡：用于设置表格的边框属性。下面的边框线按钮控制数据边框线的各种形式，如绘制所有数据边框线、只绘制数据边框外部边框线、只绘制数据边框内部边框线、无边框线、只绘制底部边框线等。选项卡中的"线宽""线型"和"颜色"下拉列表框中的选项则控制边框线的线宽、线型和颜色。选项卡中的"间距"文本框用于控制单元边界和内容之间的间距。

图 6-26 所示为数据文字样式为"Standard"、文字高度为 4.5、文字颜色为"红色"、对齐方式为"右下"，标题文字样式为"Standard"、文字高度为 6、文字颜色为"蓝色"、对齐方式为"正中"、表格方向为"上"、水平单元边距和垂直单元边距都为 1.5 的表格样式。

图6-22 "表格样式"对话框

图6-23 "创建新的表格样式"对话框

图6-24 "新建表格样式"对话框

（2）"修改"按钮：用于对当前表格样式修改，方式与新建表格样式相同。

标题		
表头	表头	表头
数据	数据	数据
数据	数据	数据
数据	数据	数据
数据	数据	数据
数据	数据	数据
数据	数据	数据

图6-25 表格样式

数据	数据	数据
数据	数据	数据
数据	数据	数据
数据	数据	数据
数据	数据	数据
数据	数据	数据
数据	数据	数据
标题		

图6-26 表格示例

6.4.2 创建表格

在设置好表格样式后，用户可以利用 TABLE 命令创建表格。

【执行方式】

命令行：TABLE。

菜单栏：选择菜单栏中的"绘图"→"表格"命令。

工具栏：单击"绘图"工具栏中的"表格"按钮▦。

功能区：单击"默认"选项卡"注释"面板中的"表格"按钮▦，或单击"注释"选项卡"表格"面板中的"表格"按钮▦。

执行上述操作后，系统打开"插入表格"对话框，如图6-27所示。

图6-27　"插入表格"对话框

【选项说明】

（1）"表格样式"下拉列表框：用于选择表格样式，也可以单击右侧的按钮▣新建或修改表格样式。

（2）"插入方式"选项组：

1）"指定插入点"单选按钮：指定表左上角的位置。可以使用定点设备，也可以在命令行输入坐标值。如果在"表格样式"对话框中将表格的方向设置为由下而上读取，则插入点位于表格的左下角。

2）"指定窗口"单选按钮：指定表格的大小和位置。可以使用定点设备，也可以在命令行输入坐标值。勾选该单选按钮，列数、列宽、数据行数和行高取决于窗口的大小以及列和行的设置情况。

（3）"列和行设置"选项组：用于指定列和行的数目以及列宽与行高。

▲ 技巧与提示——指定窗口大小的方法

在"插入方式"选项组中勾选"指定窗口"单选按钮后，列与行设置的两个参数中只能指定一个，另外一个由指定窗口的大小自动等分来确定。

在"插入表格"对话框中进行相应设置后，单击"确定"按钮，系统在指定的插入点或窗口自动插入一个空表格，并显示"文字编辑器"选项卡和多行文字编辑器，用户可以逐行逐列输入相应的文字或数据，如图 6-28 所示。

◆ **技术看板——调整单元格大小的方法**

在插入后的表格中选择某一个单元格，单击后出现钳夹点，通过移动钳夹点可以改变单元格的大小，如图6-29所示。

图6-28 多行文字编辑器　　　　　　图6-29 改变单元格大小

📖6.4.3 编辑表格文字

【执行方式】

命令行：TABLEDIT。

快捷菜单：选择表和一个或多个单元后右击，选择快捷菜单中的"编辑文字"命令。

快捷方式：在表格单元内双击。

【操作步骤】

执行上述操作后，命令行出现"拾取表格单元"的提示，选择要编辑的表格单元，系统打开多行文字编辑器，用户可以对选择的表格单元的文字进行编辑。

在 AutoCAD 2024 中，可以在表格中插入简单的公式，用于计算总计、计数和平均值，以及定义简单的算术表达式。要在选定的表格单元格中插入公式，可右击，然后选择"插入点"。如图 6-30 所示。也可以使用在位文字编辑器来输入公式。选择一个公式项后，系统提示：

选择表格单元范围的第一个角点：（在表格内指定一点）

选择表格单元范围的第二个角点：（在表格内指定另一点）

指定单元范围后，系统对范围内的单元格的数值按指定公式进行计算，给出最终计算值，如图 6-31 所示。

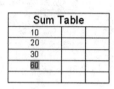

　　　　　　　显示公式　　　　　　　　　计算结果

　　图6-30　插入公式　　　　　　　　　　图6-31　进行计算

📖6.4.4　操作实例——苗木表

绘制如图6-32所示的苗木明细表。

苗木名称	数量	规格	苗木名称	数量	规格	苗木名称	数量	规格
落叶松	32	10cm	红叶	3	15cm	金叶女贞		20棵/m²丛值H=500
银杏	44	15cm	法国梧桐	10	20cm	紫叶小檗		20棵/m²丛值H=500
元宝枫	5	6m（冠径）	油松	4	8cm	草坪		2~3个品种混播
樱花	3	10cm	三角枫	26	10cm			
合欢	8	12cm	睡莲	20				
玉兰	27	15cm						
龙爪槐	30	8cm						

图6-32　苗木明细表

绘制步骤：

1）单击"默认"选项卡"注释"面板中的"表格样式"按钮🏛，命令行提示与操作如下：

> **命令：_TABLESTYLE**

系统打开"表格样式"对话框，如图6-33所示。

2）单击"新建"按钮，系统打开"创建新的表格样式"对话框，如图6-34所示。输入新的表格名称后，单击"继续"按钮，系统打开"新建表格样式"对话框，如图6-35所示。"数据"选项按图6-35和图6-36所示进行设置，"标题"和"表头"选项设置同"数据"选项。创建好表格样式后，将其置为当前，单击"关闭"按钮，退出"表格样式"对话框。

图6-33　"表格样式"对话框　　　　图6-34　"创建新的表格样式"对话框

图6-35　"新建表格样式"对话框

图6-36　"标题"选项卡设置

3）创建表格。在设置好表格样式后，可以用 TABLE 命令创建表格。

4）单击"默认"选项卡"注释"面板中的"表格"按钮囲，系统打开"插入表格"的对话框，设置如图 6-37 所示。

5）单击"确定"按钮，系统在指定的插入点或窗口自动插入一个空表格，并打开如图 6-38 所示的"文字编辑器"选项卡，用户可以逐行逐列输入相应的文字或数据。

6）当编辑完成的表格有需要修改的地方时，可用 TABLEDIT 命令来完成，或在要修改的表格上右击，在弹出的如图 6-39 所示快捷菜单中单击"编辑文字"，同样可以达到修改文本的目的。

图6-37 "插入表格"对话框

命令： TABLEDIT↙

拾取表格单元：（选择需要修改文本的表格单元）

多行文字编辑器会再次出现，用户可以在其中进行修改。

在单击插入后的表格中某一个单元格，出现钳夹点，移动钳夹点改变单元格的大小，如图 6-40 所示。

图6-38 "文字编辑器"选项卡

绘制完成的苗木明细表如图 6-41 所示。

图6-39　快捷菜单　　　　　　　　　图6-40　改变单元格大小

苗木名称	数量	规格	苗木名称	数量	规格	苗木名称	数量	规格
落叶松	32	10cm	红叶	3	15cm	金叶女贞		20棵/m²丛值H=500
银杏	44	15cm	法国梧桐	10	20cm	紫叶小檗		20棵/m²丛值H=500
元宝枫	5	6m（冠径）	油松	4	8cm	草坪		2~3个品种混播
樱花	3	10cm	三角枫	26	10cm			
合欢	8	12cm	睡莲	20				
玉兰	27	15cm						
龙爪槐	30	8cm						

图6-41　苗木明细表

6.5　综合演练——A3 图纸样板图

绘制如图 6-42 所示的 A3 图纸样板图。

动画演示\第 6 章\绘制 A3 图纸样板图.avi

绘制步骤：

1. 设置单位和图形界限

1）打开 AutoCAD 2024，系统自动建立新图形文件。

2）设置单位。选择菜单栏中的"格式"→"单位"命令，系统打开"图形单位"对话框，如图 6-43 所示。设置"长度"的"类型"为"小数"、"精度"为 0，再试着"角度"的"类型"为"十进制度数","精度"为 0，系统默认逆时针方向为正，单击"确定"按钮。

图6-42 A3图纸样板图

3）设置图形边界。国家标准中对图纸的幅面大小作了严格规定。如 A3 图纸的幅面为 420mm×297mm。选择菜单栏中的"格式"→"图形界限"命令，设置图形界限。

在命令行提示"指定左下角点或[开(ON)/关(OFF)]<0.0000,0.0000>："后输入"0,0"。

在命令行提示"指定右上角点<12.0000,9.0000>："后输入"420,297"。

2．设置图层

选择菜单栏中的"格式"→"图层"命令，系统打开"图层特性管理器"选项板，如图 6-44 所示。单击"新建"按钮，建立不同名称的新图层，这些图层分别用来绘制不同的图线或图形的不同部分。

图 6-43 "图形单位"对话框

图 6-44 "图层特性管理器"选项板

3．设置文本样式

设置文本高度：一般注释 7mm、零件名称 10mm、标题栏和会签栏中其他文字 5mm、尺寸文字 5mm。然后设置线型比例为 1、图纸空间线型比例为 1，单位为十进制，小数点后 0 位，角度小数点后 0 位。

生成 4 种文字样式，分别用于一般注释、标题栏中零件名、标题栏注释及尺寸标注。

1）选择菜单栏中的"格式"→"文字样式"命令，系统打开"文字样式"对话框，单击"新建"按钮，系统打开"新建文字样式"对话框，如图 6-45 所示。采用默认的文字样式名"样式 1"，单击"确定"按钮退出。

2）系统返回"文字样式"对话框，在"字体名"下拉列表框中选择"宋体"选项，在"大小"选项组中将"高度"设置为 5，将"宽度因子"设置为 0.7，如图 6-46 所示。其他文字样式设置类似。单击"应用"按钮，再单击"关闭"按钮。

图 6-45 "新建文字样式"对话框   图 6-46 "文字样式"对话框

4. 设置尺寸标注样式

1）选择菜单栏中的"格式"→"标注样式"命令，系统打开如图 6-47 所示的"标注样式管理器"对话框，在"预览"显示框中显示出标注样式的预览图形。

图 6-47 "标注样式管理器"对话框

2）单击"修改"按钮，打开"修改标注样式"对话框，如图 6-48 所示，在该对话框中对标注样式的选项按照需要进行修改。

3）在"线"选项卡中，设置"颜色"和"线宽"为"ByLayer"、"基线间距"为 6；在"符号和箭头"选项卡中，设置"箭头大小"为1；在"文字"选项卡中，设置"文字颜色"为"ByBlock"，"文字高度"为5；在"主单位"选项卡中，设置"精度"为0。其他选项卡采用默认设置。

图 6-48　"修改标注样式"对话框

5．绘制图框

选择菜单栏中的"绘图"→"矩形"命令，绘制角点坐标为（25,10）和（410,287）的矩形，如图 6-49 所示。

6．绘制标题栏

由于标题栏中的分隔线不整齐，所以可以先绘制一个 9×4（每个单元格的尺寸是 20×10）的标准表格，然后在此基础上编辑或合并单元格。绘制的标题栏如图 6-50 所示。

图 6-49　绘制矩形

图 6-50　标题栏示意图

1）选择菜单栏中的"格式"→"表格样式"命令，系统打开"表格样式"对话框，如图 6-51 所示。

2）单击"表格样式"对话框中的"修改"按钮，系统打开"修改表格样式"对话框，在"单元样式"下拉列表框中选择"数据"选项，在下面的"文字"选项卡中将"文字高度"设置为6，如图 6-52 所示。再选择"常规"选项卡，将"页边距"选项组中的"水平"和"垂直"都设置为1，如图 6-53 所示。

图 6-51　"表格样式"对话框

图 6-52　"文字"选项卡

3）回到"表格样式"对话框，单击"关闭"按钮退出。

4）选择菜单栏中的"绘图"→"表格"命令，系统打开"插入表格"对话框。在"列和行设置"选项组中设置"列数"为 9、"列宽"为 20、"数据行数"为 2（加上标题行和表头行共 4 行）、"行高"为 1 行（即为 10），在"设置单元样式"选项组中将"第一行单元样式""第二行单元样式"和"所有其他行单元样式"都设置为"数据"，如图 6-54 所示。

5）在图框线右下角附近指定表格位置，系统生成表格，同时打开表格和文字编辑器，如图 6-55 所示。直接按 Enter 键，不输入文字，生成表格，如图 6-56 所示。

图 6-53 "常规"选项卡

图 6-54 "插入表格"对话框

7. 移动标题栏

由于插入表格时无法确定刚生成的标题栏与图框的相对位置，因此需要对插入的移动标题栏的位置进行调整。选择菜单栏中的"修改"→"移动"命令，将刚绘制的表格准确放置在图框的右下角，如图 6-57 所示。

8. 编辑标题栏表格

1）单击标题栏表格 A 单元格，按住 Shift 键，同时选择 B 和 C 单元格，在"表格单元"选项卡中选择"合并单元"下拉菜单中的"合并全部"选项，如图 6-58 所示，将 A、B、C 三个单元格进行合并。

2）重复上述方法，对其他单元格进行合并，结果如图 6-59 所示。

9. 绘制会签栏

可以采用和标题栏相同的方法来绘制会签栏。绘制的会签栏如图 6-60 所示。

图 6-55　表格和文字编辑器

图 6-56　生成表格

图 6-57　移动表格

图 6-58　合并单元格

图 6-59　完成标题栏单元格编辑

1）在"修改表格样式"对话框的"文字"选项卡中，将"文字高度"设置为 4，如图 6-61 所示；再把"常规"选项卡中的"页边距"选项组中的"水平"和"垂直"都设置为 0.5。

2）单击"默认"选项卡"注释"面板中的"表格"按钮囲，系统打开"插入表格"对话框，在"列和行设置"选项组中设置"列数"为 3、"列宽"为 25、"数据行数"为 2、"行高"为 1，在"设置单元样式"选项组中将"第一行单元样式""第二行单元样式"和"所有其他行单元样式"都设置为"数据"，如图 6-62 所示。

3）在表格中输入文字，结果如图 6-63 所示。

图 6-60 会签栏　　　　　　　　　　　　图 6-61 "文字"选项卡

10．旋转和移动会签栏

1）单击"默认"选项卡"修改"面板中的"旋转"按钮 ↻ ，旋转会签栏，结果如图 6-64 所示。

2）将会签栏移动到图框的左上角，绘制完成的 A3 图纸样板图如图 6-65 所示。

图 6-62 设置表格行和列

单位	姓名	日期

图 6-63 输入文字

11．保存样板图

选择菜单栏中的"文件"→"另存为"命令，打开"图形另存为"对话框，将图形保存为 DWT 格式的文件，如图 6-66 所示。

★ 知识链接——国家标准对标题栏的规定

国家标准 GB/T 10609.1—2008《技术制图　标题栏》规定每张图纸上都必须画出标题栏，标题栏的位置位于图纸的右下角，与看图方向一致。

标题栏的格式和尺寸按 GB/T 10609.1—2008 中的规定，如图 6-67 所示。装配图中明细栏由 GB/T 10609.2—2009《技术制图　明细栏》中的规定。

在学习过程中，有时为了方便，对零件图标题栏和装配图标题栏、明细栏内容进行了简化，使用如图 6-68 所示的格式。

图 6-64　旋转会签栏　　　　　　　　　　图 6-65　绘制完成的 A3 图纸样板图

图 6-66　"图形另存为"对话框

图6-67　标题栏的格式和尺寸

零件图标题栏

装配图标题栏和明细栏

图6-68　简化标题栏尺寸和明细栏

6.6　动手练一练

【实例1】标注如图6-69所示的技术要求

技术要求
1. 轮齿部位渗碳淬火，允许全部渗碳，渗碳层深度和硬度。
　　a. 轮齿表面磨削后深度0.8～1.2，硬度HRC≥59。
　　b. 非磨削渗碳表面（包括轮齿表面黑斑）深度≤1.4，硬度（必须渗碳表面）HRC≥60。
　　c. 芯部硬度35～45HRC。
2. 在齿顶上检查齿面硬度。
3. 齿顶圆直径仅在热处理前检查。
4. 所有未注跳动公差的表面对基准A的跳动为0.2。
5. 当无标准齿轮时，允许检查下列三项代替检查径向综合公差和一齿径向综合公差。
　　a. 齿圈径向跳动公差F_r为0.056。
　　b. 齿形公差f_f为0.016。
　　c. 基节极限偏差$\pm f_{pb}$为0.018。
6. 用带凸角的刀具加工齿轮，但齿根不允许有凸台，允许下凹，下凹深度不大于0.2。
7. 未注倒角$C2$。

图6-69　技术要求

1. 目的要求

文字标注在零件图或装配图的技术要求中经常用到，正确进行文字标注是AutoCAD 2024绘图中必不可少的一项工作。本例的目的是使读者掌握文字标注的一般方法，尤其是特殊字体的标注方法。

2. 操作提示

1）设置文字标注的样式。

2）利用"多行文字"命令进行标注。

3）利用快捷菜单输入特殊字符。

【实例2】在"实例1"标注的技术要求中加入下面一段文字

$$3.\ 尺寸为\phi 30^{+0.05}_{-0.06}的孔抛光处理。$$

1. 目的要求

文字编辑是对标注的文字进行调整的重要手段。本例的目的是通过添加技术要求文字，让读者掌握文字，尤其是特殊符号的编辑方法和技巧。

2. 操作提示

1）选择实例1中标注好的文字，进行文字编辑。

2）在打开的文字编辑器中输入要添加的文字。

3）在输入尺寸公差时要注意，一定要输入"+0.05^-0.06"，然后选择这些文字，单击"文字格式"对话框上的"堆叠"按钮。

【实例3】绘制如图6-70所示的变速器组装图明细栏

1. 目的要求

明细栏是工程制图中常用的表格。本例的目的是通过绘制明细栏，使读者掌握表格相关命令的用法，体会表格功能的便捷性。

2．操作提示

1）设置表格样式。

2）插入空表格并调整列宽。

3）输入文字和数据。

14	端盖	1	HT150	
13	端盖	1	HT150	
12	定距环	1	Q235A	
11	大齿轮	1	40	
10	键 16×10×70	1	Q275	GB/T 1096
9	轴	1	45	
8	轴承	2		30208
7	端盖	1	HT200	
6	轴承	2		30211
5	轴	1	45	
4	键 8×7×50	1	Q275	GB/T 1096
3	端盖	1	HT200	
2	调整垫片	2组	08F	
1	减速器箱体	1	HT200	
序号	名　称	数量	材　料	备　注

图6-70　变速器组装图明细栏

第7章

尺寸标注

尺寸标注是绘图设计过程中非常重要的一个环节。因为图形的主要作用是表达物体的形状，而物体各部分的真实大小和各部分之间的确切位置只能通过尺寸标注来表达，因此没有正确的尺寸标注，绘制出的图样对于加工制造就没什么意义。AutoCAD 2024 提供了方便、准确标注尺寸的功能。

重点与难点

- 了解标注规则与尺寸组成
- 熟练掌握设置尺寸样式的操作
- 掌握尺寸标注的方法

7.1 尺寸样式

组成尺寸标注的尺寸线、尺寸延伸线、尺寸文本和尺寸箭头可以采用多种形式，尺寸标注以什么形态出现，取决于当前所采用的尺寸标注样式。标注样式决定尺寸标注的形式，包括尺寸线、尺寸延伸线、尺寸箭头和中心标记的形式、尺寸文本的位置、特性等。在AutoCAD 2024中，用户可以利用"标注样式管理器"对话框方便地设置自己需要的尺寸标注样式。

7.1.1 新建或修改尺寸样式

在进行尺寸标注前，先要创建尺寸标注的样式。如果不创建尺寸样式而直接进行标注，则系统使用默认名称为 Standard 的样式。如果用户认为使用的标注样式某些设置不合适，也可以修改标注样式。

【执行方式】

命令行：DIMSTYLE（快捷命令：D）。

菜单栏：选择菜单栏中的"格式"→"标注样式"命令或"标注"→"标注样式"命令。

工具栏：单击"标注"工具栏中的"标注样式"按钮 。

功能区：单击"默认"选项卡"注释"面板中的"标注样式"按钮 ，或单击"注释"选项卡"标注"面板上的"标注样式"下拉菜单中的"管理标注样式"按钮，或单击"注释"选项卡"标注"面板中的"标注,标注样式"按钮 。

执行上述操作后，系统打开"标注样式管理器"对话框，如图 7-1 所示。在此对话框中可方便直观地定制和浏览尺寸标注样式，包括创建新的标注样式、修改已经存在的标注样式、设置当前尺寸标注样式、样式重命名以及删除已有标注样式等。

【选项说明】

（1）"置为当前"按钮：单击此按钮，可把在"样式"列表框中选择的样式设置为当前标注样式。

（2）"新建"按钮：创建新的尺寸标注样式。单击此按钮，系统打开"创建新标注样式"对话框，如图 7-2 所示。在此对话框中可创建一个新的尺寸标注样式，其中各项的功能说明如下：

1）"新样式名"文本框：为新的尺寸标注样式命名。

2）"基础样式"下拉列表框：选择创建新样式所基于的标注样式。单击"基础样式"下拉按钮，打开当前已有的样式列表，可从中选择一个作为定义新样式的基础，新的样式是在所选样式的基础上修改一些特性得到的。

3）"用于"下拉列表框：指定新样式应用的尺寸类型。单击下拉按钮，可打开尺寸类型列表。如果新建样式应用于所有尺寸，则选择"所有标注"选项；如果新建样式只应用于特定的尺寸标注（如只在标注直径时使用此样式），则选择相应的尺寸类型。

4）"继续"按钮：各选项设置好以后，单击"继续"按钮，系统打开"新建标注样式"对话框，如图 7-3 所示。在此对话框中可对新标注样式的各项特性进行设置。该对话框中各部分的含义和功能将在后面介绍。

图7-1　"标注样式管理器"对话框　　　　　图7-2　"创建新标注样式"对话框

（3）"修改"按钮：修改一个已存在的尺寸标注样式。单击此按钮，系统打开"修改标注样式"对话框。该对话框中的各选项与"新建标注样式"对话框中的完全相同。可以对已有标注样式进行修改。

（4）"替代"按钮：设置临时覆盖尺寸标注样式。单击此按钮，系统打开"替代当前样式"对话框，该对话框中的各选项与"新建标注样式"对话框中的完全相同。用户可改变选项的设置，但这种修改只对指定的尺寸标注起作用，而不影响当前其他尺寸变量的设置。

（5）"比较"按钮：比较两个尺寸标注样式在参数上的区别，或浏览一个尺寸标注样式的参数设置。单击此按钮，系统打开"比较标注样式"对话框，如图 7-4 所示。可以把比较结果复制到剪贴板上，然后再粘贴到其他的 Windows 应用软件上。

图7-3　"新建标注样式"对话框　　　　　图7-4　"比较标注样式"对话框

📖7.1.2 线

在"新建标注样式"对话框中，第一个选项卡是"线"选项卡，如图7-3所示。在该选项卡中可以设置尺寸线、尺寸延伸线的形式和特性。现对选项卡中的各选项分别说明如下：

（1）"尺寸线"选项组：用于设置尺寸线的特性，其中各选项的含义如下：

1）"颜色"下拉列表框：用于设置尺寸线的颜色。可直接输入颜色名字，也可从下拉列表框中选择。如果选择"选择颜色"选项，系统打开"选择颜色"对话框供用户选择其他颜色。

2）"线型"下拉列表框：用于设置尺寸线的线型。

3）"线宽"下拉列表框：用于设置尺寸线的线宽。下拉列表框中列出了各种线宽的名称和宽度。

4）"超出标记"微调框：当尺寸箭头设置为短斜线、短波浪线等或尺寸线上无箭头时，可利用此微调框设置尺寸线超出尺寸延伸线的距离。

5）"基线间距"微调框：设置以基线方式标注尺寸时相邻两尺寸线之间的距离。

6）"隐藏"复选框组：确定是否隐藏尺寸线及相应的箭头。勾选"尺寸线1"复选框，表示隐藏第一段尺寸线；勾选"尺寸线2"复选框，表示隐藏第二段尺寸线。

（2）"尺寸界线"选项组：用于确定尺寸延伸线的形式，其中各选项的含义如下：

1）"颜色"下拉列表框：用于设置尺寸延伸线的颜色。

2）"尺寸界线1的线型"下拉列表框：用于设置第一条延伸线的线型（DIMLTEXT1系统变量）。

3）"尺寸界线2的线型"下拉列表框：用于设置第二条延伸线的线型（DIMLTEXT2系统变量）。

4）"线宽"下拉列表框：用于设置尺寸延伸线的线宽。

5）"超出尺寸线"微调框：用于确定尺寸延伸线超出尺寸线的距离。

6）"起点偏移量"微调框：用于确定尺寸延伸线的实际起始点相对于指定尺寸延伸线起始点的偏移量。

7）"隐藏"复选框组：确定是否隐藏尺寸延伸线。勾选"尺寸界线1"复选框，表示隐藏第一段尺寸延伸线；勾选"尺寸界线2"复选框，表示隐藏第二段尺寸延伸线。

8）"固定长度的尺寸界线"复选框：勾选该复选框，系统以固定长度的尺寸延伸线标注尺寸，可以在其下面的"长度"文本框中输入长度值。

📖7.1.3 符号和箭头

在"新建标注样式"对话框中，第二个选项卡是"符号和箭头"选项卡，如图7-5所示。在该选项卡中可以设置箭头、圆心标记、弧长符号和半径标注折弯的形式和特性。现对选项卡中的各选项分别说明如下：

（1）"箭头"选项组：用于设置尺寸箭头的形式。AutoCAD 2024提供了多种箭头形状，列在"第一个"和"第二个"下拉列表框中。另外，还允许采用用户自定义的箭头形状。两个尺寸箭头可以采用相同的形式，也可采用不同的形式。

1）"第一个"下拉列表框：用于设置第一个尺寸箭头的形式。此下拉列表框中列出了各类箭头的形状及名称。一旦选择了第一个箭头的类型，第二个箭头则自动与其匹配，要想第二个箭头取不同的形状，可在"第二个"下拉列表框中设定。

如果在下拉列表框中选择了"用户箭头"选项，则打开如图 7-6 所示的"选择自定义箭头块"对话框，可以事先把自定义的箭头存成一个图块，在此对话框中输入该图块名即可。

图7-5　"符号和箭头"选项卡

图7-6　"选择自定义箭头块"对话框

2）"第二个"下拉列表框：用于设置第二个尺寸箭头的形式，可与第一个箭头形式不同。

3）"引线"下拉列表框：确定引线箭头的形式，与"第一个"设置类似。

4）"箭头大小"微调框：用于设置尺寸箭头的大小。

（2）"圆心标记"选项组：用于设置半径标注、直径标注和中心标注中的中心标记和中心线形式。其中各项含义如下：

1）"无"单选按钮：勾选该单选按钮，既不产生中心标记，也不产生中心线。

2）"标记"单选按钮：勾选该单选按钮，中心标记为一个点记号。

3）"直线"单选按钮：勾选该单选按钮，中心标记采用中心线的形式。

（3）"折断标注"选项组：用于控制折断标注的间距宽度。

（4）"弧长符号"选项组：用于控制弧长标注中圆弧符号的显示。其中的 3 个单选按钮含义如下：

1）"标注文字的前缀"单选按钮：勾选该单选按钮，将弧长符号放在标注文字的左侧，如图 7-7a 所示。

2）"标注文字的上方"单选按钮：勾选该单选按钮，将弧长符号放在标注文字的上方，如图 7-7b 所示。

3）"无"单选按钮：勾选该单选按钮，不显示弧长符号，如图 7-7c 所示。

（5）"半径折弯标注"选项组：用于控制折弯（Z字形）半径标注的显示。折弯半径标注通常在中心点位于页面外部时创建。在"折弯角度"文本框中可以输入连接半径标注的尺寸延伸线和尺寸线的横向直线角度。折弯角度如图7-8所示。

图7-7 弧长符号

（6）"线性折弯标注"选项组：用于控制折弯线性标注的显示。当标注不能精确表示实际尺寸时，常将折弯线添加到线性标注中。通常，实际尺寸比所需值小。

图7-8 折弯角度

7.1.4 文字

在"新建标注样式"对话框中，第 3 个选项卡是"文字"选项卡，如图 7-9 所示。在该选项卡中可以设置尺寸文本文字的形式、布置、对齐方式等，现对该选项卡中的各选项分别说明如下：

图7-9 "文字"选项卡

1．"文字外观"选项组

（1）"文字样式"下拉列表框：用于选择当前尺寸文本采用的文字样式。在此下拉列表框中可以选择一种文字样式，也可单击右侧的按钮，打开"文字样式"对话框以创建新的文字样式或对文字样式进行修改。

（2）"文字颜色"下拉列表框：用于设置尺寸文本的颜色，其方法与设置尺寸线颜色的方法相同。

（3）"填充颜色"下拉列表框：用于设置标注中文字背景的颜色。如果选择"选择颜色”选项，则系统打开"选择颜色"对话框，可以从 255 种 AutoCAD 索引（ACI）颜色、真彩色和配色系统颜色中选择颜色。

（4）"文字高度"微调框：用于设置尺寸文本的字高。如果选用的文本样式中已设置了具体的字高（不是 0），则此处的设置无效；如果文本样式中设置的字高为 0，则以此处设置为准。

（5）"分数高度比例"微调框：用于确定尺寸文本的比例系数。

（6）"绘制文字边框"复选框：勾选此复选框，AutoCAD 2024 在尺寸文本周围加上边框。

2．"文字位置"选项组

（1）"垂直"下拉列表框：用于确定尺寸文本相对于尺寸线在垂直方向的对齐方式。在此下拉列表框中可选择的对齐方式有以下 5 种：

1）居中：将尺寸文本放在尺寸线的中间，如图 7-10a 所示。

2）上：将尺寸文本放在尺寸线的上方，如图 7-10b 所示。

2）外部：将尺寸文本放在远离第一条尺寸延伸线起点的位置，即和所标注的对象分列于尺寸线的两侧，如图 7-10c 所示。

4）JIS：使尺寸文本的放置符合 JIS（日本工业标准）规则，如图 7-10d 所示。

5）下：将尺寸文本放在尺寸线的下方。

（2）"水平"下拉列表框：用于确定尺寸文本相对于尺寸线和尺寸延伸线在水平方向的对齐方式。在此下拉列表框中可以选择的对齐方式有居中、第一条延伸线、第二条延伸线、第一条延伸线上方、第二条延伸线上方 5 种，如图 7-11 所示。

图7-10 尺寸文本在垂直方向的放置

图7-11 尺寸文本在水平方向的放置

（3）"观察方向"下拉列表框：用于控制标注文字的观察方向（可用 DIMTXTDIRECTION 系统变量设置）。"观察方向"包括以下两个选项：

1）从左到右：按从左到右阅读的方式放置文字。

2）从右到左：按从右到左阅读的方式放置文字。

（4）"从尺寸线偏移"微调框：当尺寸文本放在断开的尺寸线中间时，此微调框用来设置尺寸文本与尺寸线之间的距离。

3．"文字对齐"选项组

该选项组用于控制尺寸文本的排列方向。

（1）"水平"单选按钮：勾选该单选按钮，尺寸文本沿水平方向放置，且不论标注什么方向的尺寸，尺寸文本总保持水平。

（2）"与尺寸线对齐"单选按钮：勾选该单选按钮，尺寸文本沿尺寸线方向放置。

（3）"ISO标准"单选按钮：勾选该单选按钮，当尺寸文本在尺寸延伸线上时，沿尺寸线方向放置；在尺寸延伸线之外时，沿水平方向放置。

7.1.5 调整

在"新建标注样式"对话框中，第4个选项卡是"调整"选项卡，如图7-12所示。该选项卡中可以根据两条尺寸延伸线之间的空间，设置将尺寸文本、尺寸箭头放置在两尺寸延伸线内还是外。如果空间允许，AutoCAD 2024 总是把尺寸文本和箭头放置在尺寸延伸线的里面，如果空间不够，则根据该选项卡中的各项设置放置。现对该选项卡中的各选项分别说明如下：

图7-12 "调整"选项卡

1．"调整选项"选项组

（1）"文字或箭头"单选按钮：勾选此单选按钮，如果空间允许，则把尺寸文本和箭头都放置在两尺寸延伸线之间；如果两尺寸延伸线之间只够放置尺寸文本，则把尺寸文本放置在尺寸延伸线之间，而把箭头放置在尺寸延伸线之外；如果只够放置箭头，则把箭头放在里面，把尺寸文本放在外面；如果两尺寸延伸线之间既放不下文本，也放不下箭头，则把二者均放在外面。

（2）"箭头"单选按钮：勾选此单选按钮，如果空间允许，则把尺寸文本和箭头都放置在两尺寸延伸线之间；如果空间只够放置箭头，则把箭头放在尺寸延伸线之间，把文本放在外面；如果尺寸延伸线之间的空间放不下箭头，则把箭头和文本均放在外面。

（3）"文字"单选按钮：勾选此单选按钮，如果空间允许，把尺寸文本和箭头都放置在两尺寸延伸线之间；否则把文本放在尺寸延伸线之间，把箭头放在外面；如果尺寸延伸线之间放不下尺寸文本，则把文本和箭头都放在外面。

（4）"文字和箭头"单选按钮：勾选此单选按钮，如果空间允许，则把尺寸文本和箭头都放置在两尺寸延伸线之间；否则把文本和箭头都放在尺寸延伸线外面。

（5）"文字始终保持在尺寸界线之间"单选按钮：勾选此单选按钮，总是把尺寸文本放在两条尺寸延伸线之间。

（6）"若箭头不能放在尺寸界线内，则将其消除"复选框：勾选此复选框，在延伸线之间的空间不够时省略尺寸箭头。

2．"文字位置"选项组

该选项组用于设置尺寸文本的位置。其中 3 个单选按钮的含义如下：

（1）"尺寸线旁边"单选按钮：勾选此单选按钮，把尺寸文本放在尺寸线的旁边，如图 7-13a 所示。

（2）"尺寸线上方，带引线"单选按钮：勾选此单选按钮，把尺寸文本放在尺寸线的上方，并用引线与尺寸线相连，如图 7-13b 所示。

（3）"尺寸线上方，不带引线"单选按钮：勾选此单选按钮，把尺寸文本放在尺寸线的上方，中间无引线，如图 7-13c 所示。

a)　　　　　b)　　　　　c)

图7-13　尺寸文本的位置

3．"标注特征比例"选项组

（1）"将标注缩放到布局"单选按钮：根据当前模型空间视口和图纸空间之间的比例确定比例因子。当在图纸空间而不是模型空间视口中工作时，或当TILEMODE被设置为1时，将使用默认的比例因子 1.0。

（2）"使用全局比例"单选按钮：确定尺寸的整体比例系数。其后面的"比例值"微调框可以用来选择需要的比例。

4．"优化"选项组

该选项组用于设置附加的尺寸文本布置选项，包含以下两个选项：

（1）"手动放置文字"复选框：勾选此复选框，标注尺寸时由用户确定尺寸文本的放置位置，忽略前面的对齐设置。

（2）"在尺寸界线之间绘制尺寸线"复选框：勾选此复选框，不论尺寸文本在尺寸延伸线里面还是外面，AutoCAD 2024 均在两尺寸延伸线之间绘出一尺寸线，否则当尺寸延伸线内放不下尺寸文本而将其放在外面时，尺寸延伸线之间无尺寸线。

7.1.6 主单位

在"新建标注样式"对话框中，第5个选项卡是"主单位"选项卡，如图7-14所示。在该选项卡中可以设置尺寸标注的主单位和精度，以及为尺寸文本添加固定的前缀或后缀。本选项卡可用来分别对长度型标注和角度型标注进行设置，现对该选项卡中的各选项分别说明如下：

图7-14 "主单位"选项卡

1. "线性标注"选项组

该选项组用来设置标注长度型尺寸时采用的单位和精度。

（1）"单位格式"下拉列表框：用于确定标注尺寸时使用的单位制（角度型尺寸除外）。在其下拉列表框中，AutoCAD 2024提供了"科学""小数""工程""建筑""分数"和"Windows桌面"6种单位制，可根据需要选择。

1）"精度"下拉列表框：用于确定标注尺寸时的精度，也就是精确到小数点后几位。

2）"分数格式"下拉列表框：用于设置分数的形式。AutoCAD 2024提供了"水平""对角"和"非堆叠"3种形式供用户选用。

3）"小数分隔符"下拉列表框：用于确定十进制单位（Decimal）的分隔符。AutoCAD 2024提供了句点（.）、逗点（，）和空格3种形式。

4）"舍入"微调框：用于设置除角度之外的尺寸测量圆整规则。在文本框中输入一个值，如果输入1，则所有测量值均圆整为整数。

5）"前缀"文本框：为尺寸标注设置固定前缀。可以输入文本，也可以利用控制符产生特殊字符，这些文本将被加在所有尺寸文本之前。

6）"后缀"文本框：为尺寸标注设置固定后缀。

（2）"测量单位比例"选项组：用于确定AutoCAD 2024自动测量尺寸时的比例因子。

其中"比例因子"微调框用来设置除角度之外所有尺寸测量的比例因子。例如，用户确定比例因子为 2，系统则把实际测量为 1 的尺寸标注为 2。如果勾选"仅应用到布局标注"复选框，则设置的比例因子只适用于布局标注。

（3）"消零"选项组：用于设置是否省略标注尺寸时的 0。

1）"前导"复选框：勾选此复选框，省略尺寸值处于高位的 0。例如，0.50000 标注为 .50000。

2）"后续"复选框：勾选此复选框，省略尺寸值小数点后末尾的 0。例如，9.5000 标注为 9.5，而 30.0000 标注为 30。

3）"0 英尺"复选框：勾选此复选框，采用"工程"和"建筑"单位制时，如果尺寸值小于 1 英尺时，省略英尺。例如，0ft6 1/2in 标注为 6 1/2in。

4）"0 英寸"复选框：勾选此复选框，采用"工程"和"建筑"单位制时，如果尺寸值是整数英尺时，省略英寸。例如，1ft-0in 标注为 1in。

2．"角度标注"选项组

该选项组用于设置标注角度时采用的角度单位。

（1）"单位格式"下拉列表框：用于设置角度单位制。AutoCAD 2024 提供了"十进制度数""度/分/秒""百分度"和"弧度"4 种角度单位。

（2）"精度"下拉列表框：用于设置角度型尺寸标注的精度。

（3）"消零"选项组：用于设置是否省略标注角度时的 0。

7.1.7　换算单位

在"新建标注样式"对话框中，第 6 个选项卡是"换算单位"选项卡，如图 7-15 所示，在该选项卡中可以对替换单位进行设置。现对该选项卡中的各选项分别说明如下：

图7-15　"换算单位"选项卡

（1）"显示换算单位"复选框：勾选此复选框，则替换单位的尺寸值也同时显示在尺寸文本上。

（2）"换算单位"选项组：用于设置替换单位。

1）"单位格式"下拉列表框：用于选择替换单位采用的单位制。

2）"精度"下拉列表框：用于设置替换单位的精度。

3）"换算单位倍数"微调框：用于指定主单位和替换单位的转换因子。

4）"舍入精度"微调框：用于设定替换单位的圆整规则。

5）"前缀"文本框：用于设置替换单位文本的固定前缀。

6）"后缀"文本框：用于设置替换单位文本的固定后缀。

（3）"消零"选项组：

1）"辅单位因子"微调框：将辅单位的数量设置为一个单位。它用于在距离小于一个单位时以辅单位为单位计算标注距离。例如，如果后缀为 m 而辅单位后缀以 cm 显示，则输入100。

2）"辅单位后缀"文本框：用于设置标注值辅单位中包含的后缀。可以输入文字或使用控制代码。

其他选项的含义同前。

（4）"位置"选项组：用于设置替换单位尺寸标注的位置。

1）"主值后"单选按钮：勾选该单选按钮，把替换单位尺寸标注放在主单位标注的后面。

2）"主值下"单选按钮：勾选该单选按钮，把替换单位尺寸标注放在主单位标注的下面。

7.1.8 公差

在"新建标注样式"对话框中，第7个选项卡是"公差"选项卡，如图7-16所示。在该选项卡中可以确定标注公差的方式，现对该选项卡中的各选项分别说明如下：

图7-16 "公差"选项卡

1．"公差格式"选项组

该选项组用于设置公差的标注方式。

（1）"方式"下拉列表框：用于设置公差标注的方式。AutoCAD 提供了 5 种标注公差的方式，分别是"无""对称""极限偏差""极限尺寸"和"基本尺寸"，其中"无"表示不标注公差，其余 4 种标注情况如图 7-17 所示。

（2）"精度"下拉列表框：用于确定公差标注的精度。

（3）"上偏差"微调框：用于设置尺寸的上极限偏差。

（4）"下偏差"微调框：用于设置尺寸的下极限偏差。

（5）"高度比例"微调框：用于设置公差文本的高度比例，即公差文本的高度与一般尺寸文本的高度之比。

图7-17　公差标注的形式

（6）"垂直位置"下拉列表框：用于控制"对称"和"极限偏差"形式公差标注的文本对齐方式，如图 7-18 所示。

1）上：公差文本的顶部与一般尺寸文本的顶部对齐。

2）中：公差文本的中线与一般尺寸文本的中线对齐。

3）下：公差文本的底线与一般尺寸文本的底线对齐。

图7-18　公差文本的对齐方式

2．"公差对齐"选项组

该选项组用于在堆叠时，控制上极限偏差值和下极限偏差值的对齐。

（1）"对齐小数分隔符"单选按钮：勾选该单选按钮，通过值的小数分割符堆叠值。

（2）"对齐运算符"单选按钮：勾选该单选按钮，通过值的运算符堆叠值。

3．"消零"选项组

该选项组用于控制是否禁止输出前导 0 和后续 0 以及 0 英尺和 0 英寸部分（可用 DIMTZIN 系统变量设置）。消零设置也会影响由 AutoLISP® rtos 和 angtos 函数执行的实数到字符串的转换。其选项含义同前。

4．"换算单位公差"选项组

该选项组用于对几何公差标注的替换单位进行设置，各项的设置方法与上面相同。

7.2 标注尺寸

正确地进行尺寸标注是设计绘图工作中非常重要的一个环节，AutoCAD 2024 提供了方便快捷的尺寸标注方法，尺寸标注可通过执行命令来实现，也可利用菜单或工具按钮来实现。本节将重点介绍如何对各种类型的尺寸进行标注。

7.2.1 长度型尺寸标注

【执行方式】

命令行：DIMLINEAR（缩写名：DIMLIN，快捷命令：DLI）。

菜单栏：选择菜单栏中的"标注"→"线性"命令。

工具栏：单击"标注"工具栏中的"线性"按钮┠。

功能区：单击"默认"选项卡"注释"面板中的"线性"按钮┠，或单击"注释"选项卡"标注"面板中的"线性"按钮┠。

【操作步骤】

命令行提示与操作如下：

命令：DIMLIN✓

指定第一个尺寸界线原点或 <选择对象>：

直接按 Enter 键，光标变为拾取框，并在命令行提示如下：

选择标注对象： 用拾取框选择要标注尺寸的线段

指定尺寸线位置或[多行文字(M)/文字(T)/角度(A)/水平(H)/垂直(V)/旋转(R)]：

选择对象，指定第一条与第二条尺寸延伸线的起始点。

【选项说明】

（1）指定尺寸线位置：用于确定尺寸线的位置。用户可移动光标选择合适的尺寸线位置，然后按 Enter 键或单击，AutoCAD 2024 则自动测量要标注线段的长度并标注出相应的尺寸。

（2）多行文字（M）：用多行文本编辑器确定尺寸文本。

（3）文字（T）：用于在命令行提示下输入或编辑尺寸文本。选择此选项后，命令行提示如下：

输入标注文字 <默认值>：

其中的默认值是系统自动测量得到的被标注线段的长度，直接按 Enter 键即可采用此长度值，也可输入其他数值代替默认值。当尺寸文本中包含默认值时，可使用尖括号"< >"表示默认值。

（4）角度（A）：用于确定尺寸文本的倾斜角度。

（5）水平（H）：水平标注尺寸，不论标注什么方向的线段，尺寸线总保持水平放置。

（6）垂直（V）：垂直标注尺寸，不论标注什么方向的线段，尺寸线总保持垂直放置。

（7）旋转（R）：输入尺寸线旋转的角度值，旋转标注尺寸。

◆ **技术看板——巧用尺寸标注**

　　线性标注有水平、垂直或对齐放置方式。使用标注对齐标注时，尺寸线将平行于两尺寸延伸线原点之间的直线（想象或实际）。基线（或平行）和连续（或尺寸链）标注是一系列基于线性标注的连续标注，连续标注是首尾相连的多个标注。在创建基线或连续标注之前，必须创建线性、对齐或角度标注。可从当前任务最近创建的标注中以增量方式创建基线标注。

📖7.2.2　操作实例——标注螺栓

标注如图7-19所示的螺栓尺寸。

🖥**绘制步骤：**

1）单击"默认"选项卡"注释"面板中的"标注样式"按钮

，设置标注样式。

图7-19　螺栓

命令：_DIMSTYLE

打开"标注样式管理器"对话框，如图7-20所示。由于系统的标注样式有些不符合要求，因此需要进行角度、直径、半径标注样式的设置。单击"新建"按钮，打开"创建新标注样式"对话框，如图7-21所示。在"用于"下拉列表框中选择"线性标注"选项，然后单击"继续"按钮，将打开"新建标注样式"对话框。选择"文字"选项卡，设置文字高度为5，其他属性默认。设置完成后，单击"确定"按钮，返回"标注样式管理器"对话框。

图7-20　"标注样式管理器"对话框

图7-21　"创建新标注样式"对话框

2）单击"默认"选项卡"注释"面板中的"线性"按钮，标注主视图高度。

命令：_DIMLINEAR

指定第一个尺寸界线原点或 <选择对象>：_ENDP 于（捕捉标注为"11"的边的一个端点，作为第一

条尺寸界线的起点）

指定第二条尺寸界线原点：_ENDP 于（捕捉标注为"11"的边的另一个端点，作为第二条尺寸界线起点）

指定尺寸线位置或[多行文字(M)/文字(T)/角度(A)/水平(H)/垂直(V)/旋转(R)]：T✓（按 Enter 键后，系统在命令行显示尺寸的自动测量值，可以对尺寸值进行修改）

输入标注文字<11>：✓（按 Enter 键，采用尺寸的自动测量值"11"）

指定尺寸线位置或[多行文字(M)/文字(T)/角度(A)/水平(H)/垂直(V)/旋转(R)]：（指定尺寸线的位置。拖动鼠标，将出现动态的尺寸标注，在合适的位置单击，确定尺寸线的位置）

标注文字=11

3）单击"默认"选项卡"注释"面板中的"线性"按钮 ⊢，标注其他水平方向尺寸，方法与上面相同。

4）单击"默认"选项卡"注释"面板中的"线性"按钮 ⊢，标注竖直方向尺寸，方法与上面相同。

7.2.3 对齐标注

【执行方式】

命令行：DIMALIGNED（快捷命令：DAL）。

菜单栏：选择菜单栏中的"标注"→"对齐"命令。

工具栏：单击"标注"工具栏中的"对齐"按钮 ⦨。

功能区：单击"默认"选项卡"注释"面板中的"对齐"按钮 ⦨，或单击"注释"选项卡"标注"面板中的"对齐"按钮 ⦨。

【操作步骤】

命令行提示与操作如下：

命令：DIMALIGNED✓

指定第一个尺寸界线原点或 <选择对象>：

这种命令标注的尺寸线与所标注轮廓线平行，标注起始点到终点之间的距离尺寸。

7.2.4 角度型尺寸标注

【执行方式】

命令行：DIMANGULAR（快捷命令：DAN）。

菜单栏：选择菜单栏中的"标注"→"角度"命令。

工具栏：单击"标注"工具栏中的"角度"按钮 △。

功能区：单击"默认"选项卡"注释"面板中的"角度"按钮 △，或单击"注释"选项卡"标注"面板中的"角度"按钮 △。

【操作步骤】

命令行提示与操作如下：

命令：DIMANGULAR↙

选择圆弧、圆、直线或 <指定顶点>：

【选项说明】

（1）选择圆弧：标注圆弧的中心角。当用户选择一段圆弧后，命令行提示如下：

指定标注弧线位置或 [多行文字(M)/文字(T)/角度(A)/象限点(Q)]：

在此提示下确定尺寸线的位置，系统按自动测量得到的值标注出相应的角度，在此之前可以选择"多行文字""文字"或"角度"选项，通过多行文本编辑器或命令行来输入或定制尺寸文本，以及指定尺寸文本的倾斜角度。

（2）选择圆：标注圆上某段圆弧的中心角。当选择圆上的一点后，命令行提示与操作如下：

指定角的第二个端点：（选择另一点，该点可在圆上，也可不在圆上）

指定标注弧线位置或 [多行文字(M)/文字(T)/角度(A)/象限点(Q)]：

在此提示下确定尺寸线的位置，系统标注出一个角度值，该角度以圆心为顶点，两条尺寸延伸线通过所选取的两点，第二点可以不必在圆周上。用户还可以选择"多行文字""文字""角度"或"象限点"选项，编辑其尺寸文本或指定尺寸文本的倾斜角度，如图 7-22 所示。

（3）选择直线：标注两条直线间的夹角。当选择一条直线后，命令行提示与操作如下：

选择第二条直线：（选择另一条直线）

指定标注弧线位置或 [多行文字(M)/文字(T)/角度(A)/象限点(Q)]：

在此提示下确定尺寸线的位置，系统自动标出两条直线之间的夹角。该角以两条直线的交点为顶点，以两条直线为尺寸延伸线，所标注角度取决于尺寸线的位置，如图 7-23 所示。用户还可以选择"多行文字""文字""角度"或"象限点"选项，编辑其尺寸文本或指定尺寸文本的倾斜角度。

图7-22　标注角度　　　　　　　　图7-23　标注两直线的夹角

（4）指定顶点，直接按 Enter 键，命令行提示与操作如下：

指定角的顶点：（指定顶点）

指定角的第一个端点：（输入角的第一个端点）

指定角的第二个端点：（输入角的第二个端点，创建无关联的标注）

指定标注弧线位置或 [多行文字(M)/文字(T)/角度(A)/象限点（Q）]：（输入一点作为角的顶点）

在此提示下给定尺寸线的位置，AutoCAD 根据指定的三点标注出角度。另外，还可以选择"多行文字""文字""角度"或"象限点"选项，编辑其尺寸文本或指定尺寸文本的倾斜角度。

（5）指定标注弧线位置：指定尺寸线的位置并确定绘制延伸线的方向。指定位置之后，DIMANGULAR 命令将结束。

（6）多行文字（M）：显示在位文字编辑器，可用它来编辑标注文字。要添加前缀或后缀，请在生成的测量值前后输入前缀或后缀。可用控制代码和 Unicode 字符串来输入特殊字符或符号。

（7）文字（T）：自定义标注文字，生成的标注测量值显示在尖括号（＜＞）中。命令行提示与操作如下：

> 输入标注文字 <当前>:
>
> 输入标注文字，或按 Enter 键接受生成的测量值。要包括生成的测量值，请用尖括号（＜＞）表示生成的测量值。

（8）角度（A）：修改标注文字的角度。

（9）象限点（Q）：指定标注应锁定到的象限。打开象限行为后，将标注文字放置在角度标注外时，尺寸线会延伸超过延伸线。

◆ **技术看板——巧用角度标注命令**

角度标注可以测量指定的象限点，该象限点是在直线或圆弧的端点、圆心或两个顶点之间对角度进行标注时形成的。创建角度标注时，可以测量 4 个可能的角度。通过指定象限点，使用户可以确保标注正确的角度。指定象限点后，放置角度标注时，用户可以将标注文字放置在标注的尺寸延伸线之外，尺寸线将自动延长。

📖7.2.5 直径标注

【执行方式】

命令行：DIMDIAMETER（快捷命令：DDI）。

菜单栏：选择菜单栏中的"标注"→"直径"命令。

工具栏：单击"标注"工具栏中的"直径"按钮⊘。

功能区：单击"默认"选项卡"注释"面板中的"直径"按钮◯，或单击"注释"选项卡"标注"面板中的"直径"按钮◯。

【操作步骤】

命令行提示与操作如下：

> 命令：DIMDIAMETER✓
>
> 选择圆弧或圆：（选择要标注直径的圆或圆弧）
>
> 指定尺寸线位置或 [多行文字(M)/文字(T)/角度(A)]：（确定尺寸线的位置或选择某一选项）

用户可以选择"多行文字""文字"或"角度"选项来输入、编辑尺寸文本或确定尺寸文本的倾斜角度，也可以直接确定尺寸线的位置，标注出指定圆或圆弧的直径。

【选项说明】

（1）指定尺寸线位置：确定尺寸线的角度和标注文字的位置。如果未将标注放置在圆弧上而导致标注指向圆弧外，则系统会自动绘制圆弧延伸线。

（2）多行文字（M）：显示在位文字编辑器，可用它来编辑标注文字。要添加前缀或后缀，请在生成的测量值前后输入前缀或后缀。可用控制代码和 Unicode 字符串来输入特殊字符或符号。

（3）文字（T）：自定义标注文字，生成的标注测量值显示在尖括号（〈 〉）中。

（4）角度（A）：修改标注文字的角度。

📖 7.2.6 操作实例——标注叉形片

标注如图 7-24 所示的叉形片尺寸。

图7-24 叉形片

💻 绘制步骤：

1）绘制图形。利用学过的绘图命令与编辑命令，绘制图形，结果如图 7-25 所示。

2）创建图层。单击"默认"选项卡"图层"面板中的"图层特性管理器"按钮，系统打开"图层特性管理器"选项板，单击"新建图层"按钮，创建一个新图层"CHC"，设置颜色为绿色、线型为 Continuous、线宽为默认值，并将其设置为当前图层。

3）设置标注样式。由于系统的标注样式有些不符合要求，因此根据图 7-24 所示的标注样式，进行角度、直径、半径标注样式的设置。

单击"默认"选项卡"注释"面板中的"标注样式"按钮，系统打开"标注样式管理器"对话框，如图 7-26 所示。单击"新建"按钮，打开"创建新标注样式"对话框，如图 7-27 所示。在"用于"下拉列表框中选择"角度标注"选项，然后单击"继续"按钮，打开"新建标注样式"对话框，选择"文字"选项卡，进行如图 7-28 所示的设置。设置完成后，单击"确定"按钮，返回"标注样式管理器"对话框。方法同上，新建"半径"标注样式和"直径"标注样式分别如图 7-29 所示和图 7-30 所示。

图7-25　绘制图形

图7-26　"标注样式管理器"对话框

图7-27　"创建新标注样式"对话框

图7-28　新建"角度"标注样式

图7-29 新建"半径"标注样式

图7-30 新建"直径"标注样式

4）标注线性尺寸。

①标注线性尺寸 60 和 14。单击"默认"选项卡"注释"面板中的"线性"按钮⊢⊣，命令行提示与操作如下：

命令：_DIMLINEAR

指定第一个尺寸界线原点或 <选择对象>：（捕捉标注为 60 的边的一个端点，作为第一条尺寸延伸线的原点）

指定第二条尺寸界线原点：（捕捉标注为 60 的边的另一个端点，作为第二条尺寸延伸线的原点）

指定尺寸线位置或[多行文字(M)/文字(T)/角度(A)/水平(H)/垂直(V)/旋转(R)]:　T↙（系统在命令行显示尺寸的自动测量值，可以对尺寸值进行修改）

输入标注文字<60>:　↙（采用尺寸的自动测量值"60"）

指定尺寸线位置或[多行文字(M)/文字(T)/角度(A)/水平(H)/垂直(V)/旋转(R)]:　（指定尺寸线的位置，移动鼠标，将出现动态的尺寸标注，在合适的位置单击，确定尺寸线的位置）

标注文字=60

采用相同的方法，标注线性尺寸 14。

②添加圆心标记。单击"注释"选项卡"中心线"面板中的"圆心标记"按钮⊕，命令行提示与操作如下：

命令:　_DIMCENTER

选择圆弧或圆:　（选择 Φ25 圆，添加该圆的圆心符号）

③标注线性尺寸 75 和 22。单击"默认"选项卡"注释"面板中的"线性"按钮⊢，命令行提示与操作如下：

命令:　_DIMLINEAR

指定第一个尺寸界线原点或 <选择对象>:　（捕捉标注为 75 长度的左端点，作为第一条尺寸延伸线的原点）

指定第二条尺寸界线原点:　（捕捉圆的中心，作为第二条尺寸延伸线的原点）

指定尺寸线位置或[多行文字(M)/文字(T)/角度(A)/水平(H)/垂直(V)/旋转(R)]:　（指定尺寸线的位置

标注文字 =75）

采用相同的方法，标注线性尺寸 22。

④标注线性尺寸 100。单击"注释"选项卡"标注"面板"连续"下拉菜单中的"基线"按钮⊢，命令行提示与操作如下：

命令:　_DIMBASELINE

指定第二个尺寸界线原点或 [放弃(U)/选择(S)] <选择>:　↙（选择作为基准的尺寸标注）

选择基准标注:　（选择尺寸标注 75 为基准标注）

指定第二个尺寸界线原点或 [放弃(U)/选择(S)] <选择>:　（捕捉标注为 100 底边的左端点）

标注文字 =100

指定第二个尺寸界线原点或 [放弃(U)/选择(S)] <选择>:　↙

选择基准标注:　↙

⑤标注线性尺寸 36 和 15。单击"默认"选项卡"注释"面板中的"对齐"按钮，命令行提示与操作如下：

命令:　_dimaligned

指定第一个尺寸界线原点或 <选择对象>:　（捕捉标注为 36 的斜边的一个端点）

指定第二条尺寸界线原点:　（捕捉标注为 36 的斜边的另一个端点）

指定尺寸线位置或[多行文字(M)/文字(T)/角度(A)]:　（指定尺寸线的位置）

标注文字 =36

采用相同的方法，标注对齐尺寸 15。

5）标注其他尺寸。

①标注 ϕ25 圆。单击"默认"选项卡"注释"面板中的"直径"按钮◯，命令行提示与操作如下：

命令：_DIMDIAMETER

选择圆弧或圆：选择标注为 ϕ25 的圆

标注文字 =25

指定尺寸线位置或 [多行文字(M)/文字(T)/角度(A)]：（指定尺寸线位置）

②标注 R13 圆弧。单击"默认"选项卡"注释"面板中的"半径"按钮ᐸ，命令行提示与操作如下：

命令：_DIMRADIUS

选择圆弧或圆：（选择标注为 R13 的圆弧）

标注文字 =13

指定尺寸线位置或 [多行文字(M)/文字(T)/角度(A)]：（指定尺寸线位置）

③标注 45°角。单击"默认"选项卡"注释"面板中的"角度"按钮△，命令行提示与操作如下：

命令：_DIMANGULAR

选择圆弧、圆、直线或 <指定顶点>：（选择标注为 45°角的一条边）

选择第二条直线：（选择标注为 45°角的另一条边）

指定标注弧线位置或 [多行文字(M)/文字(T)/角度(A)/象限点(Q)]：（指定标注弧线的位置）

标注文字 =45

标注结果如图 7-24 所示。

◆ **技术看板——怎样保证直径尺寸完整正确地标注**

国家标准规定，圆及大于半圆的圆弧应标注直径，小于等于半圆的圆弧标注半径。因此，在工程图中标注圆及圆弧的尺寸时，应适当适用直径和半径标注命令。

7.2.7　基线标注

基线标注用于产生一系列基于同一尺寸延伸线的尺寸标注，适用于长度尺寸、角度和坐标标注。在使用基线标注方式之前，应该先标注出一个相关的尺寸作为基线标准。

【执行方式】

命令行：DIMBASELINE（快捷命令：DBA）。

菜单栏：选择菜单栏中的"标注"→"基线"命令。

工具栏：单击"标注"工具栏中的"基线"按钮⊟。

功能区：单击"注释"选项卡"标注"面板"连续"下拉菜单中的"基线"按钮⊟。

【操作步骤】

命令行提示与操作如下：

命令：DIMBASELINE↙

指定第二个尺寸界线原点或 [选择(S)/放弃(U)] <选择>：

 【选项说明】

（1）指定第二个尺寸界线原点：直接确定另一个尺寸的第二个尺寸界线的起点，AutoCAD 2024 以上次标注的尺寸为基准标注，标注出相应尺寸。

（2）选择（S）：在上述提示下直接按 Enter 键，命令行提示与操作如下：

选择基准标注：（选择作为基准的尺寸标注）

7.2.8 连续标注

连续标注又叫作尺寸链标注，用于产生一系列连续的尺寸标注，后一个尺寸标注均把前一个标注的第二条尺寸界线作为它的第一条尺寸界线。连续标注适用于长度型尺寸、角度型和坐标标注。在使用连续标注方式之前，应该先标注出一个相关的尺寸。

 【执行方式】

命令行：DIMCONTINUE（快捷命令：DCO）。

菜单栏：选择菜单栏中的"标注"→"连续"命令。

工具栏：单击"标注"工具栏中的"连续"按钮 ｜⊢⊢｜。

功能区：单击"注释"选项卡"标注"面板中的"连续"按钮 ｜⊢⊢｜。

 【操作步骤】

命令行提示与操作如下：

命令：DIMCONTINUE✓

选择连续标注：

指定第二个尺寸界线原点或 [放弃(U)/选择(S)] <选择>：

此提示下的各选项与基线标注中的完全相同，此处不再赘述。

AutoCAD 2024 允许用户利用连续标注方式和基线标注方式进行角度标注，如图 7-31 所示。

连续标注方式　　　基线标注方式

图7-31　角度标注

📖 7.2.9　操作实例——标注轴承座

标注如图 7-32 所示的轴承座尺寸。

图7-32　标注轴承座

🖥️ 绘制步骤：

1）单击"默认"选项卡"注释"面板中的"文字样式"按钮 **A**，设置文字样式，为后面尺寸标注输入文字进行准备。

2）单击"默认"选项卡"注释"面板中的"标注样式"按钮，设置标注样式。

3）单击"默认"选项卡"注释"面板中的"线性"按钮，标注轴承座的线性尺寸。

4）单击"注释"选项卡"标注"面板中的"基线"按钮，标注轴承座主视图中的基线尺寸。命令行提示与操作如下：

命令：_DIMBASELINE
指定第二个尺寸界线原点或 [放弃（U）/选择（S）] <选择>：✓
选择基准标注：（选择尺寸标注 30）
指定第二个尺寸界线原点或 [放弃（U）/选择（S）] <选择>：✓
标注文字 =140
指定第二个尺寸界线原点或 [放弃（U）/选择（S）] <选择>：✓
选择基准标注：✓

采用同样方法，标注尺寸 15（主视图下面一个尺寸 15）。

5）单击"注释"选项卡"标注"面板中的"连续"按钮，标注轴承座主视图中的连续尺寸。命令行提示与操作如下：

命令：_DIMCONTINUE
指定第二个尺寸界线原点或 [放弃（U）/选择（S）] <选择>：✓
选择连续标注：（选择主视图尺寸 15）

指定第二个尺寸界线原点或 [放弃（U）/选择（S）] <选择>:

标注文字 =15

指定第二个尺寸界线原点或 [放弃（U）/选择（S）] <选择>: ✓

选择连续标注: ✓ （结果如图 7-33 所示）

采用同样方法标注连续尺寸 27，结果如图 7-32 所示。

图7-33　连续标注尺寸15

★ 知识链接——国家标准对尺寸的规定

1）图样中的尺寸以毫米为单位时，不需注明计量单位代号或名称。若采用其他单位，则必须标注相应计量单位或名称。

2）图样上所注的尺寸数值是零件的真实大小，与图形大小及绘图的准确度无关。

3）零件的每一尺寸，在图样中一般只标注一次。

4）图样中标注尺寸是该零件最后完工时的尺寸，否则应另加说明。

7.3　引线标注

AutoCAD 2024 提供了引线标注功能，利用该功能不仅可以标注特定的尺寸，如圆角、倒角等，还可以实现在图中添加多行旁注、说明。引线标注中的指引线可以是折线，也可以是曲线，指引线端部可以有箭头，也可以没有箭头。

📖 7.3.1　利用 LEADER 命令进行引线标注

利用 LEADER 命令可以创建灵活多样的引线标注形式，可根据需要把指引线设置为折线或曲线。指引线可带箭头，也可不带箭头。注释文本可以是多行文本，也可以是几何公差，可以从图形其他部位复制，也可以是一个图块。

【执行方式】

命令行：LEADER（快捷命令：LEAD）。

【操作步骤】

命令行提示与操作如下：

命令：LEADER✓

指定引线起点：（输入指引线的起始点）

指定下一点：（输入指引线的另一点）

指定下一点或 [注释(A)/格式(F)/放弃(U)] <注释>：

 【选项说明】

（1）指定下一点：直接输入一点，AutoCAD 2024 根据前面的点绘制出折线作为指引线。

（2）注释（A）：输入注释文本，该选项为默认项。在此提示下直接按 Enter 键，命令行提示如下：

输入注释文字的第一行或 <选项>：

1）输入注释文字。在此提示下输入第一行文字后按 Enter 键，用户可继续输入第二行文字，如此反复执行，直到输入全部注释文字，然后在此提示下直接按 Enter 键，AutoCAD 2024 会在指引线终端标注出所输入的多行文本文字，并结束 LEADER 命令。

2）直接按 Enter 键。如果在上面的提示下直接按 Enter 键，命令行提示如下：

输入注释选项 [公差(T)/副本(C)/块(B)/无(N)/多行文字(M)] <多行文字>：

在此提示下选择一个注释选项或直接按 Enter 键默认选择"多行文字"选项，其他各选项的含义如下：

①公差（T）：标注几何公差。几何公差的标注见 7.4 节。

②副本(C)：把已利用 LEADER 命令创建的注释复制到当前指引线的末端。选择该选项，命令行提示如下：

选择要复制的对象：

在此提示下选择一个已创建的注释文本，则系统把它复制到当前指引线的末端。

③块（B）：插入块，把已经定义好的图块插入到指引线的末端。选择该选项，命令行提示如下：

输入块名或 [?]：

在此提示下输入一个已定义好的图块名，系统把该图块插入到指引线的末端；或输入"？"列出当前已有图块，用户可从中选择。

④无（N）：不进行注释，没有注释文本。

⑤多行文字(M)：用多行文本编辑器标注注释文本，并定制文本格式，该选项为默认选项。

（3）格式（F）：确定指引线的形式。选择该选项，命令行提示如下：

输入引线格式选项 [样条曲线(S)/直线(ST)/箭头(A)/无(N)] <退出>：

选择指引线形式，或直接按 Enter 键返回上一级提示。

1）样条曲线（S）：设置指引线为样条曲线。

2）直线（ST）：设置指引线为折线。

3）箭头（A）：在指引线的起始位置画箭头。

4）无（N）：在指引线的起始位置不画箭头。

5）退出：此项为默认选项，选择该选项退出"格式（F）"选项，返回"指定下一点或[注释（A）/格式（F）/放弃（U）]<注释>"提示，并且指引线形式按默认方式设置。

7.3.2 利用 QLEADER 命令进行引线标注

利用 QLEADER 命令可快速生成指引线及注释，而且可以通过"引线设置"对话框进行用户自定义，从而消除不必要的命令行提示，获得较高的工作效率。

【执行方式】

命令行：QLEADER（快捷命令：LE）。

【操作步骤】

命令行提示与操作如下：

命令：QLEADER✓

指定第一个引线点或 [设置(S)] <设置>:

【选项说明】

（1）指定第一个引线点：在上面的提示下确定一点作为指引线的第一点。命令行提示如下：

指定下一点：（输入指引线的第二点）

指定下一点：（输入指引线的第三点）

AutoCAD 2024 提示用户输入点的数目由"引线设置"对话框（见图 7-34）确定。输入完指引线的点后，命令行提示与操作如下：

指定文字宽度 <0.0000>:（输入多行文本文字的宽度）

输入注释文字的第一行 <多行文字(M)>:

此时，有两种命令输入选择：

1）输入注释文字的第一行：在命令行输入第一行文本文字。命令行提示与操作如下：

输入注释文字的下一行：（输入另一行文本文字）

输入注释文字的下一行：（输入另一行文本文字或按 Enter 键）

2）多行文字（M）：打开多行文字编辑器，输入编辑多行文字。

输入全部注释文本后，在此提示下直接按 Enter 键，系统结束 QLEADER 命令，并把多行文本标注在指引线的末端附近。

（2）设置：在上面的提示下直接按 Enter 键或输入"S"，系统打开如图 7-34 所示的"引线设置"对话框，允许对引线标注进行设置。

1）"注释"选项卡（见图 7-34）：用于设置引线标注中注释文本的类型、多行文本的格式并确定注释文本是否多次使用。

2）"引线和箭头"选项卡（见图 7-35）：用于设置引线标注中指引线和箭头的形式。其中"点数"选项组用于设置执行 QLEADER 命令时，系统提示用户输入的点的数目。例如，设置点数为 3，执行 QLEADER 命令时，当用户在提示下指定 3 个点后，系统自动提示用户输入注释文本。注意设置的点数要比用户希望的指引线段数多 1，可利用微调框进行设置。如果勾选"无限制"复选框，则系统会一直提示用户输入点，直到连续按 Enter 键两次为止。"角度约束"选项组用于设置第一段和第二段指引线的角度约束。

图7-34 "引线设置"对话框

3）"附着"选项卡（见图 7-36）：用于设置注释文本和指引线的相对位置。如果最后一段指引线指向右边，则系统自动把注释文本放在右侧；如果最后一段指引线指向左边，则系统自动把注释文本放在左侧。利用左侧和右侧的单选按钮可分别设置位于左侧和右侧的注释文本与最后一段指引线的相对位置，二者可相同也可不相同。

图7-35 "引线和箭头"选项卡

图7-36 "附着"选项卡

7.3.3 操作实例——标注轴套

标注如图 7-37 所示的齿轮轴套尺寸。

图7-37 齿轮轴套

绘制步骤：

1）打开电子资料包中的文件：\源文件\第 7 章\齿轮轴套.DWG。

2）单击"默认"选项卡"注释"面板中的"文字样式"按钮，设置文字样式。

3）单击"默认"选项卡"注释"面板中的"标注样式"按钮，设置标注样式。

4）单击"默认"选项卡"注释"面板中的"线性"按钮，标注齿轮主视图中的线性尺寸 $\phi40$、$\phi51$、$\phi54$。

5）方法同前，标注齿轮轴套主视图中的线性尺寸 13，然后利用"基线标注"命令，标注基线尺寸 35，结果如图 7-38 所示。

6）单击"默认"选项卡"注释"面板中的"半径"按钮，标注齿轮轴套主视图中的半径尺寸，结果如图 7-39 所示。

图7-38 标注线性及基线尺寸

图7-39 标注半径尺寸 $R1$

7）用引线标注齿轮轴套主视图上部的圆角半径，命令行提示与操作如下：

命令：LEADER✓（引线标注）

指定引线起点：_nea 到（捕捉齿轮轴套主视图上部圆角上的一点）

指定下一点：（拖动光标，在适当位置单击）

指定下一点或 [注释(A)/格式(F)/放弃(U)] <注释>：<正交 开>（打开正交功能，向右拖动光标，在适当位置单击）

指定下一点或 [注释(A)/格式(F)/放弃(U)] <注释>：✓

输入注释文字的第一行或 <选项>：R1✓

输入注释文字的下一行：✓（结果如图 7-40 所示）

命令：✓（继续引线标注）

指定引线起点：_nea 到（捕捉齿轮轴套主视图上部右端圆角上的一点）

指定下一点：（利用对象追踪功能，捕捉上一个引线标注的端点，拖动光标，在适当位置单击）

指定下一点或 [注释(A)/格式(F)/放弃(U)] <注释>：（捕捉上一个引线标注的端点）

指定下一点或 [注释(A)/格式(F)/放弃(U)] <注释>：✓

输入注释文字的第一行或 <选项>：✓

输入注释选项 [公差(T)/副本(C)/块(B)/无(N)/多行文字(M)] <多行文字>：N✓（无注释的引线标注）

结果如图 7-41 所示。

图7-40　引线标注R1（1）

图7-41　引线标注R1（2）

8）用引线标注齿轮轴套主视图的倒角。命令行提示与操作如下：

命令：QLEADER✓

指定第一个引线点或 [设置(S)] <设置>：✓（按 Enter 键，打开 "引线设置" 对话框，分别设置选项卡，如图 7-42 及图 7-43 所示，单击 "确定" 按钮）

指定第一个引线点或 [设置(S)] <设置>：（捕捉齿轮轴套主视图中上端倒角的端点）

指定下一点：（拖动光标，在适当位置单击）

指定下一点：（拖动光标，在适当位置单击）

指定文字宽度 <0>：✓

输入注释文字的第一行 <多行文字(M)>：C1✓

输入注释文字的下一行：✓

结果如图 7-44 所示。

图7-42　"引线和箭头"选项卡　　　　　　图7-43　"附着"选项卡

9）单击"默认"选项卡"注释"面板中的"线性"按钮╒╗，标注齿轮轴套局部视图中的尺寸。命令行提示与操作如下：

命令：_dimlinear（标注线性尺寸 6）

指定第一个尺寸界线原点或 <选择对象>：✓（选取标注对象）

选择标注对象：（选取齿轮轴套局部视图上端水平线）

指定尺寸线位置或[多行文字(M)/文字(T)/角度(A)/水平(H)/垂直(V)/旋转(R)]：T✓

输入标注文字 <6>：　6{\H0.7x;\S+0.025^ 0;}✓（其中"H0.7x"表示公差字高比例系数为 0.7，需要注意的是"x"为小写）

指定尺寸线位置或[多行文字(M)/文字(T)/角度(A)/水平(H)/垂直(V)/旋转(R)]：（拖动光标，在适当位置处单击，结果如图 7-45 所示）

标注文字 =6

图7-44　引线标注倒角尺寸　　　　　　图7-45　标注尺寸6及其极限偏差

方法同前，标注线性尺寸 30.6、上极限偏差为+0.14、下极限偏差为 0。

方法同前，利用"直径标注"命令标注直径尺寸 $\phi28$，输入标注文字为"%%C28{\H0.7x;\S+0.21^ 0;}"，结果如图 7-46 所示。

10）修改齿轮轴套主视图中的线性尺寸，为其添加尺寸极限偏差。命令行提示与操作如下：

命令：DDIM✓（修改标注样式命令。也可以使用设置标注样式命令 DIMSTYLE，或选择菜单栏中的"标注"→"标注样式"，修改线性尺寸 13 及 35）

在打开的"标注样式管理器"对话框（见图 7-47）的样式列表中选择"机械制图"样式，单击"替代"按钮。

图7-46　标注局部视图中的尺寸

图7-47　"标注样式管理器"对话框

系统打开"替代当前样式"对话框，选择如图 7-48 所示的"主单位"选项卡，将"线性标注"选项组中的"精度"值设置为 0.00；选择如图 7-49 所示的"公差"选项卡，在"公差格式"选项组中设置"方式"为"极限偏差"、"上偏差"为 0、"下偏差"为 0.24、"高度比例"为 0.7，设置完成后单击"确定"按钮。

命令：-DIMSTYLE（或单击"注释"选项卡"标注"面板中的"更新"按钮🖂）

当前标注样式：ISO-25　注释性：否

输入标注样式选项 [注释性(AN)/保存(S)/恢复(R)/状态(ST)/变量(V)/应用(A)/?] <恢复>：_APPLY

选择对象：（选取线性尺寸 13，即可为该尺寸添加尺寸极限偏差）

方法同前，继续设置替代样式。设置"公差"选项卡中的"上偏差"为 0.08、"下偏差"为-0.25。单击"注释"选项卡"标注"面板中的"更新"按钮，选取线性尺寸 35，即可为该尺寸添加尺寸极限偏差，结果如图 7-50 所示。

图7-48 "主单位"选项卡

图 7-49 "公差"选项卡

11）修改齿轮轴套主视图中的线性尺寸 φ54，为其添加尺寸极限偏差。命令行提示与操作如下：

命令：EXPLODE↙

> 选择对象：（选择尺寸 $\phi54$，按 Enter 键）
>
> 命令： MTEDIT↙（编辑多行文字命令）
>
> 选择多行文字对象：（选择分解的尺寸 $\phi54$，在打开的"多行文字编辑器"中，将标注的文字修改为"%%C54 0^-0.20 "，选取"0^-0.20"，单击"堆叠"按钮🔓，此时，标注变为尺寸极限偏差的形式，单击"确定"按钮）

结果如图 7-51 所示。

图7-50　为线性尺寸13及35添加极限偏差

图7-51　为线性尺寸 $\phi54$ 添加极限偏差

◆ 技术看板——尺寸标注的基本原则

尺寸标注是一项需要认真细致、一丝不苟来完成的重要工作，稍有遗漏或错误都可能给制造带来困难，甚至是重大的损失，因此需要掌握其基本原则。

1）尺寸标注必须做到完整，不遗漏也不重复。

2）尺寸标注必须做到正确，不自相矛盾，同时要符合国家标准中相关规定。

3）尺寸标注必须做到排列整齐、注写清晰和可视性好。采用连续尺寸标注时，各尺寸线的尺寸应连成一条直线，而采用基线尺寸标注时，大尺寸要在小尺寸外面。

4）重要的尺寸应从基准线直接标出，不能采用间接计算的方法获得，以免造成误差的积累，使得重要尺寸不易保证。

5）尺寸不要标注成封闭的尺寸链，而应当根据装配时的功能和要求选择一个尺寸精度要求不高的尺寸，标注成开口环形。

6）尺寸标注的基准选择要合理，应既能保证设计要求，又便于加工测量。

7.4　几何公差

📖 7.4.1　几何公差标注

为方便机械设计工作，AutoCAD 2024 提供了标注几何公差的功能。几何公差的标注形式如图 7-52 所示。

图7-52 几何公差标注

【执行方式】

命令行：TOLERANCE（快捷命令：TOL）。

菜单栏：选择菜单栏中的"标注"→"公差"命令。

工具栏：单击"标注"工具栏中的"公差"按钮 ⊞。

功能区：单击"注释"选项卡"标注"面板中的"公差"按钮 ⊞。

执行上述操作后，系统打开如图 7-53 所示的"几何公差"对话框，可在此对话框中对几何公差标注进行设置。

【选项说明】

（1）符号：用于设定或改变公差代号。单击下面的黑块，系统打开如图 7-54 所示的"特征符号"列表框，可从中选择需要的公差代号。

（2）公差1和公差2：用于产生第一个和第二个公差的公差值及附加符号。白色文本框左侧的黑块控制是否在公差值之前加一个直径符号，单击它，则出现一个直径符号，再单击则又消失。白色文本框用于确定公差值，在其中输入一个具体数值。右侧黑块用于插入"包容条件"符号，单击它，系统打开如图 7-55 所示的"附加符号"列表框，用户可从中选择所需符号。

图7-53 "几何公差"对话框

特征符号

附加符号

图7-54 "特征符号"列表框   图7-55 "附加符号"列表框

（3）基准1、基准2和基准3：用于确定第一个、第二个和第三个基准代号及材料状态符号。在白色文本框中可输入一个基准代号。单击其右侧的黑块，系统打开"包容条件"列表框，可从中选择适当的"包容条件"符号。

（4）"高度"文本框：用于确定标注复合几何公差的高度。

（5）延伸公差带：单击此黑块，在复合公差带后面加一个复合几何公差符号，如图7-56d所示。其他几何公差标注如图7-56所示。

（6）"基准标识符"文本框：用于产生一个标识符号，用一个字母表示。

▲ 技巧与提示——巧用几何公差

在"几何公差"对话框中有两行可以同时对几何公差进行设置，可实现复合几何公差的标注。如果两行中输入的公差符号相同，则得到的形式如图7-56e所示。

a)   b)   c)   d)   e)

图7-56 几何公差标注举例

📖 7.4.2 操作实例——标注齿轮轴的尺寸

标注如图7-57所示的齿轮轴尺寸。

技术要求

1. $\phi 50\pm 0.5$ 对应表面热处理硬度32~37HRC。
2. 材料为45钢。
3. 未注倒角 C1。
4. $1.7^{+0.14}_{0}$ 的圆环槽用量规检查互换性。

图7-57 标注齿轮轴

👨‍💻 绘制步骤：

1. 打开文件

单击"快速访问"工具栏中的"打开"按钮，打开"选择文件"对话框，从电子资料包中选择视频文件 X:\源文件\第7章\"齿轮轴.dwg"文件，单击"打开"按钮，在绘图区显示如图7-58所示的图形。

2. 设置尺寸标注样式

单击"默认"选项卡"注释"面板中的"标注样式"按钮，打开"标注样式管理器"对话框，新建一个标注样式，设置"箭头大小"为3、"文字高度"为4、"文字对齐"方式为"与尺寸线对齐"、"精度"为0.0，其余属性采用系统默认设置。

3．标注基本尺寸

1）单击"默认"选项卡"注释"面板中的"线性"按钮 ⊢┐，标注线性尺寸。

2）单击"默认"选项卡"注释"面板中的"角度"按钮 △，标注角度尺寸，结果如图 7-59 所示。

图7-58　打开图形

图7-59　标注基本尺寸

4．标注公差尺寸

1）单击"默认"选项卡"注释"面板中的"标注样式"按钮 ⊢┛，在弹出的"标注样式管理器"对话框中单击"替代"按钮，打开"替代当前样式"对话框，在"公差"选项卡中按每一个尺寸公差进行替代设置，替代设定后，进行尺寸标注。

2）单击"默认"选项卡"注释"面板中的"线性"按钮 ⊢┐，标注基本尺寸 35、31.5、56.5、96、18、3、1.7、16.5、ϕ37.5，然后对公差按尺寸要求进行替代设置，对公差进行标注。标注结果如图 7-60 所示。

图7-60　标注尺寸公差

5．设置几何公差

单击"注释"选项卡"标注"面板中的"公差"按钮 ⊞，打开如图 7-61 所示的"几何公差"对话框，设置完成后在图形上指定放置位置。

6．标注几何公差

命令行提示与操作如下：

命令：LEADER↙
指定引线起点：（指定起点）
指定下一点：（指定下一点）
指定下一点或 [注释(A)/格式(F)/放弃(U)] <注释>：　↙

图7-61　"几何公差"对话框

采用同样方法，标注另一个几何公差，结果如图 7-62 所示。

图7-62　标注几何公差

7．标注几何公差基准

几何公差的基准可以通过引线标注命令、绘图命令以及单行文字命令绘制，不再赘述。最后完成尺寸标注的结果如图 7-63 所示。

图7-63　完成尺寸标注

8．标注技术要求

单击"绘图"工具栏中的"多行文字"按钮**A**，系统打开文字编辑器。在编辑器中输入如图 7-64 所示的文字，结果如图 7-65 所示。

完成尺寸标注与文字标注的图形如图 7-57 所示。

技术要求

1．$\phi 50 \pm 0.5$ 对应表面热处理硬度 32~37HRC。

2．材料为 45 钢。

3．未注倒角 $C1$。

4．$1.7^{+0.14}_{0}$ 的圆环槽用量规检查互换性。

图7-64　多行文字编辑器　　　　　　　　　　　图7-65　标注的文字

★ 知识链接——公差配合制度

国家标准规定了两种孔与轴配合的基本制度：基孔制和基轴制。采用基准制的目的是为了统一基准件的极限偏差，以达到减少定位刀具和量具规格的数量，以获得最大的经济效益。国家标准还规定，一般情况下，优先采用基孔制。

1．基孔制

基孔制是指基本偏差为一定的孔的公差带与不同基本偏差的轴的公差带形成各种配合的一种制度。基孔制的孔为基准孔，基准孔基本偏差代号为 *H*，如图 7-66 所示。

图7-66　基孔制

在基孔制里，确定孔的偏差位置为 *H*，孔的基本尺寸就是孔的最小尺寸，也就是将裕度应用于轴上。即以孔径为基本尺寸，孔径公差为正值，制造轴时使轴径尺寸大于或小于基本尺寸，以获得不同的配合。

2．基轴制

基轴制是指基本偏差为一定的轴的公差带与不同基本偏差的孔的公差带形成各种配合的一种制度。基轴制的轴为基准轴，基准轴基本偏差代号为 *h*，如图 7-67 所示。

图7-67　基轴制

在基轴制内，确定轴的偏差位置为 h，轴的基本尺寸即为轴的最大尺寸，也就是将裕度应用于孔内，即以轴径为基本尺寸，轴径公差为负值，使孔径尺寸必须按照所需的配合而改变。

各种配合和轴孔的偏差位置关系可以查相关标准获得，这里不再赘述。

7.5　综合演练——标注齿轮

标注如图 7-68 所示的齿轮尺寸。

绘制步骤：

打开电子资料包中的"源文件/第 7 章/齿轮"图形，如图 7-69 所示。

1. 无公差尺寸标注

1）将 "尺寸标注"图层设置为当前图层。单击"默认"选项卡"注释"面板中的"标注样式"按钮，打开"标注样式管理器"对话框，将"机械制图标注"样式设置为当前使用的标注样式。

图7-68　标注齿轮　　　　　　　　　　　　　　　图7-69　齿轮

2）线性标注。单击"默认"选项卡"注释"面板中的"线性"按钮，使用特殊符号表示法"%%C"表示"ϕ"（如"%%C100"表示"$\phi100$"标注同心圆），然后标注其他无公差尺寸，结果如图 7-70 所示。

2. 带公差尺寸标注

1）设置带公差标注样式。选择菜单栏中的"格式"→"标注样式"命令，打开"标注样式管理器"对话框，单击"新建"按钮，打开"创建新标注样式"对话框，建立一个名为"副本机械制图标注（带公差）"的样式，设置"基础样式"为"机械制图标注"，如图7-71 所示。单击"继续"按钮，打开"新建标注样式"对话框，设置"公差"选项卡如图7-72 所示。然后把"副本机械制图标注（带公差）"的样式设置为当前使用的标注样式。

图7-70　标注无公差尺寸

图7-71　新建标注样式

图7-72　设置"公差"选项卡

2）线性标注。单击"默认"选项卡"注释"面板中的"线性"按钮┝┥，标注带公差的尺寸。

3）分解带公差尺寸。单击"默认"选项卡"修改"面板中的"分解"按钮，分解所有的带公差尺寸标注。

▲ **技巧与提示——快速修改公差标注的方法**

　　公差尺寸的分解需要使用两次"分解"命令：第一次分解尺寸线与公差文字；第二次分解公差文字中的主尺寸文字与极限偏差文字。只有这样，才能利用"编辑文字"命令对上、下极限偏差文字进行编辑修改。

4）编辑上、下极限偏差。选择菜单栏中的"修改"→"对象"→"文字"→"编辑"命令，选择需要修改的极限偏差文字，如 $\phi58$（极限偏差为+0.03 和 0）、 $\phi240$（极限偏差为0 和-0.027）、16（极限偏差为+0.022 和-0.22）、62.1（极限偏差为+0.2 和 0），编辑上、下极限偏差，如图 7-73 所示。

图7-73 标注公差尺寸

3. 几何公差标注

1）绘制基准符号。利用"多行文字"命令、"矩形"命令、"图案填充"命令和"直线"命令绘制基准符号，如图 7-74 所示。

2）标注几何公差。利用 QLEADER 命令标注几何公差，单击"注释"选项卡"标注"面板中的"公差"按钮，如图 7-75 所示的"几何公差"对话框进行设置完成后，在图形上指定放置位置。

图7-74 绘制基准符号

图7-75 "几何公差"对话框

标注完成几何公差后的图形如图 7-76 所示。

图7-76 标注几何公差

▲ 技巧与提示——几何公差符号的选择方法

若发现几何公差符号选择有错误，可以再次单击"符号"选项重新进行选择；也可以单击"符号"选择对话框右下角"空白"选项，取消当前选择。

7.6 动手练一练

【实例1】标注如图7-77所示的垫片尺寸

1. 目的要求

本例有线性、直径、角度3种尺寸需要标注，由于具体尺寸的要求不同，需要重新设置和转换尺寸标注样式。

通过本例，要求读者掌握各种标注尺寸的基本方法。

2. 操作提示

1）利用"注释"→"文字样式"命令设置文字样式和标注样式，为后面的尺寸标注输入文字做准备。

2）利用"注释"→"线性"命令标注垫片图形中的线性尺寸。

3）利用"注释"→"直径"命令标注垫片图形中的直径尺寸（需要重新设置标注样式）。

4）利用"注释"→"角度"命令标注垫片图形中的角度尺寸（需要重新设置标注样式）。

【实例2】标注如图7-78所示的阀盖尺寸

图7-77　垫片

1. 目的要求

本例有普通尺寸、带公差尺寸、引线、几何公差等需要标注，由于具体尺寸的要求不同，需要重新设置和转换尺寸标注样式。本例的目的是使读者掌握各种标注尺寸的基本方法。

2. 操作提示

1）选择菜单栏中的"格式"→"标注样式"命令，打开"标注样式管理器"对话框。

2）单击"新建"按钮，打开"创建新标注样式"对话框，在"新样式名"文本框中输入新样式名。

3）单击"继续"按钮，打开"新建标注样式"对话框。

4）在对话框的各个选项卡中进行直线和箭头、文字、调整、主单位、换算单位和公差的设置。

5）采用相同的方法设置另外两个标注样式。

6）逐个标注各种尺寸。

图7-78　阀盖

第8章

图块及其属性

在设计绘图过程中经常会遇到一些重复出现的图形，如机械设计中的螺钉、螺母，建筑设计中的桌椅、门窗等，如果每次都重新绘制这些图形，不仅造成大量的重复工作，而且存储这些图形及其信息也要占用很大的磁盘空间。AutoCAD 2024 提供了图块来解决问题。

本章主要介绍了图块及其属性知识。

重点与难点

- 学习图块的属性
- 熟练掌握插入图块的操作

8.1 图块操作

图块也称块，它是由一组图形对象组成的集合。一组图形对象一旦被定义为图块，它们将成为一个整体，选中图块中任意一个图形对象即可选中构成图块的所有对象。AutoCAD 2024把一个图块作为一个对象进行编辑修改等操作。用户可根据绘图需要把图块插入到图中指定的位置，在插入时还可以指定不同的缩放比例和旋转角度。如果需要对组成图块的单个图形对象进行修改，还可以利用"分解"命令把图块分解成若干个对象。图块还可以重新定义，一旦被重新定义，整个图中基于该块的对象都将随之改变。

8.1.1 定义图块

 【执行方式】

命令行：BLOCK（快捷命令：B）。

菜单栏：选择菜单栏中的"绘图"→"块"→"创建"命令。

工具栏：单击"绘图"工具栏中的"创建块"按钮。

功能区：单击"默认"选项卡"块"面板中的"创建"按钮，或者单击"插入"选项卡"块定义"面板中的"创建块"按钮。

执行上述操作后，系统打开如图 8-1 所示的"块定义"对话框，在该对话框中可定义图块并为之命名。

图8-1 "块定义"对话框

 【选项说明】

（1）"基点"选项组：确定图块的基点，默认的坐标值是（0，0，0），也可以在下面的 X、Y、Z 文本框中输入块的基点坐标值。单击"拾取点"按钮，系统临时切换到绘图区，在绘图区选择一点后，返回"块定义"对话框中，把选择的点作为图块的放置基点。

（2）"对象"选项组：用于选择制作图块的对象，以及设置图块对象的相关属性。如图8-2所示，把图8-2a中的正五边形定义为图块，图8-2b所示为勾选"删除"单选按钮的结果，图8-2c所示为勾选"保留"单选按钮的结果。

图8-2　设置图块对象

（3）"设置"选项组：指定从AutoCAD 2024设计中心拖动图块时用于测量图块的单位以及缩放、分解和超链接等设置。

（4）"在块编辑器中打开"复选框：勾选此复选框，可以在块编辑器中定义动态块，后面将详细介绍。

（5）"方式"选项组：指定块的行为。"注释性"复选框用于指定在图纸空间中块参照的方向与布局方向是否匹配，"按统一比例缩放"复选框用于指定是否阻止块参照不按统一比例缩放；"允许分解"复选框用于指定块参照是否可以被分解。

8.1.2　图块的存盘

利用BLOCK命令定义的图块保存在其所属的图形当中，该图块只能在该图形中插入，而不能插入到其他的图形中。但是有些图块在许多图形中要经常用到，这时可以用WBLOCK命令把图块以图形文件的形式（扩展名为.dwg）写入磁盘。图形文件可以在任意图形中用INSERT命令插入。

【执行方式】

命令行：WBLOCK（快捷命令：W）。

功能区：单击"插入"选项卡"块定义"面板中的"写块"按钮🔲。

执行上述命令后，系统打开"写块"对话框，如图8-3所示，利用此对话框可把图形对象保存为图形文件或把图块转换成图形文件。

【选项说明】

（1）"源"选项组：确定要保存为图形文件的图块或图形对象。勾选"块"单选按钮，可在右侧的下拉列表中选择一个图块，将其保存为图形文件；勾选"整个图形"单选按钮，则把当前的整个图形保存为图形文件；勾选"对象"单选按钮，则把不属于图块的图形对象保存

图8-3　"写块"对话框

为图形文件。对象的选择通过"对象"选项组来完成。

（2）"目标"选项组：用于指定图形文件的名称、路径和插入单位。

8.1.3　操作实例——将图形定义为图块

将如图 8-4 所示的图形对象定义为图块,命名为 HU3,并保存。

图8-4　图形对象

绘制步骤：

1）单击"默认"选项卡"块"面板中的"创建"按钮，打开"块定义"对话框。

2）在"名称"下拉列表框中输入"HU3"。

3）单击"拾取点"按钮，切换到绘图区,选择圆心为插入基点,返回"块定义"对话框。

4）单击"选择对象"按钮，切换到绘图区,选择如图 8-4 所示的图形对象,按 Enter键返回"块定义"对话框。

5）单击"确定"按钮,关闭对话框。

6）在命令行输入"WBLOCK"命令,按 Enter 键,系统打开"写块"对话框,在"源"选项组中勾选"块"单选按钮,在右侧的下拉列表框中选择"HU3"块,单击"确定"按钮,即把图形定义为"HU3"图块。

8.1.4　图块的插入

在 AutoCAD 2024 绘图过程中,可根据需要随时把已经定义好的图块或图形文件插入到当前图形的任意位置,在插入的同时还可以改变图块的大小、旋转一定角度或者把图块炸开等。插入图块的方法有多种,本节将逐一进行介绍。

【执行方式】

命令行：INSERT（快捷命令：I）。

菜单栏：选择菜单栏中的"插入"→"块"命令。

工具栏：单击"插入"工具栏中的"插入块"按钮，或单击"绘图"工具栏中的"插入块"按钮。

功能区：单击"默认"选项卡"块"面板中的"插入下拉菜单"或"插入"按钮，或单击"插入"选项卡"块"面板中的"插入下拉菜单"。

执行上述操作后,系统打开如图 8-5 所示的"块"选项板,可以指定要插入的图块及插入位置。

【选项说明】

（1）"插入点"选项组：指定插入点,插入图块时该点与图块的基点重合。可以在绘图区指定该点，也可以在下面的文本框中输入坐标值。

图8-5 "块"选项板

（2）"比例"选项组：确定插入图块时的缩放比例。图块被插入到当前图形中时，可以以任意比例放大或缩小。如图8-6所示，图8-6a所示为被插入的图块；图8-6b所示为按比例系数1.5插入该图块的结果；图8-6c所示为按比例系数0.5插入的结果，X轴方向和Y轴方向也可以取不同的比例系数，如图8-6d所示为X轴方向的比例系数为1、Y轴方向的比例系数为1.5插入的图块。另外，比例系数还可以是一个负数，当其为负数时表示插入图块的镜像，其效果如图8-7所示。

| a) | b) | c) | d) |

图8-6 按不同比例系数插入图块的效果

| X比例=1，Y比例=1 | X比例= -1，Y比例=1 | X比例=1，Y比例= -1 | X比例= -1，Y比例= -1 |

图8-7 取比例系数为负值插入图块的效果

（3）"旋转"选项组：指定插入图块时的旋转角度。图块被插入到当前图形中时，可以绕其基点旋转一定的角度，角度可以是正数（表示沿逆时针方向旋转），也可以是负数（表示沿顺时针方向旋转）。如图 8-8 所示，如图 8-8a 所示为要旋转的图块，图 8-8b 所示为图块旋转 30°后插入的效果，图 8-8c 所示为图块旋转-30°后插入的效果。

如果勾选"插入点"复选框，则系统切换到绘图区，在绘图区选择一点，系统自动测量插入点与该点连线和 X 轴正方向之间的夹角，并把它作为块的旋转角。也可以在"角度"文本框中直接输入插入图块时的旋转角度。

（4）"分解"复选框：勾选此复选框，则在插入块的同时把其分解。此时，插入到图形中的组成块对象不再是一个整体，可对每个对象单独进行编辑操作。

a)   b)   c)

图8-8　以不同旋转角度插入图块的效果

📖8.1.5　操作实例——标注表面粗糙度符号

标注如图 8-9 所示图形中的表面粗糙度符号。

图8-9　标注表面粗糙度符号

🛠绘制步骤：

1）单击"默认"选项卡"绘图"面板中的"直线"按钮／，绘制如图 8-10 所示的表面粗糙度符号。

2）在命令行输入"WBLOCK"命令，按 Enter 键，打开"写块"对话框。单击"拾取点"按钮 ，选择图形的下尖点为基点，单击"选择对象"按钮 ，选择刚绘制的表面粗糙度符号为对象，输入图块名称并指定路径保存图块，单击"确定"按钮退出。

3）插入块。单击"默认"选项卡"块"面板中的"插入"下拉菜单中"最近使用的块"选项，打开如图 8-11 所示的"块"选项板，在"最近使用的项目"中单击"表面粗糙度符号"图块，插入时选择适当的插入点、比例和旋转角度，将该图块插入如图 8-9 所示的图形中。

4）单击"默认"选项卡"注释"面板中的"多行文字"按钮 **A**，标注文字，标注时注意对文字进行旋转。

5）采用相同的方法，标注其他表面粗糙度符号。

图8-10　绘制表面粗糙度符号

图8-11　"块"选项板

8.1.6　动态块

动态块具有灵活性和智能性的特点，在操作时可以轻松地更改图形中的动态块参照，通过自定义夹点或自定义特性来操作动态块参照中的几何图形，使用户可以根据需要在位调整块，而不用搜索另一个块以插入或重定义现有的块。

如果在图形中插入一个门块参照，编辑图形时可能需要更改门的大小。如果该块是动态的，并且定义为可调整大小，那么只需拖动自定义夹点或在"特性"选项板中指定不同的大小就可以修改门的大小，如图 8-12 所示。用户可能还需要修改门的打开角度，如图 8-13 所示。该门块还可能会包含对齐夹点，使用对齐夹点可以轻松地将门块参照与图形中的其他几何图形对齐，如图 8-14 所示。

图8-12　改变大小　　　　　　图8-13　改变角度　　　　　　图8-14　对齐

可以使用块编辑器创建动态块。块编辑器是一个专门的编写区域，用于添加能够使块成为动态块的元素。用户可以创建新的块，也可以向现有的块定义中添加动态行为，还可以像在绘图区中一样创建几何图形。

【执行方式】

命令行：BEDIT（快捷命令：BE）。

菜单栏：选择菜单栏中的"工具"→"块编辑器"命令。

工具栏：单击"标准"工具栏中的"块编辑器"按钮 ⊞。

功能区：单击"默认"选项卡"块"面板中的"编辑"按钮 ⊞，或单击"插入"选项卡"块定义"面板中的"块编辑器"按钮 ⊞。

快捷菜单：选择一个块参照，在绘图区右击，选择快捷菜单中的"块编辑器"命令。

执行上述操作后，系统打开"编辑块定义"对话框，如图 8-15 所示。在"要创建或编辑的块"文本框中输入图块名或在列表框中选择已定义的块或当前图形，单击"确定"按钮，系统打开"块编写选项板"和"块编辑器"工具栏，如图 8-16 所示。可以利用相关工具对图块进行动态编辑。

图8-15　"编辑块定义"对话框

图8-16 "块编写选项板"和"块编辑器"工具栏

📖8.1.7 操作实例——利用动态块功能标注表面粗糙度符号

本例利用动态块功能标注如图 8-9 所示图形中的表面粗糙度符号。

绘制步骤：

1）单击"默认"选项卡"绘图"面板中的"直线"按钮／，绘制表面粗糙度符号。

2）在命令行中输入"WBLOCK"命令，弹出"写块"对话框，拾取图形下尖点为基点，以刚绘制的表面粗糙度符号为对象，输入图块名称并指定路径，确认后退出。

3）单击"默认"选项卡"块"面板中的"插入"下拉列表中"最近使用的块"选项，打开"块"选项板，在"插入选项"中所有复选框都不选择，在"最近项目"中单击已保存的图块，在屏幕上指定插入点和比例，设置旋转角度为固定的任意值。将该图块插入到图形中，如图 8-17 所示。

图8-17 插入表面粗糙度符号

4）在命令行中输入"BEDIT"命令，选择刚才保存的块，弹出块编辑器和块编写选项板，在块编写选项板的"参数"选项卡中选择"旋转参数"项，命令行提示与操作如下：

命令：_BParameter 旋转

指定基点或 [名称(N)/标签(L)/链(C)/说明(D)/选项板(P)/值集(V)]：（指定表面粗糙度图块下角点为基点）

指定参数半径：（指定适当半径）

指定默认旋转角度或 [基准角度(B)] <0>：（指定适当角度）

指定标签位置：（指定适当标签位置）

在块编写选项板的"动作"选项卡中选择"旋转动作"项，命令行提示与操作如下：

命令：_BActionTool 旋转

选择参数：（选择刚设置的旋转参数）

指定动作的选择集

选择对象：（选择表面粗糙度图块）

选择对象：✓

5）关闭块编辑器。

①在当前图形中选择插入的图块，系统显示图块的动态旋转标记，选中该标记，按住鼠标左键并拖动，直到将图块旋转到满意的位置为止，结果如图 8-18 所示。

②单击"默认"选项卡"注释"面板中的"多行文字"按钮 A，标注文字，标注时注意对文字进行旋转。

③利用同样插入图块的方法标注其他表面粗糙度。

图8-18 插入结果

◆ **技术看板——表面粗糙度在图样上的标注方法**

表面粗糙度符号应注在可见的轮廓线、尺寸线、尺寸界线或他们的延长线上；对于镀涂表面，可注在表示线上。符号的尖端必须从材料外指向表面，如图 8-19 和图 8-20 所示。表面粗糙度符号中的数字及字母的方向必须按图 8-19 和图 8-20 所示标注。

图8-19 表面粗糙度标注1

图8-20 表面粗糙度标注2

8.2 图块属性

图块除了包含图形对象以外，还可以具有非图形信息。例如，把一个椅子的图形定义为图块后，还可把椅子的号码、材料、重量、价格以及说明等文本信息一并加入到图块当中。

图块的这些非图形信息叫作图块的属性，它是图块的一个组成部分，与图形对象一起构成一个整体，在插入图块时，AutoCAD 2024把图形对象连同属性一起插入到图形中。

8.2.1 定义图块属性

【执行方式】

命令行：ATTDEF（快捷命令：ATT）。

菜单栏：选择菜单栏中的"绘图"→"块"→"定义属性"命令。

功能区：单击"默认"选项卡"块"面板中的"定义属性"按钮✎，或单击"插入"选项卡"块定义"面板中的"定义属性"按钮✎。

执行上述操作后，打开"属性定义"对话框，如图8-21所示。

图8-21 "属性定义"对话框

【选项说明】

（1）"模式"选项组：用于确定属性的模式。

1）"不可见"复选框：勾选此复选框，属性不显示，即插入图块并输入属性值后，属性值在图中并不显示出来。

2）"固定"复选框：勾选此复选框，属性值为常量，即属性值在属性定义时给定，在插入图块时系统不再提示输入属性值。

3）"验证"复选框：勾选此复选框，当插入图块时系统重新显示属性值，提示用户验证该值是否正确。

4）"预设"复选框：勾选此复选框，当插入图块时系统自动把事先设置好的默认值赋予属性，而不再提示输入属性值。

5）"锁定位置"复选框：锁定块参照中属性的位置。解锁后，属性可以相对于使用夹点编辑块的其他部分移动，并且可以调整多行文字属性的大小。

6)"多行"复选框：勾选此复选框，可以指定属性值包含多行文字，且可以指定属性的边界宽度。

（2）"属性"选项组：用于设置属性值。在每个文本框中，允许输入不超过256个字符。

1）"标记"文本框：输入属性标签。属性标签可由除空格和感叹号以外的所有字符组成，系统自动把小写字母改为大写字母。

2）"提示"文本框：输入属性提示。属性提示是插入图块时系统要求输入属性值的提示。如果不在此文本框中输入文字，则以属性标签作为提示。如果在"模式"选项组中勾选了"固定"复选框，即设置属性为常量，则不需设置属性提示。

3）"默认"文本框：设置默认的属性值。可把使用次数较多的属性值作为默认值，也可不设默认值。

（3）"插入点"选项组：用于确定属性文本的位置。可以在插入时由用户在图形中确定属性文本的位置，也可在X、Y、Z文本框中直接输入属性文本的位置坐标。

（4）"文字设置"选项组：用于设置属性文本的对齐方式、文本样式、字高和倾斜角度。

（5）"在上一个属性定义下对齐"复选框：勾选此复选框，表示把属性标签直接放在前一个属性的下面，而且该属性继承前一个属性的文本样式、字高和倾斜角度等特性。

8.2.2 修改属性的定义

在定义图块之前可以对属性的定义加以修改，不仅可以修改属性标签，还可以修改属性提示和属性默认值。

 【执行方式】

命令行：DDEDIT（快捷命令：ED）。

菜单栏：选择菜单栏中的"修改"→"对象"→"文字"→"编辑"命令。

执行上述操作后，打开"编辑属性定义"对话框，如图8-22所示。该对话框表示要修改属性的"标记"为"文字"，"提示"为"数值"，无"默认"值。可在各文本框中对各项进行修改。

图8-22 "编辑属性定义"对话框

8.2.3 图块属性编辑

当属性被定义到图块当中，甚至图块被插入到图形当中之后，用户还可以对图块属性进行编辑。利用 EATTEDIT 命令可以通过对话框对指定图块的属性值进行修改，还可以对属性的位置、文本等其他设置进行编辑。

 【执行方式】

命令行：EATTEDIT。

菜单栏：选择菜单栏中的"修改"→"对象"→"属性"→"单个"命令。

工具栏：单击"修改 II"工具栏中的"编辑属性"按钮 ⍟。

功能区：单击"默认"选项卡"块"面板中的"编辑属性"按钮 ⍟。

【操作步骤】

命令行提示与操作如下：

命令：EATTEDIT✓

选择块：

执行上述命令后，光标变为拾取框，选择要修改属性的图块，系统打开如图 8-23 所示的"编辑属性"对话框。该对话框中可显示所选图块中包含的前 8 个属性的值，用户可对这些属性值进行修改。如果该图块中还有其他的属性，可单击"上一个"和"下一个"按钮对它们进行观察和修改。

当用户通过菜单栏或工具栏执行上述命令时，系统打开"增强属性编辑器"对话框，如图 8-24 所示。在该对话框中不仅可以编辑属性值，还可以编辑属性的文字选项和图层、线型、颜色等特性值。

另外，还可以通过"块属性管理器"对话框来编辑属性。选择菜单栏中的"修改"→"对象"→"属性"→"块属性管理器"命令，系统打开如图 8-25 所示的"块属性管理器"对话框，单击"编辑"按钮，系统打开如图 8-26 所示的"编辑属性"对话框，可以在该对话框中编辑属性。

图8-23 "编辑属性"对话框1   图8-24 "增强属性编辑器"对话框

图8-25 "块属性管理器"对话框

图8-26 "编辑属性"对话框2

8.2.4 操作实例——将表面粗糙度数值设置成图块属性并重新标注

本例将8.1.5节实例中的表面粗糙度数值设置成图块属性,并重新进行标注。

绘制步骤:

1)单击"默认"选项卡"绘图"面板中的"直线"按钮/,绘制表面粗糙度符号。

2)选择菜单栏中的"绘图"→"块"→"定义属性"命令,系统打开"属性定义"对话框,进行如图 8-27 所示的设置,其中插入点为表面粗糙度符号水平线的中点,单击"确定"按钮退出。

3)在命令行中输入"WBLOCK"命令,按 Enter 键,打开"写块"对话框。单击"拾取点"按钮,选择图形的下尖点为基点,单击"选择对象"按钮,选择刚绘制的表面粗糙度符号为对象,并勾选"转换为块"单选按钮,输入图块名称并指定路径保存图块,单击"确定"按钮,打开"编辑属性"对话框,输入粗糙度数值为 $Ra1.6$,单击"确定"按钮,关闭"编辑属性"对话框,返回到绘图区。

4)单击"默认"选项卡"块"面板中的"插入"下拉菜单中"最近使用的块"选项,打开"块"选项板,在"最近使用的项目"中找到保存的表面粗糙度图块,在绘图区指定插入点、比例和旋转角度,将该图块插入到绘图区的任意位置。这时,打开"编辑属性"对话框,输入表面粗糙度数值"$Ra1.6$",如图 8-28 所示,单击"确定"按钮,关闭"编辑属性"对话框,就完成了一个表面粗糙度的标注。

5)插入表面粗糙度图块,输入不同属性值作为表面粗糙度数值,直到完成所有表面粗糙度标注。

图8-27 "属性定义"对话框

图8-28 "编辑属性"对话框

▲ 技巧与提示——表面粗糙度简略标注技巧

1) 在同一图样上，每一表面一般只标注一次符号，如图8-29所示。

2) 当零件所有表面具有相同的表面粗糙度要求时，其符号可在图样外统一标注，如图8-30所示。

3) 当零件的大部分表面具有相同的表面粗糙度要求时，对其中使用最多的一种符号可以统一注在图样外，并加"(√)"，如图8-29所示。

图8-29 表面粗糙度标注3

图8-30 表面粗糙度标注4

8.3 动手练一练

 【实例1】标注如图8-31所示穹顶展览馆立面图形的标高符号

1. 目的要求

在实际绘图过程中会经常遇到重复性的图形单元，解决这类问题最简单快捷的办法是将重复性的图形单元制作成图块，然后将图块插入图形。本例通过标高符号的标注，使读者掌握图块相关的操作。

2．操作提示

1）利用"直线"命令绘制标高符号。

2）定义标高符号的属性，将标高值设置为其中需要验证的标记。

3）将绘制的标高符号及其属性定义成图块。

4）保存图块。

5）在建筑图形中插入标高图块，每次插入时输入不同的标高值作为属性值。

图8-31　标注标高符号

【实例2】将如图 8-32a 所示的轴、轴承、盖板和螺钉图形作为图块插入到图 8-32b 中，完成箱体组装图

1．目的要求

组装图是机械制图中最重要也是最复杂的图形。为了保持零件图与组装图的一致性，同时减少一些常用零件的重复绘制，经常采用图块插入的形式。本例通过组装零件图，使读者掌握图块相关命令的使用方法与技巧。

2．操作提示

1）将图 8-32a 中的盖板等零件图定义为图块并保存。

2）打开绘制好的箱体零件图，如图 8-32b 所示。

3）执行"插入块"命令，将步骤1）中定义好的图块设置相关参数，插入到箱体零件图中。最终完成的箱体组装图如图 8-33 所示。

a）轴、轴承、盖板和螺钉图形　　　　b）箱体零件图

图8-32　箱体组装零件图图　　　　　　　　图8-33　箱体组装图

第9章

辅助绘图工具

重用和分享设计内容，是管理一个绘图项目的基础。近年来，AutoCAD对这个方面的功能进行了大量的提升和改进，为用户提供了设计中心和工具选项板等功能。

本章主要介绍了 AutoCAD 2024 设计中心和工具选项板的功能及使用。

重点与难点
- 了解设计中心功能
- 学习工具选项板

9.1　设计中心

使用 AutoCAD 2024 设计中心可以很容易地组织设计内容，并把它们拖动到自己的图形中。可以使用 AutoCAD 2024 设计中心窗口的内容显示框，来观察用 AutoCAD 2024 设计中心资源管理器所浏览资源的细目，如图 9-1 所示。在该图中，左侧方框为 AutoCAD 2024 设计中心的资源管理器；右侧方框为 AutoCAD 2024 设计中心的内容显示框，其中上面窗口为文件显示框，中间窗口为图形预览显示框，下面窗口为说明文本显示框。

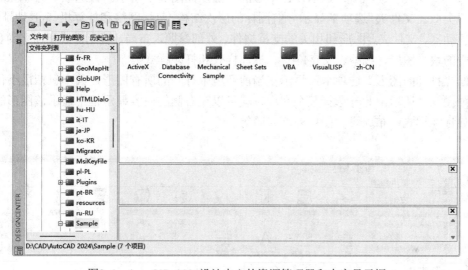

图9-1　AutoCAD 2024设计中心的资源管理器和内容显示框

9.1.1　启动设计中心

【执行方式】

命令行：ADCENTER（快捷命令：ADC）。

菜单栏：选择菜单栏中的"工具"→"选项板"→"设计中心"命令。

工具栏：单击"标准"工具栏中的"设计中心"按钮 。

快捷键：按 Ctrl＋2 键。

功能区：单击"视图"选项卡"选项板"面板中的"设计中心"按钮 。

执行上述操作后，系统打开"设计中心"选项板。第一次启动设计中心时，默认打开的是"文件夹"选项卡。内容显示区采用大图标显示，左边的资源管理器采用树状方式显示系统的树形结构，如图 9-1 所示。

可以利用光标拖动边框的方法来改变 AutoCAD 2024 设计中心资源管理器和内容显示框以及 AutoCAD 2024 绘图区的大小，但内容显示框的最小尺寸应能显示两列大图标。

如果要改变 AutoCAD 2024 设计中心的位置，可以按住鼠标左键并拖动它，松开鼠标左键后，AutoCAD 2024 设计中心便处于当前位置。到新位置后，仍可用光标改变各窗口的大小。也可以通过设计中心边框左上方的"自动隐藏"按钮 来自动隐藏设计中心。

9.1.2 显示图形信息

在 AutoCAD 2024 设计中心中，可以通过"选项卡"和"工具栏"两种方式显示图形信息，现分别简要介绍如下：

1. 选项卡

（1）"文件夹"选项卡：显示设计中心的资源，如图 9-1 所示。该选项卡与 Windows 资源管理器类似。"文件夹"选项卡显示导航图标的层次结构，包括网络和计算机、Web 地址（URL）、计算机驱动器、文件夹、图形和相关的支持文件、外部参照、布局、填充样式和命名对象（包括图形中的块、图层、线型、文字样式、标注样式和打印样式）。

（2）"打开的图形"选项卡：显示在当前环境中打开的所有图形，其中包括最小化了的图形，如图 9-2 所示。此时选择某个文件，就可以在右侧的内容显示框中显示该图形的有关设置，如标注样式、布局块、图层外部参照等。

图9-2 "打开的图形"选项卡

（3）"历史记录"选项卡：显示用户最近访问过的文件，包括这些文件的具体路径，如图 9-3 所示。双击列表中的某个图形文件，可以在"文件夹"选项卡的树状视图中定位此图形文件并将其内容加载到内容显示框中。

2. 工具栏

设计中心选项板顶部有一系列的工具栏，包括"加载""上一页"（"下一页"或"上一级"）"搜索""收藏夹""主页""树状图切换""预览""说明"和"视图"按钮。

（1）"加载"按钮 ：加载对象。单击该按钮，打开"加载"对话框，用户可以利用该对话框从 Windows 桌面、收藏夹或 Internet 网页中加载文件。

（2）"搜索"按钮 🔍：查找对象。单击该按钮，打开"搜索"对话框，如图 9-4 所示。

（3）"收藏夹"按钮 📇：在"文件夹列表"中显示文件夹中的内容，可以通过收藏夹来标记存放在本地磁盘、网络驱动器或 Internet 网页中的内容，如图 9-5 所示。

（4）"主页"按钮 🏠：快速定位到设计中心文件夹中。

图9-3 "历史记录"选项卡

图9-4 "搜索"对话框

▲ 技巧与提示——利用设计中心快速搜索信息

在"搜索"对话框（见图 9-4）中可以单击"立即搜索"按钮寻找图形和其他的内容，在设计中心可以查找的内容有图形、填充图案、填充图案文件、图层、块、图形和块、外部参照、文字样式、线型、标注样式和布局等。

在"搜索"对话框中有 3 个选项卡，分别用于 3 种搜索方式：通过"图形"信息搜索、通过"修改日期"信息搜索、通过"高级"信息搜索。

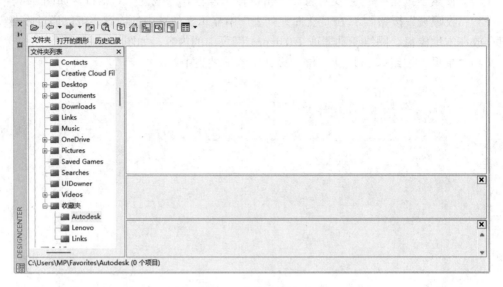

图9-5　文件夹列表

9.1.3　插入图块

在利用 AutoCAD 2024 绘制图形时，可以将图块插入到图形当中。将一个图块插入到图形中时，块定义就被复制到图形数据库当中。在一个图块被插入图形之后，如果原来的图块被修改，则插入到图形当中的图块也随之改变。

当其他命令正在执行时，不能插入图块到图形当中。例如，如果在插入块时，在提示行正在执行一个命令，此时光标变成一个带斜线的圆，提示操作无效。另外，一次只能插入一个图块。AutoCAD 2024 设计中心提供了插入图块的两种方法。

1. 利用光标指定比例和旋转方式插入图块

系统根据光标拉出的线段长度、角度确定比例与旋转角度，插入图块的步骤如下：

1）从文件夹列表或查找结果列表中选择要插入的图块，按住鼠标左键，将其拖动到打开的图形中，然后松开鼠标左键，此时选择的对象被插入到当前被打开的图形当中。利用当前设置的捕捉方式，可以将对象插入到任何存在的图形当中。

2）在绘图区单击指定一点作为插入点，移动光标，光标位置与插入点之间距离为缩放比例，单击确定比例。采用同样的方法移动光标，光标指定位置和插入点的连线与水平线的夹角为旋转角度。被选择的对象将根据光标指定的比例和角度插入到图形当中。

2. 精确指定坐标、比例和旋转角度方式插入图块

利用该方法可以设置插入图块的参数，插入图块的步骤如下：

1）从"文件夹列表"或查找结果列表框中选择要插入的对象，拖动对象到打开的图形中。

2）右击，在弹出的如图 9-6 所示的快捷菜单中选择"缩放""旋转"等命令。

3）在相应的命令行提示下输入比例和旋转角度等数值，被选择的对象即可根据指定的参数插入到图形当中。

图9-6　快捷菜单

9.1.4　图形复制

1．在图形之间复制图块

利用 AutoCAD 2024 设计中心可以浏览和加载需要复制的图块。先将图块复制到剪贴板中，再利用剪贴板将图块粘贴到图形当中。具体方法如下：

1）在"设计中心"选项板选择需要复制的图块右击，选择快捷菜单中的"复制"命令。

2）将图块复制到剪贴板上，然后通过"粘贴"命令粘贴到当前图形上。

2．在图形之间复制图层

利用 AutoCAD 2024 设计中心可以将任何一个图形的图层复制到其他图形。如果已经绘制了一个包括设计所需的所有图层的图形，在绘制新图形的时候，可以新建一个图形，并通过 AutoCAD 2024 设计中心将已有的图层复制到新的图形当中，这样可以节省时间，并保证图形间的一致性。现对图形之间复制图层的两种方法介绍如下：

1）拖动图层到已打开的图形。确认要复制图层的目标图形文件已打开，并且是当前的图形文件。在"设计中心"选项板中选择要复制的一个或多个图层，按住鼠标左键并拖动图层到打开的图形文件，松开鼠标后被选择的图层即被复制到打开的图形当中。

2）复制或粘贴图层到打开的图形。确认要复制图层的图形文件已打开，并且是当前的图形文件。在"设计中心"选项板中选择要复制的一个或多个图层右击，选择快捷菜单中的"复制"命令。如果要粘贴图层，则需确认粘贴的目标图形文件已打开，并为当前文件。

9.2 工具选项板

"工具选项板"中的选项卡提供了组织、共享和放置块及填充图案的有效方法。"工具选项板"还可以包含由第三方开发人员提供的自定义工具。

9.2.1 打开工具选项板

【执行方式】

命令行：TOOLPALETTES（快捷命令：TP）。

菜单栏：选择菜单栏中的"工具"→"选项板"→"工具选项板"命令。

工具栏：单击"标准"工具栏中的"工具选项板窗口"按钮 📝。

快捷键：按 Ctrl＋3 键。

功能区：单击"视图"选项卡"选项板"面板中的"工具选项板"按钮 📝。

执行上述操作后，系统自动打开工具选项板，如图 9-7 所示。

在工具选项板中，系统设置了一些常用图形选项卡，其中的常用图形可以方便用户绘图。

▲ **技巧与提示——将命令添加到工具选项板中的方法**

在绘图中还可以将常用命令添加到工具选项板中。打开"自定义"对话框打开后，就可以将工具按钮从工具栏拖到工具选项板中，或将工具从"自定义用户界面（CUI）"编辑器拖到工具选项板中。

图9-7 工具选项板

9.2.2 新建工具选项板

用户可以创建新的工具选项板，以便于个性化作图，也能够满足特殊作图的需要。

【执行方式】

命令行：CUSTOMIZE。

菜单栏：选择菜单栏中的"工具"→"自定义"→"工具选项板"命令。

工具选项板：选择工具选项板中的"特性" 🔳→"自定义选项板"命令。

执行上述操作后，系统打开"自定义"对话框，如图9-8所示。在"选项板"列表框中右击，打开快捷菜单，如图9-9所示，选择"新建选项板"命令，在"选项板"列表框中出现一个"新建选项板"，可以为新建的工具选项板命名，确定后，工具选项板中就增加了一个新的选项卡，如图9-10所示。

图9-8　"自定义"对话框

图9-9　快捷菜单　　　图9-10　新建选项卡

273

9.2.3 向工具选项板中添加内容

可以将图形、块和图案填充从设计中心拖动到工具选项板中。例如，在"DesignCenter"文件夹上右击，系统打开快捷菜单，选择"创建块的工具选项板"命令，如图 9-11a 所示。设计中心中存储的图元就会出现在工具选项板中新建的"Designcenter"选项卡上，如图 9-11b 所示，这样就可以将设计中心与工具选项板结合起来，创建一个快捷方便的工具选项板。将工具选项板中的图形拖动到另一个图形中时，图形将作为块插入。

a)

b)

图9-11 将储存图元创建成"设计中心"工具选项板

9.2.4 操作实例——绘制居室布置平面图

利用设计中心绘制如图 9-12 所示的居室布置平面图。

图9-12 居室布置平面图

绘制步骤：

1）利用前面学过的绘图命令与编辑命令绘制住房结构截面图。其中，进门为餐厅，左手边为厨房，右手边为卫生间，正对面为客厅，右前方为寝室。

2）单击"视图"选项卡"选项板"面板中的"工具选项板"按钮▥，打开工具选项板。在工具选项板中右击，选择快捷菜单中的"新建选项板"命令，创建新的工具选项板选项卡并命名为"住房"。

3）单击"视图"选项卡"选项板"面板中的"设计中心"按钮▦，打开"设计中心"选项板，将设计中心中的"Kitchens""House Designer""Home Space Planner"图块拖动到工具选项板的"住房"选项卡中，如图 9-13 所示。

图9-13　向工具选项板中添加设计中心图块

4）布置餐厅。将工具选项板中的"Home Space Planner"图块拖动到当前图形中，如图 9-14 所示。利用缩放命令调整图块与当前图形的相对大小，然后对该图块进行分解操作，将"Home Space Planner"图块分解成单独的小图块集。将图块集中的"饭桌"和"植物"图块拖动到餐厅适当的位置，如图 9-15 所示。

5）采用相同的方法，布置其他房间。

图9-14　将"Home Space Planner"图块拖动到当前图形　　　　图9-15　布置餐厅

9.3　综合演练——绘制日光灯的调节器电路

图 9-16 所示为日光灯的调节器电路图。绘图思路为：首先分析电路图的结构，绘制出大体的结构框图，也就是绘制出主要的电路图导线，再绘制出各个电子元件，接着将各个电子元件插入到结构图中相应的位置，然后在电路图的适当的位置添加相应的文字和注释说明，即可完成电路图的绘制。

图9-16　日光灯的调节器电路

9.3.1　设置绘图环境

1）插入的 A3 样板图。打开 AutoCAD 2024 应用程序，单击"标准"工具栏中的"新建"按钮　，选择电子资料包中的"源文件/第 9 章/"A3-新.dwt"样板文件，返回绘图区，同时选择的 A3 样板图也会出现在绘图区内，如图 9-17 所示。其中 A3 样板图左下角点的坐标为（0,0）。

图9-17　插入A3样板图

2）单击"默认"选项卡"图层"面板中的"图层特性"按钮，弹出"图层特性管理器"选项板，新建"连接线层"和"实体符号层"，图层的属性设置如图 9-18 所示。将"连接线层"设置为当前图层。

图9-18　新建图层

9.3.2　绘制线路结构图

1）绘制水平直线。单击"默认"选项卡"绘图"面板中的"直线"按钮，绘制一条长度为 200 的水平直线 AB；单击"默认"选项卡"修改"面板中的"偏移"按钮，将水平直线 AB 向下偏移 100，得到水平直线 CD，如图 9-19 所示。

2）绘制竖直直线。单击"默认"选项卡"绘图"面板中的"直线"按钮，在"正交"和"对象捕捉"绘图方式下，捕捉点 B 作为竖直直线的起点，绘制竖直直线 BD；单击"默认"选项卡"修改"面板中的"偏移"按钮，将竖直直线 BD 依次向左偏移 25 和 50，得到竖直直线 EF 和 GH，结果如图 9-20 所示。

图9-19 绘制水平直线　　　　　　　图9-20 绘制竖直直线

3）绘制四边形。单击"默认"选项卡"绘图"面板中的"多边形"按钮⬠，输入边数为4，在"对象捕捉"绘图方式下，捕捉直线BD的中点为四边形的中心，输入内接圆的半径为16，结果如图9-21所示。

4）旋转四边形。单击"默认"选项卡"修改"面板中的"旋转"按钮🔄，选择绘制的四边形作为旋转对象，逆时针旋转45°，结果如图9-22所示。

5）修剪图形。单击"默认"选项卡"修改"面板中的"修剪"按钮✂，选择需要修剪的对象范围，确定后，命令行中提示选择需要修剪的对象，修剪掉多余的线段，结果如图9-23所示。

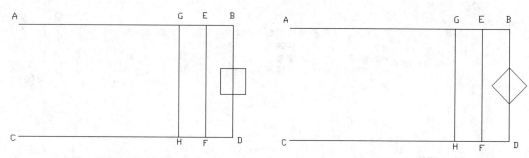

图9-21 绘制四边形　　　　　　　　图9-22 旋转四边形

6）绘制多段线。单击"默认"选项卡"绘图"面板中的"多段线"按钮⟶，在"正交"和"对象捕捉"绘图方式下，用鼠标左键捕捉四边形的一个角点 I 并将其作为起点，绘制一条多段线，使得 IJ = 40，JK = 150，KL = 85，结果如图9-24所示。

图9-23 修剪图形　　　　　　　　图9-24 绘制多线段

按照上述类似的方法，绘制结构线路图中的其他线段，绘制结果如图9-25所示。

图9-25 结构线路图

9.3.3 绘制各电子元件符号

1. 绘制熔断器

1）单击"默认"选项卡"绘图"面板中的"矩形"按钮 ⬜，绘制一个长为 10、宽为 5 的矩形。

2）单击"默认"选项卡"修改"面板中的"分解"按钮 ⬚，将矩形分解成为直线，如图 9-26 所示。

3）在"对象捕捉"绘图方式下，单击"默认"选项卡"绘图"面板中的"直线"按钮 ✏，捕捉直线 2 和 4 的中点作为直线的起点和终点，绘制直线，结果如图 9-27 所示。

4）单击"默认"选项卡"修改"面板中的"拉长"按钮 ✏，将直线 5 分别向左和向右拉长 5，如图 9-28 所示，完成熔断器的绘制。

图9-26 绘制并分解矩形 图9-27 绘制直线 图9-28 拉长直线

2. 绘制开关

1）单击"默认"选项卡"绘图"面板中的"直线"按钮 ✏，绘制一条长为 5 的直线 1。重复"直线"命令，在"对象捕捉"绘图方式下，捕捉直线 1 的右端点作为新绘制直线的左端点，绘制长度为 5 的直线 2，采用相同的方法绘制长度为 5 的直线 3，结果如图 9-29 所示。

2）单击"默认"选项卡"修改"面板中的"旋转"按钮 ↻，在"对象捕捉"绘图方式下，关闭"正交"功能，捕捉直线 2 的右端点，输入旋转的角度为 30°，得到如图 9-30 所示的图形，完成开关符号的绘制。

图9-29 绘制三段直线 图9-30 绘制开关

3. 绘制镇流器

1）单击"默认"选项卡"绘图"面板中的"圆"按钮 ⊙，在适当的位置绘制一个半径为 2.5 的圆，如图 9-31 所示。

2）单击"默认"选项卡"修改"面板中的"矩形阵列"按钮 ⬚，设置"行数"为 1、"列数"为 4、"行间距"为 0、"列间距"为 5、"阵列角度"为 0，将刚绘制的圆进行矩形阵列，结果如图9-32所示。

3）单击"默认"选项卡"绘图"面板中的"直线"按钮，在"对象捕捉"绘图方式下，捕捉圆1和圆4的圆心作为直线的起点和终点，绘制出水平直线，结果如图9-33所示。

图9-31　绘制圆　　　　　图9-32　绘制阵列圆　　　　　图9-33　绘制水平直线

4）单击"默认"选项卡"修改"面板中的"拉长"按钮，将水平直线分别向左和向右拉长2.5，结果如图9-34所示。

5）单击"默认"选项卡"修改"面板中的"分解"按钮，将阵列圆分解成单独的圆。单击"默认"选项卡"修改"面板中的"修剪"按钮，以水平直线为修剪边，对圆进行修剪，结果如图9-35所示。

6）单击"默认"选项卡"修改"面板中的"移动"按钮，将水平直线向上平移5，完成镇流器的绘制，如图9-36所示。

图9-34　拉长直线　　　　　图9-35　修剪图形　　　　　图9-36　绘制镇流器

4. 绘制日光灯管和起辉器

1）单击"默认"选项卡"绘图"面板中的"矩形"按钮，绘制一个长为30、宽为6的矩形，如图9-37所示。

2）单击"默认"选项卡"绘图"面板中的"直线"按钮，在"正交"和"对象追踪"绘图方式下，捕捉矩形左侧边上的中点作为直线的起点，向右边绘制一条长为35的水平直线，如图9-38所示。

图9-37　绘制矩形　　　　　　　　图9-38　绘制水平直线

3）单击"默认"选项卡"修改"面板中的"拉长"按钮，将刚绘制的水平直线向右拉长5，在"对象捕捉"绘图方式下，捕捉水平直线的左端点，将直线向左拉长5，结果如图9-39所示。

4）单击"默认"选项卡"修改"面板中的"偏移"按钮，将拉伸后的水平直线分别向上、向下偏移1，然后将源直线删除，结果如图9-40所示。

图9-39　拉长水平直线　　　　　　　图9-40　偏移水平直线

　　5）单击"默认"选项卡"修改"面板中的"修剪"按钮，选择矩形作为修剪边，对偏移生成的两条水平直线进行修剪，修剪结果如图9-41所示。

　　6）单击"默认"选项卡"绘图"面板中的"多段线"按钮，在"对象捕捉"绘图方式下，捕捉图9-82中的B1点作为多段线的起点，捕捉D1点作为多段线的终点，绘制多段线，使得B1E1 = 20，E1F1 = 40，F1D1 = 20，结果如图9-42所示。

　　7）绘制圆并输入文字。单击"默认"选项卡"绘图"面板中的"圆"按钮，绘制一个半径为5的圆。单击"默认"选项卡"注释"面板中的"多行文字"按钮A，在圆中心输入文字"S"，结果如图9-43所示。

　　8）单击"默认"选项卡"修改"面板中的"移动"按钮，在"对象捕捉"绘图方式下，关闭"正交"功能，选择如图9-43所示的图形作为移动对象，按Enter键，命令行中提示选择移动基点，捕捉圆心作为移动基点，并捕捉线段E1F1的中点作为移动插入点，平移结果如图9-44所示。

图9-41　修剪水平直线　　　　　　　　图9-42　绘制多段线

　　9）单击"默认"选项卡"修改"面板中的"修剪"按钮，选择如图9-44所示的图形中的圆作为剪切边，对直线E1F1进行修剪，完成日光灯管和起辉器的绘制，结果如图9-45所示。

图9-43　绘制圆并输入文字　　　　图9-44　平移图形　　　　　图9-45　日光灯管和起辉器

　　5．绘制电感线圈

　　1）单击"默认"选项卡"绘图"面板中的"圆"按钮，在适当的位置绘制一个半径为2.5的圆。

　　2）单击"默认"选项卡"修改"面板中的"矩形阵列"按钮，设置"行数"为1、"列数"为4、"行偏移"为0、"列偏移"为5，将上步绘制的圆进行矩形阵列，结果如图9-46所示。

　　3）单击"默认"选项卡"绘图"面板中的"直线"按钮，在"对象捕捉"绘图方式下，捕捉圆1和圆4的圆心作为直线的起点和终点，绘制水平直线，结果如图9-47所示。

图9-46 绘制并阵列圆

图9-47 绘制水平直线

4）单击"默认"选项卡"修改"面板中的"拉长"按钮 ╱，将直线分别向左和向右拉长 2.5，结果如图 9-48 所示。

5）单击"默认"选项卡"修改"面板中的"修剪"按钮 ✂，以水平直线为修剪边，对圆进行修剪，然后删除直线，完成电感线圈的绘制，修剪结果如图 9-49 所示。

6. 绘制电阻

1）单击"默认"选项卡"绘图"面板中的"矩形"按钮 ▢，绘制一个长为 10、宽为 4 的矩形，如图 9-50 所示。

图9-48 拉长直线

图9-49 绘制电感线圈

2）单击"默认"选项卡"绘图"面板中的"直线"按钮 ╱，在"对象捕捉"绘图方式下，分别捕捉矩形左、右两侧边的中点作为直线的起点和终点，绘制直线，结果如图 9-51 所示。

3）单击"默认"选项卡"修改"面板中的"拉长"按钮 ╱，将刚绘制的直线分别向左和向右拉长 2.5，结果如图 9-52 所示。

4）单击"默认"选项卡"修改"面板中的"修剪"按钮 ✂，选择矩形为修剪边，对水平直线进行修剪，完成电阻的绘制，结果如图 9-53 所示。

图9-50 绘制矩形

图9-51 绘制直线

图9-52 拉长直线

图9-53 绘制电阻

7. 绘制电容

1）单击"默认"选项卡"绘图"面板中的"直线"按钮 ╱，在"正交"绘图方式下绘制一条长度为 10 的水平直线。

2）单击"默认"选项卡"修改"面板中的"偏移"按钮 ⊏，将刚绘制的直线向下偏移 4，结果如图 9-54 所示。

3）单击"默认"选项卡"绘图"面板中的"直线"按钮 ╱，在"对象捕捉"绘图方式下，分别捕捉两条水平直线的中点作为要绘制的竖直直线的起点和终点，绘制竖直直线，结果如图 9-55 所示。

4）单击"默认"选项卡"修改"面板中的"拉长"按钮 ╱，将刚绘制的竖直直线分别向上和向下拉长 2.5，结果如图 9-56 所示。

5）单击"默认"选项卡"修改"面板中的"修剪"按钮 ✂，选择两条水平直线作为修剪边，对竖直直线进行修剪，完成电容的绘制，结果如图 9-57 所示。

图9-54　绘制并偏移直线　　　图9-55　绘制竖直直线　　　图9-56　拉长直线　　　图9-57　电容

8．绘制二极管

1）单击"默认"选项卡"绘图"面板中的"多边形"按钮⬠，将内接圆的半径设置为5，绘制一个等边三角形，如图 9-58 所示。

2）单击"默认"选项卡"修改"面板中的"旋转"按钮↻，以顶点 B 为旋转中心点逆时针旋转30°，旋转等边三角形，结果如图 9-59 所示。

　　　　图9-58　绘制等边三角形　　　　　　图9-59　旋转等边三角形

3）单击"默认"选项卡"绘图"面板中的"直线"按钮╱，在"对象捕捉"绘图方式下，捕捉线段 AB 的中点和 C 点作为水平直线的起点和终点，绘制水平直线，结果如图 9-60 所示。

4）单击"默认"选项卡"修改"面板中的"拉长"按钮╱，将刚绘制的水平直线分别向左和向右拉长 5，结果如图 9-61 所示。

5）单击"默认"选项卡"绘图"面板中的"直线"按钮╱，在"正交"绘图方式下，捕捉等边三角形右侧顶点作为直线的起点，向上绘制一条长为 4 的竖直直线。单击"默认"选项卡"修改"面板中的"镜像"按钮⚠，以水平直线为镜像轴，将刚才绘制的竖直直线进行镜像操作，完成二极管的绘制，结果如图 9-62 所示。

　　　图9-60　绘制水平直线　　　　　图9-61　拉长直线　　　　　图9-62　绘制二极管

9．绘制滑动变阻器

1）单击"默认"选项卡"修改"面板中的"复制"按钮❀，将图 9-53 中绘制好的电阻复制一份，如图 9-63 所示。

2）单击"默认"选项卡"绘图"面板中的"多段线"按钮⟶，在"对象捕捉"绘图方式下，捕捉矩形上侧边的中点作为多线段的起点，绘制如图 9-64 所示的多段线。

　　　　图9-63　电阻复制　　　　　　　图9-64　绘制多段线

3）单击"默认"选项卡"块"面板中的"插入"下拉菜单中"库中的块"选项，弹出"块"

选项板，如图9-65所示。单击右上角"浏览块库"按钮，选择电子资料包中的"源文件/第9章/箭头"图块，单击"确定"按钮。捕捉图9-64中的A2点作为"箭头"图块的插入点，然后输入箭头旋转的角度为270°，插入"箭头"图块，完成滑动变阻器的绘制，结果如图9-66所示。

图9-65　"块"选项板

图9-66　绘制滑动变阻器

9.3.4　将电子元件符号插入到结构线路图

下面根据日光灯调节器电路的原理图，将前面绘制好的电子元件符号插入到结构线路图适当的位置。由于在单独绘制电子元件符号的时候，符号大小以方便看清楚为标准，所以在插入到线路结构图中时可能会不协调。这时可以根据实际需要调用"缩放"功能来进行调整。在插入电子元件符号的过程中，需结合"对象捕捉""对象追踪"或"正交"等功能，选择适当的插入点。下面通过将几个典型的电子元件符号插入线路结构图，来介绍具体的操作步骤。

1. 移动镇流器

将前面绘制的如图9-67所示的镇流器移动到如图9-68所示的导线AG适当的位置，操作步骤如下：

图9-67　镇流器　　　　　　　　　　　　　　图9-68　导线AG

1）单击"默认"选项卡"修改"面板中的"移动"按钮，在"对象捕捉"绘图方式下，关闭"正交"功能，捕捉图9-67中的A3点，拖动图形，选择导线AG的左端点A作为图形的插入点，插入镇流器，结果如图9-69所示。

2）单击"默认"选项卡"修改"面板中的"移动"按钮，在"正交"绘图方式下，捕捉镇流器的端点A3作为移动基点，向右移动图形到适当的位置，结果如图9-70所示。

3）单击"默认"选项卡"修改"面板中的"修剪"按钮，将如图9-70所示的图形进行修剪，结果如图 9-71 所示。

图9-69　插入镇流器　　　　　　　　　　　　图9-70　移动镇流器

图9-71　修剪图形

2．移动二极管

将前面绘制的如图 9-72 所示的二极管移动到如图 9-73 所示的线路结构图的四边形中，操作步骤如下：

单击"默认"选项卡"修改"面板中的"移动"按钮✛，在"对象捕捉"绘图方式下，关闭"正交"功能，捕捉接近二极管中心的位置作为移动基点，将二极管移动到四边形中央，结果如图 9-74 所示。

图9-72　二极管　　　　　图9-73　线路结构图的四边形　　　　图9-74　移动二极管

3．移动滑动变阻器

将如图 9-75 所示的滑动变阻器移动到如图 9-76 所示的两条导线 NL 和 NO 上，操作步骤如下：

1）单击"默认"选项卡"修改"面板中的"旋转"按钮↻，在"对象捕捉"绘图方式下，捕捉滑动变阻器的端点 B1 作为旋转基点，将其旋转 270°（也就是-90°），结果如图 9-77 所示。

图9-75　滑动变阻器　　　　　　　图9-76　导线　　　　　　图9-77　旋转滑动变阻器

2）单击"默认"选项卡"修改"面板中的"移动"按钮✛，选择滑动变阻器作为移动对象，捕捉端点 B1 作为移动基点，将图形拖到导线处，再捕捉导线端点 N 作为图形的插入点，插入滑动变阻器，结果如图 9-78 所示。

3）单击"默认"选项卡"修改"面板中的"修剪"按钮✂，对图形进行适当的修剪，修剪结果如图 9-79 所示。

按照类似上面的方法将所有电子元件符号插入到线路结构图中，结果如图 9-80 所示。

此时图 9-80 中各导线之间的交叉点没有表明是实心还是空心，需根据日光灯调节器的工作原理，在适当的交叉点处加上实心圆。加上实心点后的图形如图9-81所示。

图9-78　插入滑动变阻器　　　　　　　　　　图9-79　修剪图形

图9-80　完成所有电子元件符号插入

图9-81　加上实心点后的图形

9.3.5　添加文字和注释

1．新建文字样式

1）单击"默认"选项卡"注释"面板中的"文字样式"按钮，弹出"文字样式"对话框，如图9-82所示。

2）单击"新建"按钮，弹出"新建样式"对话框，输入样式名为"注释"，确定后回到"文字样式"对话框。在"字体名"下拉列表中选择"仿宋_GB2312选项"，设置"高度"为默认值0、"宽度因子"为1、"倾斜角度"为默认值0。将"注释"设置为当前文字样式，单击"应用"按钮。

2．添加文字和注释到图中

1）单击"默认"选项卡"注释"面板中的"多行文字"按钮A，在需要注释的地方划定一个矩形框，弹出"文字格式"工具栏。

2）选择"注释"作为文字样式，根据需要可以调整文字的高度，并结合应用"左对齐""居中"和"右对齐"等功能调整文字的位置，结果如图9-83所示。

图9-82　"文字样式"对话框

图9-83　添加文字和注释

 9.4　动手练一练

【实例1】利用工具选项板绘制如图 9-84 所示的图形

1. 目的要求

工具选项板最大的优点是简捷、方便、集中，读者可以在某个专门工具选项板上组织需要的素材，快速简便地绘制图形。通过本例图形的绘制，可使读者掌握怎样灵活利用工具选项板进行快速绘图。

2. 操作提示

1）打开工具选项板，在工具选项板的"机械"选项卡中选择"滚珠轴承"图块，插入到新建空白图形，通过快捷菜单进行缩放。

2）利用"图案填充"命令对图形剖面进行填充。

【实例2】利用设计中心创建一个常用机械零件工具选项板，并利用该选项板绘制如图 9-85 所示的盘盖组装图

1．目的要求

设计中心与工具选项板的优点是能够建立一个完整的图形库，并且能够快速简便地绘制图形。通过本例图形的绘制，可使读者掌握利用设计中心创建工具选项板的方法。

2．操作提示

1）打开设计中心与工具选项板。

2）创建一个新的工具选项板选项卡。

3）在设计中心查找已经绘制好的常用机械零件图。

4）将查找到的常用机械零件图拖入到新创建的工具选项板选项卡中。

5）打开一个新图形文件。

6）将需要的图形文件模块从工具选项板上拖入到当前图形中，并进行适当的缩放、移动、旋转等操作，完成如图 9-84 所示图形的绘制。

图 9-84　绘制图形

图 9-85　盘盖组装图

第 **10** 章

三维实体绘制基础

随着 AutoCAD 技术的普及，使用 AutoCAD 的工程技术人员越来越多。虽然在工程设计中，通常都使用二维图形来描述三维实体，但是由于三维图形具有逼真的效果，可以通过三维立体图直接生成透视图或平面效果图，因此计算机三维设计越来越受到工程技术人员的青睐。

本章主要介绍了三维坐标系统、观察模式、显示样式、创建基本三维实体、特征操作等知识。

重点与难点

- 了解坐标系的建立
- 学习视图的显示设置和观察模式
- 学习基本三维实体绘制方法
- 熟练掌握特征操作方法

10.1 三维坐标系统

AutoCAD 2024 使用的是笛卡儿坐标系。其使用的直角坐标系有两种类型，一种是世界坐标系（WCS），另一种是用户坐标系（UCS）。绘制二维图形时，常用的坐标系（即世界坐标系）由系统默认提供。世界坐标系又称通用坐标系或绝对坐标系，对于二维绘图来说，世界坐标系足以满足要求。为了方便创建三维模型，AutoCAD 2024 允许用户根据自己的需要设定坐标系，即用户坐标系。合理的创建用户坐标系，可以方便地创建三维模型。

10.1.1 创建坐标系

【执行方式】

命令行：UCS。

菜单栏：选择菜单栏中的"工具"→"新建 UCS"命令。

工具栏：单击"UCS"工具栏中的任一按钮。

功能区：单击"视图"选项卡"坐标"面板中的"UCS"按钮┗。

【操作步骤】

命令行提示与操作如下：

命令：UCS↙

当前 UCS 名称：*左视*

指定 UCS 的原点或 [面(F)/命名(NA)/对象(OB)/上一个(P)/视图(V)/世界(W)/X/Y/Z/Z 轴(ZA)] <世界>：

【选项说明】

（1）指定 UCS 的原点：使用一点、两点或三点定义一个新的 UCS。如果指定单个点 1，当前 UCS 的原点将会移动而不会更改 X、Y 和 Z 轴的方向。选择该选项，命令行提示与操作如下：

指定 X 轴上的点或 <接受>：（继续指定 X 轴通过的点 2 或直接按 Enter 键，接受原坐标系 X 轴为新坐标系的 X 轴）

指定 XY 平面上的点或 <接受>：（继续指定 XY 平面通过的点 3 以确定 Y 轴或直接按 Enter 键，接受原坐标系 XY 平面为新坐标系的 XY 平面，根据右手法则，相应的 Z 轴也同时确定）

指定原点如图 10-1 所示。

（2）面（F）：将 UCS 与三维实体的选定面对齐。要选择一个面，在此面的边界内或面的边上单击，被选中的面将亮显，UCS 的 X 轴将与找到的第一个面上最近的边对齐。选择该选项，命令行提示与操作如下：

选择实体面、曲面或网格：（选择面）

> 输入选项 [下一个(N)/X 轴反向(X)/Y 轴反向(Y)] <接受>：✓ （结果如图 10-2 所示）

如果选择"下一个"选项，系统将 UCS 定位于邻接的面或选定边的后向面。

（3）对象（OB）：根据选定的三维对象定义新的坐标系，如图 10-3 所示。新建 UCS 的拉伸方向（Z 轴正方向）与选定对象的拉伸方向相同。选择该选项，命令行提示与操作如下：

> 选择对齐 UCS 的对象：（选择对象）

原坐标系　　　　　指定一点　　　　　　指定两点　　　　　指定三点

图10-1　指定原点

图10-2　选择面确定坐标系　　　　　　图10-3　选择对象确定坐标系

对于大多数对象，新 UCS 的原点位于离选定对象最近的顶点处，并且 X 轴与一条边对齐或相切。对于平面对象，UCS 的 XY 平面与该对象所在的平面对齐。对于复杂对象，将重新定位原点，但是轴的当前方向保持不变。

（4）视图（V）：以垂直于观察方向（平行于屏幕）的平面为 XY 平面，创建新的坐标系。UCS 原点保持不变。

（5）世界（W）：将当前用户坐标系设置为世界坐标系。WCS 是所有用户坐标系的基准，不能被重新定义。

◆ **技术看板——世界坐标系的应用范围**

　　该选项不能用于下列对象：三维多段线、三维网格和构造线。

（6）X、Y、Z：绕指定轴旋转当前 UCS。

（7）Z 轴（ZA）：利用指定的 Z 轴正半轴定义 UCS。

📖 10.1.2　动态坐标系

打开动态坐标系的具体操作方法是单击状态栏中的"允许/禁止动态 UCS"按钮。可以使用动态 UCS 在三维实体的平整面上创建对象，而无需手动更改 UCS 方向。在执行命令的过程中，当将光标移动到面上方时，动态 UCS 会临时将 UCS 的 XY 平面与三维实体的平整面对齐，如图 10-4 所示。

动态 UCS 激活后，指定的点和绘图工具（如极轴追踪和栅格）都将与动态 UCS 建立的临时 UCS 相关联。

原坐标系

绘制圆柱体时的动态坐标系

图10-4　动态UCS

★ 知识链接——右手法则与坐标系

在 AutoCAD 中通过右手法则确定直角坐标系 Z 轴的正方向和绕轴线旋转的正方向。这是因为用户只需要简单地使用右手就可确定所需要的坐标信息。

在 AutoCAD 中输入坐标采用绝对坐标和相对坐标两种形式。

绝对坐标格式：X, Y, Z；相对坐标格式：@X, Y, Z。

AutoCAD 可以用柱坐标和球坐标定义点的位置。

柱面坐标系统类似于 2D 极坐标输入，由要定义的点在 XY 平面的投影点到 Z 轴的距离、该点与坐标原点的连线在 XY 平面的投影与 X 轴的夹角及该点沿 Z 轴的距离来定义，格式如下：

绝对坐标形式：XY 距离< 角度, z 距离；相对坐标形式：@XY 距离<角度, z 距离。

例如，绝对坐标"10<60, 20"表示在 XY 平面的投影点距离 Z 轴 10 个单位，该投影点与原点在 XY 平面的连线相对于 X 轴的夹角为 60°，沿 Z 轴离原点 20 个单位的一个点，如图 10-5 所示。

球面坐标系统中，3D 球面坐标的输入也类似于 2D 极坐标的输入。球面坐标系统由坐标点到原点的距离、该点与坐标原点的连线在 XY 平面内的投影与 X 轴的夹角及该点与坐标原点的连线与 XY 平面的夹角来定义，具体格式如下：

绝对坐标形式：XYZ 距离<XY 平面内投影角度<与 XY 平面夹角。

相对坐标形式：@XYZ 距离<XY 平面内投影角度<与 XY 平面夹角。

例如，坐标"10<60<15"表示该坐标点距离原点为 10 个单位，与原点连线的投影在 XY 平面内与 X 轴成 60° 夹角，连线与 XY 平面成 15° 夹角，如图 10-6 所示。

图10-5　柱面坐标

图10-6　球面坐标

10.2　观察模式

观察模式包括动态观察、相机、漫游、飞行以及运动路径动画等功能。

10.2.1　动态观察

AutoCAD 2024 提供了具有交互控制功能的三维动态观测器，利用三维动态观测器可以实时地控制和改变当前视口中创建的三维视图，以得到期望的效果。动态观察分为如下 3 类。

1. 受约束的动态观察

【执行方式】

命令行：3DORBIT（快捷命令：3DO）。

菜单栏：选择菜单栏中的"视图"→"动态观察"→"受约束的动态观察"命令。

快捷菜单：启用交互式三维视图后，在视口中右击，打开如图 10-7 所示的快捷菜单，选择"受约束的动态观察"命令。

工具栏：单击"动态观察"或"三维导航"工具栏中的"受约束的动态观察"按钮⊕，如图 10-8 所示。

功能区：单击"视图"选项卡"导航"面板上的"动态观察"下拉菜单中的"动态观察"按钮⊕。

　　　　图10-7　快捷菜单　　　　　图10-8　"动态观察"和"三维导航"工具栏

执行上述操作后，视图的目标将保持静止，而视点将围绕目标移动。但是从用户的视点看起来就像三维模型正在随着光标的移动而旋转，用户可以以此方式指定模型的任意视图。

系统显示三维动态观察光标图标。如果水平拖动光标，相机将平行于世界坐标系（WCS）的 XY 平面移动。如果垂直拖动光标，相机将沿 Z 轴移动，如图 10-9 所示。

原始图形　　　　　　　　　　　拖动鼠标

图10-9　受约束的动态观察

2．自由动态观察

【执行方式】

命令行：3DFORBIT。

菜单栏：选择菜单栏中的"视图"→"动态观察"→"自由动态观察"命令。

快捷菜单：启用交互式三维视图后，在视口中右击，打开快捷菜单，如图10-10所示，选择"自由动态观察"命令。

工具栏：单击"动态观察"或"三维导航"工具栏中的"自由动态观察"按钮。

功能区：单击"视图"选项卡"导航"面板上的"动态观察"下拉菜单中的"自由动态观察"按钮。

执行上述操作后，在当前视口出现一个绿色的大圆，在大圆上有4个绿色的小圆，如图10-10所示。此时通过拖动光标就可以对视图进行旋转观察。

在三维动态观测器中，查看目标的点被固定，可以利用光标控制相机位置绕观察对象得到动态的观测效果。当光标在绿色大圆的不同位置进行拖动时，光标的表现形式是不同的，视图的旋转方向也不同。视图的旋转由光标的表现形式及其位置决定，光标在不同位置有、、、几种表现形式，可分别对对象进行不同形式的旋转。

3．连续动态观察

【执行方式】

命令行：3DCORBIT。

菜单栏：选择菜单栏中的"视图"→"动态观察"→"自由动态观察"命令。

快捷菜单：启用交互式三维视图后，在视口中右击，打开快捷菜单，选择"连续动态观察"命令。

工具栏：单击"动态观察"或"三维导航"工具栏中的"连续动态观察"按钮。

功能区：单击"视图"选项卡"导航"面板上的"动态观察"下拉菜单中的"连续动态观察"按钮。

执行上述操作后，绘图区出现动态观察图标，按住鼠标左键并拖动，图形将按鼠标拖动的方向旋转，旋转速度为鼠标拖动的速度，如图10-11所示。

图10-10　自由动态观察

图10-11　连续动态观察

📖 10.2.2　视图控制器

使用视图控制器功能可以方便地转换方向视图。

【执行方式】

命令行：NAVVCUBE。

【操作步骤】

命令行提示与操作如下：

命令：NAVVCUBE↙

输入选项 [开(ON)/关(OFF)/设置(S)] <ON>：

上述命令控制视图控制器的打开与关闭，当打开该功能时，绘图区的右上角自动显示视图控制器，如图 10-12 所示。

单击控制器的显示面或指示箭头，界面图形将自动转换到相应的方向视图。如图 10-13 所示为单击控制器"上"面后，系统转换到上视图的情形。单击控制器上的按钮🏠，系统回到西南等轴测视图。

图10-12　显示视图控制器　　　　图10-13　单击控制器"上"面后的视图

▲ 技巧与提示——各种三维观察模式

除了前面讲的动态观察、视图控制器两种观察模式外，系统还提供了相机、漫游、飞行、运动路径动画、控制盘等三维观察模式，大大方便了用户，读者可以查看"帮助"文件练习相关功能，这里不再赘述。

10.3　显示形式

在 AutoCAD 2024 中三维实体有多种显示形式，包括二维线框、三维线框、三维消隐、真实、概念、消隐显示等。

📖 10.3.1　消隐

【执行方式】

命令行：HIDE（快捷命令：HI）。

菜单栏：选择菜单栏中的"视图"→"消隐"命令。

工具栏：单击"渲染"工具栏中的"隐藏"按钮。

功能区：单击"视图"选项卡"视觉样式"面板中的"隐藏"按钮。

执行上述操作后，系统将被其他对象挡住的图线隐藏起来，以增强三维视觉效果，如图10-14所示。

消隐前   消隐后

图10-14 消隐效果

📖 10.3.2 视觉样式

【执行方式】

命令行：VSCURRENT。

菜单栏：选择菜单栏中的"视图"→"视觉样式"→"二维线框"命令等。

工具栏：单击"视觉样式"工具栏中的"二维线框"按钮等。

功能区：单击"视图"选项卡"视觉样式"面板中的"视觉样式"下拉菜单。

【操作步骤】

命令行提示与操作如下：

命令：**VSCURRENT**↙

输入选项 [二维线框(2)/线框(W)/隐藏(H)/真实(R)/概念(C)/着色(S)/带边缘着色(E)/灰度(G)/勾画(SK)/X射线(X)/其他(O)] <二维线框>：

【选项说明】

（1）二维线框（2）：用直线和曲线表示对象的边界。光栅和 OLE 对象、线型和线宽都是可见的。即使将 COMPASS 系统变量的值设置为 1，它也不会出现在二维线框视图中。图 10-15 所示为 UCS 坐标和手柄二维线框图。

（2）线框（W）：显示对象时利用直线和曲线表示边界。显示一个已着色的三维 UCS 图标。光栅和 OLE 对象、线型及线宽不可见。可将 COMPASS 系统变量设置为 1 来查看坐标球，将显示应用到对象的材质颜色。如图 10-16 所示为 UCS 坐标和手柄三维线框图。

（3）隐藏（H）：显示用三维线框表示的对象并隐藏表示后向面的直线。如图 10-17 所示为 UCS 坐标和手柄的消隐图。

图10-15　UCS坐标和手柄的二维线框图　　　　图10-16　UCS坐标和手柄的三维线框图

（4）真实（R）：显示着色多边形平面间的对象，并使对象的边平滑化。如果已为对象附着材质，将显示已附着到对象材质。图 10-18 所示为 UCS 坐标和手柄的真实图。

图10-17　UCS坐标和手柄的消隐图　　　　图10-18　UCS坐标和手柄的真实图

（5）概念（C）：显示着色多边形平面间的对象，并使对象的边平滑化。着色使用冷色和暖色之间的过渡，效果缺乏真实感，但是可以更方便地查看模型的细节。图 10-19 所示为 UCS 坐标和手柄的概念图。

（6）着色（S）：产生平滑的着色模型。图 10-20 所示为 UCS 坐标和手柄的着色图。

（7）带边缘着色（E）：产生平滑、带有可见边的着色模型。图 10-21 所示为 UCS 坐标和手柄的带边缘着色图。

图10-19　概念图　　　　　图10-20　着色图　　　　　图10-21　带边缘着色图

（8）灰度（G）：使用单色面颜色模式可以产生灰色效果，图 10-22 所示为 UCS 坐标和手柄的灰度图。

（9）勾画（SK）：使用外伸和抖动产生手绘效果，图 10-23 所示为 UCS 坐标和手柄的勾画图。

（10）X 射线（X）：更改面的不透明度，使整个场景变成部分透明，图 10-24 所示为 UCS 坐标和手柄的 X 射线图。

图10-22　灰度图　　　　　图10-23　勾画图　　　　　图10-24　X射线图

（11）其他（O）：选择该选项，命令行提示如下：

输入视觉样式名称 [?]:

可以输入当前图形中的视觉样式名称或输入"?"，以显示名称列表并重复该提示。

10.3.3 视觉样式管理器

【执行方式】

命令行：VISUALSTYLES。

菜单栏：选择菜单栏中的"视图"→"视觉样式"→"视觉样式管理器"命令或"工具"→"选项板"→"视觉样式"命令。

工具栏：单击"视觉样式"工具栏中的"管理视觉样式"按钮。

功能区：选择"视图"选项卡"视觉样式"面板上"视觉样式"下拉菜单中的"视觉样式管理器"命令，或单击"视图"选项卡"选项板"面板中的"视觉样式"按钮。

执行上述操作后，系统打开"视觉样式管理器"选项板，可以对视觉样式的各参数进行设置，如图10-25所示。图10-26所示为按图10-25所示进行设置的概念图显示结果，读者可以与图10-19进行比较，感觉它们之间的差别。

图10-25 "视觉样式管理器"选项板　　　　　图10-26 显示结果

10.4 创建基本三维实体

10.4.1 创建长方体

【执行方式】

命令行：BOX。

菜单栏：选择菜单栏中的"绘图"→"建模"→"长方体"命令。

工具栏：单击"建模"工具栏中的"长方体"按钮 。

功能区：单击"三维工具"选项卡"建模"面板中的"长方体"按钮 。

【操作步骤】

命令行提示与操作如下：

命令：BOX↙

指定第一个角点或 [中心(C)] <0,0,0>：（指定第一个角点或输入"C"表示中心点）

【选项说明】

（1）指定第一个角点：用于确定长方体的一个顶点位置。选择该选项后，命令行继续提示与操作如下：

指定其他角点或 [立方体(C)/长度(L)]：（指定第二点或输入选项）

1）角点：用于指定长方体的其他角点。输入另一角点的数值，即可确定该长方体。如果输入的是正值，则沿着当前 UCS 的 X、Y 和 Z 轴的正向绘制长度。如果输入的是负值，则沿着 X、Y 和 Z 轴的负向绘制长度。图 10-27 所示为利用角点命令创建的长方体。

2）立方体（C）：用于创建一个长、宽、高相等的长方体。图 10-28 所示为利用立方体命令创建的立方体。

图10-27　利用角点命令创建的长方体

图10-28　利用立方体命令创建的立方体

3）长度（L）：按要求输入长、宽、高的值。如图 10-29 所示为利用长、宽和高命令创建的长方体。

（2）中心（C）：利用指定的中心点创建长方体。图 10-30 所示为利用中心点命令创建的长方体。

▲ 技巧与提示——巧用长方体命令

如果在创建长方体时选择"立方体"或"长度"选项，则还可以在单击以指定长度时指定长方体在 XY 平面中的旋转角度；如果选择"中心（C）"选项，则可以利用指定中心点来创建长方体。

图10-29　利用长、宽和高命令创建的长方体

图10-30　利用中心点命令创建的长方体

10.4.2　布尔运算

布尔运算在数学的集合运算中得到了广泛应用，AutoCAD 2024也将该运算应用到了实体的创建过程中。用户可以对三维实体对象进行并集、交集、差集的运算。三维实体的布尔运算与平面图形类似。图10-31所示为3个圆柱体进行交集运算后的图形。

◆ 技术看板——快捷命令的表示方法

如果某些命令的第一个字母都相同的话，那么对于比较常用的命令，其快捷命令取第一个字母，其他命令的快捷命令可用前面两个或三个字母表示。例如"R"表示Redraw，"RA"表示Redrawall；"L"表示Line，"LT"表示LineType，"LTS"表示LTScale。

求交集前图

求交集后

交集的立体图

图10-31　3个圆柱体交集运算后的图形

10.4.3　操作实例——拨叉架

绘制如图10-32所示的拨叉架。

绘制步骤：

1）单击"三维工具"选项卡"建模"面板中的"长方体"按钮▢，绘制顶端立板长方体。命令行提示与操作如下：

> 命令：_BOX✓
> 指定第一个角点或 [中心(C)]：5,25,0✓

图10-32　拨叉架

指定其他角点或 [立方体(C)/长度(L)]: 0,0,30✓

2）将当前视图设置为东南等轴测视图，结果如图 10-33 所示。

3）单击"三维工具"选项卡"建模"面板中的"长方体"按钮▢，以角点坐标为{（0,25,0），（@27.2,-5,30）}绘制连接立板长方体，结果如图 10-34 所示。

　　　图10-33　绘制长方体　　　　　　　　　图10-34　绘制连接立板长方体

4）单击"三维工具"选项卡"建模"面板中的"长方体"按钮▢，以角点坐标为{（27.2,25,0），（@-5,-25,30）}和{（22.2,0,0），（@27.2,25,5）}绘制其他部分长方体。

5）选择菜单栏中的"视图"→"缩放"→"全部"命令，缩放图形，结果如图 10-35 所示。

6）单击"三维工具"选项卡"实体编辑"面板中的"并集"按钮▰（后面章节会详细讲述），将步骤 5）绘制的图形合并，结果如图 10-36 所示，命令行提示与操作如下：

```
命令：_UNION
选择对象：（选择需要并集的对象）
选择对象：（继续选择）
......
```

　　　图10-35　缩放图形　　　　　　　　　　　　图10-36　并集运算

7）单击"三维工具"选项卡"建模"面板中的"圆柱体"按钮▢（后面章节会详细讲述），命令行提示与操作如下：

```
命令：_CYLINDER
指定底面的中心点或 [三点(3P)/两点(2P)/切点、切点、半径(T)/椭圆(E)]: 0,12.5,20✓
指定底面半径或 [直径(D)]: 5✓
指定高度或 [两点(2P)/轴端点(A)]: a✓
指定轴端点：5,12.5,20✓
```

采用同样方法，绘制底面的中心点坐标为（22.2,12.5,20）、底面半径为5、轴端点坐标为（27.2,12.5,20）的圆柱体，结果如图 10-37 所示。

8）单击"三维工具"选项卡"建模"面板中的"圆柱体"按钮▯，以中心点坐标为（39.7，12.5，0）、底面半径为 7.5、高度 5 为绘制圆柱体，结果如图 10-38 所示。

9）单击"三维工具"选项卡"实体编辑"面板中的"差集"按钮▯，将轮廓与 3 个圆柱体进行差集运算。命令行提示与操作如下：

> 命令：_SUBTRACT
> 选择要从中减去的实体、曲面和面域…
> 选择对象：（选择长方体）
> 选择对象：（选择要减去的实体、曲面和面域…）
> 选择对象：（选择圆柱体）
> ……

10）单击"视图"选项卡"视觉样式"面板中的"隐藏"按钮▦，对实体进行消隐。消隐之后的图形如图 10-39 所示。

图10-37　绘制圆柱体　　　　　图10-38　绘制圆柱体　　　　　图10-39　差集运算并消隐

10.4.4　圆柱体

命令行：CYLINDER（快捷命令：CYL）。

菜单栏：选择菜单栏中的"绘图"→"建模"→"圆柱体"命令。

工具条：单击"建模"工具栏中的"圆柱体"按钮▯。

功能区：单击"三维工具"选项卡"建模"面板中的"圆柱体"按钮▯。

命令行提示与操作如下：

> 命令：CYLINDER✓
> 指定底面的中心点或[三点(3P)/两点(2P)/切点、切点、半径(T)/椭圆（E）]<0,0,0>:

（1）中心点：先输入底面圆心的坐标，然后指定底面的半径和高度，此选项为系统的默认选项。AutoCAD 2024 按指定的高度创建圆柱体，且圆柱体的中心线与当前坐标系的 Z 轴平行，如图 10-40 所示。也可以指定另一个端面的圆心来指定高度，AutoCAD 2024 根据圆柱体两个端面的中心位置来创建圆柱体，该圆柱体的中心线就是两个端面的连线，如图 10-41 所示。

图10-40　按指定高度创建圆柱体　　　　图10-41　指定另一个端面的圆心创建圆柱体

（2）椭圆（E）：创建椭圆柱体。椭圆端面的绘制方法与平面椭圆一样，创建的椭圆柱体如图 10-42 所示。

其他的基本实体（如楔体、圆锥体、球体、圆环体等）的创建方法与长方体和圆柱体类似，不再赘述。

图10-42　椭圆柱体

◆ **技术看板——为什么实体模型应用最广泛**

实体模型具有边和面，还有在其表面内由计算机确定的质量。实体模型是最容易使用的三维模型，它的信息最完整，不会产生歧义。与线框模型和曲面模型相比，实体模型的信息最完整，创建方式最直接，所以在 AutoCAD 三维绘图中，实体模型应用最为广泛。

📖**10.4.5　操作实例——弯管接头**

绘制如图 10-43 所示的弯管接头。

图10-43　弯管接头

绘制步骤：

1. 绘制弯管接头主体

1）设置视图方向。将当前视图方向设置为西南等轴测视图。

2）单击"三维工具"选项卡"建模"面板中的"圆柱体"按钮█，绘制一个圆柱体。命令行提示与操作如下：

> 命令：_CYLINDER
> 指定底面的中心点或 [三点(3P)/两点(2P)/切点、切点、半径(T)/椭圆(E)]：0，0，0✓
> 指定底面半径或 [直径(D)]：20✓
> 指定高度或 [两点(2P)/轴端点(A)]：40✓

3）单击"三维工具"选项卡"建模"面板中的"圆柱体"按钮█，绘制底面中心点为（0，0，40）、半径为25、高度为-10的圆柱体。

4）单击"三维工具"选项卡"建模"面板中的"圆柱体"按钮█，绘制底面中心点为（0，0，0）、半径为20、轴端点为（40，0，0）的圆柱体。

5）单击"三维工具"选项卡"建模"面板中的"圆柱体"按钮█，绘制底面中心点为（40，0，0）、半径为25、轴端点为（@ -10，0，0）的圆柱体。

6）单击"三维工具"选项卡"建模"面板中的"球体"按钮◯，命令行提示与操作如下：

> 命令：_SPHERE
> 指定中心点或 [三点(3P)/两点(2P)/切点、切点、半径(T)]：0,0,0✓
> 指定半径或 [直径(D)] <33.6981>：D✓
> 指定直径 <67.3962>：40✓

7）单击"视图"选项卡"视觉样式"面板中的"隐藏"按钮🔲，对绘制的好的建模进行消隐。对绘制的好的实体进行消隐。

结果如图10-44所示。

2. 细化弯管

1）单击"三维工具"选项卡"实体编辑"面板中的"并集"按钮█，前面将上面绘制的所有实体组合为一个整体，结果如图10-45所示。

2）单击"三维工具"选项卡"建模"面板中的"圆柱体"按钮█，绘制底面中心点为原点、直径为35、高度为40的圆柱体。

3）单击"三维工具"选项卡"建模"面板中的"圆柱体"按钮█，绘制底面中心点为原点、直径为35、轴端点坐标为（@-40,0,0）的圆柱体。

4）单击"三维工具"选项卡"建模"面板中的"球体"按钮◯，绘制一个中心点为原点、直径为35的球。

5）单击"三维工具"选项卡"实体编辑"面板中的"差集"按钮█，对弯管接头进行差集布尔运算，将直径为35的两个圆柱体和球体从弯管接头主体中去掉。

6）单击"视图"选项卡"视觉样式"面板中的"隐藏"按钮🔲，对绘制好的建模进行消隐，结果如图10-46所示。

渲染后的效果如图10-43所示。

图10-44　绘制弯管接头主体　　图10-45　并集后的弯管接头主体　　图10-46　对弯管接头进行消隐图

10.5　特征操作

10.5.1　拉伸

【执行方式】

命令行：EXTRUDE（快捷命令：EXT）。
菜单栏：选择菜单栏中的"绘图"→"建模"→"拉伸"命令。
工具栏：单击"建模"工具栏中的"拉伸"按钮 。
功能区：单击"三维工具"选项卡"建模"面板中的"拉伸"按钮 。

【操作步骤】

命令行提示与操作如下：

命令：EXTRUDE✓
当前线框密度：ISOLINES=4，闭合轮廓创建模式 = 实体
选择要拉伸的对象或 [模式(MO)]：（选择绘制好的二维对象）
选择要拉伸的对象或 [模式(MO)]：（可继续选择对象或按 Enter 键结束选择）
指定拉伸的高度或 [方向(D)/路径(P)/倾斜角(T)/表达式(E)]：

【选项说明】

（1）指定拉伸高度：按指定的高度拉伸出三维实体对象。输入高度值后，根据实际需要，指定拉伸的倾斜角度。如果指定的角度为 0，系统则把二维对象按指定的高度拉伸成柱体；如果输入角度值，拉伸后实体截面沿拉伸方向按此角度变化，成为一个棱台或圆台体。图10-47 所示为以不同角度拉伸圆的结果。

拉伸前　　　　　拉伸锥角为0°　　　　　拉伸锥角为10°　　　　　拉伸锥角为-10°

图10-47　拉伸圆

（2）方向（D）：通过指定的两点指定拉伸的长度和方向。

（3）路径（P）：以现有的图形对象作为拉伸创建三维实体对象。图 10-48 所示为沿圆弧曲线路径拉伸圆的结果。

（4）倾斜角（T）：用于拉伸的倾斜角是两个指定点间的距离。

（5）表达式（E）：输入公式或方程式以指定拉伸高度。

拉伸前   拉伸后

图10-48 沿圆弧曲线路径拉伸圆

▲ 技巧与提示——巧用圆柱体命令

可以使用创建圆柱体的"轴端点"命令确定圆柱体的高度和方向。轴端点是圆柱体顶面的中心点，轴端点可以位于三维空间的任意位置。

📖 10.5.2　旋转

【执行方式】

命令行：REVOLVE（快捷命令：REV）。

菜单栏：选择菜单栏中的"绘图"→"建模"→"旋转"命令。

工具栏：单击"建模"工具栏中的"旋转"按钮。

功能区：单击"三维工具"选项卡"建模"面板中的"旋转"按钮。

【操作步骤】

命令行提示与操作如下：

命令：REVOLVE↙

当前线框密度：ISOLINES=4，闭合轮廓创建模式 = 实体

选择要旋转的对象或 [模式(MO)]：（选择绘制好的二维对象）

选择要旋转的对象或 [模式(MO)]：（继续选择对象或按 Enter 键结束选择）

指定轴起点或根据以下选项之一定义轴 [对象(O)/X/Y/Z] <对象>：

【选项说明】

（1）指定轴起点：通过指定的两个点来定义旋转轴。AutoCAD 2024 将按指定的角度和旋转轴旋转二维对象。

（2）对象（0）：选择已经绘制好的直线或用多段线命令绘制的直线段作为旋转轴线。

（3）X（Y/Z）轴：将二维对象绕当前坐标系（UCS）的 X（Y/Z）轴旋转。如图 10-49 所示为将矩形平面绕 X 轴旋转生成旋转体。

旋转界面　　　　　　　　旋转后的实体

图10-49　生成旋转体

10.5.3　操作实例——带轮

绘制如图 10-50 所示的带轮。

绘制步骤：

1. 绘制截面轮廓线

1）单击"默认"选项卡"绘图"面板中的"多段线"按钮 ，按命令行提示依次输入（0,0）、（0,240）、（250,240）、（250,220）、（210,207.5）、（210,182.5）、（250,170）、（250,145）、（210,132.5）、（210,107.5）、（250,95）、（250,70）、（210,57.5）、（210,32.5）、（250,20）、（250,0）和C，绘制轮廓线，结果如图10-51所示。

2）单击"三维工具"选项卡"建模"面板中的"旋转"按钮 ，旋转轮廓线，命令行提示与操作如下：

图10-50　带轮

> 命令：_REVOLVE
> 当前线框密度：ISOLINES=4，闭合轮廓创建模式 = 实体
> 选择要旋转的对象或 [模式(MO)]：(选择轮廓线)
> 选择要旋转的对象或 [模式(MO)]：✓
> 指定轴起点或根据以下选项之一定义轴 [对象(O)/X/Y/Z] <对象>：0, 0✓
> 指定轴端点：0,240✓
> 指定旋转角度或 [起点角度(ST)/反转(R)/表达式(EX)] <360>：✓

3）改变视图方向，将当前视图设置为西南等轴测视图。

4）单击"视图"选项卡"视觉样式"面板中的"隐藏"按钮 ，用消隐命令（HIDE）对实体进行消隐，结果如图 10-52 所示。

2. 绘制轮毂

1）用设置坐标命令（UCS）设置新的坐标系。命令行提示与操作如下：

命令：UCS↙

当前 UCS 名称：*世界*

指定 UCS 的原点或 [面(F)/命名(NA)/对象(OB)/上一个(P)/视图(V)/世界(W)/X/Y/Z/Z 轴(ZA)] <世界>：X↙

指定绕 X 轴的旋转角度<90>：↙

图10-51 绘制轮廓线

图10-52 旋转轮廓线并消隐

2）单击"默认"选项卡"绘图"面板中的"圆"按钮⊘，绘制一个圆心为原点、半径为 190 的圆。

3）单击"默认"选项卡"绘图"面板中的"圆"按钮⊘，绘制一个圆心为(0, 0, -250)、半径为 190 的圆。

4）单击"默认"选项卡"绘图"面板中的"圆"按钮⊘，绘制一个圆心为(0, 0, -45)、半径为 50 的圆。

5）单击"默认"选项卡"绘图"面板中的"圆"按钮⊘，绘制一个圆心为(0, 0, -45)、半径为 80 的圆，结果如图 10-53 所示。

6）单击"三维工具"选项卡"建模"面板中的"拉伸"按钮▤，拉伸绘制好的圆，命令行提示与操作如下：

命令：_EXTRUDE

当前线框密度： ISOLINES=4，闭合轮廓创建模式 = 实体

选择要拉伸的对象或 [模式(MO)]：(选择离原点较近的半径为 190 的圆)

选择要拉伸的对象或 [模式(MO)]：↙

指定拉伸的高度或 [方向(D)/路径(P)/倾斜角(T)/表达式(E)]：-85↙

7）重复"拉伸"命令，设置高度为 85，将离原点较远的半径为 190 的圆拉伸，再设置高度为-160，将半径为 50 和 80 的圆拉伸，结果如图 10-54 所示。

图10-53 绘制圆

图10-54 拉伸圆

8）对拉伸后的实体进行布尔运算。单击"三维工具"选项卡"实体编辑"面板中的"差集"按钮，从带轮主体中减去半径为 190 的圆拉伸的实体。

9）单击"三维工具"选项卡"实体编辑"面板中的"并集"按钮，将带轮主体与半径为 80 的圆拉伸的实体进行并集运算，再单击"三维工具"选项卡"实体编辑"面板中的"差集"按钮，从带轮主体中减去半径为 50 的圆拉伸的实体。

10）选择菜单栏中的"视图"→"视觉样式"→"带边缘着色"命令，对带边框的体进行着色，结果如图 10-55 所示。

3. 绘制孔

1）改变视图的观察方向：选择菜单栏中的"视图"→"三维视图"→"平面视图"→"当前 UCS"命令。

2）单击"默认"选项卡"绘图"面板中的"圆"按钮，绘制三个圆心为原点、半径分别为 170、100 和 135 的圆。

3）单击"默认"选项卡"绘图"面板中的"圆"按钮，绘制一个圆心为（135，0）、半径为 35 的圆。

4）单击"默认"选项卡"修改"面板中的"复制"按钮，复制半径为 35 的圆，并将它放在原点。

5）单击"默认"选项卡"修改"面板中的"移动"按钮，设置移动位移为（@135<60），移动在原点的半径为 35 的圆。

6）单击"默认"选项卡"修改"面板中的"修剪"按钮，修剪线段。并删除掉多余的线段，结果如图 10-56 所示。

7）选择菜单栏中的"修改"→"对象"→"多段线"命令，将弧形孔的边界编辑成一条封闭的多段线。

8）单击"默认"选项卡"修改"面板中的"环形阵列"按钮，设置中心点为（0，0）、项目总数为 3，阵列弧形孔，结果如图 10-57 所示。

9）单击"三维工具"选项卡"建模"面板中的"拉伸"按钮，设置拉伸高度为-240，拉伸绘制的 3 个弧形孔。

10）改变视图的观察方向，将当前视图设置为西南等轴测视图。

图10-55　对带轮进行着色图

图10-56　绘制弧形孔

图10-57　阵列弧形孔

11）单击"三维工具"选项卡"实体编辑"面板中的"差集"按钮，将 3 个弧形实体从带轮实体中减去。

12）单击"三维工具"选项卡"实体编辑"面板中的"着色面"按钮，对带边框的体进行着色，结果如图 10-58 所示。

13）为便于观看，用三维动态观察器将带轮旋转一个角度，结果如图 10-59 所示。

图10-58　对带边框的体进行着色　　　　　　　　图10-59　旋转带轮

10.5.4　扫掠

【执行方式】

命令行：SWEEP。

菜单栏：选择菜单栏中的"绘图"→"建模"→"扫掠"命令。

工具栏：单击"建模"工具栏中的"扫掠"按钮🗗。

功能区：单击"三维工具"选项卡"建模"面板中的"扫掠"按钮🗗。

【操作步骤】

命令行提示与操作如下：

命令：SWEEP✓

当前线框密度：ISOLINES=4，闭合轮廓创建模式 = 实体

选择要扫掠的对象或 [模式(MO)]：（选择对象，如图 10-60a 中的圆）

选择要扫掠的对象或 [模式(MO)]：✓

选择扫掠路径或 [对齐(A)/基点(B)/比例(S)/扭曲(T)]：（选择对象，如图 10-60a 中的螺旋线）

扫掠结果如图 10-60b 所示。

a）对象和路径　　　　　　　　　　b）扫掠结果

图10-60　扫掠结果

【选项说明】

（1）对齐（A）：指定是否对齐轮廓，以使其作为扫掠路径切向的法向。默认情况下，轮廓是对齐的。选择该选项，命令行提示与操作如下：

扫掠前对齐垂直于路径的扫掠对象 [是(Y)/否(N)] <是>：（输入"N"，轮廓无需对齐；按 Enter 键，

轮廓将对齐）

▲ 技巧与提示——巧用扫掠命令

使用扫掠命令，可以通过沿开放或闭合的二维或三维路径扫掠开放或闭合的平面曲线（轮廓）来创建新的实体或曲面。扫掠命令可用于沿指定路径以指定轮廓的形状（扫掠对象）创建实体或曲面。可以扫掠多个对象，但是这些对象必须在同一平面内。如果沿一条路径扫掠闭合的曲线，则生成实体。

（2）基点（B）：指定要扫掠对象的基点。如果指定的点不在选定对象所在的平面上，则该点将被投影到该平面上。选择该选项，命令行提示与操作如下：

指定基点：（指定选择集的基点）

（3）比例（S）：指定比例因子以进行扫掠操作。从扫掠路径的开始到结束，比例因子将统一应用到扫掠的对象上。选择该选项，命令行提示与操作如下：

输入比例因子或 [参照(R)/表达式(E)]<1.0000>：指定比例因子，输入"R"，调用参照选项；按 Enter 键，选择默认值

其中"参照（R）"选项表示通过拾取点或输入值来根据参照的长度缩放选定的对象。

（4）扭曲（T）：设置正被扫掠对象的扭曲角度。扭曲角度指定沿扫掠路径全部长度的旋转量。选择该选项，命令行提示与操作如下：

输入扭曲角度或允许非平面扫掠路径倾斜 [倾斜(B)/表达式(EX)]<0.0000>：（指定小于 360°的角度值，输入"B"，打开倾斜；按 Enter 键，选择默认角度值）

其中"倾斜（B）"选项指定被扫掠的曲线是否沿三维扫掠路径（三维多线段、三维样条曲线或螺旋线）自然倾斜（旋转）。

扭曲扫掠如图 10-61 所示。

对象和路径 　　　　不扭曲 　　　　扭曲45°

图10-61　扭曲扫掠

📖10.5.5　操作实例——锁

绘制如图 10-62 所示的锁。

绘制步骤：

1）单击"默认"选项卡"绘图"面板中的"矩形"按钮 ▭，绘制角点坐标为(-100,30) 和（100,-30）的矩形。

2）单击"默认"选项卡"绘图"面板中的"圆弧"按钮 ⌒，绘制起点坐标为（100,30）、

端点坐标为（-100，30）、半径为 340 的圆弧。

图10-62　锁

3）单击"默认"选项卡"绘图"面板中的"圆弧"按钮，绘制起点坐标为（-100，-30）、端点坐标为（100，-30）、半径为 340 的圆弧，结果结果如图 10-63 所示。

4）单击"默认"选项卡"修改"面板中的"修剪"按钮，对刚绘制的圆弧和矩形进行修剪，结果如图 10-64 所示。

图10-63　绘制矩形和圆弧

图10-64　修剪图形

5）选择菜单栏中的相关命令，将刚绘制的多段线合并为一个整体。

6）单击"默认"选项卡"绘图"面板中的"面域"按钮，将刚绘制的图形生成为一个面域。

7）切换到西南等轴测视图。

8）单击"三维工具"选项卡"建模"面板中的"拉伸"按钮，设置拉伸高度为 150，选择刚创建的面域进行拉伸，结果如图 10-65 所示。

9）在命令行中输入"UCS"命令。将新的坐标原点移动到点（0,0,150）。切换视图后，选择菜单栏中的"视图"→"三维视图"→"平面视图"→"当前 UCS"命令。

10）单击"默认"选项卡"绘图"面板中的"圆"按钮，指定圆心坐标为（-70,0）、半径为 15，绘制圆，结果如图 10-66 所示。

11）将视图切换到前视图。

12）在命令行中输入"UCS"命令。将新的坐标原点移动到点（0,150,0）。

13）单击"默认"选项卡"绘图"面板中的"多段线"按钮，按命令行提示依次输入（-70,30）、（@80<90）、A、A、-180、R、70、0、L、（70,0），绘制多线段结果如图 10-67 所示。

14）将视图切换到西南等轴测视图。

15）单击"三维工具"选项卡"建模"面板中的"扫掠"按钮，将绘制的圆与多段线进行扫掠处理。命令行提示与操作如下：

图10-65 拉伸图形

图10-66 绘制圆

命令：_SWEEP
当前线框密度： ISOLINES=4，闭合轮廓创建模式 = 实体
选择要扫掠的对象或 [模式(MO)]：：找到 1 个（选择圆）
选择要扫掠的对象或 [模式(MO)]：✓
选择扫掠路径或 [对齐(A)/基点(B)/比例(S)/扭曲(T)]：（选择多段线）

16）单击"三维工具"选项卡"建模"面板中的"圆柱体"按钮 ，绘制底面中心点为（-70,0,0）、底面半径为 20、轴端点为（-70,-30,0）的圆柱体，结果如图 10-68 所示。

17）在命令行中输入"UCS"命令。将新的坐标原点绕 X 轴旋转 90°。

18）单击"三维工具"选项卡"建模"面板中的"楔体"按钮 ，绘制角点坐标为（-50,-70,10）和（-80,70,10）、高度为 20 的楔体。

图10-67 绘制多段线

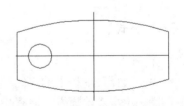

图10-68 扫掠图形并绘制圆柱体

19）单击"三维工具"选项卡"实体编辑"面板中的"差集"按钮 ，将扫掠体与楔体进行差集运算，结果如图 10-69 所示。

20）选择菜单栏中的"修改"→"三维操作"→"三维旋转"命令 （此命令在第 11 章详细讲述，此处先按下面提示操作即可），将锁柄绕着右边的圆心垂直旋转 180°。命令行提示与操作如下：

命令：_3DROTATE
UCS 当前的正角方向： ANGDIR=逆时针 ANGBASE=0
选择对象：（选择锁柄）
选择对象：✓
指定基点：（指定右边的圆心）

抬取旋转轴：（指定右边圆的中心垂线）

指定角的起点或键入角度：180↙

旋转的结果如图 10-70 所示。

21）单击"三维工具"选项卡"实体编辑"面板中的"差集"按钮 ，将左边小圆柱体与锁体进行差集运算，即在锁体上打孔。

22）单击"默认"选项卡"修改"面板中的"圆角"按钮 ，设置圆角半径为 10，对锁体四周的边进行圆角处理。

23）单击"视图"选项卡"视觉样式"面板中的"隐藏"按钮 ，进行消隐处理，结果如图 10-71 所示。

24）单击"默认"选项卡"修改"面板中的"删除"按钮 ，选择多段线进行删除，结果如图 10-62 所示。

图10-69　差集处理　　　　　　图10-70　旋转处理　　　　　　图10-71　消隐处理

10.5.6　放样

 【执行方式】

命令行：LOFT。

菜单栏：选择菜单栏中的"绘图"→"建模"→"放样"命令。

工具栏：单击"建模"工具栏中的"放样"按钮 。

功能区：单击"三维工具"选项卡"建模"面板中的"放样"按钮 。

 【操作步骤】

命令行提示与操作如下：

命令：LOFT↙

当前线框密度：　ISOLINES=4，闭合轮廓创建模式 = 实体

按放样次序选择横截面或 [点(PO)/合并多条边(J)/模式(MO)]：（依次选择如图 10-72 所示的 3 个截面）

按放样次序选择横截面或 [点(PO)/合并多条边(J)/模式(MO)]：

按放样次序选择横截面或 [点(PO)/合并多条边(J)/模式(MO)]：

按放样次序选择横截面或 [点(PO)/合并多条边(J)/模式(MO)]：↙

输入选项 [导向(G)/路径(P)/仅横截面(C)/设置(S)] <仅横截面>：

 【选项说明】

（1）设置（S）：选择该选项，系统打开"放样设置"对话框，如图 10-73 所示。其中有 4 个单选按钮选项，图 10-74a 所示为勾选"直纹"单选按钮的放样结果，图 10-74b 所示为点选"平滑拟合"单选按钮的放样结果，图 10-74c 所示为勾选"法线指向"单选按钮并选择"所有横截面"选项的放样结果，图 10-74d 所示为勾选"拔模斜度"单选按钮并设置"起点角度"为 45°、"起点幅值"为 10、"端点角度"为 60°、"端点幅值"为 10 的放样结果示意图。

图10-72　选择截面

图10-73　"放样设置"对话框

a)　　　　　　　　b)　　　　　　　　c)　　　　　　　　d)

图10-74　放样

（2）导向（G）：指定控制放样实体或曲面形状的导向曲线。导向曲线是直线或曲线，可通过将其他线框信息添加至对象来进一步定义实体或曲面的形状，如图 10-75 所示。选择该选项，命令行提示与操作如下：

选择导向轮廓或 [合并多条边(J)]：（选择放样实体或曲面的导向曲线，然后按 Enter 键）

图10-75 导向放样

◆ **技术看板——放样导向曲线正常工作的条件**

1）与每个横截面相交。

2）从第一个横截面开始。

3）到最后一个横截面结束。

可以为放样曲面或实体选择任意数量的导向曲线。

（3）仅横截面（C）：在不使用导向或路径的情况下创建放样对象。

（4）路径（P）：指定放样实体或曲面的单一路径，如图 10-76 所示。选择该选项，命令行提示与操作如下：

选择路径轮廓：（指定放样实体或曲面的单一路径）

图10-76 路径放样

▲ **技巧与提示——放样路径要求**

路径曲线必须与横截面的所有平面相交。

📖 **10.5.7 拖拽**

 【执行方式】

命令行：PRESSPULL。

工具栏：单击"建模"工具栏中的"按住并拖动"按钮 🔲。

功能区：单击"三维工具"选项卡"建模"面板中的"按住并拖动"按钮 🔲。

 【操作步骤】

命令行提示与操作如下：

命令：PRESSPULL✓

选择对象或边界区域：（选择对象或边界）

指定拉伸高度或 [多个(M)]：

> 指定拉伸高度或 [多个(M)]：（输入拉伸高度值）✓
>
> 已创建 1 个拉伸
>
> 选择对象或边界区域：✓

选择对象或边界区域后，按住鼠标并拖动，相应的区域就会进行拉伸变形。图 10-77 所示为选择圆台上表面，按住并拖动鼠标的结果。

圆台　　　　　　　　　　向下拖动　　　　　　　　　　向上拖动

图10-77　按住并拖动鼠标

10.6　综合演练——绘制内六角圆柱头螺钉

螺钉是常见的连接件，本例绘制的内六角圆柱头螺钉如图 10-78 所示。绘制过程中主要用到本章中介绍的"拉伸""旋转"和"布尔运算"命令。

绘制步骤：

1）启动 AutoCAD 2024，使用默认设置画图。

2）设置线框密度。利用 ISOLINES 设置线框密度为 10。

3）单击"三维工具"选项卡"建模"面板中的"圆柱体"按钮，绘制底面中心点为（0,0,0）、半径为 15、高度为 16 的圆柱体。

图10-78　内六角圆柱头螺钉

4）将视图切换到西南等轴测视图，结果如图 10-79 所示。

5）设置新的用户坐标系。将坐标原点移动到圆柱顶面的圆心。

6）单击"默认"选项卡"绘图"面板中的"多边形"按钮，绘制中心在圆柱体顶面圆心，内接与圆，半径为 7 的正六边形。

7）单击"三维工具"选项卡"建模"面板中的"拉伸"按钮，设置拉伸高度为-8，拉伸正六边形，结果如图 10-80 所示。

8）单击"三维工具"选项卡"实体编辑"面板中的"差集"按钮，对圆柱与正六棱柱进行差集运算。

图10-79　创建圆柱体

图10-80　拉伸正六边形

9）单击"视图"选项卡"视觉样式"面板中的"隐藏"按钮🍬，进行消隐处理，生成螺钉头部，结果如图 10-81 所示。

10）将视图切换到前视图。

11）单击"默认"选项卡"绘图"面板中的"多段线"按钮⟶ᵓ，按命令行提示依次输入任意一点、（@2<30）、（@2<150），绘制多段线，生成螺纹牙形，结果如图 10-82 所示。

图10-81　生成螺钉头部

图10-82　生成螺纹牙形

12）单击"默认"选项卡"修改"面板中的"矩形阵列"按钮▥，设置行数为25、列数为1、行间距为2，阵列螺纹牙型。

13）单击"默认"选项卡"绘图"面板中的"直线"按钮╱，按命令行提示依次捕捉螺纹的上端点、（@8<180）、（@50<-90）、捕捉螺纹的下端点，绘制直线，生成螺纹截面，结果如图 10-83 所示。

14）单击"默认"选项卡"绘图"面板中的"面域"按钮◎，将刚绘制的螺纹截面合并。单击"绘图"工具栏中的"直线"按钮╱，绘制旋转轴。

15）单击"三维工具"选项卡"建模"面板中的"旋转"按钮🍩，旋转螺纹截面 360°，生成螺纹，结果如图 10-84 所示。

16）单击"默认"选项卡"修改"面板中的"移动"按钮✛，捕捉螺纹顶面圆心，然后移动圆柱底面圆心螺纹，结果如图 10-85 所示。

图10-83　绘制螺纹截面

图10-84　生成螺纹

图10-85　移动螺纹

17）单击"三维工具"选项卡"实体编辑"面板中的"并集"按钮 ，选择螺纹及螺钉头部进行并集运算。

18）将视图切换到西南等轴测视图；单击"视图"选项卡"视觉样式"面板中的"隐藏"按钮 ，对图形进行消隐，结果如图 10-86 所示。

19）在命令行输入"DISPSILH"命令，将该变量的值设定为 1，单击"视图"选项卡"视觉样式"面板中的"隐藏"按钮 ，再次进行消隐处理，生成螺钉，如图 10-87 所示。

图10-86　消隐处理　　　　　　　　　图10-87　生成螺钉

20）选择菜单栏中的"视图"→"渲染"→"材质浏览器"命令，选择适当的材质进行渲染，结果如图 10-78 所示。

10.7　动手练一练

【实例 1】利用三维动态观察器观察如图 10-88 所示的泵盖图形

1．目的要求

为了更清楚地观察三维图形，了解三维图形各部分、各方位的结构特征，需要从不同视角观察三维图形，利用三维动态观察器能够方便地对三维图形进行多方位观察。本例的目的是使读者掌握从不同视角观察物体的方法。

2．操作提示

1）打开三维动态观察器。

2）灵活利用三维动态观察器的各种工具进行动态观察。

【实例 2】绘制如图 10-89 所示的凉亭

1．目的要求

三维表面是构成三维图形的基本单元，灵活利用各种基本三维表面构建三维图形是三维绘图的关键技术与能力要求。本例的目的是使读者熟练掌握各种三维表面的绘制方法，体会构建三维图形的技巧。

2．操作提示

1）利用"三维视点"命令设置绘图环境。

2）利用"平移曲面"命令绘制凉亭的底座。

3）利用"平移曲面"命令绘制凉亭的支柱。

4）利用"阵列"命令绘制其他的支柱。

5）利用"多段线"命令绘制凉亭顶盖的轮廓线。

6）利用"旋转"命令生成凉亭顶盖。

图10-88 泵盖 　　　　　　图10-89 凉亭

第 11 章

三维编辑

　　三维编辑命令可以在基本三维绘制的基础上对三维实体进行相对复杂的编辑操作。本章主要介绍了各种三维编辑命令的操作及使用方法。

重点与难点

- 学习各种三维编辑命令
- 基本命令的应用

11.1 三维编辑命令

11.1.1 剖切

【执行方式】

命令行：SLICE（快捷命令：SL）。

菜单栏：选择菜单栏中的"修改"→"三维操作"→"剖切"命令。

功能区：单击"三维工具"选项卡"实体编辑"面板中的"剖切"按钮🗐。

【操作步骤】

命令行提示与操作如下：

命令：SLICE✓

选择要剖切的对象：（选择要剖切的实体）

选择要剖切的对象：（继续选择或按 Enter 键结束选择）

指定切面的起点或[平面对象(O)/曲面(S)/Z 轴(Z)/视图(V)/XY/YZ/ZX/三点(3)] <三点>：

【选项说明】

（1）平面对象（O）：将所选对象的所在平面作为剖切面。

（2）Z 轴（Z）：通过平面指定的一点与在平面的 Z 轴（法线）上指定的另一点来定义剖切平面。

（3）曲面(S)：将剪切平面与曲面对齐。

（4）视图（V）：以平行于当前视图的平面作为剖切面。

（5）XY 平面（XY）/YZ 平面（YZ）/ZX 平面（ZX）：将剖切平面与当前用户坐标系（UCS）的 XY 平面/YZ 平面/ZX 平面对齐。

（6）三点（3）：将空间的 3 个点确定的平面作为剖切面。确定剖切面后，系统会提示保留一侧或两侧。

图 11-1 所示为剖切三维实体。

剖切前的三维实体

剖切后三维的实体

图11-1 剖切三维实体

📖11.1.2 操作实例——连接轴环

绘制如图 11-2 所示的连接轴环。

图 11-2 连接轴环

绘制步骤:

1) 单击"默认"选项卡"绘图"面板中的"多段线"按钮，在命令行下依次输入（-200,150)、(@400,0)、A、R、50、A、-180、-90、R、50、(@0,-100)、R、50、A、-180、-90、L、(@-400,0)、A、R、50、A、-180、90、R、50、(@0,100)、R、50、A、-180、90，按 Enter 键确定，结果如图 11-3 所示。

2) 单击"默认"选项卡"绘图"面板中的"圆"按钮，以（-200,-100)为圆心，以 30 为半径绘制圆，如图 11-4 所示。

图11-3 绘制多段线   图11-4 绘制圆

3) 单击"默认"选项卡"修改"面板中的"矩形阵列"按钮，阵列对象选择圆，设置为两行两列，设置行间距为 200，列间距 400，结果如图 11-5 所示。

4) 单击"三维工具"选项卡"建模"面板中的"拉伸"按钮，设置拉伸高度为 30。将刚绘制的图形进行拉伸，然后将视图切换到西南等轴测视图，结果如图 11-6 所示。

5) 单击"三维工具"选项卡"实体编辑"面板中的"差集"按钮，将多段线生成的柱体与 4 个圆柱进行差集运算，结果如图 11-7 所示。

6) 单击"三维工具"选项卡"建模"面板中的"长方体"按钮，以{（-130,-150,0)

（130，150，200）}为角点绘制长方体。

图11-5 阵列圆　　　　　　　　　　　图11-6 拉伸处理

7）单击"三维工具"选项卡"建模"面板中的"圆柱体"按钮 ，以底面中心点为（130，0，200），底面半径为150、轴端点为（-130，0，200），绘制一个圆柱体，结果如图 11-8 所示。

图11-7 差集处理　　　　　　　　　　图11-8 绘制长方体和圆柱体

8）单击"三维工具"选项卡"实体编辑"面板中的"并集"按钮，选择长方体和圆柱进行并集运算，结果如图 11-9 所示。

9）单击"三维工具"选项卡"建模"面板中的"圆柱体"按钮，绘制底面中心点为（-130，0，200）、底面半径为80、轴端点为（130，0，200）的圆柱体。

10）单击"三维工具"选项卡"实体编辑"面板中的"差集"按钮，将实体与刚绘制的圆柱体进行差集运算，结果如图 11-10 所示。

图11-9 并集处理　　　　　　　　　　图11-10 差集处理

11）单击"三维工具"选项卡"实体编辑"面板中的"剖切"按钮，命令行提示与操作如下：

命令：_SLICE

选择要剖切的对象：（选择轴环部分）↙

选择要剖切的对象：↙

指定 切面 的起点或 [平面对象(O)/曲面(S)/Z 轴(Z)/视图(V) /XY(XY)/YZ(YZ)/ZX(ZX)/三点(3)] <三

点>：-130,-150,30↙

 指定平面上的第二个点：-130,150,30↙

 指定平面上的第三个点：-50,0,350↙

 在所需的侧面上指定点或 [保留两个侧面(B)] <保留两个侧面>：↙

  12）单击"三维工具"选项卡"实体编辑"面板中的"并集"按钮 ，对图形进行并集运算，结果如图 11-11 所示。

图11-11 剖切及并集处理

11.1.3 倒角

 【执行方式】

 命令行：CHAMFEREDGE。

 菜单栏：选择菜单栏中的"修改"→"实体编辑"→"倒角边"命令。

 工具栏：单击"实体编辑"工具栏中的"倒角边"按钮 。

 功能区：单击"三维工具"选项卡"实体编辑"面板中的"倒角边"按钮 。

 【操作步骤】

 命令行提示与操作如下：

 命令：CHAMFEREDGE↙

 距离 1=0.0000，距离 2=0.0000

 选择一条边或 [环(L)/距离(D)]：

【选项说明】

 （1）选择一条边：选择建模的一条边，此选项为系统的默认选项。选择某一条边以后，该边变成高亮显示的线。

 （2）环(L)：如果选择"环(L)"选项，则对一个面上的所有边建立倒角，命令行继续出现如下提示：

 选择环边或 [边(E)/距离(D)]：（选择环边）

 输入选项 [接受(A)/下一个(N)] <接受>：↙

 选择环边或 [边(E)/距离(D)]：↙

 按 Enter 键接受倒角或 [距离(D)]：↙

 （3）距离(D)：如果选择"距离(D)"选项，则是输入倒角距离。

图 11-12 所示为对长方体倒角的结果。

选择倒角边1　　　　选择一条边倒角结果　　　　选择环倒角结果

图11-12　对长方体倒角

11.1.4　圆角

 【执行方式】

命令行：FILLETEDGE。

菜单栏：选择菜单栏中的"修改"→"三维编辑"→"圆角边"命令。

工具栏：单击"实体编辑"工具栏中的"圆角边"按钮 。

功能区：单击"三维工具"选项卡"实体编辑"面板中的"圆角边"按钮 。

 【操作步骤】

命令行提示与操作如下：

命令：FILLETEDGE✓
半径=1.0000
选择边或 [链(C)/环(L)/半径(R)]：（选择建模上的一条边）✓
已选定 1 条边用于圆角。
按 Enter 键接受圆角或 [半径(R)]：✓

 【选项说明】

选择"链（C）"选项，表示与此边相邻的边都被选中，并进行倒圆角的操作。图 11-13 所示为对实体倒圆角的结果。

选择倒圆角边1　　　　边倒圆角结果　　　　链倒圆角结果

图11-13　对实体倒圆角

📖11.1.5 操作实例——手柄

创建如图 11-14 所示的手柄。

绘制步骤：

1. 设置线框密度

利用"ISOLINES"命令设置线框
密度为 10。

2. 绘制手柄把截面

1）单击"默认"选项卡"绘图"
面板中的"圆"按钮⊙，绘制半径为 13 的圆。

图11-14　手柄

2）单击"默认"选项卡"绘图"面板中的"构造线"按钮⟋，过 $R13$ 圆的圆心绘制竖直与水平辅助线。绘制结果如图 11-15 所示。

3）单击"默认"选项卡"修改"面板中的"偏移"按钮⊆，将竖直辅助线向右偏移 83。

4）单击"默认"选项卡"绘图"面板中的"圆"按钮⊙，捕捉最右边竖直辅助线与水平辅助线的交点，绘制半径为 7 的圆，绘制结果如图 11-16 所示。

图11-15　绘制圆及辅助线

图11-16　绘制圆

5）单击"默认"选项卡"修改"面板中的"偏移"按钮⊆，将水平辅助线向上偏移 13。

6）单击"默认"选项卡"绘图"面板中的"圆"按钮⊙，绘制与 $R7$ 圆及偏移水平辅助线相切，半径为 65 的圆，然后绘制与 $R65$ 圆及 $R13$ 相切，半径为 45 的圆，绘制结果如图 11-17 所示。

7）单击"默认"选项卡"修改"面板中的"修剪"按钮✂，对所绘制的图形进行修剪，修剪结果如图 11-18 所示。

图11-17　绘制相切圆

图11-18　修剪图形

8）单击"默认"选项卡"修改"面板中的"删除"按钮✍，删除辅助线。单击"绘图"工具栏中的"直线"按钮╱，绘制直线。

9）单击"默认"选项卡"绘图"面板中的"面域"按钮◙，选择全部图形创建面域，结果如图 11-19 所示。

327

3. 旋转操作

单击 "三维工具" 选项卡 "建模" 面板中的 "旋转" 按钮，以水平线为旋转轴，旋转创建的面域，生成手柄把，单击 "可视化" 选项卡 "视图" 面板上的 "视图" 下拉菜单中的 "西南等轴测" 按钮◈，将视图切为到西南等轴测视图，结果如图 11-20 所示。

图11-19　创建面域　　　　　　　　　　图11-20　生成手柄把

4. 重新设置坐标系

将视图切换到左视图。在命令行中输入 "UCS" 命令，命令行提示与操作如下：

命令：UCS✓

输入选项[新建(N)/移动(M)/正交(G)/上一个(P)/恢复(R)/保存(S)/删除(D)/应用(A)/?/世界(W)] <世界>：M ✓

指定新原点或 [Z 向深度(Z)] <0,0,0>：（单击 "对象捕捉" 工具栏中的 "捕捉到圆心" 按钮◎）

_cen 于：（捕捉圆心）

5. 创建圆柱

单击 "三维工具" 选项卡 "建模" 面板中的 "圆柱体" 按钮◻，以坐标原点为圆心，创建高为 15、半径为 8 的圆柱体（手柄头部），然后将视图切换为西南等轴测视图，结果如图 11-21 所示。

6. 对手柄头部进行倒角操作

单击 "三维工具" 选项卡 "实体编辑" 面板中的 "倒角边" 按钮◣，命令行提示与操作如下：

命令：_CHAMFEREDGE 距离 1 = 2.0000，距离 2 = 2.0000

选择一条边或 [环(L)/距离(D)]：（选择手柄头部顶面边缘）

选择同一个面上的其他边或 [环(L)/距离(D)]：D✓

指定距离 1 或 [表达式(E)] <2.0000>：2✓

指定距离 2 或 [表达式(E)] <2.0000>：✓

选择同一个面上的其他边或 [环(L)/距离(D)]：✓

按 Enter 键接受倒角或 [距离(D)]：✓

倒角结果如图 11-22 所示。

图11-21　创建手柄头部　　　　　　　　　图11-22　倒角处理

7. 并集运算

单击 "三维工具" 选项卡 "实体编辑" 面板中的 "并集" 按钮◢，将手柄头部与手柄把进行并集运算。

8. 倒圆角操作

单击"三维工具"选项卡"实体编辑"面板中的"圆角边"按钮，命令行提示与操作如下：

命令：_FILLETEDGE

半径 =1.0000

选择边或 [链(C)/环(L)/半径(R)]：（选择手柄头部与手柄把的交线）

选择边或 [链(C)/环(L)/半径(R)]：R↙

选择边或 [链(C)/环(L)/半径(R)]：↙

已选定 1 个边用于圆角↙

按 Enter 键接受圆角或 [半径(R)]：↙

采用同样的方法，设置半径为 1，对手柄把端面圆进行倒圆角处理。

9. 改变视觉样式

单击"视图"选项卡"视觉样式"面板中的"概念"按钮，结果如图 11-14 所示。

11.1.6 三维镜像

 【执行方式】

命令行：MIRROR3D。

菜单栏：选择菜单栏中的"修改"→"三维操作"→"三维镜像"命令。

 【操作步骤】

命令行提示与操作如下：

命令：MIRROR3D↙

选择对象：选择要镜像的对象

选择对象：选择下一个对象或按 Enter 键

指定镜像平面 (三点) 的第一个点或

[对象(O)/最近的(L)/Z 轴(Z)/视图(V)/XY 平面(XY)/YZ 平面(YZ)/ZX 平面(ZX)/三点(3)] <三点>：（按 Enter 键）

在镜像平面上指定第一点：

 【选项说明】

（1）点：输入镜像平面上点的坐标。该选项通过三个点确定镜像平面，是系统的默认选项。

（2）Z 轴（Z）：利用指定的平面作为镜像平面。选择该选项后，命令行提示与操作如下：

在镜像平面上指定点：（输入镜像平面上一点的坐标）

在镜像平面的 Z 轴（法向）上指定点：（输入与镜像平面垂直的任意一条直线上任意一点的坐标）

是否删除源对象？[是（Y）/否（N）] <否>：（根据需要确定是否删除源对象）

（3）视图（V）：指定一个平行于当前视图的平面作为镜像平面。

（4）XY（YZ、ZX）平面：指定一个平行于当前坐标系的 XY（YZ、ZX）平面作为镜像平面。

11.1.7 操作实例——支座

绘制如图 11-23 所示的支座。

绘制步骤：

1）绘制圆柱体。

① 单击"可视化"选项卡"视图"面板中的"西南等轴测"按钮，将视图设置为西南等轴测视图。

② 单击"三维工具"选项卡"建模"面板中的"圆柱体"按钮，绘制底面中心点坐标为（0,0,0）、底面半径分别为 20 和 15，高度为 50 的两个圆柱体，结果如图 11-24 所示。

2）单击"三维工具"选项卡"建模"面板中的"长方体"按钮，绘制角点坐标为（-40,27.5,0）和（40,-27.5,-15）的长方体，结果如图 11-25 所示。

3）单击"可视化"选项卡"视图"面板中的"前视"按钮，将视图切换为前视图，单击"默认"选项卡"绘图"面板中的"直线"按钮，设置水平直线的长度为 15、竖直直线的长度为 25，连接水平直线和竖直直线的端点绘制直线，形成一个封闭的三角形，结果如图 11-26 所示。

图 11-23 支座　　图 11-24 绘制圆柱体　　图 11-25 绘制长方体　　图 11-26 绘制直线

4）单击"默认"选项卡"绘图"面板中的"面域"按钮，将三角形创建为面域。

5）单击"三维工具"选项卡"建模"面板中的"拉伸"按钮，设置拉伸的高度为 7.5，将刚绘制的三角形进行拉伸。

6）单击"可视化"选项卡"视图"面板中的"西南等轴测"按钮，将视图设置为西南等轴测视图。

7）单击"默认"选项卡"修改"面板中的"移动"按钮，以短边中点为基点，向 Z 轴方向移动-3.75，结果如图 11-27 所示。

选择菜单栏中的"修改"→"三维操作"→"三维镜像"命令，镜像图形，命令行提示与操作如下：

```
命令：_MIRROR3D
选择对象：（选择刚绘制的实体）
选择对象：↙
指定镜像平面 (三点) 的第一个点或 [对象(O)/最近的(L)/Z 轴(Z)/视图(V)/XY 平面(XY)/YZ 平面
(YZ)/ZX 平面(ZX)/三点(3)] <三点>：YZ↙
指定 YZ 平面上的点 <0,0,0>：0,0,0↙
是否删除源对象？[是(Y)/否(N)] <否>：↙
```

绘制结果如图 11-28 所示。

8）单击"三维工具"选项卡"实体编辑"面板中的"差集"按钮，在大圆柱体中减去小圆柱体，进行差集操作。

9）单击"三维工具"选项卡"实体编辑"面板中的"并集"按钮，将所有实体进行并集操作。

10）单击"视图"选项卡"视觉样式"面板中的"隐藏"按钮，进行消隐处理，结果如图 11-29 所示。

11）在命令行输入"UCS"，将坐标系转换到世界坐标系。

12）单击"三维工具"选项卡"建模"面板中的"圆柱体"按钮，以（-30,0,15）为底面中心点、半径为5、高度为-15绘制圆柱体。

13）选择菜单栏中的"修改"→"三维操作"→"三维镜像"命令，镜像圆柱体，结果如图 11-30 所示。

图 11-27　绘制拉伸实体并移动　图 11-28　三维镜像实体　图 11-29　消隐处理　图 11-30　三维镜像圆柱体

14）单击"三维工具"选项卡"实体编辑"面板中的"差集"按钮，在大实体中减去4 个小圆柱体，进行差集操作。

15）单击"视图"选项卡"视觉样式"面板中的"概念"按钮，结果如图 11-23 所示。

11.1.8　三维阵列

【执行方式】

命令行：3DARRAY。
工具栏：单击"建模"工具栏中的"三维阵列"按钮。
菜单栏：选择菜单栏中的"修改"→"三维操作"→"三维阵列"命令。

【操作步骤】

命令行提示与操作如下：

> 命令：3DARRAY↙
>
> 选择对象：（选择要阵列的对象）
>
> 选择对象：（选择下一个对象或按 Enter 键）
>
> 输入阵列类型[矩形（R）/环形（P）]<矩形>：

 【选项说明】

（1）矩形（R）：对图形进行矩形阵列复制，该选项是系统的默认选项。选择该选项后，命令行提示与操作如下：

> 输入行数（---）<1>：（输入行数）
>
> 输入列数（|||）<1>：（输入列数）
>
> 输入层数（…）<1>：（输入层数）
>
> 指定行间距（---）：（输入行间距）
>
> 指定列间距（|||）：（输入列间距）
>
> 指定层间距（…）：（输入层间距）

（2）环形（P）：对图形进行环形阵列复制。选择该选项后，命令行提示与操作如下：

> 输入阵列中的项目数目：（输入阵列的数目）
>
> 指定要填充的角度（+=逆时针，−=顺时针）<360>：（）输入环形阵列的圆心角
>
> 旋转阵列对象？[是（Y）/否(N)]< Y >：（确定阵列上的每一个图形是否根据旋转轴线的位置进行旋转）
>
> 指定阵列的中心点：（输入旋转轴线上一点的坐标）
>
> 指定旋转轴上的第二点：（输入旋转轴线上另一点的坐标）

如图 11-31 所示为 3 层、3 行、3 列间、距分别为 300 的圆柱的矩形阵列，图 11-32 所示为圆柱的环形阵列。

图11-31　圆柱的矩形阵列　　　　　　　图11-32　圆柱的环形阵列

11.1.9　操作实例——压紧套

绘制如图 11-33 所示的压紧套。

图11-33　压紧套

绘制步骤：

（1）设置线框密度。单击"视图"选项卡"视图"面板中的"西南等轴测"按钮 ，将视图切换为西南等轴测视图。在命令行中输入"ISOLINES"，设置线框密度为10。

（2）绘制压紧套实体。

1）绘制多段线。单击"默认"选项卡"绘图"面板中的"多段线"按钮 ，按命令行提示依次输入（0，0）、（12，0）、（@1，0.75）、（@-1，0.75）、（@-12，0）和C，绘制多线段，结果如图 11-34 所示。

2）旋转多段线。单击"三维工具"选项卡"建模"面板中的"旋转"按钮 ，将刚绘制的多段线绕 Y 轴旋转一周，结果如图 11-35 所示。

图11-34　绘制多段线

图11-35　旋转图形

3）阵列旋转后的实体。选择菜单栏中的"修改"→"三维操作"→"三维阵列"命令，命令行提示和操作如下：

```
命令：3DARRAY↙
选择对象：（选择旋转后的图形）
选择对象：↙
输入阵列类型[矩形（R）/环形（P）]<矩形>：↙
输入行数（---）<1>：7↙
输入列数（|||）<1>：↙
输入层数（…）<1>：↙
指定行间距（---）：1.5↙
```

消隐后的结果如图 11-36 所示。

4）绘制圆柱体。单击"三维工具"选项卡"建模"面板中的"圆柱体"按钮，绘制底面圆心为 $(0,10.5,0)$、半径为 12、轴端点为 $(0,14.5,0)$ 的圆柱体。

5）并集处理。单击"三维工具"选项卡"实体编辑"面板中的"并集"按钮，将视图中所有的图形进行并集处理，结果如图 11-37 所示。

图11-36　阵列处理　　　　　　　　　　图11-37　并集处理

（3）绘制压紧套细部特征。

1）绘制长方体。单击"三维工具"选项卡"建模"面板中的"长方体"按钮，采用两角点模式，创建两角点的坐标分别为 $(-15,0,-1.5)$，$(@30,3,3)$ 的长方体。消隐后的结果如图 11-38 所示。

2）差集处理。单击"三维工具"选项卡"实体编辑"面板中的"差集"按钮，将并集后的图形与长方体进行差集处理，结果如图 11-39 所示。

3）绘制圆柱体。单击"三维工具"选项卡"建模"面板中的"圆柱体"按钮，以原点坐标为底面圆心，创建直径为 16、轴端点为 $(@0,5,0)$ 的圆柱体。继续单击"圆柱体"按钮，以原点坐标为底面圆心，创建直径为 14、轴端点为 $(@0,10,0)$ 的圆柱体。

4）差集处理。单击"三维工具"选项卡"实体编辑"面板中的"差集"按钮，将并集后的图形与刚绘制的两个圆柱体进行差集处理，结果如图 11-40 所示。

图11-38　绘制长方体　　　　　　　　　图11-39　差集处理

5）调整视图方向。选择菜单栏中的"视图"→"动态观察"→"自由动态观察"命令，将视图调整到合适的位置，结果如图 11-41 所示。

图11-40　差集处理　　　　　　　　　　图11-41　调整视图方向

11.1.10 三维移动

【执行方式】

命令行：3DMOVE。

工具栏：单击"建模"工具栏中的"三维移动"按钮⊕。

菜单栏：选择菜单栏中的"修改"→"三维操作"→"三维移动"命令。

【操作步骤】

命令行提示与操作如下：

命令：3DMOVE✓

选择对象：找到 1 个

选择对象：✓

指定基点或 [位移(D)] <位移>：（指定基点）

指定第二个点或 <使用第一个点作为位移>：（指定第二点）

其操作方法与二维移动命令类似，如图 11-42 所示为将滚珠从轴承中移出的情形。

图11-42 三维移动

11.1.11 操作实例——角架

绘制如图 11-43 所示的角架。

图11-43 角架

绘制步骤：

1) 建立新文件。启动 AutoCAD 2024，使用默认绘图环境。单击快速访问工具栏中的"新建"按钮□，打开"选择样板"对话框，以"无样板打开-公制（M）"方式建立新文件，将新文件命名为"带轮立体图.dwg"并保存。

2) 设置线框密度。在命令行中输入"ISOLINES"命令，设置系统变量值为 10（默认值为8）。

3) 设置视图方向。单击"可视化"选项卡"视图"面板中的"西南等轴测"按钮◈，将切换为西南等轴测视图。

4）绘制长方体。单击"三维工具"选项卡"建模"面板中的"长方体"按钮▢，指定角点坐标为（0,0,0）和（100,-50,5），绘制长方体，结果如图 11-44 所示。

5）绘制长方体。单击"三维工具"选项卡"建模"面板中的"长方体"按钮▢，指定角点坐标为（0,0,5）和（5,-50,30），绘制长方体，结果如图 11-45 所示。

图 11-44　绘制长方体　　　　　　图 11-45　绘制长方体

6）移动实体。选择菜单栏中的"修改"→"三维操作"→"三维移动"命令，将刚绘制的长方体沿 X 轴方向从点 1 移动到点 2。命令行提示与操作如下：

命令：3DMOVE✓

选择对象：（选择刚绘制的长方体）

选择对象：✓

指定基点或 [位移(D)] <位移>：（选择点 1）

指定第二个点或 <使用第一个点作为位移>：（选择点 2）

7）设置视图方向。单击"可视化"选项卡"视图"面板中的"前视"按钮▢，将视图切换为前视图。

8）单击"默认"选项卡"绘图"面板中的"直线"按钮╱，以长方体最上侧的左角点向下偏移 2 为起点，下面边长为 70，绘制直线，形成封闭的三角形，如图 11-46 所示。

9）单击"默认"选项卡"绘图"面板中的"面域"按钮▢，将三角形创建为面域。

10）单击"三维工具"选项卡"建模"面板中的"拉伸"按钮▢，拉伸的高度为 5，将刚绘制的三角形进行拉伸。

11）设置视图方向。单击"可视化"选项卡"视图"面板中的"西南等轴测"按钮✿，将视图切换为西南等轴测视图。

12）绘制圆柱体。单击"三维工具"选项卡"建模"面板中的"圆柱体"按钮▢，绘制以（30，-15，0）为圆心、半径为 2.5、高为 5 的圆柱体 1。接着绘制以（25，-17.5，0）为圆心、半径为 2.5、高为 5 的圆柱体 2，结果如图 11-47 所示。

13）选择菜单栏中的"修改"→"三维操作"→"三维镜像"命令，镜像圆柱体。命令行提示与操作如下：

命令：_MIRROR3D

选择对象：（选择圆柱体 1 和圆柱体 2）

指定镜像平面 (三点) 的第一个点或 [对象(O)/最近的(L)/Z 轴(Z)/视图(V)/XY 平面(XY)/YZ 平面(YZ)/ZX 平面(ZX)/三点(3)] <三点>：（选择长方体左侧短边上的上侧的中点）

在镜像平面上指定第二点：（选择长方体左侧短边上的下侧的中点）

在镜像平面上指定第三点：（选择长方体右侧短边上的下侧的中点）

是否删除源对象？[是(Y)/否(N)] <否>：✓

14）设置坐标系。在命令行中输入"UCS"命令，将坐标系绕 Y 轴旋转 90°。

15）绘制圆柱体。单击"三维工具"选项卡"建模"面板中的"圆柱体"按钮⬭，绘制以（−15，−15，95）为圆心、半径为 2.5、高为 5 的圆柱体 3，接着绘制以（−15，−35，95）为圆心、半径为 2.5、高为 5 的圆柱体 4，结果如图 11-48 所示。

图 11-46　绘制三角形　　　　　图 11-47　绘制圆柱体　　　　图 11-48　绘制圆柱体

16）差集运算 1。单击"三维工具"选项卡"实体编辑"面板中的"差集"按钮⬭，对圆柱体 1 和圆柱体 2 与大长方体进行差集运算，将圆柱体 3 和圆柱体 4 与小长方体进行差集运算。

17）单击"三维工具"选项卡"实体编辑"面板中的"并集"按钮⬭，将所有实体进行并集运算。

18）改变视觉样式。单击"视图"选项卡"视觉样式"面板中的"概念"按钮⬭，结果如图 11-43 所示。

📖11.1.12　三维旋转

 【执行方式】

命令行：3DROTATE。

工具栏：单击"建模"工具栏中的"三维旋转"按钮⊕。

菜单栏：选择菜单栏中的"修改"→"三维操作"→"三维旋转"命令。

 【操作步骤】

命令行提示与操作如下：

命令：3DROTATE✓

UCS 当前的正角方向：ANGDIR=逆时针　　ANGBASE=0

选择对象：（选择一个滚珠）

选择对象：✓

指定基点：（指定圆心位置）

拾取旋转轴：（选择图 11-49 中的 Y 轴）

指定角的起点或键入角度：（选择图 11-49 中的中心点）

指定角的端点：（指定另一点）

旋转结果如图 11-50 所示。

图11-49　指定旋转轴

图11-50　旋转结果

11.1.13　操作实例——阀杆

本例设计的阀杆如图 11-51 所示，主要应用创建圆柱体命令（CYLINDER）、球体命令（SPHERE）、长方体命令（BOX）、三维旋转命令（3DROTATE）、倒角命令（CHAMFER），以及布尔运算的差集命令（SUBTRACT）和并集命令（UNION）等来完成图形的绘制。

图11-51　阀杆

绘制步骤：

（1）设置线框密度。在命令行中输入"ISOLINES"，设置线框密度为10。单击"视图"选项卡"视图"面板中的"西南等轴测"按钮，将视图切换为西南等轴测视图。

（2）设置用户坐标系。

命令：UCS ↙

当前 UCS 名称：*世界*

UCS 的原点或 [面(F)/命名(NA)/对象(OB)/上一个(P)/视图(V)/世界(W)/X/Y/Z/Z 轴(ZA)] <世界>：X
↙

指定绕 X 轴的旋转角度 <90>：↙

（3）绘制阀杆主体。

1）创建圆柱体。单击"三维工具"选项卡"建模"面板中的"圆柱体"按钮，采用指定底面圆心点、底面半径和高度的模式，绘制以原点为圆心、底面半径为 7、高度为 14 的圆柱体。继续在该圆柱体上依次创建一个直径为 14、高为 24 的圆柱体和两个直径为 18、高为5 的圆柱体，结果如图 11-52 所示。

2）创建球。单击"三维工具"选项卡"建模"面板中的"球体"按钮，以点(0, 0, 30)

为圆心，绘制半径为 20 的球体，结果如图 11-53 所示。

图11-52 创建圆柱体

图11-53 创建球

3）将视图切换到左视图。单击"三维工具"选项卡"实体编辑"面板中的"剖切"按钮，选取球及右部直径为 18 的圆柱，以 ZX 为剖切面，分别指定剖切面上的点为（0，4.25）和（0，-4.25），对实体进行对称剖切，保留实体中部，结果如图 11-54 所示。

图11-54 剖切后的实体

4）剖切球。单击"三维工具"选项卡"实体编辑"面板中的"剖切"按钮，选取球，以 YZ 为剖切面，指定剖切面上的点为（48，0），对球进行剖切，保留球的右部，结果如图 11-55 所示。

（4）绘制细部特征。

1）对左端 $\phi14$ 圆柱体进行倒角操作。单击"视图"选项卡"视图"面板中的"西南等轴测"按钮，将视图切换为西南等轴测视图。单击"默认"选项卡"修改"面板中的"倒角"按钮，对阀杆边缘进行倒角操作，结果如图 11-56 所示。命令行提示与操作如下：

> 命令：CHAMFER ✓
> （"修剪：模式" 当前倒角距离 1=0.0000，距离 2=0.0000）
> 选择第一条直线或 [多段线(P)/距离(D)/角度(A)/修剪(T)/方式(M)/多个(U)]：（选择阀杆边缘）
> 基面选择...
> 输入曲面选择选项 [下一个(N)/当前(OK)] <当前 OK >：N✓
> 输入曲面选择选项 [下一个(N)/当前(OK)] <当前(OK)>：✓
> 指定基面倒角距离或 [表达式(E)]：3.0✓
> 指定其他曲面倒角距离或 [表达式(E)] <3.0000>：2✓
> 选择边或 [环(L)]：（选择左端 $\phi14$ 圆柱左端面）
> 选择边或 [环(L)]：✓（完成倒角操作）

2）创建长方体。将视图切换为后视图。单击"三维工具"选项卡"建模"面板中的"长方体"按钮，采用角点、长度的模式，绘制以坐标 (0,0,-7) 为中心、长度为 11、宽度为 11、高度为 14 的长方体，结果如图 11-57 所示。

3）旋转长方体。选择菜单栏中的"修改"→"三维操作"→"三维旋转"命令，命令行提示与操作如下：

命令：3DROTATE↙

UCS 当前的正角方向： ANGDIR=逆时针　ANGBASE=0

选择对象：（选择刚绘制的长方体）

选择对象：↙

指定基点：指定坐标原点

拾取旋转轴：选择图 11-57 中的 Z 轴（垂直于图上纸面方向）

指定角的起点或键入角度：45↙

结果如图 11-58 所示。

图 11-55　剖切球

图 11-56　倒角处理

图 11-57　创建长方体

图 11-58　旋转长方体

4）交集运算。首先单击"视图"选项卡"视图"面板中"西南等轴测"按钮，将视图切换为西南等轴测视图，单击"三维工具"选项卡"实体编辑"面板中的"交集"按钮，将 ϕ14 圆柱体与长方体进行交集运算。

5）并集运算。单击"三维工具"选项卡"实体编辑"面板中的"并集"按钮，将全部实体进行并集运算。单击"视图"选项卡"视觉样式"面板中的"隐藏"按钮，进行消隐处理，结果如图 11-59 所示。

图 11-59　消隐后的实体

11.2　综合演练——绘制手压阀阀体

本实例绘制的手压阀阀体如图 11-60 所示。本实例主要利用前面学习的拉伸、圆柱体、扫掠、圆角等命令来绘制手压阀阀体。

图 11-60　手压阀阀体

11.2.1　创建基本形体

1）建立新文件。单击菜单栏中的"文件"→"新建"命令，弹出"选择样板"对话框，单击"打开"按钮右侧的下拉按钮，以"无样板打开-公制（M）"方式建立新文件，将新文件命名为"阀体.dwg"并保存。

2）设置线框密度。默认值是 4，更改设定值为 10。

3）创建拉伸实体。

① 单击"默认"选项卡"绘图"面板中的"圆弧"按钮，在坐标原点处绘制半径为25，角度为 180 的圆弧。

② 单击"默认"选项卡"绘图"面板中的"直线"按钮，绘制长度为 25 和 50 的直线。结果如图 11-61 所示。

③ 单击"默认"选项卡"绘图"面板中的"面域"按钮，将绘制好的图形创建成面域。

④ 单击"可视化"选项卡"视图"面板中的"西南等轴测"按钮，将视图切换为西南

等轴测视图。单击"三维工具"选项卡"建模"面板中的"拉伸"按钮，拉伸距离为113，将刚创建的面域进行拉伸处理，结果如图11-62所示。

图 11-61　绘制圆弧和直线　　　　　图 11-62　拉伸实体

4）创建圆柱体。

① 单击"可视化"选项卡"视图"面板中的"东北等轴测"按钮，将视图切换为东北等轴测视图。

② 在命令行中输入"UCS"命令，将坐标系绕 Y 轴旋转 90º。

③ 单击"三维工具"选项卡"建模"面板中的"圆柱体"按钮，以坐标点（-35,0,0）为底面圆心，绘制半径为15、高为58的圆柱体，结果如图11-63所示。

④ 在命令行中输入"UCS"命令，将坐标原点移动到坐标点（-70,0,0），并将坐标系绕 Z 轴旋转 -90º。

⑤ 切换视图方向。选择菜单栏中的"视图"→"三维视图"→"平面视图"→"当前 UCS"命令，将视图切换到当前坐标系。

⑥ 单击"默认"选项卡"绘图"面板中的"圆弧"按钮，绘制坐标原点为圆心、半径为20、角度为180的圆弧。

⑦ 单击"默认"选项卡"绘图"面板中的"直线"按钮，绘制长度为20和40的直线。绘制的截面如图11-64所示。

⑧ 单击"默认"选项卡"绘图"面板中的"面域"按钮，将绘制好的图形创建成面域。

⑨ 单击"可视化"选项卡"视图"面板中的"西南等轴测"按钮，将视图切换为西南等轴测视图。单击"三维工具"选项卡"建模"面板中的"拉伸"按钮，设置拉伸距离为-60，将步骤⑧创建的面域进行拉伸处理，结果如图11-65所示。

5）创建长方体。

① 在命令行中输入"UCS"命令，将坐标系绕 X 轴旋转 180º，并将坐标原点移动到点（0,20,25）处。

② 单击"三维工具"选项卡"建模"面板中的"长方体"按钮，绘制长方体。命令行中的提示与操作如下：

```
命令：_BOX
指定第一个角点或 [中心(C)]: 15,0,0✓
指定其他角点或 [立方体(C)/长度(L)]: L✓
指定长度: 30✓
指定宽度: 38✓
```

指定高度或 [两点(2P)] <60.0000>：24✓

结果如图 11-66 所示。

图 11-63 创建圆柱体　图 11-64 绘制断面　　　图 11-65 拉伸实体　　　图 11-66 创建长方体

6）创建圆柱体。

① 在命令行中输入"UCS"命令，将坐标系绕 Y 轴旋转 90°。

② 单击"三维工具"选项卡"建模"面板中的"圆柱体"按钮，以坐标点（-12,38,-15）为底面圆心，绘制半径为 12，高度为 30 的圆柱体，结果如图 11-67 所示。

7）布尔运算。单击"三维工具"选项卡"实体编辑"面板中的"并集"按钮，将视图中所有实体进行并集运算，消隐后的结果如图 11-68 所示。

8）创建长方体。单击"三维工具"选项卡"建模"面板中的"长方体"按钮，绘制角点坐标为（0,0,7）、长为 24、宽为 50、高为-14 的长方体，结果如图 11-69 所示。

9）布尔运算。单击"三维工具"选项卡"实体编辑"面板中的"差集"按钮，在视图中减去长方体，消隐后的结果如图 11-70 所示。

图 11-67 创建圆柱体　图 11-68 并集处理　　图 11-69 创建长方体　　图 11-70 差集处理

10）创建圆柱体。单击"三维工具"选项卡"建模"面板中的"圆柱体"按钮，以坐标点（-12,38,-15）为底面圆心，绘制半径为 5，高度为 30 的圆柱体，消隐后的结果如图 11-71 所示。

11）布尔运算。单击"三维工具"选项卡"实体编辑"面板中的"差集"按钮，在视图中减去圆柱体，消隐后的结果如图 11-72 所示。

11.2.2 创建细节特征

1）创建长方体。单击"三维工具"选项卡"建模"面板中的"长方体"按钮，绘制角点坐标为（0,26,9）、长为 24、宽为 24、高为 - 18 的长方体，结果如图 11-73 所示。

2）布尔运算。单击"三维工具"选项卡"实体编辑"面板中的"差集"按钮，在视图中减去长方体，消隐后的结果如图 11-74 所示。

3）创建旋转体。

① 在命令行中输入"UCS"命令，将坐标系恢复为世界坐标系。

② 选择菜单栏中的"视图"→"三维视图"→"前视"命令，将视图切换为前视图。

③ 单击"默认"选项卡"绘图"面板中的"直线"按钮 ∕、"修改"面板中的"偏移"按钮 ⊆ 和"修改"面板中的"修剪"按钮 ∜，绘制一系列直线。绘制的截面如图 11-75 所示。

图 11-71　创建圆柱体　　图 11-72　差集处理　　图 11-73　创建长方体　　图 11-74　差集处理

④ 单击"默认"选项卡"绘图"面板中的"面域"按钮 ⊙，将绘制好的图形创建成面域。

⑤ 单击"可视化"选项卡"视图"面板中的"东北等轴测"按钮 ◈，将视图切换为东北等轴测视图。

⑥ 单击"三维工具"选项卡"建模"面板中的"旋转"按钮 ◉，将刚创建的面域绕 Y 轴进行旋转，结果如图 11-76 所示。

4）布尔运算。单击"三维工具"选项卡"实体编辑"面板中的"差集"按钮 ⌐，将旋转体进行差集处理，结果如图 11-77 所示。

图 11-75　绘制截面　　　　　　图 11-76　旋转处理　　　图 11-77　差集处理

5）创建旋转体。

① 在命令行中输入"UCS"命令，将坐标系恢复为世界坐标系。

② 选择菜单栏中的"视图"→"三维视图"→"前视"命令，将视图切换为前视图。

③ 单击"默认"选项卡"绘图"面板中的"直线"按钮 ∕、"修改"面板中的"偏移"按钮 ⊆ 和"修改"面板中的"修剪"按钮 ∜，绘制一系列直线。绘制的截面如图 11-78 所示。

④ 单击"默认"选项卡"绘图"面板中的"面域"按钮 ⓞ，将绘制好的图形创建成面域。

⑤ 单击"可视化"选项卡"视图"面板中的"西南等轴测"按钮 ◈，将视图切换为西南等轴测视图。

⑥ 在命令行中输入"UCS"命令，在如图 11-79 所示的位置建立新坐标系。

⑦ 单击"三维工具"选项卡"建模"面板中的"旋转"按钮 ◉，将刚创建的面域绕 X 轴进行旋转，结果如图 11-80 所示。

6）布尔运算。

① 单击"可视化"选项卡"视图"面板中的"东北等轴测"按钮 ◈，将视图切换为东北等轴测视图。

② 单击"三维工具"选项卡"实体编辑"面板中的"差集"按钮 ⓟ，将旋转体进行差集处理，结果如图 11-81 所示。

图 11-78 绘制截面　　图 11-79 建立新坐标系　　图 11-80 旋转处理　　图 11-81 差集处理

7）创建旋转体。

① 在命令行中输入"UCS"命令，将坐标系恢复为世界坐标系。

② 选择菜单栏中的"视图"→"三维视图"→"前视"命令，将视图切换到前视图。

③ 单击"默认"选项卡"绘图"面板中的"直线"按钮 ／、"修改"面板中的"偏移"按钮 ⓒ 和"修改"面板中的"修剪"按钮 ⅞，绘制一系列直线。

④ 单击"默认"选项卡"绘图"面板中的"面域"按钮 ⓞ，将绘制好的图形创建成面域，结果如图 11-82 所示。

⑤ 单击"可视化"选项卡"视图"面板中的"西南等轴测"按钮 ◈，将视图切换为西南等轴测视图。

⑥ 在命令行中输入"UCS"命令，在如图 11-83 所示的位置建立新坐标系。

⑦ 单击"三维工具"选项卡"建模"面板中的"旋转"按钮 ◉，将刚创建的面域绕 X 轴进行旋转，结果如图 11-84 所示。

图 11-82 创建成面域　　图 11-83 建立新坐标系　　图 11-84 旋转处理

8）布尔运算。单击"三维工具"选项卡"实体编辑"面板中的"差集"按钮 ⬤，将旋转体进行差集处理。结果如图11-85所示。

9）创建圆柱体。

① 在命令行中输入"UCS"命令，将坐标系恢复为世界坐标系。

② 在命令行中输入"UCS"命令，将坐标原点移动到点（0，0，113）。

③ 选择菜单栏中的"视图"→"三维视图"→"平面视图"→"当前UCS"命令，将视图切换到当前坐标系。

④ 单击"默认"选项卡"绘图"面板中的"圆"按钮 ⊙，以坐标原点为圆心，半径为20和25的圆。

⑤ 单击"默认"选项卡"绘图"面板中的"直线"按钮 ╱，过中心点绘制一条竖直直线。

⑥ 单击"默认"选项卡"修改"面板中的"修剪"按钮 ✂，修剪多余的线段。绘制的截面如图11-86所示。

⑦ 单击"默认"选项卡"绘图"面板中的"面域"按钮 ▣，将绘制的图形创建成面域。

⑧ 单击"可视化"选项卡"视图"面板中的"东北等轴测"按钮 ⬙，将视图切换为东北等轴测视图。单击"三维工具"选项卡"建模"面板中的"拉伸"按钮 ◫，设置拉伸距离为 - 23，将刚创建的面域进行拉伸处理，消隐后的结果如图11-87所示。

10）布尔运算。单击"三维工具"选项卡"实体编辑"面板中的"差集"按钮 ⬤，在视图中用实体减去拉伸体。单击"可视化"选项卡"视图"面板中的"东北等轴测"按钮 ⬙，将视图切换为东北等轴测视图。消隐后结果如图11-88所示。

图11-85 差集处理　　图11-86 绘制截面　　图11-87 拉伸处理　　图11-88 差集处理

11）创建加强筋。

① 在命令行中输入"UCS"命令，将坐标系恢复为世界坐标系。选择菜单栏中的"视图"→"三维视图"→"前视"命令，将视图切换为前视图。

② 单击"默认"选项卡"绘图"面板中的"直线"按钮 ╱、"修改"面板中的"偏移"按钮 ⊏和"修改"面板中的"修剪"按钮 ✂，绘制截面，结果如图11-89所示。单击"默认"选项卡"绘图"面板中的"面域"按钮 ▣，将绘制的图形创建成面域。

③ 单击"可视化"选项卡"视图"面板中的"西南等轴测"按钮 ⬦，将视图切换为西南等轴测视图。单击"三维工具"选项卡"建模"面板中的"拉伸"按钮 ◫，设置拉伸高度为3，将上步创建的面域进行拉伸处理，结果如图11-90所示。

④ 在命令行中输入"UCS"命令，将坐标系恢复为世界坐标系。

⑤ 选择菜单栏中的"修改"→"三维操作"→"三维镜像"命令，将拉伸的实体进行镜像，命令行中的提示与操作如下：

命令：_MIRROR3D

选择对象：找到 1 个（选取刚拉伸的实体）

选择对象：↙

指定镜像平面（三点）的第一个点或[对象(O)/最近的(L)/Z 轴(Z)/视图(V)/XY 平面(XY)/YZ 平面(YZ)/ZX 平面(ZX)/三点(3)] <三点>：0,0,0↙

在镜像平面上指定第二点：0,0,10↙

在镜像平面上指定第三点：10,0,0↙

是否删除源对象？[是(Y)/否(N)] <否>：↙

结果如图 11-91 所示。

12）布尔运算。单击"三维工具"选项卡"实体编辑"面板中的"并集"按钮，将视图中的全部实体进行并集处理，结果如图 11-92 所示。

图 11-89　绘制截面　　图 11-90　拉伸处理　　　图 11-91　镜像实体　　　图 11-92　并集处理

13）创建倒角。单击"三维工具"选项卡"实体编辑"面板中的"倒角边"按钮，设置倒角距离为 1.5 和 1，对实体孔处进行倒角，结果如图 11-93 所示。

11.2.3　创建螺纹

1）在命令行中输入"UCS"命令，将坐标系恢复到世界坐标系。

2）单击"默认"选项卡"绘图"面板中的"螺旋"按钮，创建螺旋线。命令行提示与操作如下：

命令：_HELIX

圈数 = 3.0000　　　扭曲=CCW

指定底面的中心点：0,0,-2↙

指定底面半径或 [直径(D)] <11.0000>：17.5↙

指定顶面半径或 [直径(D)] <11.0000>：17.5↙

指定螺旋高度或 [轴端点(A)/圈数(T)/圈高(H)/扭曲(W)] <1.0000>：H↙

指定圈间距 <0.2500>：0.58↙

指定螺旋高度或 [轴端点(A)/圈数(T)/圈高(H)/扭曲(W)] <1.0000>：15↙

结果如图 11-94 所示。

3）选择菜单栏中的"视图"→"三维视图"→"前视"命令，将视图切换为前视图。

4）单击"默认"选项卡"绘图"面板中的"直线"按钮，在图形中绘制截面，结果如图 11-95 所示，单击"默认"选项卡"绘图"面板中的"面域"按钮，将截面创建成面域。

5）扫掠形成实体。单击"可视化"选项卡"视图"面板中的"西南等轴测"按钮，将视图切换为西南等轴测视图。单击"三维工具"选项卡"建模"面板中的"扫掠"按钮，命令行中的提示与操作如下：

命令：_SWEEP
当前线框密度： ISOLINES=4，闭合轮廓创建模式 = 实体
选择要扫掠的对象或 [模式(MO)]：（选择三角牙型轮廓）
选择要扫掠的对象或 [模式(MO)]：✓
选择扫掠路径或 [对齐(A)/基点(B)/比例(S)/扭曲(T)]：（选择螺纹线）

结果如图 11-96 所示。

图 11-93　倒角处理　　　图 11-94　创建螺旋线　　　图 11-95　绘制截面　　　图 11-96　扫掠实体

6）布尔运算。单击"三维工具"选项卡"实体编辑"面板中的"差集"按钮，从主体中减去刚绘制的扫掠体，结果如图 11-97 所示。

7）在命令行中输入"UCS"命令，将坐标系恢复到世界坐标系。在命令行中输入"UCS"命令，将坐标原点移动到点（0,0,113）。

8）单击"默认"选项卡"绘图"面板中的"螺旋"按钮，创建底面中心坐标为（0,0,2）、底面半径和顶面半径都为 11.5、圈间距为 0.58、螺旋高度为 -13 的螺旋线。结果如图 11-98 所示。

9）选择菜单栏中的"视图"→"三维视图"→"左视"命令，将视图切换为左视图。

10）单击"默认"选项卡"绘图"面板中的"直线"按钮，在图形中绘制截面，结果如图 11-99 所示。单击"默认"选项卡"绘图"面板中的"面域"按钮，将截面创建成面域。

图 11-97　差集处理　　　　　　图 11-98　创建螺旋线　　　　　　图 11-99　绘制截面

11）扫掠形成实体。单击"可视化"选项卡"视图"面板中的"西南等轴测"按钮，将视图切换为西南等轴测视图。单击"三维工具"选项卡"建模"面板中的"扫掠"按钮，以三角牙型轮廓为扫掠对象、螺旋线为扫掠路径进行扫掠，结果如图 11-100 所示。

12）布尔运算。单击"三维工具"选项卡"实体编辑"面板中的"差集"按钮，从主

体中减去刚绘制的扫掠体，结果如图 11-101 所示。

13）在命令行中输入"UCS"命令，将坐标系恢复到世界坐标系。

在命令行中输入"UCS"命令，在如图 11-102 所示的位置建立新坐标系。

14）单击"默认"选项卡"绘图"面板中的"螺旋"按钮，创建底面中心坐标为（0, 0, -2）、底面半径和顶面半径都为 7.5、圈间距为 0.58、螺旋高度为 22.5 的螺旋线，结果如图 11-103 所示。

图 11-100　扫掠实体　　图 11-101　差集处理　　图 11-102　建立新坐标系　　图 11-103　创建螺旋线

15）选择菜单栏中的"视图"→"三维视图"→"前视"命令，将视图切换为前视图。

16）单击"默认"选项卡"绘图"面板中的"直线"按钮，在图形中绘制截面图，结果如图 11-104 所示。单击"默认"选项卡"绘图"面板中的"面域"按钮，将截面创建成面域。

17）扫掠形成实体。单击"可视化"选项卡"视图"面板中的"西南等轴测"按钮，将视图切换为西南等轴测视图。单击"三维工具"选项卡"建模"面板中的"扫掠"按钮，以三角牙型轮廓为扫掠对象、螺旋线为扫掠路径进行扫掠，结果如图 11-105 所示。

18）布尔运算。单击"三维工具"选项卡"实体编辑"面板中的"差集"按钮，从主体中减去刚绘制的扫掠体，结果如图 11-106 所示。

19）在命令行中输入"UCS"命令，将坐标系恢复到世界坐标系。

20）单击"可视化"选项卡"视图"面板中的"东北等轴测"按钮，将视图切换为东北等轴测视图。

21）在命令行中输入 UCS 命令，在如图 11-107 所示的位置建立新坐标系。

图 11-104　绘制截面　　图 11-105　扫掠实体　　图 11-106　差集处理　　图 11-107　建立新坐标系

22）单击"默认"选项卡"绘图"面板中的"螺旋"按钮，创建底面中心坐标为（0, 0, -2）、底面半径和顶面半径都为 7.5、圈间距为 0.58、螺旋高度为 22 的螺旋线，结果如图 11-108 所示。

23）单击"可视化"选项卡"视图"面板中的"俯视"按钮，将视图切换为俯视图。

24）单击"默认"选项卡"绘图"面板中的"直线"按钮 ╱，在图形中绘制截面图，结果如图 11-109 所示。单击"默认"选项卡"绘图"面板中的"面域"按钮 ▣，将截面创建成面域。

25）扫掠形成实体。单击"可视化"选项卡"视图"面板中的"西南等轴测"按钮 ◈，将视图切换为西南等轴测视图。单击"三维工具"选项卡"建模"面板中的"扫掠"按钮 🗐，以三角牙型轮廓为扫掠对象、螺旋线为扫掠路径进行扫掠，结果如图 11-110 所示。

26）布尔运算。单击"三维工具"选项卡"实体编辑"面板中的"差集"按钮 ◰，从主体中减去刚绘制的扫掠体，结果如图 11-111 所示。

图 11-108　创建螺旋线　　　图 11-109　绘制截面　　　图 11-110　扫掠实体　　　图 11-111　差集处理

27）单击"三维工具"选项卡"实体编辑"面板中的"圆角边"按钮 ◖，设置半径为 2，对棱角进行倒圆角，结果如图 11-60 所示。

11.3　动手练一练

【实例1】创建如图 11-112 所示的三通管

1. 目的要求
三维图形具有形象逼真的优点，但是三维图形的创建比较复杂，需要读者掌握较多的知识。本例要求读者熟悉创建三维模型的步骤，掌握创建三维模型的技巧。

2. 操作提示
1）创建 3 个圆柱体。
2）镜像和旋转圆柱体。
3）圆角处理。

【实例2】创建如图 11-113 所示的轴

1. 目的要求
轴是最常见的机械零件。本例需要创建的轴集中了很多典型的机械结构型式，如轴体、孔、轴肩、键槽、螺纹、退刀槽、倒角等，因此需要用到的三维命令也比较多。通过本例的绘图练习，可以使读者进一步熟悉三维绘图的技能。

2. 操作提示
1）顺次创建直径不等的 4 个圆柱。
2）对 4 个圆柱进行并集处理。

3）转换视角，绘制圆柱孔。

4）镜像并拉伸圆柱孔。

5）对轴体和圆柱孔进行差集处理。

6）采用同样的方法创建键槽结构。

7）创建螺纹结构。

8）对轴体进行倒角处理。

9）渲染处理。

图11-112 三通管

图11-113 轴

第12章

实体编辑与渲染

对实体模型进行编辑是 AutoCAD 2024 强大的三维造型功能的重要体现。对三维造型进行颜色、材质、灯光等处理可以增强三维造型的真实效果。本章主要介绍了三维实体的编辑和渲染处理等知识。

重点与难点

- 熟练掌握实体编辑
- 学习实体渲染处理技巧

12.1 编辑实体

 ### 12.1.1　拉伸面

 【执行方式】

命令行：SOLIDEDIT。

菜单栏：选择菜单栏中的"修改"→"实体编辑"→"拉伸面"命令。

工具栏：单击"实体编辑"工具栏中的"拉伸面"按钮。

功能区：单击"三维工具"选项卡"实体编辑"面板中的"拉伸面"按钮。

 【操作步骤】

命令行提示与操作如下：

命令：_SOLIDEDIT

实体编辑自动检查：SOLIDCHECK=1

输入实体编辑选项 [面(F)/边(E)/体(B)/放弃(U)/退出(X)] <退出>：_FACE

输入面编辑选项[拉伸(E)/移动(M)/旋转(R)/偏移(O)/倾斜(T)/删除(D)/复制(C)/颜色(L)/材质(A)/放弃(U)/
退出(X)] <退出>：_EXTRUDE

选择面或 [放弃(U)/删除(R)]：选择要进行拉伸的面

选择面或 [放弃(U)/删除(R)/全部（ALL）]：↙

指定拉伸高度或[路径（P）]：

指定拉伸的倾斜角度 <0>：

【选项说明】

1）指定拉伸高度：按指定的高度值来拉伸面。可在指定拉伸的倾斜角度后完成拉伸操作。

2）路径（P）：沿指定的路径曲线来拉伸面。如图12-1所示为拉伸长方体顶面和侧面的
结果。

拉伸前的长方体

拉伸后的三维实体

图12-1　拉伸长方体

📖 12.1.2 操作实例——顶针

本实例绘制的顶针如图 12-2 所示。

视频文件\动画演示\第 12 章\顶针.mp4

图12-2 顶针

绘制步骤:

1) 设置绘图环境。利用"LIMITS"命令设置图幅 297×210,然后利用"ISOLINES"命令设置线框密度为 10。

2) 创建圆锥体和圆柱体。将当前视图设置为西南等轴测视图,然后在命令行输入"UCS"命令,将坐标系绕 X 轴旋转 90°。单击"三维工具"选项卡"建模"面板中的"圆锥体"按钮△,以坐标原点为圆锥体底面中心,创建半径为 30、高为-50 的圆锥体,然后单击"三维工具"选项卡"建模"面板中的"圆柱体"按钮⬛,以坐标原点为圆心,创建半径为 30、高为 70 的圆柱体,结果如图 12-3 所示。

3) 剖切圆锥体。选择菜单栏中的"修改"→"三维操作"→"剖切"命令,选取圆锥体,以 ZX 为剖切面,指定剖切面上的点为(0,10,0),对圆锥体进行剖切,保留圆锥体下部,结果如图 12-4 所示。

图12-3 创建圆锥体及圆柱体　　　　　　　图12-4 剖切圆锥体

4) 并集运算。单击"三维工具"选项卡"实体编辑"面板中的"并集"按钮🔲,选择圆锥体与圆柱体,进行并集运算。

5) 拉伸实体表面。单击"三维工具"选项卡"实体编辑"面板中的"拉伸面"按钮🔲,命令行提示与操作如下:

命令: _SOLIDEDIT

实体编辑自动检查: SOLIDCHECK=1

输入实体编辑选项 [面(F)/边(E)/体(B)/放弃(U)/退出(X)] <退出>: _FACE

输入面编辑选项

[拉伸(E)/移动(M)/旋转(R)/偏移(O)/倾斜(T)/删除(D)/复制(C)/颜色(L)/材质(A)/放弃(U)/退出(X)] <退出>:

_EXTRUDE

选择面或 [放弃(U)/删除(R)]: (选取如图 12-5 所示的实体表面)

选择面或 [放弃(U)/删除(R)/全部(ALL)]: ✓

指定拉伸高度或 [路径(P)]：-10✓

指定拉伸的倾斜角度 <0>：

已开始实体校验。

已完成实体校验。

输入面编辑选项

[拉伸(E)/移动(M)/旋转(R)/偏移(O)/倾斜(T)/删除(D)/复制(C)/颜色(L)/材质(A)/放弃(U)/退出(X)] <退出>：

实体编辑自动检查： SOLIDCHECK=1

输入实体编辑选项 [面(F)/边(E)/体(B)/放弃(U)/退出(X)] <退出>：

结果如图 12-6 所示。

6）创建圆柱体。将当前视图设置为左视图方向，单击"三维工具"选项卡"建模"面板中的"圆柱体"按钮 ，以（10,30,-30）为圆心，创建半径为 20、高为 60 的圆柱体，再以（50,0,-30）为圆心，创建半径为 10、高为 60 的圆柱体，结果如图 12-7 所示。

图12-5　选取拉伸面　　　　　　图12-6　拉伸后的实体　　　　　图12-7　创建圆柱

7）差集运算。将当前视图设置为西南等轴测视图，单击"三维工具"选项卡"实体编辑"面板中的"差集"按钮 ，从实体中减去两个圆柱体，结果如图 12-8 所示。

8）创建长方体。单击"三维工具"选项卡"建模"面板中的"长方体"按钮 ，以（35,0,-10）为角点，创建长 30、宽 30、高 20 的长方体。然后将实体与长方体进行差集运算，消隐后的结果如图 12-9 所示。

9）渲染视图。选择菜单栏中的"视图"→"渲染"→"材质浏览器"命令，在材质选项板中选择适当的材质。单击"可视化"选项卡"渲染"面板上"渲染到尺寸"按钮 ，对实体进行渲染，效果如图 12-2 所示。

图12-8　差集处理　　　　　　　　　图12-9　消隐处理

📖 12.1.3　删除面

【执行方式】

命令行：SOLIDEDIT。

菜单栏：选择菜单栏中的"修改"→"实体编辑"→"删除面"命令。

工具栏：单击"实体编辑"工具栏中的"删除面"按钮 。

功能区：单击"三维工具"选项卡"实体编辑"面板中的"删除面"按钮 。

【操作步骤】

命令：_SOLIDEDIT

实体编辑自动检查：SOLIDCHECK=1

输入实体编辑选项 [面(F)/边(E)/体(B)/放弃(U)/退出(X)] <退出>：_FACE

输入面编辑选项[拉伸(E)/移动(M)/旋转(R)/偏移(O)/倾斜(T)/删除(D)/复制(C)/颜色(L)/材质(A)/放弃(U)/退出(X)] <退出>：_DELETE

选择面或 [放弃(U)/删除(R)]：（选择要删除的面）

选择面或 [放弃(U)/删除(R)/全部(ALL)]：

图 12-10 所示为删除长方体的一个圆角面后的结果。

倒圆角后的长方体

删除一个倒圆角面

图12-10　删除倒圆角面

12.1.4　操作实例——镶块

本例绘制的镶块如图 12-11 所示。

视频文件\动画演示\第 12 章\镶块. mp4

图12-11　镶块

绘制步骤：

1）启动系统。启动 AutoCAD 2024，使用默认设置画图。

2）设置线框密度。在命令行中输入"ISOLINES"命令，设置线框密度为 10。单击"可视化"选项卡"视图"面板上的"视图"下拉菜单中的"西南等轴测"按钮 ，将视图切换为西南等轴测视图。

3）创建长方体。单击"三维工具"选项卡"建模"面板中的"长方体"按钮 ，以坐标原点为角点，创建长 50、宽 100、高 20 的长方体。

4）创建圆柱体。单击"三维工具"选项卡"建模"面板中的"圆柱体"按钮 ，以长方体右侧面底边中点为圆心，创建半径为 50、高为 20 的圆柱体。

5）并集运算。单击"三维工具"选项卡"实体编辑"面板中的"并集"按钮 🔲，将长方体与圆柱体进行并集运算，结果如图 12-12 所示。

6）剖切实体。单击"三维工具"选项卡"实体编辑"面板中的"剖切"按钮 🔲，选取实体，以 ZX 为剖切面，分别指定剖切面上的点为（0,10,0）及（0,90,0），对实体进行对称剖切，保留实体中部，结果如图 12-13 所示。

7）复制实体。单击"默认"选项卡"修改"面板中的"复制"按钮 🔲，将剖切后的实体向上复制一个，如图 12-14 所示。

图12-12 并集处理   图12-13 剖切实体   图12-14 复制实体

8）拉伸复制的实体侧面。单击"三维工具"选项卡"实体编辑"面板中的"拉伸面"按钮 🔲，将实体后侧面拉伸-10，结果如图 12-15 所示。

9）删除实体上的面。单击"三维工具"选项卡"实体编辑"面板中的"删除面"按钮 🔲，命令行提示与操作如下：

```
命令：_SOLIDEDIT
实体编辑自动检查：SOLIDCHECK=1
输入实体编辑选项 [面(F)/边(E)/体(B)/放弃(U)/退出(X)] <退出>：_FACE
输入面编辑选项[拉伸(E)/移动(M)/旋转(R)/偏移(O)/倾斜(T)/删除(D)/复制(C)/ 颜色(L)/材质(A) /放弃(U)/退出(X)] <退出>：_DELETE
选择面或 [放弃(U)/删除(R)]：（选取实体侧面，如图 12-16 所示）
选择面或 [放弃(U)/删除(R)/全部(ALL)]：✓
```

继续将实体后部对称侧面删除，结果如图 12-17 所示。

图12-15 拉伸实体   图12-16 选取实体侧面   图12-17 删除实体面

10）拉伸实体顶面。单击"三维工具"选项卡"实体编辑"面板中的"拉伸面"按钮 🔲，将实体顶面向上拉伸 40，结果如图 12-18 所示。

11）创建圆柱体。单击"三维工具"选项卡"建模"面板中的"圆柱体"按钮 🔲，以实体底面左边中点为圆心，创建半径为10、高为20的圆柱体。采用同样方法，以 R10 圆柱顶面圆心为中心点，创建半径为40、高为40和半径为25、高为60的圆柱体。

12）差集运算。单击"三维工具"选项卡"实体编辑"面板中的"差集"按钮 ⬚，将实体与3个圆柱体进行差集运算，结果如图12-19所示。

13）设置用户坐标系。在命令行输入"UCS"命令，将坐标原点移动到（0, 50, 40），并将坐标系绕 Y 轴旋转 90°。

14）创建圆柱体。单击"三维工具"选项卡"建模"面板中的"圆柱体"按钮 ⬚，以坐标原点为圆心，创建半径为5、高为100的圆柱体，结果如图12-20所示。

图12-18　拉伸实体顶面　　　　　图12-19　差集处理　　　　　图12-20　创建圆柱体

15）差集运算。单击"三维工具"选项卡"实体编辑"面板中的"差集"按钮 ⬚，将实体与圆柱体进行差集运算。

16）渲染处理。单击"可视化"选项卡"渲染"面板上"渲染到尺寸"按钮 ⬚，渲染后的效果如图12-11所示。

12.1.5　旋转面

 【执行方式】

命令行：SOLIDEDIT。

菜单栏：选择菜单栏中的"修改"→"实体编辑"→"旋转面"命令。

工具栏：单击"实体编辑"工具栏中的"旋转面"按钮 ⬚。

功能区：单击"三维工具"选项卡"实体编辑"面板中的"旋转面"按钮 ⬚。

【操作格式】

命令：_SOLIDEDIT

实体编辑自动检查：SOLIDCHECK=1

输入实体编辑选项 [面(F)/边(E)/体(B)/放弃(U)/退出(X)] <退出>：_FACE

输入面编辑选项[拉伸(E)/移动(M)/旋转(R)/偏移(O)/倾斜(T)/删除(D)/复制(C)/颜色(L)/材质(A)/放弃(U)/退出(X)] <退出>：_ROTATE

选择面或 [放弃(U)/删除(R)]：（选择要旋转的面）

选择面或 [放弃(U)/删除(R)/全部(ALL)]：（继续选择或按 Enter 键结束选择）

> 指定轴点或 [经过对象的轴(A)/视图(V)/X 轴(X)/Y 轴(Y)/Z 轴(Z)] <两点>：（选择一种确定轴线的方式）
>
> 指定旋转角度或 [参照(R)]：（输入旋转角度）

图 12-21b 所示为将图 12-21a 中开口槽的方向旋转 90°后的结果。

a）旋转前   b）旋转后

图12-21 开口槽旋转90°

📖12.1.6 操作实例——轴支架

绘制如图 12-22 所示的轴支架。

视频文件\动画演示\第 12 章\轴支架. mp4

🏃 绘制步骤：

1）启动 AutoCAD 2024，使用默认设置绘图。

2）在命令行中输入"ISOLINES"命令，设置线框密度为 10。

3）单击"可视化"选项卡"视图"面板上的"视图"下拉菜单中的"西南等轴测"按钮⬦，将当前视图设置为西南等轴测视图。

图12-22 轴支架

4）单击"三维工具"选项卡"建模"面板中的"长方体"按钮▭，以角点坐标为（0,0,0），长、宽、高分别为 80、60 和 10 绘制连接立板长方体。

5）单击"三维工具"选项卡"实体编辑"面板中的"圆角边"按钮◻，设置圆角半径为 10，对长方体进行圆角处理。

6）单击"三维工具"选项卡"建模"面板中的"圆柱体"按钮▭，绘制底面圆心坐标为（10,10,0）、半径为 6、指定高度为-10 的圆柱体，结果如图 12-23 所示。

7）单击"默认"选项卡"修改"面板中的"复制"按钮❀，选择刚绘制的圆柱体进行复制，结果如图 12-24 所示。

8）单击"三维工具"选项卡"实体编辑"面板中的"差集"按钮◱，将长方体和圆柱体进行差集运算。

图12-23 创建圆柱体　　　　　　　　图12-24 复制圆柱体

9）在命令行中输入"UCS"命令，将坐标原点移至（40, 30, 60）。

10）单击"三维工具"选项卡"建模"面板中的"长方体"按钮▢，以坐标原点为长方体的中心点，分别创建长 40、宽 10、高 100 及长 10、宽 40、高 100 的长方体，结果如图 12-25 所示。

11）移动坐标原点到（0, 0, 50），并将坐标系绕 Y 轴旋转 90°。

12）单击"三维工具"选项卡"建模"面板中的"圆柱体"按钮▢，以坐标原点为圆心，创建半径为 20、高为 25 的圆柱体。

13）选择菜单栏中的"修改"→"三维操作→三维镜像"命令，将刚绘制的圆柱体以 XY 平面为镜像面进行镜像，结果如图 12-26 所示。

图12-25 创建长方体　　　　　　　　图12-26 镜像圆柱体

14）单击"三维工具"选项卡"实体编辑"面板中的"并集"按钮▨，选择两个圆柱体与两个长方体进行并集运算。

15）单击"三维工具"选项卡"建模"面板中的"圆柱体"按钮▢，捕捉半径为 20 圆柱体的圆心为圆心，创建半径为 10、高为 50 的圆柱体。

16）单击"三维工具"选项卡"实体编辑"面板中的"差集"按钮▨，将并集后的实体与圆柱体进行差集运算，消隐处理后的图形如图 12-27 所示。

17）单击"三维工具"选项卡"实体编辑"面板中的"旋转面"按钮▨，命令行提示与操作如下：

```
命令：_SOLIDEDIT
实体编辑自动检查：SOLIDCHECK=1
输入实体编辑选项 [面(F)/边(E)/体(B)/放弃(U)/退出(X)] <退出>：_FACE
输入面编辑选项[拉伸(E)/移动(M)/旋转(R)/偏移(O)/倾斜(T)/删除(D)/复制(C)/颜色(L)/材质(A)/放弃(U)/
退出(X)] <退出>：_ROTATE
选择面或 [放弃(U)/删除(R)]：（选择支架上部十字形底面）
```

选择面或 [放弃(U)/删除(R)/全部(ALL)]：（按 Enter 键结束选择）

指定轴点或 [经过对象的轴(A)/视图(V)/X 轴(X)/Y 轴(Y)/Z 轴(Z)] <两点>：Y✓

指定旋转原点 <0,0,0>：_endp 于（捕捉十字形右端点）

指定旋转角度或 [参照(R)]：30

结果如图 12-28 所示。

18）选择菜单栏中的"修改"→"三维操作"→"三维旋转"命令，捕捉十字形底面的右端点为基点，将底板绕 Y 轴进行旋转，旋转-30°。

19）设置视图方向。单击"可视化"选项卡"视图"面板上的"视图"下拉菜单中的"前视"按钮⬜，将当前视图设置为主视图。旋转底板后消隐处理的图形如图 12-29 所示。

图12-27 布尔运算后消隐处理　　　　图12-28 选择旋转面　　　　图12-29 旋转底板后消隐处理

20）单击"可视化"选项卡"渲染"面板中的"渲染到尺寸"🫖按钮，对图形进行渲染，结果如图 12-22 所示。

📖12.1.7　倾斜面

 【执行方式】

命令行：SOLIDEDIT。

菜单栏：选择菜单栏中的"修改"→"实体编辑"→"倾斜面"命令。

工具栏：单击"实体编辑"工具栏中的"倾斜面"按钮◐。

功能区：单击"三维工具"选项卡"实体编辑"面板中的"倾斜面"按钮◐。

 【操作步骤】

命令：_SOLIDEDIT

实体编辑自动检查：SOLIDCHECK=1

输入实体编辑选项 [面(F)/边(E)/体(B)/放弃(U)/退出(X)] <退出>：_FACE

输入面编辑选项[拉伸(E)/移动(M)/旋转(R)/偏移(O)/倾斜(T)/删除(D)/复制(C)/颜色(L)/材质(A)/放弃(U)/退出(X)] <退出>：_TAPER

选择面或 [放弃(U)/删除(R)]：（选择要倾斜的面）

选择面或 [放弃(U)/删除(R)/全部(ALL)]：（继续选择或按 Enter 键结束选择）

指定基点：（选择倾斜的基点，即倾斜后不动的点）

指定沿倾斜轴的另一个点：（选择另一点，即倾斜后改变方向的点）

指定倾斜角度：（输入倾斜角度）

📖12.1.8　操作实例——机座

本实例绘制的机座如图 12-30 所示。

图12-30　机座

视频文件\动画演示\第 12 章\机座的绘制．mp4

👨‍🏫绘制步骤：

1）设置绘图环境。利用"LIMITS"命令设置图幅为 297×210。在命令行中输入"ISOLINES"命令，设置线框密度为 10。

2）创建长方体。单击"可视化"选项卡"视图"面板上的"视图"下拉菜单中的"西南等轴测"按钮⬗，将当前视图设置为西南等轴测视图。单击"三维工具"选项卡"建模"面板中的"长方体"按钮▱，以坐标原点为角点，创建长 80、宽 50、高 20 的长方体。

3）创建圆柱体。单击"三维工具"选项卡"建模"面板中的"圆柱体"按钮🗊，设置底面圆心的坐标为（80，25，0），分别绘制底面半径为 25、高度为 20 和底面半径为 20、高度为 80 的圆柱体。

4）并集处理。单击"三维工具"选项卡"实体编辑"面板中的"并集"按钮🗗，将长方体和圆柱体做并集处理，结果如图 12-31 所示。

5）创建长方体。在命令行中输入"UCS"，选取实体顶面的右上顶点作为新的坐标原点。单击"三维工具"选项卡"建模"面板中的"长方体"按钮，以（0,10,0）为角点，创建长 80、宽 30、高 30 的长方体，结果如图 12-32 所示。

6）对长方体的左侧面进行倾斜操作。单击"三维工具"选项卡"实体编辑"面板中的"倾斜面"按钮，命令行提示与操作如下：

```
命令：_SOLIDEDIT
实体编辑自动检查：  SOLIDCHECK=1
输入实体编辑选项 [面(F)/边(E)/体(B)/放弃(U)/退出(X)] <退出>：_FACE
输入面编辑选项
[拉伸(E)/移动(M)/旋转(R)/偏移(O)/倾斜(T)/删除(D)/复制(C)/颜色(L)/材质(A)/放弃(U)/退出(X)] <退出>：_TAPER
选择面或 [放弃(U)/删除(R)]：（选取长方体左侧面，如图 12-33 所示）
指定基点：_endp 于 （捕捉长方体端点 2，如图 12-33 所示）
指定沿倾斜轴的另一个点：_endp 于 （捕捉长方体端点 1，如图 12-33 所示）
指定倾斜角度：60✓
```

结果如图 12-34 所示。

7）并集处理。单击"三维工具"选项卡"实体编辑"面板中的"并集"按钮，将创建的长方体与实体进行并集运算。

图12-31　并集处理　　　　图12-32　创建长方体　　　　图12-33　选取左侧面

8）绘制长方体。在命令行输入"UCS"命令，将坐标原点移回到实体底面的右下顶点。单击"三维工具"选项卡"建模"面板中的"长方体"按钮，以（0,5,0）为角点，创建长 50、宽 40、高 5 的长方体，再以（0,20,0）为角点，创建长 30、宽 10、高 50 的长方体。

9）差集处理。单击"三维工具"选项卡"实体编辑"面板中的"差集"按钮，将实体与两个长方体进行差集运算，结果如图 12-35 所示。

10）创建圆柱体。单击"三维工具"选项卡"建模"面板中的"圆柱体"按钮，捕捉 R20 圆柱体顶面圆心为中心点，分别创建半径为 15、高为 -15 及半径为 10、高为 -80 的圆柱体。

11）差集处理。单击"三维工具"选项卡"实体编辑"面板中的"差集"按钮，将实体与两个圆柱体进行差集运算，消隐后的图形如图 12-36 所示。

图12-34　倾斜长方体面　　　　　图12-35　差集处理　　　　　图12-36　差集运算后消隐处理

12）渲染视图。单击"可视化"选项卡"材质"面板中的"材质浏览器"按钮⊗，在材质选项板中选择适当的材质。单击"可视化"选项卡"渲染"面板中的"渲染到尺寸"按钮，对实体进行渲染，效果如图 12-30 所示。

📖 12.1.9　复制边

【执行方式】

命令行：SOLIDEDIT。

菜单栏：选择菜单栏中的"修改"→"实体编辑"→"复制边"命令。

工具栏：单击"实体编辑"工具栏中的"复制边"按钮。

功能区：单击"三维工具"选项卡"实体编辑"面板中的"复制边"按钮。

【操作步骤】

命令：_SOLIDEDIT

实体编辑自动检查：　SOLIDCHECK=1

输入实体编辑选项 [面(F)/边(E)/体(B)/放弃(U)/退出(X)] <退出>：_EDGE

输入边编辑选项 [复制(C)/着色(L)/放弃(U)/退出(X)] <退出>：_COPY

选择边或 [放弃（U）/删除（R）]：（选择曲线边）

选择边或 [放弃（U）/删除（R）]：（按 Enter 键）

指定基点或位移：（单击"确定"复制基准点）

指定位移的第二点：（单击"确定"复制目标点）

复制边的图形效果如图 12-37 所示。

选择边　　　　　　　　　　　　　　　　　　　复制边

图12-37　复制边

复制面功能与此类似，不再赘述。

📖12.1.10 操作实例——摇杆

创建如图 12-38 所示的摇杆。

视频文件\动画演示\第 12 章\摇杆.mp4

图 12-38 摇杆

绘制步骤：

1）设置线框密度。在命令行中输入 "ISOLINES" 命令，设置线框密度为 10。单击 "可视化" 选项卡 "视图" 面板上的 "视图" 下拉菜单中的 "西南等轴测" 按钮 ，将当前视图设置为西南等轴测视图。

2）创建摇杆左部圆柱。单击 "三维工具" 选项卡 "建模" 面板中的 "圆柱体" 按钮 ，以坐标原点为圆心，创建半径分别为 30、15，高为 20 的圆柱。

3）差集运算。单击 "三维工具" 选项卡 "实体编辑" 面板中的 "差集" 按钮 ，将 R30 圆柱体与 R15 圆柱体进行差集运算。

4）创建摇杆右部圆柱。单击 "三维工具" 选项卡 "建模" 面板中的 "圆柱体" 按钮 ，以（150,0,0）为圆心，分别创建半径为 50 和 30、高为 30 的圆柱体及半径为 40、高为 10 的圆柱体。

5）差集运算。单击 "三维工具" 选项卡 "实体编辑" 面板中的 "差集" 按钮 ，将 R50 圆柱体与 R30、R40 圆柱体进行差集运算，结果如图 12-39 所示。

6）复制边。选择菜单栏中的 "修改" → "实体编辑" → "复制边" 命令，或单击 "实体编辑" 工具栏中的 "复制边" 按钮 ，命令行提示与操作如下：

```
命令：_SOLIDEDIT
实体编辑自动检查： SOLIDCHECK=1
输入实体编辑选项 [面(F)/边(E)/体(B)/放弃(U)/退出(X)] <退出>：_EDGE
输入边编辑选项 [复制(C)/着色(L)/放弃(U)/退出(X)] <退出>：_COPY
选择边或 [放弃(U)/删除(R)]：（选择左边 R30 圆柱体的底边✓，如图 12-40 所示）
指定基点或位移：0,0✓
指定位移的第二点：0,0✓
输入边编辑选项 [复制(C)/着色(L)/放弃(U)/退出(X)] <退出>：C✓
选择边或 [放弃(U)/删除(R)]：（方法同前，选择图 12-40 中右边 R50 圆柱体的底边✓）
指定基点或位移：0,0✓
指定位移的第二点：0,0✓
输入边编辑选项 [复制(C)/着色(L)/放弃(U)/退出(X)] <退出>：✓
```

7）消隐处理。单击 "可视化" 选项卡 "视图" 面板上的 "视图" 下拉菜单中的 "仰视" 按钮 ，切换为仰视图。单击 "视图" 选项卡 "视觉样式" 面板中的 "隐藏" 按钮 ，进行消隐处理。

图12-39 创建圆柱体

图12-40 选择复制边

8）绘制辅助线。单击"默认"选项卡"绘图"面板中的"构造线"按钮，分别绘制所复制的 $R30$ 及 $R50$ 圆的外公切线，并绘制通过圆心的竖直线，结果如图 12-41 所示。

9）偏移辅助线。单击"默认"选项卡"修改"面板中的"偏移"按钮，将绘制的外公切线分别向内偏移 10，并将左边竖直线向右偏移 45，将右边竖直线向左偏移 25，结果如图 12-42 所示。

图12-41 绘制辅助线

图12-42 偏移辅助线

10）修剪辅助线。单击"默认"选项卡"修改"面板中的"修剪"按钮，对辅助线及复制的边进行修剪。单击"默认"选项卡"修改"面板中的"删除"按钮，删除多余的辅助线，结果如图 12-43 所示。

11）创建面域。单击"可视化"选项卡"视图"面板上的"视图"下拉菜单中的"西南等轴测"按钮，将视图切换为西南等轴测视图。单击"默认"选项卡"绘图"面板中的"面域"按钮，分别将辅助线与圆及辅助线之间围成的两个区域创建为面域。

12）移动面域。单击"默认"选项卡"修改"面板中的"移动"按钮，将内环面域向上移动 5。

13）拉伸面域。单击"三维工具"选项卡"建模"面板中的"拉伸"按钮，分别将外环及内环面域向上拉伸 16 及 11。

14）差集运算。单击"三维工具"选项卡"实体编辑"面板中的"差集"按钮，将拉伸生成的两个实体进行差集运算，结果如图 12-44 所示。

图12-43 修剪辅助线及圆

图12-44 拉伸实体及差集处理

15）并集运算。单击"三维工具"选项卡"实体编辑"面板中的"并集"按钮，将所有实体进行并集运算。

16）对实体倒圆角。单击"三维工具"选项卡"实体编辑"面板中的"圆角边"按钮，设置圆角半径为 5，对实体中间内凹处进行倒圆角操作。

17）对实体倒角。单击"三维工具"选项卡"实体编辑"面板中的"倒角边"按钮，设置倒角距离为 3，对实体左、右两部分顶面进行倒角操作。单击"视图"选项卡"视觉样式"面板中的"隐藏"按钮◻，进行消隐处理，结果如图 12-45 所示。

18）镜像实体。选择菜单栏中的"修改"→"三维操作"→"三维镜像"命令，命令行提示与操作如下：

命令：_MIRROR3D

选择对象：（选择实体）

选择对象：↙

指定镜像平面 (三点) 的第一个点或[对象(O)/最近的(L)/Z 轴(Z)/视图(V)/XY 平面(XY)/YZ 平面(YZ)/ZX 平面(ZX)/三点(3)] <三点>：XY↙

指定 XY 平面上的点 <0,0,0>：↙

是否删除源对象？[是(Y)/否(N)] <否>：↙

镜像结果如图 12-46 所示。

图12-45　倒圆角及倒角

图12-46　镜像实体

19）单击"三维工具"选项卡"实体编辑"面板中的"并集"按钮◻，将所有实体进行并集运算。

20）改变视觉样式。单击"视图"选项卡"视觉样式"面板中的"概念"按钮◻，结果如图 12-38 所示。

12.2　渲染实体

渲染是对三维图形对象加上颜色和材质或灯光、背景、场景等因素的操作。经过渲染处理的图形能够更真实地表达物体的外观和纹理。渲染是输出图形前的关键步骤，尤其是在效果图的设计中。

12.2.1　贴图

贴图的功能是在实体附着带纹理的材质后，调整实体或面上纹理贴图的方向。当材质被映射后，调整材质以适应对象的形状，将合适的材质贴图类型应用到对象中，可以使之更加适合对象。

【执行方式】

命令行：MATERIALMAP。

菜单栏：选择菜单栏中的"视图"→"渲染"→"贴图"命令（见图 12-47）。

工具栏：单击"渲染"工具栏中的"贴图"按钮（见图 12-48）或"贴图"工具栏中的按钮（见图 12-49）。

图12-47　贴图子菜单

图12-48　　"渲染"工具栏　　　　　　　　　　　　　　图12-49　　"贴图"工具栏

【操作步骤】

命令行提示与操作如下：

命令：MATERIALMAP↙
选择选项[长方体(B)/平面(P)/球面(S)/柱面(C)/复制贴图至(Y)/重置贴图(R)]<长方体>：

【选项说明】

（1）长方体（B）：将图像映射到类似长方体的实体上。该图像将在对象的每个面上重复使用。

（2）平面（P）：将图像映射到对象上，就像将其从幻灯片投影器投影到二维曲面上一样，图像不会失真，但是会被缩放，以适应对象。该贴图常用于面。

（3）球面（S）：在水平和垂直两个方向上同时使图像弯曲。纹理贴图的顶边在球体的"北极"压缩为一个点；同样，底边在"南极"压缩为一个点。

（4）柱面（C）：将图像映射到圆柱形对象上，水平边将一起弯曲，但顶边和底边不会弯曲。图像的高度将沿圆柱体的轴进行缩放。

（5）复制贴图至（Y）：将贴图从原始对象或面应用到选定对象。

（6）重置贴图（R）：将 UV 坐标重置为贴图的默认坐标。

图 12-50 所示为球面贴图实例。

贴图前　　　　　　　　　　　　　　　　贴图后

图12-50　球面贴图

12.2.2　材质

1．附着材质

AutoCAD 2024 附着材质的方式与以前版本有很大的不同，AutoCAD 2024 将常用的材质都集成到工具选项板中。附着材质的步骤如下：

1）选择菜单栏中的"视图"→"渲染"→"材质浏览器"命令，打开如图 12-51 所示的"材质浏览器"选项板，选择需要的材质类型。

2）选择如图 12-52 所示要附着材质的对象，当将视觉样式转换成"真实"时，显示出附着材质后的图形，如图 12-53 所示。

图12-51　"材质浏览器"选项板

图12-52　指定对象　　　　　图12-53　附着材质后

2．设置材质

【执行方式】

命令行：MATEDITOROPEN。

菜单栏：选择菜单栏中的"视图"→"渲染"→"材质编辑器"命令。

工具栏：单击"渲染"工具栏中的"材质编辑器"按钮 。

功能区：单击"视图"选项卡"选项板"面板中"选项板"下拉菜单中的"材质编辑器"
按钮 。

执行上述操作后，系统打开如图 12-54 所示的"材质编辑器"选项板。在该选项板中可
以对材质的有关参数进行设置。

图12-54   "材质编辑器"选项板

12.2.3   渲染

1. 高级渲染设置

 【执行方式】

命令行：RPREF（快捷命令：RPR）。

菜单栏：选择菜单栏中的"视图"→"渲染"→"高级渲染设置"命令。

工具栏：单击"渲染"工具栏中的"高级渲染设置"按钮 。

功能区：单击"视图"选项卡"选项板"面板中的"高级渲染设置"按钮 。

执行上述操作后，系统打开如图 12-55 所示的"渲染顶级设置管理器"选项板。在该选
项板中可以对渲染的有关参数进行设置。

2. 渲染

 【执行方式】

命令行：RENDER（快捷命令：RR）。

功能区：单击"可视化"选项卡"渲染"面板上的"渲染到尺寸"按钮 。

执行上述操作后，系统打开如图 12-56 所示的"渲染"对话框，显示渲染结果和相关参数。

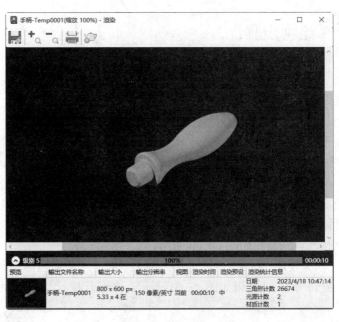

图12-55 "渲染顶级设置管理器"选项板 　　　　图12-56 "渲染"对话框

◆ 技术看板——渲染图形的过程

在 *AutoCAD 2024* 中，渲染代替了传统的建筑、机械和工程图形使用水彩、有色蜡笔和油墨等生成最终演示的渲染效果图。渲染图形的过程一般分为以下 4 步：

1）准备渲染模型，包括遵从正确的绘图技术，删除消隐面，创建光滑的着色网格和设置视图的分辨率。

2）创建和放置光源以及创建阴影。

3）定义材质并建立材质与可见表面间的联系。

4）进行渲染，包括检验渲染对象的准备、照明和颜色的中间步骤。

12.3 综合演练——凉亭

绘制如图 12-57 所示的凉亭。绘制思路：利用正多边形命令和拉伸命令生成亭基，利用多段线和拉伸命令生成台阶，利用圆柱体和三维阵列命令绘制立柱，利用多段线和拉伸命令生成连梁，利用长方体、多行文字、边界网格、旋转、拉伸和三维阵列等命令生成牌匾和亭顶，利用圆柱体、并集、多段线、旋转和三维阵列命令生成桌椅，利用长方体和三维阵列命令绘制长凳，最后进行赋材渲染。

图12-57 凉亭

视频文件\动画演示\第 12 章\凉亭．mp4

绘制步骤：

1. 绘制凉亭

1）打开 AutoCAD 2024 并新建一个文件，单击快速访问工具栏中的"保存"按钮💾，将文件保存为"凉亭.dwg"。

2）单击"默认"选项卡"绘图"面板中的"多边形"按钮⬡，绘制一个边长为 120 的正六边形，将视图切换为东南等轴测视图，然后单击"三维工具"选项卡"建模"面板中的"拉伸"按钮🗝，将正六边形拉伸成高度为 30 的棱柱体。

3）利用"ZOOM"命令，使场地全部出现在绘图区中。然后在命令行输入"DDVPOINT"命令，切换视角，打开如图 12-58 所示的"视点预设"对话框。将"X 轴（A）:"文本框内的值设置为 305，将"XY 平面（P）:"文本框内的值设置为 20，单击"确定"按钮，关闭对话框。此时，亭基视图如图 12-59 所示。

4）使用"UCS"命令建立如图 12-60 所示的新坐标系，再使用"UCS"命令将坐标系绕 Y 轴旋转-90°，结果如图 12-61 所示。命令行提示与操作如下：

命令：UCS↙

当前 UCS 名称：*世界*

指定 UCS 的原点或 [面(F)/命名(NA)/对象(OB)/上一个(P)/视图(V)/世界(W)/X/Y/Z/Z 轴(ZA)] <世界>：（输入新坐标系原点，打开目标捕捉功能，用光标选择图 12-60 中的角点 1）

指定 X 轴上的点或 <接受> <309.8549,44.5770,0.0000>：（选择图 12-60 中的角点 2）

指定 XY 平面上的点或 <接受><307.1689,45.0770,0.0000>：（选择图 12-60 中的角点 3）

命令：UCS↙

当前 UCS 名称：*没有名称*

指定 UCS 的原点或 [面(F)/命名(NA)/对象(OB)/上一个(P)/视图(V)/世界(W)/X/Y/Z/Z 轴(ZA)] <世界>：Y↙

指定绕 Y 轴的旋转角度 <90>：-90 ↙

图12-58 "视点预设"对话框

图12-59 亭基视图

图12-60　建立新坐标系

图12-61　旋转坐标系

5）单击"默认"选项卡"绘图"面板中的"多段线"按钮，设置多段线起点坐标为（0，0），其余各点坐标依次为（0，30）、（20，30）、（20，20）、（40，20）、（40，10）、（60，10）、（60，0）和（0，0），绘制台阶横截面轮廓线，如图 12-62 所示。接着单击"三维工具"选项卡"建模"面板中的"拉伸"按钮，将多段线沿 Z 轴负方向拉伸 80，再使用三维动态观察工具将视点稍进行偏移，拉伸生成的台阶模型如图 12-63 所示。

图12-62　绘制台阶横截面轮廓线

图12-63　拉伸生成台阶模型

6）单击"默认"选项卡"修改"面板中的"移动"按钮，将台阶模型移动到其所在边的中心位置，如图 12-64 所示。

7）单击"默认"选项卡"绘图"面板中的"多段线"按钮，绘制滑台横截面轮廓线。

8）单击"默认"选项卡"修改"面板中的"拉伸"按钮，将滑台横截面轮廓线拉伸成高度为 20 的三维实体。

9）单击"默认"选项卡"修改"面板中的"复制"按钮，将滑台模型复制到台阶的另一侧，完成台阶两侧滑台模型的创建。

10）单击"三维工具"选项卡"实体编辑"面板中的"并集"按钮，将亭基、台阶和滑台合并成一个整体，结果如图 12-65 所示。

图12-64　移动台阶模型

图12-65　绘制完成的亭基、台阶和滑台模型

11）单击"默认"选项卡"绘图"面板中的"直线"按钮，连接正六边形亭基顶面的 3 条对角线作为辅助线。

12）使用"UCS"命令的 3 点建立新坐标系的方法，建立如图 12-66 所示的新坐标系。

13）单击"三维工具"选项卡"建模"面板中的"圆柱体"按钮，绘制一个底面圆心坐标为（20,0,0）、底面半径为8、高为200的圆柱体，绘制凉亭立柱。

14）单击菜单栏中的"修改"→"三维操作"→"三维阵列"命令，设置阵列中心点为刚绘制的辅助线交点，以Z轴为旋转轴，阵列生成凉亭的6根立柱。

15）利用"ZOOM"命令使模型全部可见。接着单击"视图"选项卡"视觉样式"面板中的"隐藏"按钮，对模型进行消隐，结果如图12-67所示。

16）绘制连梁。打开圆心捕捉功能，单击"默认"选项卡"绘图"面板中的"多段线"按钮，绘制依次连接6根立柱顶面中心的多段线。单击"默认"选项卡"修改"面板中的"偏移"按钮，将刚绘制的多段线分别向内和向外偏移3。单击"默认"选项卡"修改"面板中的"删除"按钮，删除中间的多段线。单击"三维工具"选项卡"建模"面板中的"拉伸"按钮，将两条多段线分别拉伸成高度为-15的实体。单击"三维工具"选项卡"实体编辑"面板中的"差集"按钮，求差集生成的连梁。

图12-66 使用3点方式建立新坐标系   图12-67 三维阵列立柱后的模型

17）单击"默认"选项卡"修改"面板中的"复制"按钮，将连梁向下在距离25处复制一次，绘制完成连梁后的凉亭模型如图12-68所示。

18）绘制牌匾。使用"UCS"命令的3点建立坐标系的方式，建立一个坐标原点在凉亭台阶所在边的连梁外表面的顶部左上角点，X轴与连梁长度方向相同的新坐标系。单击"三维工具"选项卡"建模"面板中的"长方体"按钮，以（31,-10,0）为角点，绘制一长为40、高为-20、厚为3的长方体，即牌匾。使用"UCS"命令，将坐标系移动到绘制的长方体的外表面左上点处。单击"默认"选项卡"注释"面板中的"多行文字"按钮，设置字体大小为8，在牌匾上题上亭名（如"东庭"），如图12-69所示。

图12-68 绘制完成连梁后的凉亭模型   图12-69 加上牌匾的凉亭模型

19）使用"UCS"命令的 3 点建立坐标系的方式，建立一个坐标原点在凉亭台阶所在边的连梁外表面的顶部左上角点，X 轴与连梁长度方向相同的新坐标系，然后将坐标系绕 X 轴旋转-90°，结果如图 12-70 所示。

20）单击"绘图"选项卡"图层"面板中的"图层特性"按钮 ，打开"图层特性管理器"选项板，新建图层"1"，并将其设置为当前图层，如图 12-71 所示。

图 12-70　建立新坐标系

图 12-71　新建图层

21）绘制如图 12-72 所示的亭顶辅助线。单击"默认"选项卡"绘图"面板中的"多段线"按钮，绘制连接柱顶中心的封闭多段线，单击"默认"选项卡"绘图"面板中的"直线"按钮，绘制连接柱顶面正六边形的对角线。关闭"0"图层。单击"默认"选项卡"修改"面板中的"偏移"按钮，将封闭多段线向外偏移 80。单击"默认"选项卡"绘图"面板中的"直线"按钮，绘制一条起点在正六边形中心、高为 60 的竖线，并在竖线顶端绘制一个外切圆半径为 10 的正六边形。

22）单击"默认"选项卡"绘图"面板中的"直线"按钮，按图 12-73 所示连接亭顶辅助线，并移动坐标系到点 1、2、3 所构成的平面上。

图12-72　绘制亭顶辅助线

图12-73　连接亭顶辅助线

23）单击"默认"选项卡"绘图"面板中的"圆弧"按钮，在点 1、2、3 所构成的平面内绘制一条弧线作为亭顶的一条脊线。然后选择图 12-74 中边 1、2、3 的中点作为镜像平面上的 3 点，利用三维镜像命令（MIRRIOR3D）将其镜像到另一侧。

24）将坐标系绕 X 轴旋转 90°，单击"默认"选项卡"绘图"面板中的"圆弧"按钮，绘制圆弧。绘制出的亭顶轮廓线如图 12-74 所示。

25）单击"默认"选项卡"绘图"面板中的"直线"按钮 ╱，连接两条弧线的顶部。选择菜单栏中的"绘图"→"建模"→"网格"→"边界网格"命令，生成曲面，其中 4 条边界线为刚绘制的 3 条圆弧线，以及连接两条圆弧线的顶部的直线，如图 12-75 所示。

图12-74　绘制亭顶轮廓线

图12-75　亭顶曲面（部分）

26）单击"默认"选项卡"修改"面板中的"复制"按钮 ，设置距离值为 5，将下边缘轮廓线向下复制单击"默认"选项卡"绘图"面板中的"直线"按钮 ╱，连接两条弧线的端点，并选择菜单栏中的"绘图"→"建模"→"网格"→"边界网格"命令，生成边缘曲面，完成亭顶边缘的绘制。

27）使用 3 点方式建立新坐标系，使坐标原点位于脊线的一个端点，且 Z 轴方向与弧线相切。单击"默认"选项卡"绘图"面板中的"圆"按钮 ，在脊线一个端点绘制一个半径为 5 的圆，然后使用拉伸工具将圆按弧线拉伸成实体，完成亭顶脊线的绘制。

28）绘制挑角。将坐标系绕 Y 轴旋转 90°，然后按照步骤 25）所示的方法在脊线一端绘制半径为 5 的圆并将其拉伸成实体。单击"三维工具"选项卡"建模"面板中的"球体"按钮 ，在挑角的末端绘制半径为 5 的球体。单击"三维工具"选项卡"实体编辑"面板中的"并集"按钮 ，将脊线和挑角连成一个实体，再单击"视图"选项卡"视觉样式"面板中的"隐藏"按钮 ，进行消隐处理，结果如图 12-76 所示。

29）选择菜单栏中的"修改"→"三维操作"→"三维阵列"命令，将如图 12-76 所示的图形进行阵列处理，生成完整的亭顶，结果如图 12-77 所示。

图12-76　绘制亭顶脊线和挑角

图12-77　阵列生成亭顶

30）绘制顶缨。将坐标系移动到顶部中心位置，且使 XY 平面在竖直面内。选择菜单栏中的"视图"→"三维视图"→"平面视图"→"当前 UCS"命令，设置视图方向。单击"绘图"工具栏中的"多段线"按钮 ，绘制顶缨半截面。单击"三维工具"选项卡"建模"面板中的"旋转"按钮 ，绕中轴线旋转生成实体。绘制完成的亭顶外表面如图 12-78 所示。

31）单击"绘图"选项卡"图层"面板中的"图层特性"按钮 ，打开"图层特性管理器"选项板，新建图层"2"，作为辅助线图层，设置颜色为红色，并将其设置为当前图层，关闭图层"1"，利用边界网络命令（EDGESURF）生成如图 12-79 所示的亭顶内表面（局部），然后选择菜单栏中的"修改"→"三维操作"→"三维阵列"命令，对其进行阵列处理，生成整个亭顶内表面，结果如图 12-80 所示。

32）打开"0"图层和"1"图层，单击"视图"选项卡"视觉样式"面板中的"隐藏"按钮，消隐模型，结果如图 12-81 所示。

图12-78　绘制完成的亭顶外表面

图12-79　亭顶内表面（局部）

图12-80　阵列生成亭顶内表面

图12-81　绘制完成的凉亭

2．绘制凉亭内桌子和凳子

1）在命令行中输入"UCS"命令，将坐标原点移至亭基的中心点。

2）单击"三维工具"选项卡"建模"面板中的"圆柱体"按钮，绘制一个底面中心在亭基上表面中心、底面半径为 5、高为 40 的圆柱体。利用（ZOOM）命令，选取桌脚部分进行放大，然后使用"UCS"命令将坐标原点移动到桌脚顶面圆心。

3）单击"三维工具"选项卡"建模"面板中的"圆柱体"按钮，绘制一个底面中心在点（0，0，0）、底面半径为 40、高为 3 的圆柱体。

4）单击"三维工具"选项卡"实体编辑"面板中的"并集"按钮，将桌脚和桌面连成一个整体。

5）单击"视图"选项卡"视觉样式"面板中的"隐藏"按钮，进行消隐处理。绘制完成的桌子模型如图 12-82 所示。

6）在命令行中输入"UCS"命令，移动坐标原点至桌脚底部中心。

7）单击"默认"选项卡"绘图"面板中的"圆"按钮，绘制一个圆心在点（0，0）、半径为 50 的辅助圆。

8）在命令行中输入"UCS"命令，将坐标原点移动到辅助圆的某一个四分点上，并将其绕 X 轴旋转 90°，建立如图 12-83 所示的新坐标系。

9）单击"默认"选项卡"绘图"面板中的"多段线"按钮，绘制凳子的半剖面，然后依次输入（0，0）、（0，25）、（10，25）、（10，24）、A、（6，0）、L、C，绘制多段线。

10）生成凳子实体。单击"三维工具"选项卡"建模"面板中的"旋转"按钮，旋转刚绘制的多段线。

图12-82　绘制桌子模型

图12-83　建立新坐标系

11）单击"视图"选项卡"视觉样式"面板中的"隐藏"按钮，进行消隐处理。旋转生成的凳子模型如图 12-84 所示。

12）选择菜单栏中的"修改"→"三维操作"→"三维阵列"命令，在桌子四周阵列生成四个凳子。

13）单击"默认"选项卡"修改"面板中的"删除"按钮，删除辅助圆。

14）单击"视图"选项卡"视觉样式"面板中的"隐藏"按钮，消隐处理后的凳子模型如图 12-85 所示。

15）在命令行中输入"UCS"命令，并将坐标系绕 X 轴旋转 90°。单击"三维工具"选项卡"建模"面板中的"长方体"按钮，绘制一个对角顶点分别为（0,0,0）和（100,24,3）的长方体，然后利用移动命令，将绘制的长方体以地面短边中心点为基点移动到立柱圆心，再将其向上移动 20，完成长凳面的绘制。

16）单击"三维工具"选项卡"建模"面板中的"长方体"按钮，绘制高为 20、厚为 3、宽为 16 的长方体（作为长凳脚），然后利用移动命令将其以顶面中心点为基点移动到步骤 15）绘制的长方体的下表面中心点，再用复制命令将该长方体以距离 30 向两侧复制。单击"三维工具"选项卡"实体编辑"面板中的"并集"按钮，将长凳脚和长凳面合并成一个实体，结果如图 12-86 所示。

图12-84　旋转生成的凳子模型　　图12-85　消隐处理后的凳子模型　　图12-86　绘制长凳

17）选择菜单栏中的"修改"→"三维操作"→"三维阵列"命令，将长凳阵列到其他边，然后删除台阶所在边的长凳。完成的凉亭模型如图12-87所示。

3．创建凉亭灯光

1）单击"可视化"选项卡"光源"面板中的"点"按钮💡，创建点光源，命令行提示与操作如下：

命令：_POINTLIGHT
指定源位置 <0,0,0>：（适当指定位置，如图12-87所示）
输入要更改的选项 [名称(N)/强度因子(I)/状态(S)/光度(P)/阴影(W)/衰减(A)/过滤颜色(C)/退出(X)] <退出>：A✓
输入要更改的选项 [衰减类型(T)/使用界限(U)/衰减起始界限(L)/衰减结束界限(E)/退出(X)] <退出>：T✓

输入衰减类型 [无(N)/线性反比(I)/平方反比(S)] <无>：I✓
输入要更改的选项 [衰减类型(T)/使用界限(U)/衰减起始界限(L)/衰减结束界限(E)/退出(X)] <退出>：U✓

界限 [开(N)/关(F)] <关>：N✓
输入要更改选项 [衰减类型(T)/使用界限(U)/衰减起始界限(L)/衰减结束界限(E)/退出(X)] <退出>：L✓
指定起始界限偏移 <1>：10✓
输入要更改的选项 [衰减类型(T)/使用界限(U)/衰减起始界限(L)/衰减结束界限(E)/退出(X)] <退出>：16✓

输入要更改的选项 [衰减类型(T)/使用界限(U)/衰减起始界限(L)/衰减结束界限(E)/退出(X)] <退出>：✓
输入要更改的选项 [名称(N)/强度因子(I)/状态(S)/光度(P)/阴影(W)/衰减(A)/过滤颜色(C)/退出(X)] <退出>：✓

设置完成的点光源是否合理，可以用"RENDER"命令预览一下。渲染后的凉亭如图12-88所示。

图12-87　指定点光源的位置　　　　图12-88　点光源照射下的凉亭渲染图

2）创建聚光灯。单击"可视化"选项卡"光源"面板中的"聚光灯"按钮，命令行提示与操作如下：

命令：_SPOTLIGHT

指定源位置 <0,0,0>：（指定适当一点）

指定目标位置 <0,0,-10>：（指定适当一点）

输入要更改的选项 [名称(N)/强度因子(I)/状态(S)/光度(P)/聚光角(H)/照射角(F)/阴影(W)/衰减(A)/过滤颜色(C)/退出(X)] <退出>：H✓

输入聚光角 (0.00-160.00) <45>：60✓

输入要更改的选项 [名称(N)/强度因子(I)/状态(S)/光度(P)/聚光角(H)/照射角(F)/阴影(W)/衰减(A)/过滤颜色(C)/退出(X)] <退出>：F✓

输入照射角 (0.00-160.00) <60>：75✓

输入要更改的选项 [名称(N)/强度因子(I)/状态(S)/光度(P)/聚光角(H)/照射角(F)/阴影(W)/衰减(A)/过滤颜色(C)/退出(X)] <退出>：✓

光源（点光源、平行光源和聚光灯）创建完成后，如果对该光源不满意，可以在屏幕上直接将其删除。

3）赋予柱子材质。选择菜单栏中的"视图"→"渲染"→"材质浏览器"命令，打开"材质浏览器"选项板，如图12-89所示。选择一种材质，拖动到绘制的柱子实体上，为其赋予材质。用同样的方法，为凉亭其他部分赋予合适的材质。

4）单击"可视化"选项卡"渲染"面板中的"渲染环境和曝光"按钮◎，打开"渲染环境和曝光"选项板，如图12-90所示，在其中可以进行相关参数设置。

5）单击"可视化"选项卡"渲染"面板上"渲染预设管理器"按钮↘，打开"渲染预设管理器"选项板，如图12-91所示，在其中可以进行相关参数设置。

图12-89 "材质浏览器"选项板

图12-90 "渲染环境和曝光"选项板

图12-91 "渲染预设管理器"选项板

12.4　动手练一练

 【实例1】创建如图 12-92 所示的六角形建筑拱顶

图12-92　六角形建筑拱顶

1．目的要求

拱顶是最常见的建筑结构。本例创建的拱顶需要用到的三维命令比较多。通过本例的练习，可以使读者进一步熟悉三维绘图的技能。

2．操作提示

1）绘制正六边形并拉伸。

2）绘制直线。

3）绘制圆弧。

4）旋转曲面。

5）绘制圆并拉伸。

6）阵列处理。

7）创建圆锥体。

8）创建球体。

9）渲染处理。

 【实例2】绘制扳手并赋材渲染

1．目的要求

如图 12-93 所示，本例的目的是提高读者的三维绘图综合技能。

图12-93　扳手

2．操作提示

1）用"圆柱""拉伸""复制边"等命令绘制扳手端部。

2）用"拉伸""三维旋转"等命令绘制扳手。

3）赋材并渲染。

AutoCAD 2024

第 **13** 章

AutoLISP 语言概述

　　LISP 是一种计算机的表处理语言，是在人工智能学科领域广泛应用的一种程序设计语言。本章介绍了 AutoLISP 语言的特点和使用场合、AutoLISP 的基本数据结构和程序结构，以及 AutoLISP 程序的编辑、加载和运行方法。

重点与难点

- 了解 AutoLISP 语言
- 熟悉 AutoLISP 数据类型、程序结构
- 了解 AutoLISP 运行环境、内存分配
- 掌握 AutoLISP 程序的执行过程

13.1 AutoLISP 语言简介

LISP(List Processing Language)是一种计算机的表处理语言,是在人工智能学科领域广泛应用的一种程序设计语言。AutoLISP 语言是嵌套于 AutoCAD 内部,将 LISP 语言和 AutoCAD 有机结合的产物。AutoLISP 是开发 AutoCAD 的重要工具之一。

13.1.1 开发 AutoCAD 的重要工具

使用 AutoLISP 可直接调用几乎全部 AutoCAD 命令。AutoLISP 语言既具备一般高级语言的基本结构和功能,又具有一般高级语言所没有的强大的图形处理功能,是当今世界上 CAD 软件中被广泛采用的语言之一。

美国 AutoDesk 公司在 AutoCAD 内部嵌入 AutoLISP 的目的是使用户可以充分利用 AutoCAD 进行二次开发,包括实现直接增加和修改 AutoCAD 命令,随意扩大图形编辑功能,建立图形库和数据库并对当前图形进行直接访问和修改,开发 CAD 软件包等。

AutoLISP 语言最典型的应用之一是实现参数化绘图程序设计,包括尺寸驱动程序和鼠标拖动程序等。尺寸驱动是指通过改变实体标注的尺寸值来实现图形的自动修改;鼠标拖动即利用 AutoLISP 语言提供的(GRREAD[<track>])函数,让用户直接读取 AutoCAD 的输入设备(如鼠标),任选项追踪光标移动存在且为真时,通过鼠标移动光标,调整所需的参数值而达到自动改变屏幕图形大小和形状。

到目前为止,大多数参数化程序都是针对二维平面图编制的。实际上,立体图同样可以实现参数化绘图,在 AutoCAD 中编制实体的立体图参数化程序比其平面三视图程序更简单,而且立体图生成后,可以很方便地生成三视图、剖面图和轴测图等。

另一个 AutoLISP 的典型应用就是驱动利用 AutoCAD 提供的 PDB 模块构成 DCL(Dialog Control Language)文件创建自己的对话框。

自从 AutoCAD 嵌入 AutoLISP 以后,使仅仅作为交互式图形编辑软件的 AutoCAD 变成了能真正进行计算机辅助设计、绘图的 CAD 软件,由于 LISP 灵活多变,又易于学习和使用,因而使 AutoCAD 成为了功能很强的工具性软件。

13.1.2 AutoLISP 的特点

1) AutoLISP 语言是在普通的 LISP 语音基础上扩充了许多适用于 CAD 应用的特殊功能而形成的、一种仅能以解释方式运行于 AutoCAD 内部的解释性程序设计语言。

2) AutoLISP 语言中的一切成分都是以函数的形式给出的,它没有语句概念或其他语法结构。执行 AutoLISP 程序就是执行一些函数,再调用其他函数。

3) AutoLISP 把数据和程序统一表达为表结构,即 S-表达式,故可把程序当作数据来处理,也可把数据当作程序来执行。

4) AutoLISP 语言中的程序运行过程就是对函数求值的过程,是在对函数求值的过程中实现函数的功能。

5）AutoLISP 语言的主要控制结构是采用递归方式。递归方式的使用，使得程序设计简单易懂。

13.2 AutoLISP 数据类型

AutoLISP 语言主要用到如下数据类型：

符号 　　　　　　　　　（SYM）
字符串 　　　　　　　　　（STR）
表（及用户定义的函数）　（LIST）
文件描述符 　　　　　　　（FILE）
AutoLISP 的内部函数 　　（SUBR）
AutoCAD 的选择集 　　　（PICKSET）
AutoCAD 的实体名 　　　（ENAME）
函数分页表 　　　　　　　（PAGETB）

本节只介绍前 5 种数据类型，其他类型将在相应的章节中介绍。

在这 5 种数据类型中，前 4 种称为原子（ATOM）。原子包括数字原子（整型数和实型数）、符号原子和串原子。

所以 AutoLISP 最基本的数据类型是原子和表，它们又总称为符号表达式（Symbolic-Expression），也称为 S-表达式。

📖13.2.1 原子

1．整数

整数由 0、1、2、…、9、+、-等字符组成，整数的大小与所使用的计算机系统有关。

2．实型数

实型数用双精度浮点数表示，并且至少有 14 位的精度，即整数后跟小数。如果实数的绝对值小于 1，则小数点前必须加 0，不能直接以小数点开头，否则会被误认为点对而出错。实型数的范围比整型数大得多，如对于 16 位微机，实型数范围约为-1.797693×10308～1.79793×10308。它不易超界，故用户可以尽量采用实型数。

实型数也可采用科学计数法表示，如 $0.12×10^9$ 可表示为 0.12E9。

3．符号

1）符号(symbol)包括除")""("" · "","",""' "";"之外的任何打印字符。

2）符号原子的长度没有限制，但尽量不要超过 6 个，否则要占用额外的内存，降低运行速度。

3）在 AutoLISP 中符号的大小写是等效的，如以下的符号原子都是合法的。

　　　　A　　A12　　PC　　x-38-6　　*A

4）AutoLISP 中的任何符号都是有值的，即符号都要赋以一定的数值，或者说符号总是约束在一定值上。一般用赋值函数 setq 进行赋值。

例如：

(setq x 25.0)

意思是将 25.0 赋给 x，这时 x 的当前约束值即为 25.0。一个符号在使用前如果没有赋以任何值，则该符号的值为 nil(空)，它不占用内存空间。

用术语"变量"来指存储程序数据的符号名，如上述(setq x 25.0)中的变量名为 x，它的值为 25.0。AutoLISP 程序中每一个变量都要消耗少量内存，故当变量值不再有用时，重复使用变量名或将变量值设置成 nil 是良好的程序设计习惯。符号名或变量名不能包含空格字符或分隔符，并总是以字母开头。其值保持不变的变量称为常量，AutoLISP 仅用一个常量 Pi。Pi 的值约为 3.14159。

4．字符串

字符串是由包括在一对双引号内的一组字符组成的，如：

"ABC"　"135"　"AbC"　"　"

字符串包括任何可打印的字符。字符串中字母的大小写及空格都是有意义的。字符串的最大长度为 100 个字符，位于 100 之后的字符无效。若字符串中没有任何字符，则为空串""。

13.2.2　表和电对

1．表

在 AutoLISP 语言中，表有如下特点：

1）表是指放在一对相匹配的左、右括号中的一个或多个元素的有序集合。

2）表中的每一个元素可以是任何类型的 S-表达式，即可以是数字、符号、字符串，也可以是表。

3）元素与元素之间要用空格隔开，而元素与括号之间可不用空格，因为括号本身就是有效的分隔号，如（15（a b）c d）中有 4 个元素，即 15、（a b）、c 和 d，其中第二个元素是表。

4）表是可以任意嵌套的，上例表中即嵌套了一个表（a b）。表可以嵌套很多层，从外层向里依次称为 0 层（也称顶层）、1 层、2 层……我们所指的表中的元素是指表的顶层元素。

5）表中的元素是有顺序的，为便于对表中元素进行存取，每个元素都有一个序号。从左向右，第一个元素的序号为 0，第二个元素的序号为 1，第 i 个的元素序号为 i-1。

6）表的大小为表的长度，即表中顶层元素的个数。没有任何元素的表称为空表。空表用（）或 nil 表示。在 AutoLISP 语言中，nil 是一个特殊符号原子，它既是原子又是表。

7）表有两种类型：

①标准表：标准表是 AutoLISP 程序的基本结构型式，AutoLISP 程序就是由标准表组成的。标准表是用于函数的调用，其中第一个元素必须是系统内部函数或用户定义的函数，其他的元素为该函数的参数，如上面提到的赋值函数的调用即采用标准表的形式。(setq x 25.0)表中第一个元素 setq 为系统内部定义的赋值函数，x 和 25.0 均为 setq 的参数。

②引用表：这种表第一个元素不是函数，即不作为函数调用，常作为数据处理。引用表

的一个重要应用是表示图中的点的坐标。当表示点的坐标时，表中的元素是用实型数构成的。表示二维点的坐标是用两个实型数构成的表，如(19.0, 30.5)，其中第一个元素表示点的 x 轴坐标，第二个元素表示点的 y 轴坐标。三维点的坐标表示是用三个实型数构成的表，如 (19.0, 82.5, 1.0)，其中三个元素依次表示点的 x 轴坐标、y 轴坐标和 z 轴坐标。

2. 点对（dotted pair）

点对也是一种表，该表中有两个元素，两元素中间为一圆点"•"，且圆点与元素之间必须用空格分开。

例如：

(A•B)

就是一个点对，A、B 与圆点均用空格分开，其中第一个元素 A 为该点对的左元素，第二个元素 B 为点对的右元素。点对亦可任意嵌套。当使用点对时，切记要注意它的书写格式。

例如：

(X • (B • (Y•Z)))

为合法点对，而

(X • (B • Y) • Z)

为非法的。

点对常用于构造连接表。

13.3 AutoLISP 的程序结构

AutoLISP 语言没有"语句"这一术语，AutoLISP 程序一般是由一个或一系列按顺序排列的标准表所组成。例如：

(setq x 25.0)

是上面提到的标准表，又可以看作是一个 AutoLISP 程序。

又如文件名为 pq，又可以看作是一个 AutoLISP 文件是由以下程序组成的：

(setq x 25.0)

(setq y 12.2)

(+ (* x y) x)

以上是由三个标准表组成的程序，每个标准表的第一个元素（如 setq, +, *）均为系统提供的函数，称为系统的内部函数。其中，setq 为赋值函数，+为加函数，*为乘积函数。标准表中的其他元素为相应函数的参数。这个程序是将 25.0 赋给变量 x，将 12.2 赋给变量 y，求变量 x 和 y 的值的乘积，再求此乘积与 x 的总和。

AutoLISP 程序的书写格式有如下特点：

1）由于 AutoLISP 语言的一切成分都是函数，而所有函数又以表结构型式存在，所以 AutoLISP 程序的所有括号都需要左右匹配。

2）AutoLISP 程序阅读函数时，按从左到右的规则进行。

3）函数必须放在第一个元素的位置，如赋值函数 setq 和算术运算函数＋、*等应为表中的第一个元素，即放在操作数之前，而不是放在它们中间，这与算术运算的书写格式不同，初学者可能会感到不习惯。表中的函数与参数、参数与参数之间均至少要用一个空格分开。

4）两个表之间和表内的多余空格和回车是不需要的，故一个表可占多行，一行可写多个表，如：

pq.lsp 程序可写成如下形式：

$$(setq \ x \ 25.0) \quad (setq \ y \ 12.2) \quad (+ \ (* \ x \ y) \ x)$$

5）AutoLISP 程序中可以使用分号";"做注释。注释的作用是对程序做解释。AutoLISP 求值器总是忽略每一行中分号以后的部分。注释可放在程序中的任何地方。

6）AutoLISP 程序一般是以扩展名为". LSP"的 ASCII 码文本文件的形式表达。

AutoLISP 程序就是对一个个 AutoLISP 函数的调用。函数是 AutoLISP 语言处理数据的工具，学习掌握 AutoLISP 语言，核心就是要掌握 AutoLISP 函数。AutoLISP 函数分为系统内部函数和用户定义的外部函数。AutoLISP 提供了大量的系统内部函数，以满足编程的需要。

AutoLISP 对函数的调用是通过标准表来实现的。如前所述，AutoLISP 程序的基本结构就是由一系列标准表有序构成的。AutoLISP 程序的运行，就是对标准表依次进行求值。标准表或者说函数调用的一般格式如下：

（函数名[<参数 1>]　[<参数 2>]　……[<参数 n>]）

标准表中的第一个元素必须是函数名，以后的各元素为该函数的参数。参数的类型及数目取决于函数。

学习 AutoLISP 的系统内部函数时，必须掌握以下的基本内容：

1）函数调用格式：即函数名、函数要求的参数个数和类型。

2）函数的功能：即该函数的功用和作用，它对其参数如何进行处理。

3）函数的求值情况：即哪些参数要求值，哪些不被求值。

4）函数求值结果的返回值类型：这点很重要，因为大多数函数的返回值都要被其他函数接受，而每个函数所需要的参数都有特定的类型，因此只有搞清被调用函数的返回值的类型，才不会因用错函数的参数而出错。在本书后面的各章中将分别介绍 AutoLISP 系统内部函数。

13.4　AutoLISP 的内存分配

AutoLISP 的变量（整型、实型、字符串等）、用户定义的函数以及标准函数，只是在 AutoLISP 的编辑过程中存储在计算机的内存中。当运行 AutoLISP 程序时，需要两个很大的内存区域。

（1）Heap（堆区域）：存储所有的函数和变量。因此程序使用的函数和变量越多，或函数越复杂，则"Heap"空间占得也就越多。

（2）Stack（栈区域）：存储函数的变量和局部结果。因此"嵌套"的函数越深，或函数递归的次数越多，那么所用的栈空间也越多。

AutoLISP 隐含的堆和栈空间大小为：

Heap＝25000 字节

Stack＝19000 字节

在 AutoCAD 下运行 AutoLISP 不能扩展它的堆或栈空间。如果用户定义的函数和变量太多，以至用光了所有的堆空间，AutoLISP 将显示下列信息：

Insufficient node space

并且中止当前函数的执行。如果在执行 AutoCAD 时，没有足够的内存装入 AutoLISP，则显示下列信息：

Insufficient memory-AutoLISP disabled

直到有足够的内存后 AutoCAD 重新启动时，AutoLISP 所需要的堆栈区域占有内存量。例如：

C>SET Lispheap = 25000 （字节）

C>SET Lispstack = 15000 （字节）

告诉 AutoLISP 为堆保留 25000 字节的内存，为栈保留 15000 字节的内存。

13.5 AutoLISP 程序的执行过程

对于很短的 AutoLISP 程序，可由一至两个表组成，如简单的数值函数的运算，或用 defun 函数定义的简单用户函数，直接在 AutoCAD 环境中的 Command：提示符下输入即可，返回结果立即显示在文本屏幕上。

对于一般的 AutoLISP 应用程序，需采用文本编辑器进行编辑。编辑器可以随意选择，当然最好使用那些能够检查相匹配的括号的编辑器，因为在 AutoLISP 程序中一对匹配括号是组成表的单元，有时候很容易搞乱，影响程序的执行。

📖13.5.1 加载和卸载 AutoLISP 文件

在编辑器下编辑好的 LISP 程序（如下程序），必须经过加载方能使用。

一个简单的弹出对话框的例子 C:\autolisp\test1.lsp

```
(defun C:TESTLISP()
    (alert "Hello,The World!")
)
```

加载 AutoLISP 文件有以下几种方式：

1. 命令行方式

当回到 AutoCAD 环境时，用 Load 函数装载后就可以执行。执行时，如果程序中没有 defun 函数，系统便边装入边运行；若有 defun 定义的命令或函数，装载后只需在 Command：（如果是中文 AutoCAD，Command 被汉化成了"命令:"）提示符下键入 defun 函数定义的命令名或函数名即可运行相应的命令或函数。

加载文件格式：

Command:(load "驱动器：\\路径\\文件名")

卸载文件格式：

Command:(load "驱动器：\\路径\\文件名")

　　将上述程序存为 C:\autolisp\test1.lsp，启动 AutoCAD 2024，在 Command：提示符下键入如图 13-1 所示的命令，按 Enter 键后，即执行第一句并返回最后一个 defun 函数定义的函数名，如图 13-2 所示。

图 13-1　装载文件 test1.lsp

图 13-2　返回信息

2．对话框方式

　　选择菜单栏中的"工具（Tools）"→"加载应用程序"命令，弹出"加载/卸载应用程序"对话框，如图 13-3 所示。

　　选择所需要加载的 LISP 文件，单击"加载"按钮，可以在命令行中看到如图 13-4 所示的成功加载提示信息。

图 13-3　"加载/卸载应用程序"对话框

图 13-4　成功加载提示信息

3．自动加载

　　在 AutoCAD 2024 工作目录下有一个 ACAD．LSP 文件，它是当 AutoCAD 2024 启动、新建

文件(New)、打开文件(Open)时自动装载的 AutoLISP 程序。

用户可以修改它，实现一定的目的。例如，用户想要在 AutoCAD 2024 启动时自动装入自己定义的函数或程序，可以在 ACAD. LSP 程序中加入(def un xxx（ ）)程序段或(load "xxx")函数。

在装入 ACAD. LSP 文件时若出现一条 AutoLISP 错误，剩余的文件就会被忽略而不装入，并提示出错。如果一个 Load 函数的调用是成功的，将返回被加载的文件中最后的那个表达式的值。

📖13.5.2 运行 AutoLISP 程序

装载完即可运行 defun 定义的函数。

在 Command 提示符下键入：(C:TESTLISP) 或（TESTLISP）执行该程序段，屏幕上将出现如图 13-5 所示的警告对话框。

图 13-5 警告对话框

13.6 动手练一练

【实例】绘制如图 13-6 所示的太极图形

1．目的要求

掌握 AutoLISP 程序的执行过程。

2．操作提示

1）在记事本中键入程序，保存成.lsp 文件。

2）加载并运行程序，在命令行提示下设置太极图形的原点坐标、大圆半径和小圆半径，完成图形的创建。

图 13-6 用 AutoLISP 绘制的太极图形

第14章

AutoLISP 的基本函数

AutoLISP 提供了大量的函数，每个函数都可用来实现特定的功能。本章主要介绍了 AutoLISP 的基本函数。

重点与难点

- 了解 AutoLISP 的表达式和变量
- 掌握 AutoLISP 各种函数的使用方法

14.1 AutoLISP 的表达式和变量

组成 AutoLISP 程序的元素是表达式、变量与各种运算符。变量可以是整型、实型、点和字符串。可以被赋值（其值包括字符串）和进行算术运算、逻辑运算等。表达式用于取得结果数据，是包含有各种运算符号并按 AutoLISP 的规则书写的字符串。

一个表达式的值可以用于对 AutoCAD 提示的响应。表达式的书写格式为：

(函数名 ［参数］……)

AutoLISP 使用数目较多、功能各异的函数。每一个函数在一个系统中均有唯一的名称。参数是由用户提供的用于函数操作处理的信息。例如，下列表达式可以把值 25.4 送入变量"INCH"中：

(setq INCH 25.4)

该表达式中的 setq 为 AutoLISP 用来为变量赋值的函数，INCH 是用户定义的一个变量，它与后面的数字 25.4 共同组成参数项。执行该表达式后系统将建立该变量，并且将后面的值赋给它。参数也可以是一个表达式，使用时只需要使用一对圆括号将其括起来，AutoLISP 就能自动识别。在同一个表达式中可以包含多条子表达式，而子表达式还可以拥有自己的子表达式。这种嵌套可以在一个很深的范围内满足用户的各种需要。

在有些表达式中，允许用户加入可以在屏幕上显示的、用于操作提示信息的字符串。例如：

(setq p1 (getpoint "Pick first corner Point: "))

在这一条表达式中，p1 是一个表示坐标点的变量，getpoint 是一个用于获取坐标点的函数。

在 AutoLISP 中，一个完整的表达式必须包含在一对圆括号内，每一个子表达式必须由一对圆括号标注清楚。

在 AutoCAD 的"Command:"提示下输入一个表达式，则显示该表达式的值。然后"Command:"提示将再次出现。

一个 AutoLISP 程序是由若干个表达式所组成的 ASCII 码文本文件（其扩展名为 LSP）。如果在 AutoCAD 的"Command:"提示下读入一个 AutoLISP 程序文件，或者单个输入有错误的表达式，则屏幕上将提示：

n>

该提示指出 n 个圆括号不配对。此时可以输入 n 个（"n"是一个正整数）右圆括号来消除错误。

在 AutoCAD 提示请求一个数值时，可以在变量名称前加一个惊叹号（!）来引用该变量的值。如：

Column distance: !INCH

AutoLISP 使用一个变量集来保存信息。变量不是一个恒定的常数，其值可以由用户控制改变，而当 AutoCAD 系统在计算时也可控制某些变量的值。

14.2 表达式的结构

AutoLISP 表达式的形式如下：

（函数 [参数]）

每个表达式以左括号开始，并由函数名可选的参数组成，每个参数也可能是表达式。表达式以右括号结束，每一个表达式的返回值都能被外层表达式使用。最后计算的值被返回到调用的表达式。

例如，下列的代码例子包括 3 个函数：

（fun1 (fun2 参数) (fun3 参数)）

如果用户在 Visual LISP 控制台提示行或 AutoCAD 命令行输入这行代码，AutoCAD 的 AutoLISP 解释程序将执行此代码。第一个函数 fun1 包括两个参数，另两个函数 fun2 和 fun3 均只有一个参数。函数 fun2 和 fun3 被包含在函数 fun1 中，它们的返回值作为 fun1 的参数。函数 fun1 计算这两个参数并将值返回到输入代码的窗口中。

下面的例子说明了如何使用*（乘法）函数。该函数可以接受一个或多个数值作为参数：

命令：（* 2 27）

54

因为这个例子没有外层表达式，AutoLISP 将结果返回到输入代码的窗口中。

嵌套的表达式将它们的值返回到外层表达式中。下面的例子使用由+（加法）函数生成的结果作为*（乘法）函数的参数：

命令：（* 2 (+ 5 10)）

30

如果左右括号的数目不匹配，AutoLISP 将显示下列的提示：

(_>

该提示表明了有多少个未被匹配的括号。如果出现这个提示，必须输入所需的右括号使表达式能被计算。例如：

命令：（* 2 (+ 5 10)

(_>)

30

另一个常见的错误是在文本字符串后遗漏引号（"），在此情况下右括号被当成文本字符串的一部分而无法使括号匹配。改正的方法是按 Shift＋Esc 键中止函数执行，然后再正确地输入。

14.2.1 数学表达式

数学表达式是实数、整数与操作符号（见表 14-1）的结合，用于进行加、减、乘、除、指数以及组运算。

表14-1 数学表达式操作符号

操作符号	操作	举例
（ ）	组表达式	5*(9+11.9)
^	指数	(5.8ˆ.2)+PI（PI=3.1414926）
*，/	乘，除	(5.8ˆ.2)*2，(5.8ˆ.2)/2
+，−	加，减	(5.8ˆ.2)+2，(5.8ˆ.2)-2

14.2.2 矢量表达式

矢量具有方向和大小，可以是三维的，也可以是两维的。例如，由点 p1 与点 p2 所构成的矢量方向为点 p1 指向点 p2，大小为该两点间的最短距离。如果该两点是三维空间中的坐标点，则该矢量为一个三维矢量，若将这个三维矢量正交投影在某一个坐标平面内，该投影矢量则为一个二维矢量。如果这两点本身就是二维的，则该矢量即为二维矢量。通常，没有指定起点坐标的矢量，将被理解成以坐标原点为起点。例如，矢量 v(p1) 表示矢量的名称为 v，由坐标原点指向点 p1。矢量表达式用于进行矢量计算，可以由坐标点、矢量、数字与表 14-2 中所述操作符号的结合来构成。

表14-2 矢量表达式操作符号

操作符号	操作	举例
（ ）	组表达式	5 *(9 +11.9)
&	确定矢量与矢量的乘积	[a，b，c]&[x，y，z] =[(b*z)-(c*y)，(c*x)-(a*z)，(a*y)-(b*x)]
*	确定矢量的乘积	[a，b，c]*[x，y，z]=ax+by+cz
*，/	矢量的实数的乘与除	a*[x，y，z]=[a*x，a*y，a*z]
+，−	矢量的加减	[a，b，c]-[x，y，z]=[a-x，b-y，c-z]

使用矢量表达式的用户可以进行一些特殊操作。例如，表达式 A＋[1，2，3]，将提供相对于 A 点的矢量位置[1，2，3]。方括号（[ ]）中的数字为坐标点值。目前 AutoCAD 允许用户使用绝对坐标、相对坐标、极坐标、球面坐标、柱面坐标来描述坐标矢量点。例如，表达式

[2<45<45]+[2<45<0]-[1.02，3.5，2]

将加入两个使用球面坐标描述的矢量点和减去一个使用绝对坐标描述的矢量点。

14.2.3 函数表达式

使用 AutoLISP 函数，将为一般的函数命令赋予非常有意义的使用价值。用户可以使用的 AutoLISP 函数以及部分函数的功能如下：

1. 标准数学函数

可以用于 AutoCAD CAL 命令的标准数学函数（见表 14-3）。

表14-3　标准数学函数

函数	功能解释
sin（角度）	计算角度的正弦值
cos（角度）	计算角度的余弦值
tan（角度）	计算角度的正切值
asin(实数)	计算反正弦值，取值范围必须在-1～1 之间
acos（实数）	计算反余弦值，取值范围必须在-1～1 之间
atan（实数）	计算反正切值
ln（实数）	计算 e 的自然对数
log（实数）	计算底数为 10 的对数
exp（实数）	计算自然指数
exp10（实数）	基于底数 10 求自然对数值
sqr（实数）	计算平方数
sqrt（实数）	计算平方根值，必须使用大于或者等于 0 的参数
abs（实数）	计算实数的绝对值
round（实数）	将实数圆整至最接近的整数
trunc（实数）	取实数的整数部分
r2d（角度）	转换角度为弧度。例如：r2d（pi），转 pi 为 180º
d2r（角度）	转换弧度为角度。例如：d2r（180）
pi	等于 3.1415926～3.1415927

2. 矢量计算函数

目前 AutoLISP 提供的矢量计算功能非常强大。用户可以使用的矢量计算函数见表 14-4。

表14-4　矢量计算函数

函数与参数	功能解释
vec（p1，p2）	确定从点 p1 到点 p2 的矢量
vc1（p1，p2）	确定从点 p1 到点 p2 的单位矢量
l*vec1（p1，p2）	确定从点 p1 指向点 p2 的长度
a＋v	由点 a 通过矢量 v 计算出点 b
abs（v）	计算矢量长度（v）
absA（[p1，p2，p3]）	计算点 p1，p2，p3 定义的矢量长度
nor	计算用户所选择的圆弧或者多段线的圆弧的单位的正交矢量
nor（v）	计算矢量 v 投影在当前 UCSXY 平面上分量的二维单位正交矢量
nor（p1，p2）	计算由点 p1 与点 p2 所定义直线的二维单位正交矢量
nor（p1，p2，p3）	计算由点 p1 与点 p2 和 p3 所定义平面三维单位正交矢量

3. 辅助计算函数

辅助计算函数为用户使用图形光标，在当前图形中给出一个精确的坐标点、过滤一个矢量坐标点的坐标轴与坐标平面上的分量平面，计算点的距离、角度与旋转值等提供了支持。

可以使用的函数见表 14-5。

表14-5　辅助计算函数

函数与参数	功能解释
cur	使用图形光标给定一个坐标点
w2u（p1）	转换 WCS 中的点 p1 至当前 UCS 中
u2w（p1）	转换当前 UCS 中的 p1 至 WCS 中
xyof（p1）	p1 点的 X 与 Y 轴方向分量，Z 轴方向的分量设置为 0.0
xzof（p1）	p1 点的 X 与 Z 轴方向分量，Y 轴方向的分量设置为 0.0
yzof（p1）	p1 点的 Y 与 Z 轴方向分量，X 轴方向的分量设置为 0.0
xof（p1）	p1 点的 X 轴方向分量，Y 与 Z 轴方向分量设置为 0.0
yof（p1）	p1 点的 Y 轴方向分量，X 与 Z 轴方向分量设置为 0.0
zof（p1）	p1 点的 Z 轴方向分量，X 与 Y 轴方向分量设置为 0.0
rxo（p1）	p1 点的 X 轴方向分量
ryo（p1）	p1 点的 Y 轴方向分量
rzo（p1）	p1 点的 Z 轴方向分量
pld（p1, p2, dist）	通过点 p1 与 p2 参考距离 dist 计算直线上的点
rot（p, origin, ang）	使点 p 绕坐标原点（origin）旋转一个角度（ang）
plt（p1, p2, t）	通过 p1 与 p2 点参考位置 t 计算直线上的点
rot（p, AxP1, AxP2, ang）	绕点 AxP1 与 AxP2 所确定的轴线旋转点 p 一个角度
ill（p1, p2, p3, p4）	计算由 p1 点与 p2 点所定义的直线同 p3 与 p4 所定义直线的相交点
illp（p1, p2, p3, p4, p5）	计算点 p1 与点 p2 所定义的直线与 p3, p4, p5 所确定的平面的相交点
dist（p1, p2）	计算点 p1 与点 p2 之间的距离
dpl（p, p1, p2）	计算点 p 至由点 p1 与点 p2 所定义直线的距离
dpp（p, p1, p2, p3）	计算点 p 至由点 p1、p2、p3 所定义平面的距离
rad	计算用户所指定的一个圆、圆弧或者多义线的圆弧段的半径
ang（v）	计算 X 轴与矢量 v 在当前 UCSXY 平面上投影分量的夹角
ang（p1, p2）	计算 X 轴与由点（p1, p2）所定义的直线在当前 UCSXY 平面上的投影线的夹角
ang（apex, p1, p2）	计算直线（apex, p1）与直线（apex, p2）在当前 UCSXY 平面上投影线的夹角
ang（apex, p1, p2, p）	计算直线（apex, p1）与直线（apex, p2）的夹角
cvunit（N, cm, chin）	把数值 N 由米制单位厘米转换为英制单位英寸

4. 输入表达式

在 AutoCAD CAL 命令的提示下，用户应当根据不同的计算需要输入一条不同形式的表达式。为此，用户需要严格把握下述有关输入法则与有关操作概念。

（1）英尺与英寸格式：如果用户需要输入英尺与英寸，应当使用如下格式：

英尺 －英寸 或者 英尺 英寸

AutoCAD 在处理时，将以英寸为单位把用户的输入转换为一个实数。例如：

2 英尺-5 英寸转换为 2×12+5=29

5 英寸转换为 0×12+5=5

2 英尺转换为 2×12+0=24

（2）角度格式：默认的角度单位为十进制。相应地输入角度。如果用户输入一个小于 1° 的角度，必须在"分"前给出 0°。指定圆弧的角度应当使用字母 r，指定梯度应当给出字母 g。例如：

124.6r　　　圆弧 124.6°

14g　　　　梯度 14°

5d10′20″　　5 度 10 分 20 秒

0d10′20″　　10 分 20 秒

用户所输入的任何一种角度均将转换为十进制。PI（=3.1415926）将换算为 180 度；梯度 100 将换算为 90°。

14.3 变量及其类型

AutoLISP 所使用的变量与 AutoCAD 的系统变量一样，可以分为不同类型。每一种形式的计算只能使用对应类型的变量，否则系统将拒绝进行计算，并且在屏幕上显示一条出错信息。AutoLISP 所使用的变量与 AutoCAD 的系统变量通常分为字符型、整形和实型、表型，如图 14-1 所示。

图14-1　AutoLISP基本数据类型

14.3.1 字符串型变量

字符串型变量用于保存字符串。定义时需要使用一对双引号（""）。并且将字符串放置在它们的中间。例如，"L""123""$100""This is a point object."。这些都表示字符串，读者应当注意到，如果要在一字符串中表现一个双引号则使用三个双引号。这样，AutoLISP 在计算时将第一个和最后一个双引号解释为字符串的标识，中间的一个双引号解释为一个字符。

读者在前面所见到的由

（setq X （getvar "CLAYER"））

表达式所设置的 X 变量就是一个字符串型变量，该变量的值是由 GETVAR 函数获得的当前层名：0。

14.3.2 整型变量

整型变量所使用的是一个不含分数且小数点后的值必须是零的正整数或者负整数。在 AutoCAD 中通常使用 0 或者 1 来表示某些系统变量的当前状态，通过设置 0 或者 1 可以对这些变量加以控制。例如，将 SNAPMODE 系统变量的值设置为 1，则关闭该系统变量，不能使用捕捉方式；将 ORTHOMODE 系统变量的值设置为 1，则打开该系统变量，使用正交方式捕捉坐标点。

整型数在 AutoLISP 中可以使用 32 位，取值范围可以在-204783648～204783647 之间，但在 AutoCAD 与 AutoLISP 中将以 16 位进行传输，取值范围为-32768～32767 之间，因此应当注意在这个范围内使用 AutoLISP，超出这个范围的取值将导致 AutoLISP 计算出错。

14.3.3 实型变量

实型变量所使用的是一个含分数且小数点后的值不为零的正数或者负数，整型数可以包含在实数内。在 AutoLISP 中不能使用小数点来开始或者结束一个实数，因此对于小于 1 的数必须在小数点的前面加一个前导零，如 0.1234、0.5000。在小数点后的值为零时则必须加上零，但是不必添够与 AutoCAD UNITS 命令中设置的精度所需要的位数，需要时 AutoLISP 将自动加足。

实数的取值范围没有限制。当值太大或者太小，AutoLISP 将自动使用科学计数格式。

14.3.4 表型变量

这是用于 AutoLISP 的特殊变量，它由一个或者多个任意类型的数据构成。使用时将它们并排地放置在一个圆括号（()）中，各数据间使用一个空格来分隔。使用这种类型的数据时，可以列一个表表示三维坐标点的值。例如，表（1.0 5.2 6.7）表示一个坐标点在 X、Y、Z 坐标轴的分量分别为 1.0、5.2、6.7。读者可能会想到，在一个二维的坐标点表中，是不是应该只有两个数据？是的，这样想很正确。

同一个变量可被 AutoLISP 多次定义使用，但是只有最后一次定义才是当前有效的。

AutoLISP 变量名称可以与 AutoCAD 系统变量的名称相同。但是它们是相互独立的。前者的名称由用户指定，后者的名称已经由系统的开发者固定下来，用户不能进行修改。对于前者来说，不是所有的字符都能够用于设置变量名称，除 AutoLISP 的保留字以外，一切可能产生歧义的字符也都不能用。AutoLISP 的保留字是 AutoLISP 的专用字，如小圆点（.）、双引号（"）、单引号（'）、圆括号（()）、空格，以及函数符号（+、－、/、～、＜、＞、＝、*等），可能产生歧义的字符有问号（?）和控制符号（^）等。

14.3.5 其他类型

AutoLISP 同样还有很多其他的数据类型，如点对、文件描述符、选择集等（第 13 章已经对点对等数据类型做了初步介绍）。

1．文件描述符

文件描述符是指向 AutoLISP 所打开文件的一个标识符，相当于高级语言的文件号。当 AutoLISP 的函数需要向文件写入数据或从文件中读出数据时，都要用这个文件描述符来指向文件。它是 AutoLISP 的一种特殊数据类型。

2．选择集

选择集（Selection seb）是一个或多个对象(图元)组成的对象组。它是利用选择集构造函数，并通过一定方式从图形中或图形数据库中选定多个图元构成的。用户可以向选择集中加入对象，也可以从选择集中删除对象。选择集的调用格式如下：

〈Selection seb：n〉

其中，n 是选择集编号，第 1 个建立的选择集编号为 1，以后依次为 2、3、4、……。由于选择集可以保存在 AutoLISP 的变量中，这就使得可以在图元的选择集上工作。例如，通过操作选择集，可以获得所选择图元的名称，根据图元名即可访问图形数据库，从而获得图元的定义并编辑它。

3．AutoLISP 的内部函数

AutoLISP 提供了大量的内部函数，如用于算术运算（如+、－、*、／）的函数，赋值函数（如 sdq）和表处理函数（如 length）等，这些函数的功能和调用格式都不相同。

4．图元名

图元名（Entity name）实际上是指向由 AutoCAD 图形编辑程序所保持的一个文件的指针（Pointer），通过这个指针，AutoLISP 能够找到该图元在当前图形数据库中的记录和它在屏幕上的矢量。图元名可由 AutoLISP 函数引用，这样就可以用各种方法来选择要处理的对象。在系统内部，AutoCAD 将对象作为图元看待。AutoLISP 是以下面的调用格式把图元名提供给用户的：

〈entity name：　图元名编码〉

14.4　变量的应用

　　应用变量的目的就是要快速地进行各种计算工作。对于读者来说，可能熟悉所有变量的使用方法需要花费不少的时间和精力，因此在这一节中除了详述各种变量的使用方法外，还将尽可能地提供示例让读者在屏幕上进行练习，希望读者能从这一节的讲述中了解 AutoCAD CAL 命令与相关的 AutoLISP 函数的一般使用方法。同时，AutoCAD 提供了 3 个预定义的变量，用户可以通过 AutoLISP 应用程序使用它们。如：

PAUSE　定义由一个反斜杠（\）字符构成的字符串。此变量与 Command 函数配合使用于暂停正在执行的命令。

PI　定义为常量 pi，其值近似等于 3.1415926。

T　定义为常量 T，用非空值。

可以用 setq 函数修改上面的几个变量的值，但其他应用程序可能要依赖这些值，因此建议不要修改这些变量。

没有被指定任何值的变量被称为 nil（空）变量。nil 和空格是不同的，空格被认为是字符串中一个字符。nil 和 0 也不同，0 是一个数字。所以除了检查一个变量的当前值外，还可以通过这个变量来测试或判断变量是否被设置了数值。

每个变量都会占用一部分内存，所以重新利用已经定义了的变量，并且当不再需要变量时把这个变量设置为 nil 是一个很好的编程习惯。把某个变量设置为 nil 后，就会释放这个变量所占用的内存。

📖 14.4.1　使用 AutoLISP 变量

AutoCAD 允许在数学表达式中使用 AutoLISP 变量，但是可以使用的变量类型将被限制为 Real（实数）、Integer（整数）、2D（二维）或者 3D（三维）点（矢量），而且不使用 AutoLISP setq 函数定义变量，而是在表达式中直接给出。例如，将一个定义坐标位置为[5，1]的点与一个保存在一个用户定义的 AutoLISP 变量 A 的点中可以使用表达式：

A+[5，1]

如果用户使用一个 AutoLISP 变量名包括了 CAL 命令的一个特殊字符，如＋、－、*或者／，该变量名应当由一对单引号（'）包括起来。例如：

'under-and-above'

将一个表达式的值赋予一个 AutoLISP 变量应当使用一个等号。将一个表达式的值赋予一个 AutoLISP 变量后，用户可以将该变量的值用于别的计算。例如，在下面的示例中将建立一个圆心为(0，0)的圆与一条长为 10 的直线，然后使用这两个图形物体和用户定义的变量建立另一个圆，运行结果如图 14-2 和图 14-3 所示。

```
命令：CIRCLE✓
指定圆的圆心或 [三点(3P)/两点(2P)/切点、切点、半径(T)]：0,0✓
指定圆的半径或 [直径(D)]：10✓
命令：ZOOM
指定窗口角点，输入比例因子 (NX 或 NXP)，或者
[全部(A)/中心点(C)/动态(D)/范围(E)/上一个(P)/比例(S)/窗口(W)] <实时>：4X✓
命令：LINE✓
指定第一个点：(选取点)
指定下一点或 [放弃(U)]：@10<0✓
指定下一点或 [放弃(U)]：✓
命令：CAL✓
>> 表达式：p1=cen+[1,0] ✓
>> 选择图元用于 CEN 捕捉：
(1.0 0.0 0.0)
命令：CAL✓
>> 表达式：l1=dist(end,end)/3
```

>> 选择图元用于 END 捕捉：

>> 选择图元用于 END 捕捉：

3.33333

图14-2　绘制圆和直线　　　　　　图14-3　继续绘制圆

在上述程序中先后定义了两个 AutoLISP 变量：一个是坐标点变量 P1，其值为一个新的坐标点值，该值由上面所绘制的圆心点沿 X 轴的正方向偏移 1 而产生；另一个是长度变量 L1，其值为上面所绘制的直线长度的三分之一。读者可以使用下述操作证实它们存在于当前系统中。

命令：!p1↙

(1.0 0.0 0.0)

命令：!l1↙

3.33333

接下来读者可以使用这两个变量再建立一个圆物体。

命令：CIRCLE↙

>> 表达式：　p1+[0,1]（新的圆心为圆心的坐标值沿 Y 轴的正方向移动 1）

(1.0 1.0 0.0)

指定圆的半径或 [直径(D)] <10.0000>：'CAL↙

>> 表达式：　l1+2(新的半径为 L1+2) ↙

5.33333

14.4.2　使用 AutoCAD 系统变量

使用 AutoLISP getvar 函数可以读入一个 AutoCAD 系统变量的值。但是不能使用一个串变量。该函数使用格式 getvar (variable−name)。例如，C＝getvar (viewctr)，将把当前的 UCS 的观察点送入函数 C 中。其中 getvar 为一个函数，不是命令。而 setvar 既是 AutoLISP 函数又是 AutoCAD 命令。在下面的练习中使用 setvar 函数可以看出可读写系统变量和只读系统变量的区别。

命令：　(setvar"orthomode" 1)

1

命令：　(setvar "area" 0.0)

;错误：　AutoCAD 变量设置被拒绝：　"area" 0.0（出现错误信息，因为 area 为一只读变量）

14.5 创建用户自己的变量和表达式

所有的函数符号名称与用户定义函数的值都可以列表显示在屏幕上，为此用户可以使用 AutoLISP atoms—family 函数。将该函数返回在屏幕上的列表为原子表。原子是 AutoLISP 的最小单元，不可以继续划分为更小的单元。该函数可以使用如下两种书写表达式：

(atoms—family 0)

(atoms—family 1)

在屏幕上返回的原子表中，上述的第一行表达式将显示各变量的名称，而第二行表达式所显示的各变量名称将是字符串型。用户将发现自己很少使用该函数。

14.6 数值函数

数值函数用于处理整型数和实型数两种类型数，它包括基本标准函数、三角函数以及操作布尔函数。数值函数总是返回数的数据类型值，返回值是整型数还是实型数取决于参数表中参数的数据类型。AutoLISP 提供了处理整数和实数的函数，见表 14-6。

表14-6 数值函数表

函数名	功能
+(加)	返回所有数的和
-(减)	返回第一个数减去后面数的结果
*(乘)	返回所有数的乘积
/(除)	返回第一个数除以其后面数的结果
~(求非)	返回将其参数按位 NOT 求非的结果
1+(加1)	返回参数加 1 的结果
1-(减1)	返回参数减 1 的结果
abs(求绝对值)	返回参数的绝对值
atan(求反正切)	返回参数的反正切值
cos(求余弦)	返回参数的余弦值
exp(求幂)	返回自然数 e 的 n 次方
expt(求幂)	返回以第一个参数为基数，第二个为次方的幂
fix(取整)	返回转换成整数的结果
float(实数化)	返回参数的实数形式
gcd(求公分母)	返回两个参数的最大公分母
log(求自然对数)	返回参数的自然对数
logand(求逻辑与)	返回逻辑与的结果
logior(求逻辑或)	返回逻辑或的结果
lsh(逻辑位移动)	返回一个数按其逻辑位移动的数

（续）

函数名	功能
max(求最大值)	返回给定数的最大值
min(求最小值)	返回给定数的最小值
minusp	证实际参数数为实数或整数，其值为负
rem(求余)	返回两参数的余数
sin(求正弦)	返回参数的正弦值
sqrt(求平方根)	返回参数的平方根
zerop	证实际参数数为实数或整数，其值为 0

数的运算遵循以下规则：

1）若参数表中的所有参数都为整型数，则求值器对参数表中的参数做整数运算，返回整数值。例如：

命令：　(/ 17 3)

5

2）若参数表中有一个实型数，则对参数表中的参数进行浮点数学运算，返回实型数。例如

命令：　(/ 17.0 3)

5.66667

3）若参数表中的参数多于两个，则从前到后，遵循前两条规则，每两个参数进行数值运算，再把运算结果与下一个参数进行运算。

📖 14.6.1　计算函数

1．累加函数　+

(+ 〈num1〉〈num2〉…)

即(+〈数 1〉〈数 2〉…)

本函数返回所有〈数〉的和。其中的数可以是整型的，也可以是实型的，如果所在的〈num〉都为整型数，其结果也为整型数。如果其中有一个是实型的，那么其他整型数都将被转换为实型的，结果将是实型数。如果本函数仅提供了一个〈num〉，则函数返回〈num〉与零相加的结果。如果不提供数，则返回零。

例如：

命令：　(+ 4)

4

命令：　(+ 2 3)

5

命令：　(+ 1 2 3 4.5)

10.5

2024

AutoCAD

命令： (+ 1 2 3 4.0)

10.0

2．累减函数 –

(– ⟨num1⟩ ⟨num2⟩···)

即(– ⟨数 1⟩ ⟨数 2⟩···)

此函数将第一个数减去以后所有数之和，并返回最后结果。若仅给出一个数，即返回零减这个数，若不提供数，则返回零。

此函数中的⟨num⟩可以是实型或整型，按标准规则进行类别转换。

例如：

命令： (- 50 40)

10

命令： (- 50 40.0)

10.0

命令： (- 50 40 10.0)

0.0

命令： (- 8)

-8

3．加 1/减 1 函数 1+/1-

(1+ ⟨num⟩)和(1- ⟨num⟩)

即(1+ ⟨数⟩)和(1- ⟨数⟩)

其参数只有一个"1+"或"1-"，必须连写，中间无空格，数加 1 或减 1，并返回最后结果。此函数中的⟨num⟩可为实型或整型，返回值类型取决于⟨num⟩的类型。

例如：

命令： (1- -3)

-4

命令： (1+ 3)

4

命令： (1- 3)

2

命令： (1+ 1.0)

3.0

命令： (1- 1.0)

1.0

4．累乘函数 ＊

(＊ ⟨num⟩ ⟨num⟩···)

即(＊ ⟨数⟩ ⟨数⟩···)

本函数返回所有⟨num⟩的乘积，其返回值类型取决于参数的类型。如果本函数仅提供了一个⟨num⟩，则函数返回⟨num⟩与 1 相乘的结果。若不提供⟨num⟩，则返回零。

例如：

命令：　(* 3)

3

命令：　(* 3 2 7)

42

命令：　(* 3 (+ 1.0 4))

15.0

5．累除函数　/

(/ ⟨num1⟩ ⟨num2⟩…)

即 (/ ⟨数 1⟩ ⟨数 2⟩…)

本函数返回⟨num1⟩除以⟨num2⟩、再除以⟨num3⟩…依次做除法运算的结果。如果仅提供一个⟨num⟩，则函数返回⟨num⟩除以 1 的结果。若函数不提供⟨num⟩，则返回零。

各个⟨数⟩类型不同，计算结果不同，返回值类型也不同。

例如：

命令：　(/ 9 2)

4

命令：　(/ 9 1.0)

4.5

命令：　(/ 9 (/ 2 3))

; 错误：　除数为零

命令：　(/ 9 (/ 1.0 3))

13.5

6．余数函数　rem

(rem ⟨num1⟩ ⟨num2⟩…)

该函数返回⟨num1⟩除以⟨num2⟩的余数，若参数多于两个，则将⟨num1⟩除以⟨num2⟩的余数再除以⟨num3⟩得余数，即为运算结果。其返回值类型取决于参数的类型。

例如：

命令：　(rem 42 12)

6

命令：　(rem 42 11.0)

6.0

命令：　(rem 20 2)

0

命令：　(rem 36 5 2)

1

7．最大公约数　gcd

(gcd ⟨num1⟩ ⟨num2⟩)

该函数返回⟨num1⟩、⟨num2⟩的最大公约数。其中⟨num1⟩、⟨num2⟩都必须为正整数。

例如：

命令：(gcd 81 57)

3

命令：(gcd 81 80)

1

命令：(gcd 20.0 7)

；错误：参数类型错误：fixnump：20.0

命令：(gcd -5 10)

；错误：参数不正确：-5

8. 最大数，最小数 max, min

(max 〈num1〉 〈num2〉…) 和 (min 〈num1〉 〈num2〉…)

该函数返回〈num i〉(i=1，2，3，…)中的最大者或最小者。

例如：

命令：(max 4.07 -2)

4.07

命令：(max 4.9 0.2)

4.9

命令：(min 3.2 -1)

-1.0

9. 指数函数 exp

(exp 〈num〉)

该函数返回 e 的〈num〉次幂的值。即 e=2.718282…。exp 函数总是返回一个实型数。

例如：

命令：(exp 1)

2.71828

命令：(exp 1.0)

2.71828

命令：(exp 0)

1.0

命令：(exp -0.4)

0.67032

10. 幂函数 expt

(expt 〈base〉 〈power〉)

即 (expt 〈底数〉 〈幂〉)

该函数返回〈base〉的〈power〉次方，如果底数和幂都是整数，其结果也是整数；否则，结果为实数。

例如：

命令：(expt 3 2)

9
命令：　(expt 3.0 2)
9.0
命令：　(expt 3 -2)
0
命令：　(expt 3.0 -2)
0.111111

11. 自然对数　log

(log ⟨num⟩)

该函数是 exp 的反函数，返回值为⟨数⟩的自然对数值，其数据类型总为实型数。并要注意函数的取值范围。

例如：

命令：　(log 3)
1.09861
命令：　(log 1)
0.0
命令：　(log 1.22)
0.198851
命令：　(log -90)
；错误：没有为参数定义函数：-90

12. 平方根函数　sqrt

(sqrt ⟨num⟩)

该函数返回⟨num⟩的平方根，其数据类型总为实型数。函数使用过程中注意数的取值范围。

例如：

`
；错误：没有为参数定义函数：-9

13. 绝对值函数　abs

(abs ⟨num⟩)

该函数返回⟨num⟩的绝对值，其中⟨num⟩可为实型数或整型数。其返回值类型取决于参数的类型。

例如：

命令：　(abs 0.0)
0.0
命令：　(abs 100)
100
命令：　(abs -100)
100

14. 正负判断 minusp

(minusp ⟨num⟩)

该函数检查一个数是否是负数。若⟨num⟩为负数，则本函数返回 T；否则，返回 nil。

例如：

命令： (minusp -2)

T

命令： (minusp 3.1)

nil

15. 非零判断 zerop

(zerop ⟨num⟩)

该函数检查一个数的求值是否为零，若为零，则返回 T；否则，返回 nil

例如：

命令： (zerop 1)

nil

命令： (zerop 0.0)

T

16. 整型判断 nump

(nump ⟨item⟩)

该函数检查某一个项是否是一个实型数或整型数。如果项⟨item⟩是一个实型数，该函数返回 T；否则，返回 nil。

例如：

命令： (setq a 123 b 'a)

命令： (nump 4)

T

命令： (nump b)

nil

命令： (nump 4.0)

T

命令： (nump a)

T

命令： (nump (eval b))

T

命令： (nump "hu")

nil

17. 实型数转化 float

(float ⟨num⟩)

该函数将一个数转换成实型数后返回。此函数有时非常有用，如在除法函数中通过 float 函数强制把数转换为实型数，从而使可能为整除的运算变为浮点除运算。

例如:

命令:　(float 3)

3.0

18. 实数转化为整型数　fix

(fix ⟨num⟩)

该函数实现截尾取整数，返回数始终为整数。

例如:

命令:　(fix 3)

3

命令:　(fix 3.5)

3

命令:　(fix -3.5)

3

14.6.2　布尔运算函数

1. 逻辑与　logand

(logand ⟨int1⟩ ⟨int2⟩…)

返回一个整型数表的各数按位逻辑与(AND)的结果。计算过程中各数以二进制形式按位与。

例如:

命令:　(logand 7 15 3)

3

命令:　(logand 2 3 15)

2

命令:　(logand 8 3 4)

0

2. 逻辑或　logior

(logior ⟨int⟩ ⟨int⟩…)

该函数返回一个整型数表的各数按位逻辑或(OR)的结果。各数以二进制运算。

例如:

命令:　(logior 1 2 4)

7

命令:　(logior 9 3)

11

3. 逻辑移位　lsh

(lsh ⟨int⟩ ⟨numbits⟩)

该函数实现的逻辑移位。各数以二进制形式按位移位。它返回数⟨int⟩按位方式做整数⟨numbits⟩次逻辑移位的结果（整型数）。

如果<numbits>是正数，则数<int>向左移位<numbits>次；如果<numbits>是负数，则数<int>向右移位<numbits>次。在这两种情况下，移入位为 0，移出位丢弃。如果移位运算之后符号位包含的是 0（即位号 31），则返回的值是正数；否则，返回的值是负数。

执行一次逻辑左移操作，数<int>的绝对值增大一倍（即相当于乘以 2）；执行一次逻辑右移，数<int>的绝对值减少一半（即相当于除以2）。

例如：

```
命令： (lsh 7 1)
14
命令： (lsh 7 -1)
3
命令： (lsh 6 -1)
3
```

14.6.3 三角函数

1. 正弦函数 sin

(sin <angle>)

该函数返回值为<angle>的正弦值。其中<angle>单位为弧度。

例如：

```
命令： (sin 1)
0.841471
命令： (sin 1.0)
0.841471
```

2. 余弦函数 cos

(cos <angle>)

该函数返回值为<angle>的余弦值。其中<angle>单位为弧度。

例如：

```
命令： (cos pi)
1.0
命令： (cos 0.0)
1.0
命令： (cos 1)
0.540302
```

3. 反正切函数 atan

(atan <num1> [<num2>])

该函数返回一个数的反正切值，单位为弧度。调用 atan 函数时，若仅提供变元<num1>，则本函数返回数<num1>的反正切值，单位为弧度。如果提供了<num1>和<num2>这两个变元，atan 函数返回<num1>/<num2>的反正切值，单位为弧度。<num1>和<num2>可以看作点在坐标系内的坐标值，从而判断取值，所返回的角度范围是-Pi 至+Pi 弧度。如果<num2>是零，则返回的角度为正或为负的 1.570796 弧度(+90º 或-90º)，取决于<num1>是正还是负。

例如：

命令：　(atan 1.5)
0.982794
命令：　(atan 3.0 1.0)
0.982794
命令：　(atan 3.0 -1.0)
1.1588
命令：　(atan -3.0 1.0)
0.982794
命令：　(atan -3.0 -1.0)
1.1588
命令：　(atan 1.5 0)
1.5708
命令：　(atan -1.5 0)
1.5708

14.7　字符串处理函数

在工程制图中，文字是不可缺少的重要内容。如果用户使用过 AutoCAD 进行工程设计和制图，就会感到 AutoCAD 文本编辑功能的不足。为了弥补这一缺憾，AutoLISP 提供了字符型数据和丰富的文本处理函数。在 AutoLISP 提供的 170 多个内部函数中，以字符串作为自变量的或返回值为字符串的函数有三分之一之多。

与整型数据和实型数据一样，字符型数据也是 AutoLISP 最常用的一种数据类型。如果没有字符型数据，则几乎无法进行 AutoLISP 程序设计。

AutoLISP 提供的字符串处理函数见表 14-7。

表14-7　字符串处理函数表

函数名	功能
strcase	改变字符串的大、小写
strcat	将字符串连接起来成为一个新的字符串
strlen	计算字符串的数目，返回一个整数，即字符串长度
substr	截取字符串的一部分
wcmatch	对字符串进行测试匹配

14.7.1 求字符串长度函数 strlen（string length）

(strlen [<string>]···)

该函数求出一个字符串中字符的个数，并将这个数以整型数形式返回。调用 strlen 函数时如果提供了多个<string>变元，则返回所有字符串的长度之和的整型数。若省略变元或为函数提供一个空字符串变元，则 strlen 函数返回零。

例如：

```
命令： (strlen)
0
命令： (strlen "")
0
命令： (strlen " ")
1
命令： (strlen "AutoLISP")
8
命令： (strlen "AutoCAD" "AutoLISP")
15
```

14.7.2 字符串链接函数 strcat（string catenation）

(strcat <string1> [<string2>]···)

该函数将多个字符串拼接成一个长字符串后返回。其中每一个自变量都必须是字符常量、字符变量或字符表达式，其他类型变量都是非法的。如果 strcat 函数不带自变量或所有自变量均为空串，则函数返回空串。如果 strcat 函数只有一个自变量，则函数返回该自变量的值。

例如：

```
命令： (strcat "Auto" "LISP")
"AutoLISP"
命令： (strcat)
""
命令： (strcat pause)
"\\"
```

14.7.3 子串提取函数 substr（substring）

(substr <string> <start> [<length>])

该函数返回一个字符串的一个子字符串。substr 函数从字符串<string>中取出一个子字符串并返回，截取的子字符串的起点由<start>变元指定，长度由<length>变元指定。若没有提供<length>变元，则子字符串的结束处在母字符串<string>的端点，<start>和<length>

变元都必须是正整数。如果<start>大于<string>长度，则返回为空串。例如：

命令：(substr "AutoLISP" 5)

"LISP"

命令：(substr "AutoLISP" 5 2)

"LI"

命令：(substr "AutoLISP" 9)

" "

命令：(substr "AutoLISP" 5 5)

"LISP"

14.7.4　字母大小写转换函数　strcase

(strcase <string> [<mode>])

该函数把字符串<string>中的小写字母转换成大写字母，或把其中的大写字母转换成小写字母。如果不带参数<mode>，或其值为 nil，则把小写转换为大写。如果<mode>参数值不是 nil，则把大写转换为小写。

例如：

命令：(strcase "AutoLISP")

"AUTOLISP"

命令：(strcase "AutoLISP")

"autolisp"

14.7.5　字符串模式匹配函数　wcmatch

(wcmatch <string> <pattern>)

该函数将一个通配样本与一个字符串进行匹配比较。wcmatch 函数将一个字符串<string>与一个通配样本进行比较，看它们是否匹配。如果匹配，本函数返回 T；否则返回 nil。<string>和<pattern>这两个变元既可以是由双引号引起来的字符串，也可以是变量。<pattern>变元中可以包含通配字符（见表 14-8）。仅对<string>和<pattern>中最前面的 500 个字符进行比较，超过 500 个字符之后的那些字符会被忽略。

<parttern>可以由一个或者多个模式组成。若有两个或多个模式，要用","分开，表示各模式之间为逻辑或的关系。"*"表示任意长度的任意字符，因此只要出现单个"*"构成的子模式出现，其他模式均不起作用。"?"表示任意的单一字符。[]表示单一字符的取值范围。

例如：

命令：(wcmatch "name" "n*")

T

命令：(wcmatch "name" "???, ~*m*, n*")

T

命令：(wcmatch "name" "[t~z]*")
nil

表14-8　通配字符表

通配字符	含义
#	匹配任意单个数字字符
@	匹配任意单个字母字符
.（圆点）	匹配任意单个非字母数字字符
*（星号）	匹配任意字符序列，包括一个空字符串，该字符串可以用在搜索样本中的任意位置，包括开头中间和结尾
?（问号）	匹配任意单个字符
~（波浪线）	如果该字符是匹配样本中的第一个字符，则匹配除此样本之外的任何东西
[---]	匹配括号中的任意一个字符
[~---]	匹配不在括号中的任意单个字符
-(连字符)	用在字符之间，指明单一字符的取值范围
,（逗号）	分开两个样本
'（反引号）	特殊转义字符(按字义读取随后的字符)

14.8　条件和循环函数

分支结构和循环结构是程序的主要结构，分支是进行逻辑判断的主要手段，循环是简化程序的方法。而条件函数和循环函数是控制程序结构的手段。本节将对条件循环函数进行介绍，其主要功能见表 14-9。

表14-9　条件和循环函数

函数名	功能
＝（等于）	判断相等
/＝（不等于）	判断不相等
＜（小于）	判断小于
＜＝（小于或等于）	判断小于等于
＞（大于）	判断大于
＞＝（大于或等于）	判断大于等于
and（逻辑与）	进行逻辑与运算
boolean（布尔运算符）	按位进行布尔运算
cond（条件函数）	条件运算
eq	判断等式是否相等
equal	判断等式是否相等
if	条件判断函数

（续）

函数名	功能
repeat	循环函数
while	循环函数

📖14.8.1　关系运算函数

数的关系运算函数在执行时对其每一个参数都要求值，然后从左到右依次比较两个参数在数值上是否满足比较函数所测试的关系，如果所有参数都满足测试关系，则返回 T；否则返回 nil。

1. 小于函数　＜

(＜ 〈numstr〉 [〈numstr〉]…)

该函数为比较大小函数。如果每一个变元在数值上都小于它右边的变元，则返回 T；否则返回 nil。每一个〈numstr〉变元既可以是一个数，也可以是一个字符串。但是，数值和字符串不能进行比较。如果只有一个自变量，则自变量的类型没有限制，但是返回值恒为 T。

例如：

命令：(＜ 1)

T

命令：(＜ 1 2 3 4)

T

命令：(＜ 1 3 2)

nil

命令：(＜ "a" "b" "c")

T

命令：(＜ "abc" "ace")

T

2. 小于或等于函数　＜=

(＜= 〈numstr〉 [〈numstr〉]…)

如果每一个变元在数值上都小于或等于它右边的变元，则返回 T；否则返回 nil。

例如：

命令：(＜= 10 20)

T

命令：(＜= "AutoLISP" "autolisp")

T

命令：(＜= 8 3.5)

T

3. 大于函数　＞

(＞ 〈numstr〉 [〈numstr〉]…)

如果每一个变元在数值上都大于它右边的变元，则返回 T；否则返回 nil。每一个变元〈numstr〉既可以是一个数，也可以是一个字符串。

例如：

命令： (> 12 5)

T

命令： (> "ae" "ac")

T

4. 大于或等于函数 >=

(>= 〈numstr〉[〈numstr〉]…)

如果每一个变元在数值上都大于或等于它右边的变元，则返回 T；否则返回 nil。每一个变元〈numstr〉既可以是一个数，也可以是一个字符串。

例如：

命令： (>= 12 5)

T

命令： (>= "ac" "ac")

T

5. 等于函数 =

(= 〈number〉[〈numstr〉]…)

如果所有变元在数值上是相等的，则返回 T；否则返回 nil。每一个〈numstr〉既可以是一个数，也可以是一个字符串。

例如：

命令： (= a b)

nil

命令： (= c a)

nil

命令： (= 5 5)

T

6. 不等于函数 /=

(/= 〈number〉[〈numstr〉]…)

如果各变元在数值上不相等，则返回 T；如果各变元在数值上相等，则返回 nil。每一个〈numstr〉变元既可以是一个数，也可以是一个字符串。

例如：

命令： (/= 4 8.0)

T

命令： (/= "a" "a")

nil

📖14.8.2　逻辑运算函数

1. 逻辑与　AND

(and 〈expr〉…)

执行该函数，返回表达式的逻辑与运算结果。如果任何一个表达式的求值结果为 nil，这个函数将停止进一步的求值，并返回 nil；否则，返回 T。

例如：

命令：　(setq a 103 b nil c "string")
命令：　(and 1.4 a b)
nil
命令：　(and 1.4 a)
T

2. 逻辑或　OR

(or 〈expr〉…)

执行该函数，返回一个表达式表的逻辑或（OR）的结果。or 函数对表达式从左到右进行求值，并查找一个非 nil 表达式，如果找到一个这样的表达式，它将停止进一步的求值，并返回 T。如果表达式表中的所有表达式都为 nil，or 函数返回 nil。

例如：

命令：　(or nil nil)
nil
命令：　(or nil 1)
T

3. 逻辑非　NOT

(not 〈expr〉…)

执行该函数，如果表达式值为 nil，则输出 T；如果其值不是 nil，则函数返回 nil。

例如：

命令：　(not 1.83)
nil
命令：　(not nil)
T

📖14.8.3　EQ 函数与 EQUAL 函数

前面介绍的等值比较函数"="只能用于数、符号原子和字符串，即原子的等值比较函数，不能用于表。下面将要介绍的两个等值函数可以用于任意的表达式。

1. eq

(eq 〈expr1〉 〈expr2〉)

此函数确定两个表达式是否恒等。eq 函数用于检查两个表达式<expr1>和<expr2>是否约束于同一对象（用 setq 函数），即它们不仅值相等，而且占用同一内存单元。若是，则返回 T；否则返回 nil。

例如：

```
命令：  (setq f1  '(a b c))
命令：  (setq f2  '(a b c))
命令：  (setq f3 f2)
命令：  (eq f1 f2)
nil
命令：  (eq f2 f3)
T
```

2．equal

(equal <expr1> <expr2> [<fuzz>])

此函数确定两个表达式的值是否相等。equal 函数确定两个表达式的求值结果是否相等。当比较两个实型数（或由实型数组成的点表）时，如果采用不同的方法来计算它们，则恒等的两个数也可以稍有差别。因此，任选变元<fuzz>可以让用户指定表达式<expr1>和<expr2>间的最大差值，在此范围内，仍然认为<expr1>和<expr2>是相等的。

例如：

```
命令：  (setq f1  '(a b c))
命令：  (setq f2  '(a b c))
命令：  (setq f3 f2)
命令：  (setq a 1.1256)
命令：  (setq b 1.1257)
命令：  (equal f1 f3)
T
命令：  (equal f3 f2)
T
命令：  (equal a b)
nil
命令：  (equal a b 0.0001)
T
```

3． "=" "eq" 和 "equal" 函数的比较

1）所有同源值一定相等。

2）不同源时，INT REAL STR 类型一定相等。

3）不同源时，对 ENAME 类型，"=" 不等，"eq equal" 相等。(setq e1 (car (entsel)) e2 (car (entsel))) 这时选取相同实体。

4）不同源时，对 LIST 类型，"= eq" 不等，"equal" 相等。

5）PICKSET 好像不存在不同源问题。

6）对不常用类型 SYM SUBR EXRXSUBR 等未加分析，SYM 属于不同源时相等的一类。

📖14.8.4　条件函数

条件函数用于测试其表达式的值，然后根据其结果执行相应的操作。AutoLISP 提供了两个条件函数，即 if 和 cond 语句。这两个条件函数可以控制程序的流向，实现分支结构。

1. 单一条件的两分支结构　if

(if <testexpr> <thenexpr> [<elesexpr>])

根据对条件的判断，对不同的表达式进行求值。如果<testexpr>的求值结果为非空，则对<thenexpr>进行求值；否则，对<elsexpr>进行求值。if 函数返回所选择的表达式的值。如果没有<elesexpr>表达式且<testexpr>是 nil，则 if 函数返回 nil。本函数的相关函数是 progn 函数。

if 函数的语法框图和蜕变形式分别如图 14-4 和图 14-5 所示。

图14-4　if函数语法框图

图14-5　if函数的蜕变形式

例如：

命令：(if (= 1 3) "YES!!" "no.")
"no."
命令：(if (= 2 (+ 1 1)) "YES!!" "no.")
"YES!!"
命令：(if (= 2 (+ 3 4)) "YES!!")
nil

2. 多分支结构　cond

(cond (<test1> <result1>…)…)

此函数是 AutoLISP 语言的一个主要的条件函数。cond 函数取任意数目的表作为变元。每一个表称为一个分支，每个分支中包含一个测试部分<testn>和测试成功的结果部分<resultn>。cond 函数的求值过程是：自顶向下逐个测试每个条件分支。每个分支表仅第一个元素（即<testn>）被求值。如果求值中遇到了一个非 nil 的值，则该分支便为满足条件的成功分支，后面其他分支不再被求值，cond 转向对该成功分支的结果部分<resultn>中的诸表达式求值。

有以下两种特殊情况：

若所有分支的测试值都为 nil，或者一个分支也不存在时，cond 返回 nil。

如果成功分支表中只有一个元素，即只有测试式<testn>而没有结果部分<resultn>，则该元素本身的值即为 cond 的返回值。换言之，测试部分和结果部分可以是同一个。

cond 函数的语法框图如图 14-6 所示。

图14-6　cond函数语法框图

📖14.8.5　循环函数

循环结构在 AutoLISP 程序中应用很广泛。所谓循环结构，就是通过"测试－求值－测试"的方法，使一些表达式被重复执行，直到满足测试条件为止。AutoLISP 主要提供了两个具有明显测试条件的循环控制函数，即 while 与 repeat。还有一些函数并不具有明显测试条件，但函数内部也是在反复执行某个操作，如 mapcar 与 foreach 函数。本节将通过实例来介绍这些函数。

1. repeat 函数

(repeat <int> <expr>…)

该函数对每一个表达式进行指定次数的求值计算，并返回最后一个表达式的值。<int>

变元必须是一个正数。

例如:

命令: (setq a 10 b 100)

命令: (repeat 4

(setq a (+ a 10))

(setq b (+ b 100))

)

repeat 函数的语法框图如图 14-7 所示。

2. while 函数

(while ⟨testexpr⟩ ⟨expr⟩···)

while 函数对一个测试表达式进行求值,如果它是非 nil,则计算其他表达式,重复这个计算过程,直到测试表达式的求值结果为 nil。while 函数重复对表达式的求值处理,直到 ⟨testexpr⟩ 的求值结果为 nil,返回最后所计算的那个表达式的值。

while 函数的语法框图如图 14-8 所示。

图14-7 repeat函数的语法框图   图14-8 while函数的语法框图

14.9 表处理函数

表是指放在一对圆括号中的元素的有序集合。表中的元素可以是任何类型的常量、变量、符号或表达式。表中的元素可以是表,其嵌套深度没有明确的限制。在 AutoLISP 中,除了原子(常数、变量和符号)外,其余的都是表,小至一个空表和一个简单的四则运算,大至一个复杂的用户程序,都是用表实现的,这也是 LISP 语言称为表处理语言的主要原因。

表按照用途又分为函数调用和数据表两类。表中一般由多个空格分隔。本节将主要介绍表的处理函数和处理方法。

表处理函数见表 14-10。

表14-10　表处理函数

函数名	功能
acad_strlsort	以 ASCII 码字母顺序对一个字符串表进行排序
append	组合表函数
assoc	搜索关联表函数
cons	表构造函数
foreach	将表中每个元素带入表达式求值
car 和 cdr	返回表中元素的函数,并可以组合使用
last	返回表的最后一个元素
length	计算表的长度
list	表构造函数
listp	表判断函数
mapcar	将所有表带入函数操作
member	表搜索函数
nth	获取表的第 n 个元素
reverse	将表倒置排序
subst	表元素替代函数

14.9.1　表处理的基本函数

AutoLISP 提供了丰富的表处理函数,灵活运用这些函数可以满足表处理的一般要求。下面介绍表处理的基本函数。

1. 表长度函数　length

(length ⟨list⟩)

length 函数返回指出一个表中元素数目的一个整型数。该函数返回一个表⟨list⟩中的顶层元素的整数。

例如:

```
命令: (length '(a b c))
3
命令: (length '(a (b c)))
2
```

2. 表颠倒函数　reverse

(reverse ⟨list⟩)

reverse 将表的元素顺序倒置后返回。

例如:

```
命令: (reverse '(1 2 3 4 5))
```

(5 4 3 2 1)

命令：　(reverse '((1 2 3) 4 5))

(5 4 (1 2 3))

3. nth 函数

(nth n <list>)

nth 函数返回一个表中的第 n 个元素。变元 n 是表中要返回的元素序号（表中的元素的编号从零开始）。如果 n 大于表中的最后那个元素的序号，则 nth 返回 nil。

例如：

命令：　(nth 2 '(1 2 3))

3

命令：　(nth 3 '(1 2 3))

nil

4. car 函数、cdr 函数及其组合函数

(car <list>)

(cdr <list>)

car 函数取一个表中的第一个元素并返回。cdr 函数从一个表中排除第一个元素，将所有剩余的元素作为一个表返回。调用 car 函数和 cdr 函数时，如果变元 list 是空表，car 函数则返回 nil。

AutoLISP 支持 car 函数和 cdr 函数的拼接调用，其拼接深度最多可达四级，相当于 car 函数与 cdr 函数的嵌套。

例如：

命令：　(car '(a b c))

A

命令：　(car '((a b) c))

(A B)

命令：　(car '())

nil

命令：　(cdr '(a b c))

(B C)

命令：　(cdr '((a b) c))

(C)

命令：　(cadr '(a b c))

B

5. last 函数

(last <list>)

last 函数返回一个表中的最后那个元素。last 函数可以返回一个原子和一个表。初一看，用 last 函数去获取一个点的 Y 坐标，似乎是一种很容易理解的方法。这对于 2D 点（由两个实数组成的表）来说确实如此，但对于 3D 点，用 last 函数返回的却是 Z 坐标。为了使函数

无论在处理 2D 点还是在处理 3D 点时都能很好地工作，建议使用 cadr 函数去获取 Y 坐标，而使用 caddr 去获取 Z 坐标。例如：

> 命令： (last '(a b c d))
>
> D
>
> 命令： (last '(a b (c d)))
>
> (C D)

6. member 函数

(member ⟨expr⟩ ⟨list⟩)

member 函数在一个表搜索一个表达式的出现，并返回表的其余部分，其余部分的起点从表达式（⟨expr⟩）的第一次出现处开始。如果在表⟨list⟩中不出现表达式⟨expr⟩，本函数返回 nil。在使用 member 函数时，出现两个自变量，第一个自变量的类型没有限制，第二个自变量必须是表。

例如：

> 命令： (member 'c '(a b c d c e))
>
> (C D C E)
>
> 命令： (member 'q '(a b c d))
>
> nil

7. listp 函数

(listp ⟨item⟩)

listp 函数用于检查某个项是否是表。如果⟨item⟩是一个表，则返回 T；否则返回 nil。由于 nil 既可表示一个原子，也可以表示一个表，所以当把 nil 用 listp 函数做测试时，它返回 T。

例如：

> 命令： (listp t)
>
> nil
>
> 命令： (listp '(a b c))
>
> T
>
> 命令： (listp nil)
>
> T

📖14.9.2 表的构造函数

1. list 函数

(list ⟨expr⟩…)

list 函数可以将任意数目的表达式组合成一个表。在 AutoLISP 中，该函数经常用于定义的一个 2D 或 3D 点变量（由两个或三个实数组成的一个表）。如果表中没有变量或没有未确定的项，用单引号括起一个表，能达到 list 函数同样的效果。例如，'(3.9 6.7)等价于(list 3.9 6.7)。这对生成关联表或定义点表来说是非常方便的方法。该函数的相关函数是 quota。

list 函数的返回值为一个表，如果 list 函数不带任何自变量，则返回 nil，为一个空表。同时，list 函数在调用过程中对表内的变量进行一次求值，所以返回的表元素是自变量的值而不是自变量本身。

例如：

```
命令：  (setq a 15 b 22)
命令：  (list 2 d '(w a))
(2 nil (W A))
命令：  (list 2 a)
(2 15)
```

2．cons 函数

(cons ⟨new_first_element⟩ ⟨list⟩)

Cons 函数是 AutoLISP 的基本表构造函数。cons 函数把第一个元素⟨new_first_element⟩加到第二个元素⟨list⟩开头，构成一个新表后返回。变元⟨new_first_element⟩可以是一个原子或一个表。cons 函数也可以用在变元⟨list⟩是原子的情况。在这种情况下，cons 函数通常用于构造称为点对的结构。当显示一个点对时，AutoLISP 会在第一个元素和第二个元素之间显示一个圆点。使用 cdr 函数可以返回一个点对的第二个原子。点对是一种特属类型的表，处理普通表的某些函数通常不能接受点对作为变元。如果希望在表的最后加上一个元素，可以使用程序式(reverse (cons ⟨new_first_element⟩ (reverse ⟨list⟩)))。

例如：

```
命令：  (cons 1 nil)
(1)
命令：  (cons 1 2)
(1 . 2)
命令：  (cons 1 '(a b))
(1 A B)
命令：  (cons '(a a) '((b b) (c c)))
((A A) (B B) (C C))
命令：  (reverse (cons 1 (reverse '(a b c))))
(A B C 1)
```

3．append 函数

(append ⟨list⟩…)

该函数将任意多个表组合成一个表。append 函数将所有⟨list⟩串在一起，组合成一个新表。append、cons 和 list 函数是 AutoLISP 的三个基本的表构造函数。append 函数的每个自变量必须是表，不可以为原子，并且它将每个自变量的元素重新组合称为一个大表。而 list 函数是将自变量作为返回表的元素输出。

例如：

```
命令：  (append '(a b) '(c d))
(A B C D)
```

命令： (list '(a b) '(c d))

((A B) (C D))

4. subst 函数

(subst ⟨new⟩ ⟨old⟩ ⟨list⟩)

subst 函数用于查找表中所有项。如果表中有⟨old⟩存在，则把所有的⟨old⟩用⟨new⟩代替，函数返回替换后的新表。如果表中没有⟨old⟩存在，则函数值为原表。

例如：

命令： (subst 5.5 3.3 '(1.1 1.2 3.3 4.4 5.5))

(1.1 1.2 5.5 4.4 5.5)

命令： (subst 'a 't '(a t e))

(A A E)

5. acad_strlsort 函数

(acad_strlsort ⟨list⟩)

该函数以 ASCII 码字母顺序对一个字符串表进行排序，返回排序后的结果。acad_strlsort 函数是一个外部函数，它是由 ads 应用程序 ACADAPP 定义的。变元⟨list⟩是要进行排序的字符串表。acad_strlsort 函数返回重新排序后的相同字符串表。如果变元⟨list⟩是一个非法表，或者没有足够的内存来时行排序，则 acad_strlsort 函数返回 nil.

例如：

命令： (setq mos '("Nov" "Jun" "Jan" "Feb" "Mar" "Apr" "May" "Jul" "Aug" "Sep" "Oct" "Dec"))

("Nov" "Jun" "Jan" "Feb" "Mar" "Apr" "May" "Jul" "Aug" "Sep" "Oct" "Dec")

命令： (acad_strlsort mos)

("Apr" "Aug" "Dec" "Feb" "Jan" "Jul" "Jun" "Mar" "May" "Nov" "Oct" "Sep")

📖14.9.3 表的循环处理函数

1. foreach 函数

AutoLISP 提供了 3 个实现循环的函数，前面介绍了 REPEAT 和 WHILE 函数。下面将介绍另外一个循环函数 FOREACH，它主要适用于对表的每一个元素进行处理。其调用格式如下：

(foreach ⟨name⟩ ⟨list⟩ ⟨expr⟩…)

foreach 函数将一个表中所有元素代入表达式中进行求值。该函数中的表达式⟨expr⟩可以有多个，每个表达式一般以⟨name⟩为其参数。foreach 函数循环将表⟨list⟩中每一个元素赋给符号原子⟨name⟩，再对循环体中的每一个表达式⟨expr⟩依次求值。Foreach 函数返回最后一次循环体中最后一个表达式的求值结果。

例如：

命令： (foreach n '(a b c) (print n))

A

B

C

在使用 foreach 函数时，第一个自变量〈name〉（如上面例子中的 n）一定是变量名，不能是常数或表达式。并且 AutoLISP 并不对它进行求值。而且，变量〈name〉是函数的内部变量，在 foreach 函数调用过程中，它依次赋以表元素，但在 foreach 函数执行完成之后，〈name〉仍保持原来的值。第二个自变量一定是表，如果为空表，则返回 nil。

foreach 函数的语法框图如图 14-9 所示。

图14-9　foreach函数的语法框图

2. mapcar 函数

(mapcar 〈function〉〈list1〉…)

mapcar 函数是一个处理表时最常用也是最有效的循环控制函数。将作为 mapcar 函数变元的一个或多个表（〈list1〉…〈listen〉）的各个元素提供给变元〈function〉（一个函数名）进行求值，求值结果构成一个表后返回。该函数调用中的〈function〉是一个已知的函数名，它可以是 AutoLISP 的内建式函数，也可以是用户的自定义函数或者是 lambda 表达式（无名函数）。〈list1〉…〈listen〉必须是表。Mapcar 函数的功能是依次循环地把表〈list1〉…〈listen〉中的每个对应位置上的元素作为函数〈function〉的参数，调用该函数进行求值，可把每次循环求值的结果（function 的返回值）按求值顺序构成一个表，作为 mapcar 函数的返回值。表〈list1〉…〈listen〉的数目必须和 function 函数所要求的参数数目相匹配，也就是若〈function〉要求一个参数，则有一个表；若要求两个参数，则有两个表等。mapcar 函数和 foreach 函数一样，它不对参数表〈list1〉…〈listen〉中的元素求值。每个参数表（〈list1〉…〈listen〉）中的元素的数据类型应与〈function〉函数所要求的参数类型相匹配。表〈list1〉…〈listen〉的长度决定了〈function〉函数的调用次数，也决定了 mapcar 函数返回表的长度。若各个表的长度不等，则 mapcar 函数只循环其中的最小长度次数。若〈function〉不是一个变量，则必须在函数名前加一个引号来禁止求值，否则出错。

例如：

命令：　(setq a 10 b 20 c 30)

30

命令：	(mapcar '1+ (list a b c))
(11 22 31)	

📖 14.9.4 表的关联

关联表又称 A-表，它是一种特殊形式的表。关联表的每一个元素都是两元素表，其中的第一个元素称为关键字（key）。由于关联表可以通过关键字进行存取，因此经常使用关联表进行数据的存取，类似于高级语言中的数组结构。

assoc 函数就是关联表的一个应用函数，主要应用于关联表的检索。

(assoc ⟨item⟩ ⟨alist⟩)

assoc 函数从一个关联表中搜索一个元素，若找到则返回此关联表条目。它以变元⟨item⟩作为关键字元素，对关联表⟨alist⟩进行搜索。若关联表⟨alist⟩中存在着关键字指出的条目，则返回这个条目，如果 assoc 函数在关联表⟨alist⟩中找不到由⟨item⟩关键字指出的条目，则返回 nil。关联表经常用于存储可由关键字进行访问的数据。subst 函数为对关联表中的与一个关键字相关的值进行替换提供了一种高效的办法。

例如：

命令：	(setq al '((1 "first") (2 "second") (3 "third")))
((1 "first") (2 "second") (3 "third"))	
命令：	(assoc 2 al)
(2 "second")	

同时，引入关联表的主要作用在于，表中元素的关键字通常不发生改变，改变的是与关键字相关联的值，AutoLISP 可以通过 subst 函数进行非常方便的替换。

14.10 符号和函数处理函数

AutoLISP 提供了处理符号和变量的函数，同时也提供了处理一组或多组函数的功能函数，见表 14-11。

表14-11 符号和函数处理函数

函数名	功能
aotm	验证一个项是否是一个原子
atoms_family	返回由现行已定义的符号组成的一个表
boundp	检验一个符号是否被约束到某一值
not	检查一个项的求值结果是否为 nil
null	检查其个项的值是否约束为 nil
numberp	检查某一个项是否是一个实型数或整型数
quote	返回一个表达式而不对其求值

（续）

函数名	功能
read	返回从一个字符串中获得第一个表或第一个原子
set	将一个被引起来的符号的值设置成一个表达式的值
setq	将一个值赋给一个符号或将一个表达式赋给一个符号
type	返回一个指定项的类型
apply	将一个变元表传送到一个指定的函数
defun	定义一个函数
lambda	定义一个无名函数
eval	返回一个 AutoLISP 表达式的求值结果
trace	辅助 AutoLISP 程序的调试
untrace	清除一个或多个指定函数的跟踪标志

📖14.10.1　赋值函数

1. setq 函数

(setq 〈sym1〉〈expr1〉[〈sym2〉〈expr2〉])

该函数是 AutoLISP 中一个基本的赋值函数，用于将一个值赋给一个符号或将一个表达式赋给一个符号。setq 函数也可以在一次调用中给多个变量赋值，但它仅返回最后那个表达式〈expr〉的值。将变量 a 的值设置为 5.0，以后无论何时对变量 a 进行求值时，它都会返回实型数 5.0。

在 AutoLISP 程序中作为参数的任何符号都必须事先赋值。要查看符号原子的当前值，可在 AutoCAD 命令的提示符下，键入感叹号（！）后查看符号。

例如：

命令：　(setq a 1.0 b c d (/ 12 3) e "autolisp")

"autolisp"

命令：　!a

1.0

命令：　!b

nil

命令：　!d

4

AutoLISP 使用 setq 函数建立内存变量时，函数至少需要两个参数，第一个参数为内存变量名，第二个参数是内存变量将要限定的值。在编程过程中，当变量的数据改变时，AutoLISP 程序也要重新修改。

setq 函数可以建立或修改全局变量，也可以在 defun 函数内给内部变量赋值。全局变量可由任何函数访问和修改，或者在任一表达式中使用局部变量仅在定义它们的函数求值期间

（即函数调用期间）有意义。当全局变量作为局部变量使用时，定义它们的函数能改变它们的值。但当该函数退出时，全局变量恢复原值。

2．set 函数

(set <sym> <expr>)

set 函数用于将一个被引起来的符号的值设置成一个表达式的值。set 函数与 setq 函数同样作为赋值函数，不同的是 set 函数只有两个参数，即<sym>和<expr>，且 set 函数是将表达式（<expr>）的值赋给符号（<sym>）的值，而不是赋给符号本身。

例如：

命令：(setq a 'c)

C

命令：(set a 6)

6

命令：!a

C

命令：!c

6

3．quote 函数

(quote <expr>)

该函数返回一个表达式而不对其求值。quote 函数最主要的特点就是不对表达式进行求值。由于 AutoLISP 对表进行求值时，总是把表的第一个元素认作某一个函数来调用，但引用表的第一个元素既不是系统内部函数，也不是用户定义的函数，故运行时经常出错。为防止这种错误的产生，引用表就必须使用 quote 函数禁止对表求值。

例如：

命令：(quote (a b))

(A B)

📖14.10.2 其他符号处理函数

1．type 函数

(type <item>)

type 函数用于返回一个指定的符号。符号类型及其含义见表 14-12。

例如：

命令：(setq a 123 r 3.45 s "Hello!" x '(a b c))

(A B C)

命令：(type s)

STR

命令：(type 'a)

SYM

```
命令：  (type a)
INT
命令：  (type +)
SUBR
命令：  (type nil)
nil
```

表14-12　符号类型及其含义

类型	含义
real	浮点数
file	文件描述符
str	字符串
int	整型数
sym	符号
list	表(以及用户定义函数)
subr	内部函数
exsubr	外部(ads)函数
pickset	选择集
ename	图元名
pagetb	函数分页表

2．atom 函数

(atom ⟨item⟩)

atom 函数用于验证一个项是否是一个原子。如果调用 atom 函数时，给定的变元 item 是一个表，则返回 nil；否则返回 T。该函数对任何非表的变元均被认为是原子。要说明的是，某些版本的 LISP 对 atom 的解释会有所不同，因此在使用互相移植的程序时要加以注意。

例如：

```
命令：  (setq a '(x y z))
命令：  (setq b 'a)
命令：  (atom 'a)
T
命令：  (atom a)
nil
命令：  (atom 'b)
T
命令：  (atom b)
T
命令：  (atom '(1 2 3))
nil
```

3. atoms_family 函数

(atoms_family ⟨format⟩ [⟨symlist⟩])

该函数用于返回由现行已定义的符号组成的一个表。变元⟨format⟩可取 0 或 1 的整型值。在调用 atoms_family 函数时，如果变元⟨format⟩的值是 0，则 atoms_family 函数以表的形式返回符号名；如果变元⟨format⟩的值是 1，则 atoms_family 函数以字符串表的形式返回符号名。在调用 atom_family 函数时，如果用户提供了⟨symlist⟩变元，atoms_family 函数就会在系统中对指定的符号名表进行搜索。⟨symlist⟩变元是指定符号名的一个字符串表。atoms_family 函数返回由变元⟨format⟩指定的类型（符号或者字符串）的一个表，所返回的表中包含了已经定义的那些符号名。对于没有定义的那些符号名，在它所返回的表的对应位置上以 nil 表示。

4. null 函数

(null ⟨item⟩)

该函数用于检查其个项的值是否约束为 nil。如果项 item 的值约束为 nil，则 null 函数返回 T；否则返回 nil。

例如：

命令：　(setq a l b nil)

nil

命令：　(null b)

T

命令：　(null a)

nil

命令：　(null '())

T

5．boundp 函数

(boundp ⟨sym⟩)

该函数用于检验一个符号是否被约束到某一值。如果有值被约束到⟨sym⟩上，则返回 T；如果没有值约束到⟨sym⟩（或者⟨sym⟩已被约束为 nil），则 boundp 函数返回 nil。如果⟨sym⟩未定义，则自动生成⟨sym⟩，将其值约束为 nil。atoms_family 函数为确定一个符号的存在性提供了另一种可供选择的方法。atoms_family 函数并不自动生成一个符号。

例如：

命令：　(boundp 'a)

T

命令：　(boundp 'b)

nil

6．numberp 函数

(numberp ⟨item⟩)

该函数用于检查某一个项是否是一个实型数或整型数。如果项⟨item⟩是一个实型数或是一个整型数，则 numberp 函数返回 T；否则返回 nil。

例如：

> 命令：　(setq a 23 b 'a)
> 命令：　(numberp a)
> T
> 命令：　(numberp b)
> nil

7. read 函数

(read [⟨string⟩])

该函数用于返回从一个字符串中获得的第一个表或第一个原子。该函数返回字符串 ⟨string⟩ 转换成表或原子后的结果。其中变元 ⟨string⟩ 是由一个表构成的字符串（如 "(+ X Y)"），或是由一个原子构成的字符串（如 "ABC"），但不能二者都有，也不能在表内或表外包含空格。

例如：

> 命令：　(read "hello")
> HELLO
> 命令：　(read "hello autolisp")
> HELLO

14.10.3　函数处理函数

1. defun 函数

（defun ⟨sym⟩ ⟨argument⟩ ⟨expr⟩…）

在 AutoLISP 中，函数的定义可以有名或无名，而定义有名函数是最主要的。AutoLISP 提供的 defun 函数就是提供给用户用来定义一个有名函数的函数。

Defun 函数是 AutoLISP 的一个特殊函数，它不对任何变元参数求值，而仅仅查看一下变元并建立一个函数定义，以后这个定义可以用函数名来调用。

sym 是所定义的函数的名称，它必须是符号原子。在程序调入内存产生了一个函数定义之后，sym 将配放在系统维持的符号中。

argument 是一个函数的参数表，它可有如下格式：

（形式参数 1 形式参数 2… / 局部变量 1 局部变量 2…）

（形式参数 1 形式参数 2…）

（/ 局部变量 1 局部变量 2…）

（）即空表，表示没有参数。

"形式参数 1 形式参数 2…" 在函数调用时必须用实际参数替换。符号 " / " 不是有效的原子分隔符，所以它必须和前后参数用空格分开。

expr1、expr2…是任意的 AutoLISP 表达式，它们甚至可以是所定义函数自身的调用，以形式函数的递归定义。这些表达式是函数的定义体，它们在函数调用时将依次被求值，用于完成所需的功能。例如：

```
(defun add* (x / a)
(setq a (+ x 10))
(* a 1.0)
)
```

该式调入内存时将产生一个名为 ADD*的函数定义，用于把一个数加 10 再乘以 2。 x 为该函数的形式参数，a 为局部变量。这是一个非常简单的函数定义，它只有一个形式参数和两个表达式。

和系统内部提供的函数调用形式一样，用户定义函数的调用也是函数名作为被求值表的第一个元素，实际参数作为表的其他元素，且实际参数必须和形式参数的位置、顺序与数目严格对应。在函数调用时不管有无局部变量。在遇到用户定义的函数调用时，AutoLISP 的求值首先对调用表中的实际参数变元求值，用求值结果依次取代函数的形式参数调用函数定义，依次执行函数定义体中的诸表达式，并把逻辑上最后一个表达式的求值结果作为调用该函数的值返回。

例如：

命令： (add* 5.5)

31.0000

调用 add*函数，用实际参数 5.5 取代形式参数 x，并执行：

命令： (setq a (+ 5.5 10))

命令： (* a 1.0)

31.0000

函数调用可以放在程序中任何地方，当然要保证函数的返回值的类型应与调用函数所要求的数据类型相符。还可以在 "Command：" 提示符下、菜单文件或 SCR 批处理文件中调用，调用格式是一样的。也就是说，AutoLISP 系统内部函数调用能放的位置，用户定义的函数也能放。

例如：

命令： (setq num (add* 5.5)

31.00000

在介绍 AutoLISP 的基本函数时，读者已经对函数的副作用有了认识。下面介绍用户定义的函数调用后的副作用。当然，它的主要副作用是完成所需的功能，但和系统内部提供的函数的调用不一样，用户定义函数在调用时和调用后可能会占用 AutoLISP 额外的符号空间，这是由于其中定义了符号变量的缘故。下面分析在调用定义的函数时其变量的变化情况。

在函数定义中，要用到两种类型的变量：局部变量和全局变量。

对一个函数定义来说，局部变量是出现在参数表 argument 中的变量称为局部约束变量，它包括函数的形式参数和局部变量。形式参数在函数调用时用实际参数取代，局部变量是出现在 argument 中的除形式参数以外的变量，它用一个左下斜杠/和形式参数隔开。实际上，从变量的作用域来讲，上述两种变量均称为局部变量，这里用不同的名称只是为了加以区别。

全局变量也称为自由变量。对一个函数来说，出现在函数体中的除局部约束变量以外的任何变量均称为全局变量。

例如：

```
(defun vartest (x y / a b)
 (setq a (+ x 1.0)
b (* y 1.0)
 )
命令：  (setq Z (+ a b))
11.000000
```

用 defun 函数产生的一个名为 vartest 的函数定义，其中用了 5 个变量：x、y、a、b、Z。x、y、a、b 出现在函数的参数表中，是局部约束变量，其中 x、y 是 vartest 函数的形式参数。Z 对于函数 vartest 来说是全局变量。vartest 函数的调用如下：

```
(setq n1 4.0 n2 3.5)
(vartest n1 n2)
11.000000
```

在调用函数时没有考虑局部变量 a 和 b。函数求值后返回最后一个表达式的求值结果 11.0，前面的表达式只有副作用。

变量的作用域是指变量的值可用的范围。为了说明这个问题，先看一看下面的实例：

```
(setq Z 1.5)
(+ (vartest 4.5 1.0) Z)
```

很明显，(vartest 4.5 1.0) 的返回值是 9.5，那么，(+ 9.5 Z) 等于多少呢？也许你会很快作出结论：因为 Z 等于 1.5，所以 Z 和 9.5 相加等于 11.0。这个结论似乎很正确。其实是错误的。上式调用返回的结果为 19.0。这是因为在调用 vartest 函数后，Z 的值变为 9.5，而不是调用前的 1.5。这里就涉及了函数变量的作用域问题。

函数的局部约束变量的外部约束值在函数调用时会被保存起来，它在函数调用前有一个值，在函数调用后又恢复了这个值，而不管在函数调用中其值如何改变。全局变量的约束值在函数调用时被永久的改变，而以前的值得不到恢复，而是约束到新的值。如在上面的例子中，由于 Z 为 vartest 函数的全局变量，在调用 vartest 函数后其值从 1.5 改变为 9.5，而执行完函数后，新值（9.5）得到保留，原值不能够恢复。但 x，y，a，b 为局部约束变量，在函数调用后，它们原先的值（即在 vartest 函数的外部约束值）得到恢复。

值得注意的是，单纯地谈论一个变量是局部约束变量或全局变量是没有意义的，只有专门指出对哪一个具体函数时，才能讨论变量是局部约束的还是全局约束的变量。

搞清局部约束变量和全局变量的意义以及作用域十分重要。在函数调用后需要保留调用前的值的变量不能用作全局变量。

2．apply 函数

(apply ⟨function⟩ ⟨list⟩)

apply 函数用于将一个变元表传送到一个指定的函数。apply 函数可以处理内建式（subr）和用户定义（用 defun 或 lambda）两种类型的函数。

例如：

命令： (apply '+ '(1 2 3))

6

命令： (apply 'strcat '("a" "c" "b"))

"acb"

3. lambda 函数

(lambda 〈arguments〉〈expr〉…)

lambda 函数用于定义一个无名函数。在经常使用某一表达式，而又觉得把它定义成一个新函数过于烦琐时，就可以使用 lambda 函数来完成此任务。将 lambda 函数定位于要使用它的位置，还可以使程序员的意图表达得更清楚。lambda 函数返回它的最后那个 expr 的值，并且常与 apply 和（或）mapcar 函数连用，以便对一个表中的元素执行一个函数的操作。

例如：

命令： (apply '(lambda (x y z)　(* x (- y z))) '(5 20 14))

30

命令： (mapcar '(lambda (x) (setq counter (1+ counter)) (* x 5)) '(2 4 -6 10.2))

(10 20 -30 51.0)

4. trace 函数

(trace 〈function〉…)

Trace 函数用于辅助 AutoLISP 程序的调试。trace 函数为指定的一个或多个函数设置跟踪标志。每次当指定的函数被求值时，给出的该函数入口的一条跟踪显示信息就会出现（按调用深度的不同进行缩排），此外，还会打印出函数的执行结果。

5. untrace 函数

(untrace 〈function〉…)

untrace 函数是 trace 函数的反函数。它用于清除一个或多个指定函数的跟踪标志。

6. eval 函数

(eval 〈expr〉)

eval 函数返回一个 AutoLISP 表达式的求值结果。当 AutoLISP 的求值遇到 eval 函数时，它首先对变元 expr 进行求值，把求值结果交给 eval 函数，eval 函数的功能是对该结果再进行一次求值。

因此，从用户的角度来说，就像 expr 进行了两次求值：一次对 expr 求值，一次对 expr 的值求值。eval 返回最后的求值结果。

例如：

命令： (setq x '(* 5 4))

(* 5 4)

命令： (setq y x)

(* 5 4)

命令： (setq y (eval x))

20

14.11　错误处理函数

如果编写的程序是供自己使用的，可以不用太考虑程序的错误处理问题。但如果编写的程序是供他人使用的，就应当充分考虑用户可能出现的各种错误操作，把错误引起的损失降低到最小限度，并提高程序的容错能力。AutoLISP 提供的大多数 GET 类输入函数具有一定的内在的错误处理能力，但是 AutoLISP 本身内在的错误处理不可能处理所有可能出现的错误，这还需要设计人员根据具体情况进行专门的处理。本节将对错误处理函数（见表 14-13）进行介绍。

表14-13　错误处理函数

函数名	功能
alert	调用该函数时，在屏幕上显示出一个警告框
error	一个用户可定义的错误处理函数
exit	强行使现行应用程序退出
quit	强制现行应用程序退出

编写的程序不可能总会像所预想的那样运行。显然，当程序员编写一个程序时，他们会对程序中可能存在的"臭虫"做检查，并对程序要达到的功能进行某些测试，但是不可能检查出所有可能犯的每一个错误。当程序发生错误时，对程序进行控制就是错误检测和错误捕获所要做的全部事情。

在应用程序中需要对 3 种基本的错误类型进行检查：语法错误、机器错误、逻辑错误。

第一种错误是常见的，它既可以是一个语法错误，也可以是一个输入或数据错误，如下面的表达式就存在一个语法错误：

(setq a (getstrin "\n Enter text："))

因为将 AutoLISP 语言的函数 getstring 拼错了，因此在第一次运行这个程序时即可看到这个程序的缺陷。又如：

(setq pt1 (getpoint "\n Pick a point："))

有时如果忘了拾取一个点而按了 Enter 键，也会产生一个错误。在这个程序中，如果 pt1 是 nil，则程序将会崩溃。

第二种类型的错误是机器错误。这种类型的错误可能发生在磁盘驱动器和打印机没有准备就绪或文件没有找到的情况下。AutoCAD 甚至认为 Ctrl+C 也是一个错误，且将停止程序的运行。

第三种类型的错误是逻辑错误。这种类型的错误不会引起程序的崩溃，但如果计算式错误，将可能得不到正确的结果。许多用户认为计算机算出的结果不会出错，因此，但这种错误可能也会造成损失。

错误的检测有两种基本的方法："测试"和"捕获"。

对可能会发生的错误既可以预测，并编写程序代码来"测试"那些错误，还可"捕获"错误。可以使用错误捕获来识别任何可能发生的错误，该错误捕获依次记录错误原因，并将它发送到可对该错误进行处理的例程中。错误记录通知用户错误发生在什么地方。

在 AutoLISP 程序中做错误的预测检查是非常麻烦的。通常要借助于（if…）语句才能做到。下面的程序实例中就有对错误进行预测检查的代码。该程序可完成图形中所有块引用块名的打印和每个块有多少图元打印。

```
(defun C：pblkct ()
        (setq f 1)
        (while (setq t(tblnext "BLOCK"    f))
            (setq f nil)
            (setq na (cdr (assoc 2 t)))
            (setq b (assoc 2 t))
            (setq c (ssget "X" (list '(0. "INSERT" b))))
            (if (/= c nil)
                (prong
                (setq n (sslength c))
                (terpri)
                (princ na)
                (prompt " " )
                (princ n)
                )
            )
        )
        (princ)
)
```

在这个程序中变量 c 是一个选择集名。如果 c 的值是 nil，则意味着没有选择及被生成。由于图形中有可能不存在块引用，变量 c 的值是 nil 的情况是很普遍的。

如果 c 的值是 nil，（sslength c）将产生一个错误："bad argument type"。这种情况下将会使程序崩溃。因此，在程序中对这种致命的错误进行检测，也就是只有当变量 c 的值不为 nil 时，才可使用（sslength）函数。

这是一个预测错误的典型实例，在错误发生之前就注意了它会发生的可能性。

另一种很常见的错误是用户所为的错误。这种错误在程序中也应该加以预测，而且更重要的是要为用户提供再做一次的机会。如：

```
(setq lct 1)
(while lct
(setq pt1 (getpoint "\nPick a point："))
(if (= pt1 nil) (princ "\nBad point! Pick again："))
(if (/= pt1 nil) (setq lct nil))
)
```

在这个程序中仅为了拾取一个点就加了不少的代码。变量 lct 是一个循环控制器。如果 pt1 是 nil，就会打印出一条错误信息，并继续循环，以便允许用户再一次做拾取。如果 pt1

非 nil，循环控制器 lct 就被设置成 nil。这样，（while…）循环就会结束，程序接着往下执行。

1. 错误捕捉函数

(*error* ⟨string⟩)

*error*函数是一个用户可定义的错误处理函数。如果*error*函数非 nil，无论什么时候，当一个 AutoLISP 错误条件存在时，就会执行该函数，AutoCAD 会传递一个包含了错误描述信息的字符串给*error*。其余的函数与 AutoLISP 的标准错误处理程序一样，执行相同的操作会打印 "error："和一条描述错误的信息。

在*error*函数中，可以包含对 Command 函数的调用，但不能带变元（如（Command）），否则它就会中断前面由 Command 函数调用的 AutoCAD 的命令。

错误捕获机制允许 AutoLISP 拦截一个错误，并促使程序执行轨道转到用户所选择的另一个函数。使用这种方法，当出现一个无法预料的错误时，用户可以控制要做什么。

错误捕获函数是非常特别的，它有一个非常特别的名字。下面是在程序中使用 *error* 函数的实例。

```
(defun *error* (errmsg)
(princ "\nAn error has occurred in the program")
(terpri)
(prompt errmsg)
(princ)
)
```

首先，错误捕捉的函数名必须称为 *error*。它还必须有一个传递变量的变元。在上面的实例中该变元是 errmsg。函数并不关心调用它时所提供的变量是什么。在函数体内，用户可以根据自己的需要安排各种表达式。

为了做错误捕获的测试，可以将上面的 * error *函数放在一个 .LSP 文件中，并加载它。完成函数加载后，开始运行想要运行的任何一个程序。在程序运行过程中按下 Ctrl+C 键。注意，这时 AutoLISP 将这一操作作为一个错误拦截。程序的控制流程将转移到错误捕获函数。

能有一个，也仅能有一个 *error* 函数。尽管在某一时刻仅能使用一个错误捕获函数，但系统允许加载多个错误函数。假定有 3 个捕获例程：

```
(defun trap1 (errmsg)
(defun trap2 (errmsg)
(defun trap3 (errmsg)
```

上面每个函数（它们仅仅是函数的开始部分）都各不相同地处理错误。这些函数在将它们赋给 *error* 函数之前，没有一个能完成对错误的捕获。但是，只要简单地使用一条(setq)命令就可以将一个函数赋给另一个函数。

```
(setq *error* trap1)
```

这个命令将整个函数（trap1）赋给 *error* 函数。(trap1) 函数没有改变，在应用程序中能一个接一个地安排不同的错误捕获，但一次仅能使用一个。

在应用程序的设计中，程序员应该牢记一点，就是永远不要改变用户的设置，包括现有的错误捕获。而应该将用户的设置和现有的错误捕获作为变量保存，并在程序的结尾处根据所保存的变量恢复它们的设置值。

一个完整的错误捕获程序实例如下：

```
(defun C：clayer2 ( )
(setq temperr *error* )
(setq *error* trap1)
(setq os (getvar "osmode"))
(command "undo" "m")
(setq na (getstring "\nEnter layer name to be created："))
(setq b (tblsearch "LAYER" na))
(if (= b nil) (command "Layer" na ""))
(if (/= b nil) (prompt "Layer already exists："))
(setvar "osmode" temperr)
(princ)
)
(defun trap1 (errmsg)
(command "undo" "")
(setvar "osmode" os)
(setq *error* temperr)
)
```

在这个程序实例中，现存的错误捕获函数被保存在变量 temperr 中，然后将*error*分配给错误捕获函数（错误捕获函数是调用 trap1 函数）。接着将任何系统变量（如对象捕捉方式系统变量 osmode）进行保存。在本程序中是将系统变量 OSNAP 的源值赋给变量 os，并执行 UNDO 命令及其选项 MARK，如果有一个错误，图形就会恢复到它的源设置：

```
(setvar "osmode" os)
(setq *error* temperr)
```

在错误捕获函数中开头执行一条 UNDO MARK 命令，在程序的结尾处恢复被保存的项目和错误捕捉函数。

2. 警告信息函数

```
(alert <string>)
```

调用该函数时，在屏幕上显示出一个警告框，警告框中显示的是一个出错或警告信息（该出错或警告 信息是 alert 函数的变元<string>提供的）。一个警告框是带有单个 OK 按钮的对话框。

alert 函数弹出的警示框标题总为 AutoCAD Alert。且居中显示，标题内容是无法改变的，警示框的宽度和高度由提供给 Alert 函数的字符串中的行数和最大行数和最大行长决定。警示框的最大行数由所使用的平台和设备决定。如果信息行超过一定的字符数，则后面的内容将被截断。在 alert 函数的显示字符串中，可以利用"\n"扩充字符在警示框中显示多行信息。

alert 函数的参数必须是字符型常数、变量或表达式。若为空串，则不会弹出警示框。并且其返回值恒为 nil。

3．quit 函数

(quit)

该函数用于强制现行应用程序退出。如果调用 quit 函数，它会返回去错误信息"quit abort"，并退出程序返回 AutoCAD 的"Command:"提示处。

4．exit 函数

(exit)

该函数用于强行使现行应用程序退出。如果调用 exit 函数，它会返回错误信息"exit abort"，并退出程序回到 AutoCAD 的"Command:"提示处。

14.12　应用程序处理函数

本节主要介绍 AutoCAD 基于其他语言的工具函数。应用程序处理函数见表 14-14。

表14-14　应用程序处理函数

函数名	功能
ads	返回现行已加载的 ads 应用程序名表
arx	返回现行已加载的 arx 应用程序名表
arxload	将一个 arx 应用程序加载至内存中
arxunload	从内存中卸载一个 arx 应用程序
autoarxload	本函数用于加载定义了若干条命令的一个相关的 arx 应用程序文件
autoload	本函数用于加载定义了若干条命令的一个相关的 autolisp 应用程序文件
autoxload	本函数用于加载定义了若干条命令的一个相关的 ads 应用程序文件
load	对一个文件中的 autolisp 表达式进行求值
startapp	启动一个 Windows 应用程序
xload	加载(装入)一个 ads 应用程序
xunload	卸载一个 ads 应用程序

14.12.1　ads 应用程序

1．ads 函数

(ads)

该函数用于返回现行已加载的 ads 应用程序名表（可能含有路径）。每一个已加载的 ads 应用程序和它的路径都用双引号引起来作为表中的一项。

2．autoxload 函数

(autoxload ⟨filename⟩ ⟨cmdlist⟩)

本函数用于加载定义了若干条命令的一个相关的 ads 应用程序文件。当由<cmdlist>变元定义的命令之一从"Command："提示处被录入时，由<filename>变元（一个字符串）指定的一个 ads 应用程序就会加载。<cmdlist>变元必须是一个字符串表。autoxload 函数返回 nil。下面的代码定义了要加载名为 BOUNSAPP 的 ads 应用程序的 C：APP1、C：APP2 和 C：APP3 函数。当在命令提示符"Command："下第一次录入 APP1、APP2 或 APP3 命令之一时，BOUNSAPP ads 应用程序就会被加载，然后接着执行要执行的那个命令。

(autoxload "BOUNSAPP" '("APP1""APP2""APP3"))

autoxload 函数是由 AutoLISP 应用程序 ACADR13.LSP 定义的。

3．xload 函数

(xload <application> [<onfailure>])

xload 函数加载（装入）一个 ads 应用程序。<application>变元必须是带有双引号的字符串，或者是包含了一个可执行文件的文件名的变量。在加载文件时，会检查该 ads 应用程序的有效性。另外，还会对 ads 程序的版本、ads 本身以及正在运行的 AutoLISP 版本做兼容性检查。如果 xload 函数失败，它通常会引发一条 AutoLISP 错误。然而，如果提供了<onfailure>变元，xload 函数调用失败时，就会返回<onfailure>变元的值，而不发出错误信息。如果指定的应用程序被加载成功，就会返回这个应用程序名。如果试图加载一个已经加载了的 ads 应用程序，xload 函数会发出 Application <application> already loaded 这样一条信息。并会返回所指定的应用程序名。在调用 xload 函数之前，可能需要使用 ads 函数来检查现行已加载的 ads 应用程序。

4．xunload 函数

(xunload <application> [<onfailure>])

xunload 函数用于卸载一个 ads 应用程序。如果指定的应用程序被成功地卸载，就会返回这个应用程序名，否则，就也会发一条错误信息。<application>的变元既可以是由双引号引起来的一个应用程序名，也可以是包含了应用程序的一个变量。应用程序名必须准确地录入，就像在调用 xload 函数加载应用程序时所指定的那样。如果在调用 xload 函数时在应用程序名前指定了路径（目录），在调用 xunload 函数时可以省去这个路径。如果 xunload 操作失败，它通常会引发一条 AutoLISP 错误，然而，如果提供了<onfailure>变元，在操作失败时 xunload 函数会返回变元<onfailure>的值，而不会发出一条错误信息。xunload 函数的这一特性与 xload 函数是类似的。

📖14.12.2　arx 应用函数

1．arx 函数

(arx)

该函数用于返回现行已加载的 arx 应用程序名表（可能含有路径）。每一个已加载的 arx 应用程序和它的路径都用双引号引起来作为表中的一项。

2．arxload 函数

(arxload <applicaton> [<onfailure>])

将一个 ars 应用程序加载至内存中函数调用中指定的变元<application>既可以是用双引号引起来的一个字符串，也可以是包含了一个可执行文件的变量。在加载 ars 应用程序时，会对指定的 ars 应用程序的有效性进行验证。如果 arxload 函数操作失败，通常它会引出一条 AutoLISP 错误。 但是，若提供了<onfailure>变元，arxload 函数就会返回这个变元的值而取代对一条 AutoLISP 错误的显示。如果指定的应用程序被成功地加载，则返回这个应用程序名。如果要加载的是一个已经加载了的 ars 应用程序，arxload 将发出这样一条信息并返回该应用程序名：Applicaiton "application"already loaded。在使用 arxload 加载一个 ars 应用程序之前，也许应该用 arx 函数检测现行已加载的 ars 应用程序。

3．arxunload 函数

(arxunload <application> [<onfailure>])

该函数用于从内存中卸载一个 ars 应用程序。如果对应用程序进行了成功的卸载，则 arxunload 函数返回应用程序名；否则，发出一条出错信息。函数调用中指定的变元 <applicaton>既可以是一个由双引号引起来的字符串，也可以是包含了由 arxload 函数加载的一个应用程序名的一个变量。应用程序必须像它被 arxload 函数加载时那样被准确地指定。如果在 arxload 函数加载该应用程序时录入了一个路径(即目录名)或扩展名，在用 arxunload 函数卸载该应用程序时可以忽略路径的扩展名的指定。如果 arxunload 操作失败，通常它会发出一条 AutoLISP 错误。然而，如果在调用 arxunload 函数时提供了<onfailure>变元，它就会返回这个变元的值，而代替发出一条出错信息。arxunload 函数的这一特性与 arxload 函数是类似的。

4．autoarxload 函数

(autoarxload <filename> <emdlist>)

本函数用于加载定义了若干条命令的一个相关 ars 应用程序文件。当由 cmdlist 变元定义之一从 "Command："提示处被录入时，由<filename>变元（一个字符串）指定的一个.arx 文件就会被加载。<cmdlist>变元必须是一个字符串表。autoarxload 函数返回 nil。下面的代码定义了要加载 BOUNSAPP.ars 文件的 C：APP1、C：APP1、APP2 和 C：APP3 函数。当在命令提示符 "Command："下第一次录入 APP1、APP2 或 APP3 命令之一时，ars 应用程序就会被加载，然后接着执行要执行的那个命令。

14.12.3 其他应用函数

1．autoload 函数

(autoload <filename> <cmdlist>)

本函数用于加载定义了若干条命令的一个相关的 AutoLISP 应用程序文件。当由 <cmdlist>变元定义的命令之一从 "Command" 提示处被录入时，由<filename>变元（一个字符串）指定的一个.LSP 文件就会被加载。<cmdlist>变元必须是一个字符串表。autoload 函数返回 nil。下面的代码定义了要加载 BOUNSAPP.LSP 文件的 C：APP1、C：APP2 和 C：APP3 函数。当命令提示符 "Command："下第一次录入 APP1、APP2 或 APP3 命令之一时，BOUNSAPP.LSP 文件就会被加载，然后执行要执行的那个命令。

(autoload "BOUNSAPP"' ("APP1""APP2""APP3"))

autoload 函数是由 AutoLISP 应用程序 ACADR13.LSP 定义的。

2. startapp 函数

(startapp <appcmd> <file>)

该函数用于启动一个 Windows 应用程序。<appcmd>变元是指定要执行的应用程序名的一个字符串。如果 appname 没有包含全路径名，它将按照环境变量 PATH 设置的路径去搜索该应用程序。<file>变元是一个指定要打开的文件名的字符串。如果 startapp 函数调用成功，它将返回一个大于 0 的整型数，否则，它返回 0。本函数仅在 Windows 平台上才可用，它是由 acadapp ads 应用程序定义的一个外部函数。

14.13 实战演练

14.13.1 绘制渐开线

先计算出渐开线上的一些点，然后用直接把这些点连接起来，如图 14-10 所示。

渐开线的方程为

$$x = r(\cos\varphi + \varphi\sin\varphi)$$
$$y = r(\sin\varphi - \varphi\cos\varphi)$$

1）先用文本编辑器键入以下代码，然后存成一个文件，如 involute.lsp。

;程序代码(involute.lsp)

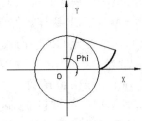

图14-10　圆的渐开线

```
(defun c: inv(/ p0 phi phimas phimin)
    (setq p0 (getpoint "\n 请输入基圆的圆心："))
    (setq r (getdist p0 "请输入基圆的半径："))
    (command "circle" p0 r);
    (setq phimin (getreal "\n 输入渐开线的起始角(弧度)："))
    (setq phimax (getreal "\n 输入渐开线的终止角(弧度)："))
    (setq dphi (getreal "\n 输入角度增量(弧度)："))
    (setq n (/ (- phimax phimin) dphi));
    (setq dphi (/ (- phimax phimin) n));
    (setq x0 (car p0) y0 (cadr p0));
    (setq phi phimin)
    (setq x1 (+ x0 (* r(+ (cos phi) (* phi(sin phi))))))   (setq y1 (+ y0 (* r(- (sin phi) (* phi(cos phi))))))
    (while (<= phi phimax)
       (setq phi(+ phi dphi))
```

```
        (setq x2 (+ x0 (* r(+ (cos phi) (* phi(sin phi))))))
        (setq y2 (+ y0 (* r(- (sin phi) (* phi(cos phi))))))
        (setq p1 (list x1 y1))
        (setq p2 (list x2 y2))
        (command "pline" p1 p2 "");
        (setq x1 x2 y1 y2)
    )
)
```

2）加载程序。

3）加载完成后在命令行输入：

command：（c：inv）✓

按 Enter 键以后，将出现以下提示：

请输入基圆的圆心：500,500✓	（定义圆心位置）
请输入基圆的半径：100✓	（定义基圆半径）
输入渐开线的起始角(弧度)：0✓	（输入起始弧度）
输入渐开线的终止角(弧度)：1.5✓	（输入终止弧度）
输入角度增量(弧度)：0.01✓	（输入角度增量）

输入以上数据后，AutoCAD 就会根据输入的数据自动绘制出渐开线。

14.13.2　绘制二维螺旋线

使用循环嵌套绘制二维螺旋线，如图 14-11 所示。

图14-11　二维螺旋线

下面是绘制二维螺旋线的程序，其中运用了循环的嵌套：

```
(defun myerror (s)
(if (/= s "function cancelled")
(princ (strcat "\nError：" s))
)
(setvar "cmdecho" ocmd)
(setvar "blipmode" oblp)
(setq *error* olderr)
(princ)
)
(defun cspiral (ntimes bpoint hfac lppass strad vfac
/ ang dist tp ainc dhinc dvinc circle dv)
```

```
(setvar "blipmode" 0)
(setvar "cmdecho" 0)
(setq circle (* 3.1415926535 2))
(setq ainc (/ circle lppass))
(setq dhinc (/ hfac lppass))
(if vfac (setq dvinc (/ vfac lppass)))
(setq ang 0.0)
(if vfac
(setq dist strad dv 0.0)
(setq dist 0.0)
)
(if vfac
(command "3dpoly")
(command "pline" bpoint)
)
(repeat ntimes
(repeat lppass
(setq tp (polar bpoint (setq ang (+ ang ainc))
(setq dist (+ dist dhinc))
)
)
(if vfac
(setq tp (list (car tp) (cadr tp) (+ dv (caddr tp)))
dv (+ dv dvinc)
)
)
(command tp)
)
)
(command "")
(princ)
)
(defun c：spiral (/ olderr ocmd oblp nt bp cf lp)
(setq olderr *error*
*error* myerror)
(setq ocmd (getvar "cmdecho"))
(setq oblp (getvar "blipmode"))
(setvar "cmdecho" 0)
```

```
(initget 1)

(setq bp (getpoint "\nCenter point："))

(initget 7)

(setq nt (getint "\nNumber of rotations："))

(initget 3)

(setq cf (getdist "\nGrowth per rotation："))

(initget 6)

(setq lp (getint "\nPoints per rotation <30>："))

(cond ((null lp) (setq lp 30)))

(cspiral nt bp cf lp nil nil)

(setvar "cmdecho" ocmd)

(setvar "blipmode" oblp)

(setq *error* olderr)

(princ)

)

(princ "\n\tC：spiral.")

(princ)
```

运行程序：

命令：spiral

Center point：0,0

Number of rotations：3

Growth per rotation：1

Points per rotation <30>：

14.14　动手练一练

 【实例 1】输入某学生功课成绩，打印出相应的成绩等级。90~100 为 A 等，80~89 为 B 等，70~79 为 C 等，60~69 为 D 等，不及格为 E 等

1．目的要求

1）掌握函数的调用格式，即函数名、函数参数的个数及其类型。

2）学习函数求值结果的返回值类型。

3）学习编写简单的 AutoLISP 程序。

2．操作提示

1）在记事本中键入程序。

2）调用函数。

【实例 2】修改任意顶点坐标

1．目的要求

1）掌握 AutoLISP 的变量。

2）学会使用和创建变量与表达式。

2．操作提示

1）在记事本中键入程序 1，保存成 .1sp 文件。

2）在记事本中键入程序 2，保存成 .1sp 文件。

3）加载并运行程序 1，绘制出如图 14-12 所示的图形。

4）加载并运行程序 2，修改最上面一点的坐标，结果如图 14-13 所示。

图14-12　初始绘制图形

图14-13　修改点坐标后的图形

第15章

对话框设计

　　本章介绍对话框的组成元素，解释 DCL 文件结构和语法，并提供了创建样例对话框的 AutoLISP 和 DCL 代码。本章提供了一些 DCL 编码技巧，用于解决布局问题。除此之外，详细介绍了对话框驱动程序的编写。

重点与难点

- 了解对话框的组件
- 掌握用 DCL 定义对话框、Visual LISP 显示对话框
- 熟悉调整对话框的布局以及对话框的驱动程序的方法

15.1 对话框概述

对话框是一种边界固定的窗口，也是一种先进的、流行的人机交互界面。运用对话框可以方便直观地实现程序设计时的数据传输和信息传输，所以当今几乎所有的软件都会用到对话框与用户交流。

AutoCAD 2024有自己的一套对话框设计语言，称为对话框控制语言（DCL）。该语言以ASCII文件形式定义对话框。对话框中的各种元素（如按钮和编辑框）又称为控件，控件的尺寸和功能由控件的属性控制。用户只需提供最基本的位置信息，AutoCAD 2024就可以自动确定对话框的大小和部件的布局。Visual LISP提供了查看对话框的工具，同时还提供了从应用程序中控制对话框的函数。

15.2 对话框组件

图15-1所示为一个标准的AutoCAD 2024对话框，其中部分部件加了标签。在创建和自定义对话框时，这些部件被称为控件。

图15-1 对话框

对话框由其自身的框架以及其中的控件组成。可编程对话框（PDB）功能模块已经预定义了控件类型。

通过将控件编组到行和列中，选择是否在这些成组的控件周围添加封闭的框架和边框，可以创建复杂的控件，即组件。控件的行或列称为控件组。组件可以将应用在许多对话框中的控件或控件组定义成组。例如，可以将"确定""取消"和"帮助"按钮组成组件，定义成3个按钮（按钮之间的间距相等）的行控件组。

在使用中，组件被视为一个独立的控件。组件内包含的控件称为子组件。DCL文件按照树形结构组织，其中树形结构顶端的控件（dialog）用于定义对话框本身。图15-2所示为DCL文件结构，图15-1所示的对话框就是基于这种结构搭建的。

在DCL中，控件或组件的布局、外观和动作由控件的属性指定。例如，dialog和多数控件类型都有一个label属性，用于指定与控件关联的文字。其中对话框的label属性用于指定对话框顶部的标题，按钮的label属性用于指定按钮内的文字等，以此类推。

图15-2　DCL文件结构

DCL 还允许定义新的控件，称为控件原型。控件原型不需要和特定对话框相关联，这一特性使得用户可以非常方便地在多个对话框中使用同一部件。可以在 DCL 文件中引用由其他 DCL 文件定义的控件原型，修改其属性的方法与修改预定义控件属性的方法相同。

设计对话框初期，即开始编码和调试之前，需要考虑设计对话框和应用程序的具体细节。主要表现在控件次序的安排上，可以使用户能够更加方便地输入数据。尽管这样做有可能会使程序结构不如按照惯例编写的连贯，但可以更好地反映用户工作的方式。

15.3　用 DCL 定义对话框

可以在 ASCII 文本文件中输入 DCL 文件说明来定义对话框，这与编写 AutoLISP 代码非常相似。DCL 文件的扩展名为.dcl。在一个 DCL 文件中可以包含一个或多个对话框的说明，或者只包含供其他 DCL 文件使用的控件原型或组件。DCL 文件由以下 3 个部分组成，其次序可以任意调整。根据应用程序的不同，可选用其中一个或多个部分。

1）对其他 DCL 文件的引用。这些构成了包括在"引用 DCL 文件"中说明的指示。

2）原型控件和组件定义。可以在后续的控件定义（包括对话框定义）中引用。

3）对话框定义。这些内容定义了控件的属性或者覆盖在原型控件和组件中定义的属性。

📖15.3.1　base.DCL 和 acad.DCL 文件

AutoCAD 2024 提供的 base.DCL 和 acad.DCL 文件放置在 AutoCAD 2024 的 Support 目录下。base.DCL 文件提供了基本的预定义控件和控件类型的 DCL 定义，其中还包含一些常用原型控件的定义。PDB 功能不允许重新定义预定义控件。acad.DCL 文件包含了所有 AutoCAD 使用的对话框的标准定义。

📖15.3.2　引用 DCL 文件

创建对话框时，必须针对应用程序新建一个 DCL 文件。所有 DCL 文件都可以使用定义在 base.dcl 文件中的控件。通过在包含指示中指定其他文件名称，DCL 文件可以使用在另一个

DCL 文件中定义的控件。可以创建满足自己需要的 DCL 文件层次，如图 15-3 所示。

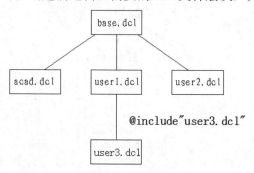

图15-3　文件层次

在图 15-3 中，user1.dcl 和 user2.dcl 文件独立于其他文件，但 user3.dcl 使用定义在 user3.dcl 中的控件。其中包含指示的格式如下：

@include filename

其中，filename 是用引号引起来的其他 DCL 文件的完整名称。例如，下面样例中包含一个名为 usercore.dcl 的 DCL 文件：

@include "usercore.dcl"

如果仅指定了文件名，则 PDB 功能首先在当前目录下搜索，然后再在 DCL 文件(包含 include 语句的文件)所在的目录下搜索指定的 DCL 文件。如果指定了完整路径名，则 PDB 功能仅在路径指定的目录下搜索。

15.3.3　DCL 语法

下面介绍用于指定控件、控件属性和属性值的 DCL 语法。可以通过控件定义创建新的控件。如果控件定义出现在对话框定义之外，则是原型控件或组件。通过控件引用，原型控件可以在对话框定义中使用。每个控件的引用都继承原控件的属性，当引用原型控件时，可以修改继承属性的值或添加新的属性。当引用组件时，不能修改或添加属性。

如果需要使用一个控件的多个实例，并且这些实例具有一些相同的公共属性，最简单的办法就是定义和命名一个仅包含这些公共属性的原型控件。然后对原型控件的各个引用修改属性值或添加新的属性。这样在每次引用控件时，就不必列出所有公共属性。由于属性是可以继承的，所以在更多的时候需要做的往往是创建控件的引用，尤其是对预定义控件的引用，而不是定义新的控件。

1. 控件定义

控件定义的格式如下：

```
name：item1[：item2：item3…]{
    attribute=value；
    …
}
```

其中每个 item 都是先前定义的控件。新控件(name)继承了所有指定控件(item1,item2,

item3，…)的属性。同时，大括号(｛｝)中的属性定义还补充或（如果属性名是继承的)替换继承的定义。当定义具有多个父定义时，按照从左至右的顺序处理属性。也就是说，如果多个项目指定了相同的属性，则使用遇到的第一个属性。

如果新定义不包含子定义，则是一个控件原型。引用此控件原型时，可以改变或添加其属性。如果它是一个带有子定义的组件，则不能改变其属性。

如果控件或控件原型的名字只能由字母、数字或下划线字符(_)组成，则必须以字母开头。
以下是按钮控件的(内部)定义：

```
button: tile{
                fixed_height=true;
    is_tab_stop=true;
        }
```

base.DCL 文件定义了一个 default_button，如下所示：

```
defaultbutton: button{
    is_default=true;
    }
```

default_button 继承了 button 控件的 fixed_height 和 is_tab_stop 属性值，同时增加了一个新属性 is_default，并将该属性的值设置为 true。

2. 控件引用

控件引用的格式如下：

```
    name;
```

或者

```
:name{
attribute=value;
}
```

其中 name 是先前定义的控件的名称。在第一种引用方式中，所有在 name 中定义的属性均被引用。在第二种引用方式中，大括号中的属性定义可以用来添加新的定义或替换 name 继承的定义。由于引用的是控件，而不是定义，所以属性的修改仅应用在控件的这一实例上。

spacer 控件仅用于调整对话框定义的布局。它没有唯一的属性值，所以只能通过指定名称对其进行引用：

```
    spacer,
```

在 base.DCL 文件中定义的 ok_cancel 控件是一个组件，对它的引用也只能通过指定名称来完成：

```
        ok_cancel;
```

另一方面，还可以重定义一个独立控件的属性。例如，下列语句创建一个按钮，该按钮与先前定义的按钮具有相同的特性，但具有不同的文本：

```
:retirement_button{
label="Goodbye";
}
```

3. 属性和属性值

在控件定义或引用的大括号中，可以使用下列格式指定属性并为某一属性赋值：

attribute=value;

其中 attribute 是一个有效的关键字，value 是赋给该属性的值，等号（=）用于分隔属性和属性值，分号（;）标志赋值语句结束。例如，key 属性定义控件的名称，程序要靠该名称来引用控件；label 属性定义在控件中显示的文本。

与控件名一样，属性名和属性值也是区分大小写的。例如，Width 和 width 表示不同的属性，而 True 和 true 表示不同的属性值。

4. 注释

在 DCL 文件中，前面带有双斜杠（//）的语句是注释。//到行尾之间的所有内容都将被忽略。DCL 还接受 C 语言的注释。即/*注释文字*/格式。前导的/*和结束的*/可以在不同的行上。

15.4 用 Visual LISP 显示对话框

15.4.1 显示对话框

Visual LISP 提供了预览用 DCL 定义的对话框的工具。要想查看其工作情况，可在 Visual LISP 文本编辑器中将下列 DCL 代码复制到新文件里。

```
hello : dialog {
    label = "Sample Dialog Box";
    : text {
        label = "Hello, world";
    }
    : button {
        key = "accept";
        label = "OK";
        is_default = true;
    }
}
```

这个 DCL 文件定义了一个对话框，其标签为 Sample Dialog Box。对话框中包含一个文本控件和一个 OK 按钮。将文件存为 hello.dcl，并在"另存为"对话框的"保存类型"字段中指定其文件类型为"DCL 源文件"。

文本编辑器自动为 DCL 文件中的语句进行代码着色。DCL 默认的语法着色方案见表 15-1。

在 Visual LISP 菜单中选择"工具"→"界面工具"→"预览编辑器中的 DCL"命令，可以显示在编辑器窗口中定义的对话框。因为在一个.DCL 文件中可能定义了多个对话框，Visual LISP 提示指定要查看的对话框名称，如图 15-4 所示。

表 15-1　DCL 默认的语法着色方案

DCL 元素	颜色
控件和控件属性	蓝色
字符串	品红
整数	绿色
实数	青色
注释	品红，背景为灰色
括号	红色
预处理器	深蓝
运算符和标点	深红
不能识别的项目(如用户变量)	黑色

如果 DCL 文件包含多个对话框的定义，可以在该对话框的下拉列表框中选择要预览的对话框。在 hello.DCL 文件中只定义了一个对话框，单击"确定"按钮即可预览此对话框，如图 15-5 所示，单击"OK"按钮结束对话框的预览。

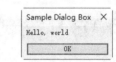

图15-4　指定要查看的对话框名称　　　　　　图15-5　预览定义的对话框

15.4.2　预览错误处理

如果 DCL 代码中包含错误，Visual LISP DCL 预览程序将会显示信息，指示出错的行和关键字以及符号。例如，从 hello.DCL 中删除 button 前的冒号制造一个错误，然后预览此对话框，会看到如图 15-6 所示的信息。单击"确定"按钮从屏幕上清除该信息。Visual LISP 还可显示其他错误信息，如图 15-7 所示。

AutoCAD 2024 提供了对 DCL 文件进行语义核查的功能，共分为 4 级(0～3)，见表 15-2。语义核查检查 DCL 文件中是否有错误代码或者不必要的代码，语义核查在加载 DCL 文件时进行。要设置核查的级别，可以在 DCL 文件中的任何地方加入下列语句，但是不能将此语句放置在控件定义里：

dcl_settings: default_dcl_settings{audit_level=3;}

图15-6　出错对话框1　　　　　　　　　　图15-7　出错对话框2

如果 DCL 文件引用了包含指示其他 DCL 文件，则只应在一个文件中定义 DCL_settings。定义的核查级别将用于所有包含文件。每种语义核查级别及其说明见表 15-2。

表 15-2   语义核查级别及其说明

级别	说明
0	不进行语义核查。仅当 DCL 文件已被核查过，并且在核查过程中没有发现错误时才使用此级别
1	对错误的语义进行核查。用于查找会导致 AutoCAD 2024 终止的 DCL 错误。这是默认的语义核查级别，几乎没有延迟。错误级别的语义核查可以找到的错误包括使用未定义的控件或循环的原型定义
2	对警告的语义进行核查。用于查找会使对话框产生不正确的布局或动作的 DCL 错误。每次修改 DCL 文件之后，至少应进行一次这个级别的语义核查。警告级别的语义核查可以找到的错误包括遗漏了必需的属性或使用了不合适的属性值等
3	对提示语义进行核查。用于找出冗余的属性定义

为了充分利用语义核查的功能，在开发过程中应将语义核查级别设定为 3。在调试通过并准备向用户发布之前，需将 DCL_settings 语句清除干净。

15.5 调整对话框的布局

在 15.4 中定义的图 15-5 所示的对话框中，一个小问题：OK 按钮几乎占据了整个对话框的宽度。要想改善对话框的外观，可以编辑 DCL 文件并向其中的按钮控件添加两个属性。要想禁止按钮填满全部可用空间，可添加一个 fixed_width 属性并设置为 true。这将使按钮的边框收缩，比包含在其中的文本稍微宽一点。要想居中显示该按钮，可以添加 alignment 属性并设置为 centered。列中的控件在默认情况下是左对正的。DCL 说明如下：

```
hello : dialog {
    label = "Sample Dialog Box";
    : text {
        label = "Hello, world";
    }
    : button {
        key = "accept";
        label = "OK";
        is_default = true;
        fixed_width = true;
        alignment = centered;
    }
}
```

经过修改后，图 15-5 所示的对话框的外观如图 15-8 所示。

图15-8　修改后的对话框外观

下面介绍的技巧可以避免许多常见的布局问题。如果默认的布局不适合所创建的对话框，可以调整在原型或组件上的默认布局，在必要时也可调整个别的控件。

📖15.5.1　在控件组中分配控件

在调整对话框中控件的布局时，应该按照各个控件的相对大小组织成适当的行和列。下面的 DCL 定义了包括 3 个控件的行，该行出现在另一个控件上方：

```
: column {
        : row {
          : compact_tile {
          }
          : compact_tile {
          }
          : compact_tile {
          }
        }
        : large_tile {
        }
}
```

如果 compact_tile 部件具有 fixed_width 属性，同时 large_tile 比其上方的 compact__tile 行要求的最小空间大得多，则根据默认的水平对齐原则，此组件显示的形式如图 15-9 所示。

图15-9　对话框排列方式

行中第一个 compact_tile 的左边和 large_tile 的左边对齐，并且最后一个 compact_tile 的右边和 large_tile 的右边对齐，介于其间的控件等距离排列，其他相邻列情况与此类似。

可以使用 spacer_0 和 spacer_1 控件控制默认的分布方式，它们是定义 base.DCL 中的 spacer 控件的变体。

15.5.2 调整控件间距

如果相邻两列的控件所占据的空间差距相对较大，则占据空间相对较小的一列中的控件可能会分布得比较疏松。但是如果将不协调的列的 fixed_height 属性设置为 true，则可以改善这一现象。调整前后控件的垂直分布结果如图 15-10 所示。

调整前　　　　调整后

图15-10　调整前后控件的垂直分布结果

15.5.3 调整右端和底部的空间

对话框的右端可能会包含一片空白区域，这时可以定义一个文本控件并为它指定一个宽度，该宽度要大于其当前值所需的宽度。例如，下列代码段定义了一个控件，在应用程序为其设置值以前，该控件不显示任何内容(值为 null)：

```
: text {
        key = "l_text";
        width = 18;
    fixed_width = true;
}
```

width 属性在对话框中预定了 18 字符宽度的空间。应用程序可用下列语句添加文本：
(set_tile "l_text" "Bylayer")
因为显示"Bylayer"不需要 18 个字符的长度，这使得在对话框的右端出现空白区。

用 errtile 控件显示出错信息时，也会出现类似的问题。如果这时未显示错误信息，则对话框底部看起来好像多出了一些空间。在这种情况下，在对话框的顶部使用 spacer 控件，可以帮助调整控件的垂直布局。

15.5.4 调整加框行和列周围的空间

1）如果加框的行或列的 label 属性为空白（" "）或空字符串（""），则框内包含控件组，但不显示任何文本。单空在边框中不显示为空格，但是从对话框的布局上来看，label 的值为单空或空字符串还是有区别的：如果 label 的属性值为单空，则将失去框内文本占据的纵向空间，但将保留框上标签占据的纵向空间。

2）如果 label 为空字符串，则无论是框内还是框上方，所有纵向空间都将失去。

在下面的 DCL 代码中，前两个列的边框的顶边用于确定行高度（通过相同的 Y 值），而第 3 个列的边框的顶边用于确保其上方或下方没有空白，默认的页边距除外：

```
: row {
        : boxed_column {
            label = "Some Text";
        }
        : boxed_column {
            label = " ";              // single blank: the default
        }
        : boxed_column {
            label = "";               // null string
        }
}
```

📖15.5.5 自定义退出按钮文本

对于某些对话框，可能需要修改退出按钮中的文本内容。例如，如果创建一个用于删除数据的对话框，则将 OK 按钮改为 Destroy 可能会更安全一些。要做到这一点，可以使用 retirement_button 控件原型：

```
destroy_button : retirement_button {
            label = "&Destroy";
            key = "destroy";
}
```

定义了自定义的退出按钮之后，需要将其嵌入到符合标准控件组外观和功能的组件中。下面的样例显示了 ok_cancel_help 组件的当前定义：

```
ok_cancel_help : column {
            : row {
                fixed_width = true;
                alignment = centered;
                ok_button;
                : spacer { width = 2; }
                cancel_button;
                : spacer { width = 2; }
                help_button;
            }
}
```

下面的 DCL 代码显示创建了一个新的组件，并用新按钮替换 ok_button：

```
destroy_cancel_help : column {
            : row {
                fixed_width = true;
```

```
                        alignment = centered;
                        destroy_button;
                        : spacer { width = 2; }
                        cancel_button;
                        : spacer { width = 2; }
                        help_button;
                    }
            }
```

在标准组件中，OK 按钮是默认按钮，但其属性没有添加到 destroy_button 中。此处，对对话框的动作可能会具有一定的破坏性(或非常耗时)，强烈建议将 Cancel 按钮设置为默认按钮。这样，此按钮既是默认按钮，同时又是 Abort 按钮。

```
destroy_cancel_help : column {
                    : row {
                        fixed_width = true;
                        alignment = centered;
                        destroy_button;
                        : spacer { width = 2; }
                        : cancel_button { is_default = true; }
                        : spacer { width = 2; }
                        help_button;
                    }
            }
```

因为有一个属性被修改了，故原先的 Cancel 按钮在此作为一个控件原型，要求在 cancel_button 前面添加一个冒号。

15.6 对话框语言 DCL 详解

📖15.6.1 控件属性

1. 属性类型

控件的外观和功能由该控件的属性定义。AutoLISP 程序也可以改变空间的一些属性。属性值必须是以下数据类型之一。

(1) 整数：表示距离的数值(包括整数和实数)。例如，控件的宽度或高度以 character-width 或 character-height 为单位。

(2) 实数：带小数的实数必须包含前导数字。例如，小数用 0.1 表示，而不是.1。

(3) 引号引起来的字符串：由包含在双引号（“”）内的文本组成。属性值需区分大小写，如 B1 和 b1 不同。如果需要在字符串中使用双引号，则应在双引号前加上一个反斜杠(\”)。

除此之外，引号引起来的字符串中还可以包含其他控制字符。表 15-3 列出了 DCL 字符串中允许使用的控制字符。

表 15-3　DCL 字符串中允许使用的控制字符

控制字符	含 义
\"	双引号(嵌套的)
\\	反斜杠
\n	换行符
\t	水平制表符

（4）保留字：是由字母和数字组成的标识符，首字符是字母。例如，许多属性都使用 true 或 false 作为属性值。保留字也区分大小写，如 True 不等于 true。

与保留字和字符串一样，属性名也区分大小写，如不能调用 Width 为 width 赋值。

在实际使用中，应用程序总是将属性作为字符串检索。如果应用程序使用的是数值，则这些值必须能够在数值和字符串值之间转换。

有些属性，如 width 和 height，对于所有控件都是通用的。大多数属性都有其默认值，如果用户没有指定这些属性的值，则用其默认值。而另一些属性只对特定类型的控件才有意义，如图像控件的背景色属性 color 只适用于同类控件。如果将其应用到其他类型的控件上，AutoCAD 2024 会报告一个错误信息。一般情况下，AutoCAD 2024 会忽略属性。

2．用户定义的属性

定义控件时，可以使用用户自己定义的属性。属性名可以是任何与预定义标准不冲突的有效名称。属性名与关键字类似，可以包含字母、数字或下划线（_），而且首字符必须是字母。

如果用户定义的属性名与预定义属性冲突，PDB 功能模块不会将该属性作为一个新的属性处理，而是将用户分配给该定义属性的值分配给标准属性。这种错误在调试过程中很难检测出来。用户分配给定义属性的值及其含义都由应用程序定义。用户定义的属性值必须符合"1.属性"中介绍的数据类型。

定义属性和定义特定应用程序的客户数据是类似的。这两种方法都可以启用 PDB 功能模块来管理用户提供的数据。用户定义属性是只读的，也就是说，在对话框活动过程中，这些属性值是静态的。如果需要动态地更改这些值，则必须在运行时使用客户数据。终端用户可以检查自己在应用程序的 DCL 文件中定义的用户定义属性值，但客户数据对用户来说却是不可见的。

AutoCAD 2024 的"绘图辅助工具"对话框中定义了一个自定义属性 errmsg，该属性对每个控件都有唯一的字符串值，公用的错误处理程序在显示警告信息时将用到此属性的值。例如，假设控件将下列值赋给 errmsg：

  errmsg="GridYSpacing";

如果用户输入的值无效，如一个负数，则 AutoCAD 2024 将显示以下错误信息：

  Invalid Grid Y Spacing.

以上"Invalid"这个词以及随后的句号（.）都是由错误处理程序提供的。

📖 15.6.2　DCL 属性目录

下面详细介绍 DCL 控件属性。属性按照字母顺序列出。

1. action

action="(function)"

指定一个 AutoLISP 表达式，当该控件被选定时，该表达式执行一个动作，即回调。对于某些类型的控件，当把焦点切换到其他控件时，也可以使动作发生。

其可能值是引号引起来的字符串，而且必须是一个有效的 AutoLISP 表达式。一个控件只能具有一个动作。如果应用程序使用 action_tile 函数为控件指定一个动作，则原来的 action 属性将被取代。

2. alignment

alignment=position;

为控件组中的控件指定水平或垂直位置(对正)。

对于列中的子控件，其值可以是 left（左）、right（右）或 centered（居中），默认值为 left。对于行中的子控件，其值可以是 top（顶部）、bottom（底部）或 centered（居中），默认值为 centered。

不能沿控件组的长轴指定控件的对齐方式。控件组中的第一个控件和最后一个控件总是与行或列的两端对齐。除非用户插入 spacer1-0 控件进行调节，否则控件组中的其他控件都均匀排列。

3. allow accept

allow_accept=true-false;

指定用户按下接受键（通常为 Enter 键）时，指定控件是否被激活。如果该属性值为 true，则当用户按接受键时，相当于按下默认按钮（如果存在）。默认按钮是 is_default 属性被设置为 true 的 button 控件。allow_accept 属性默认为 false。

4. aspect_ratio

aspect_ratio=real;

指定图像的宽高比(宽度、高度)。如果属性值为 0(0.0)，则控件按图像大小调整。属性值可以是一个浮点数，默认值为 none。

5. big_increment

big_increment=integer;

指定滑块增量值。big_increment 的默认值是整个值范围的十分之一。增量值的大小必须在属性 min_value 和 max value 确定的范围内。

6. children_ alignment

children_alignment=position;

指定控件组中所有控件的默认对齐方式(与 alignment 属性类似)。如果已显式地指定了 alignment 属性，则不能覆盖该属性。

对于列，其值可以是 left（左）、right（右）或 centered（居中），默认值为 left。

对于行,其值可以是 top (顶部)、bottom (底部)或 centered (居中),默认值为 centered。

7. children_fixed_height

children_fixed_height=true-false;

指定控件组中所有控件的默认高度(与 height 属性类似)。如果已显式地指定了 height 属性,则不能覆盖该属性。

其值可以是 true 或 false,默认值为 false。

8. children_fixed_width

children_fixed_width=true-false;

指定控件组中所有控件的默认宽度(与 width 属性类似)。如果已显式地指定了子控件的 width 属性,则不能覆盖该属性。

其值可以是 true 或 false,默认值为 false。

9. color

color=colomame;

指定图像的背景(填充)色。可使用整数值、AutoCAD 为颜色指定的保留字(默认值为 7)或如表 15-4 中列出的颜色符号名。

表 15-4 颜色符号名

符号名	含义
dialog_line	当前对话框的线条颜色
dialog_foreground	当前对话框的前景色(用于文字)
dialog_background	当前对话框的背景色
graphics_background	AutoCAD 图形屏幕的当前背景色(通常为 0)
black	AutoCAD 颜色=0(黑色 X 黑色背景中的亮色)
red	AutoCAD 颜色=1(红色)
yellow	AutoCAD 颜色=2(黄色)
green	AutoCAD 颜色=3(绿色)
cyan	AutoCAD 颜色=4(青色)
blue	AutoCAD 颜色=5(蓝色)
magenta	AutoCAD 颜色=6(品红)
white graphics_foreground	AutoCAD 颜色=7(白色)(白亮背景中的黑色)

其中符号名 graphics_background 和 graphics_foreground 可以作为 black 和 white 的别名使用。由于颜色的实际显示取决于当前 AutoCAD 2024 的配置情况,所以使用特定的颜色可能会导致显示的混乱。同时应该注意,幻灯片中的矢量在图像中通常只以黑白两种颜色显示。如果第一次显示时图像控件为空,则可以试着将其 color 属性设置为 graphics_background 或 graphics_foreground。

10. edit_limit

edit_limit=integer;

指定允许用户在编辑框中输入的最大字符数目。其值可以是一个整数值,默认值为 132。当输入的字符数达到此限制时，AutoCAD 2024 将拒绝接受用户后来输入的其他字符（BackSpace 或 DEL 除外）。最大编辑限制允许输入 256 个字符。

11. edit_width

edit_width=number;

以字符宽度为单位指定框的编辑或输入区（即 edit_box 控件的实际加框部分）的宽度，其值是一个整数或实数。如果没有指定 edit_width 属性值，或指定为 0，并且控件的宽度不固定，则编辑框将扩展至填满全部可用空间。如果 edit_width 非 0，则框在控件中向右对齐。如果出于调整布局的目的需要调整控件的宽度，可以使用 PDB 功能模块在标签和输入区之间插入 spacer 控件。

12. fixed_height

fixed_height=true-false;

指定控件的高度是否可以填满整个可用空间。如果属性值为 true，则控件的高度不会添满为布局或对齐操作留出的可用空间。其值可以是 true 或 false，默认值为 false。

13. fixed_width

fixed_width=true-false;

指定控件的宽度是否可以填满整个可用空间。如果属性值为 true，则控件的宽度不会添满为布局或对齐操作留出的可用空间。其值可以是 true 或 false，默认值为 false。

14. fixed_width_font

fixed_width_font=true-false;

指定列表框或打开式列表框是否以固定字符间距的字体显示文字。此属性可以简化为用空格和制表符控制控件按列对齐。其值可以是 true 或 false，默认值为 false。

15. height

height=number;

指定控件的高度，其值是一个以字符高度为单位表示控件高度的整数或实数。字符高度单位被定义为屏幕字符的最大高度（包括行间距）。

除非在默认设置下控件的布局令人不满意，否则不要指定高度值。但是，在使用图像控件和图像按钮时必须指定其高度。

控件的 height 属性仅指定控件的最小高度。除非控件的高度已由某个 fixed_属性固定，否则在调整布局时仍然可以扩展该尺寸。默认是根据当前的布局动态地指定宽度。

16. initial_focus

initial_focus="string";

指定对话框中接受初始键盘焦点的控件的关键字。其值是引号引起来的字符串，无默认值。

17. is_bold

is_bold=true-false;

指定是否以粗体字符显示文字。其值可以是 true 或 false，默认值为 false。如果属性值为 true，则文字以粗体字符显示。

18. is_cancel

is_cancel=true-false;

指定当用户按 Esc 键时按钮是否被选中。其值可以是 true 或 false，默认值为 false。

如果按钮的 is_cancel 属性被设置为 true，且动作表达式不能退出对话框(不调用 done_dialog 函数)，则对话框会在动作表达式运行之后自动终止，并将 DIASTAT 系统变量设置为 0。对话框中只能有一个按钮的 is_cancel 属性可以被设置为 true。

19. is_default

is_default=true-false;

指定是否将一个按钮作为默认按钮，当用户按下接受键时，将选中该按钮(被按下)。其值可以是 true 或 false，默认值为 false。如果用户将 edit_box、list_box 或 image_button 的 allow_accept 属性设置为 true，则用户按下接受键(仅适用于列表框和图像按钮)或双击时，也会选中默认按钮。如果当前焦点正位于其他按钮上，则按下接受键时不选中默认按钮，在这种情况下，会选中键盘焦点所在的按钮。对话框中只能有一个按钮的 is_default 属性可以被设置为 true。

20. is_enabled

is_enabled=true-false;

指定控件在打开对话框时是否可用。其值可以是 true 或 false，默认值为 true。如果属性值为 false，则控件不可用，显示为灰色。

21. is_tab_stop

is_tab_stop=true-false;

指定在用户按 Tab 键切换控件时，控件是否接受键盘焦点。其值可以是 true 或 false，默认值为 true。如果此属性被设置为 false，则使用 Tab 键不能将键盘焦点移动到此控件上。

22. key

key="string";

指定应用程序引用特定控件时使用的名称。其值是引号引起来的字符串，无默认值。在对话框中，每个 key 属性值都必须是唯一的。该字符串区分大小写，如果将关键字指定为 BigTile，则不能将其引用为 bigtile。由于 key 属性值对用户不可见，因此设计者可以随意指定此属性值(但必须保证其对对话框的唯一性)。同理，在将应用程序翻译成其他语言时，key 属性的值可以不必翻译。

23. label

label="string";

指定显示在控件中的文字。其值是引号引起来的字符串，默认值为空子符串“ ”。label 文字的位置由控件决定。label 属性可以为控件指定一个助记符。在控件标签中，助记符是一个带下划线的字符。

如果标签字符串中某字符的前面有一个与符号(&)，则此字符是控件的助记符。对话框中的助记符不必是唯一的。如果对话框中的多个控件有相同的助记符，当在键盘上按助记符时，键盘焦点将在这些控件之间循环切换。

助记符只是切换键盘焦点所在的位置，并不选择控件。如果用户为一个包含一组项目的控件指定一个助记符，如控件组或列表框，则键盘焦点将移动到控件的第一个接受制表位切换的项目上。除了 is_tab_stop 属性被设置为 false 的控件外，其他所有活动控件都可以使用 Tab 键切换。

24. layout

layout=position;

指定滑块的方向。其值可以是 horizontal 或 vertical，默认值为 horizontal。对于水平滑块，其值从左至右递增；对于垂直滑块，其值从下至上递增。

25. list

list="string";

指定 popup_list 或 list_box 控件的初始行(选项)。其值是引号引起来的字符串，无默认值。行由换行符(\n)分隔，Tab 字符 (\t) 出现在每行中。

26. max_value

max_value=integer;

指定 slider 控件返回值的上限，默认值为 10000。此值是一个带符号的 16 位二进制整数，最大不能超过 32767。

27. min_value

min_value=integer;

指定 slider 控件返回值的下限，默认值为 0。此值是一个带符号的 16 位二进制整数，最小不能低于-32768。min_value 的值可以超过 max_value 的值。

28. mnemonic

mnemonic=" char" ;

指定控件的键盘助记符。在控件标签中，助记符是一个带下划线的字符。其值是引号引起来的字符串，其中只包含一个字符，无默认值，该字符必须是控件标签中的某个字符。

从用户的角度来看，助记符是不区分大小写的。例如，如果按钮的助记符为 A，用户输入 a 或 A 都可以使键盘焦点移动到该按钮上。然而，在 DCL 文件中，助记符必须是控件 label 属性的一个字符，并且其大小写也应该与 label 字符串中的相应字符保持一致。

29. multiple_select

multiple_select=true-false;

指定是否可以在 list_box 控件中同时进行多项选择(亮显)。其值可以是 true 或 false，默认值为 false。如果值为 true，则可以同时选择多项。

30. password_char

password_char=" char"

指定用于屏蔽用户输入的字符。如果指定了 password_char，并且其值不为空，则当用户输入时，在编辑框中仅显示指定的屏蔽字符，而不显示用户输入的内容。此属性不会影响到应用程序检索用户输入的正确内容，只是改变用户输入字符的显示。

31. small_increment

small_increment=integer;

指定滑块增量控制值。small_increment 的默认值是整个取值范围的百分之一。增量值的大小必须在属性 min_value 和 max_value 确定的范围内，此属性是可选的。

32. tabs

tabs="string";

以字符宽度为单位指定制表位的位置。其值可以是一个包含整数或浮点数的引号引起来的字符串，由空格分隔(无默认值)。这些值用于将 popup_list 或 list_box 控件中的文字垂直对齐。例如，下列代码用于在每 8 个字符处指定一个制表位：

tabs="8 16 24 32";

33. tab_truncate

tab_truncate=true-false;

指定当列表框或打开式列表框中文字超出关联制表位时，是否截断文字。其值可以是 true 或 false，默认值为 false。

34. value

value="string";

指定控件的初始值，其值是一个引号引起来的字符串。对于不同类型的控件，其值在含义上有很大的区别。实际使用时，通过用户输入或者调用 set_tile 函数可以改变控件的值。

在对话框布局过程中，不必考虑控件的 value 属性。当布局完成并且对话框显示在屏幕上以后，new_dialog 函数将使用 value 属性初始化对话框中的所有控件。控件的 value 属性不会影响对话框中的控件的大小和间距。

35. width

width=number;

指定控件宽度。其值是一个整数或实数值，以字符宽度为单位表示控件的宽度。字符宽度单位是所有大小写字母字符的平均宽度，也可以定义为屏幕的宽度除以 80。这两种算法的结果都小于((A..Z)字符的宽度+(a..z)字符的宽度) / 52。

除非对默认设置下的控件外观不满意，否则不要指定宽度值。不过，在使用图像控件和图像按钮时，必须指定其宽度。

控件的 width 属性仅指定其最小宽度。除非控件的宽度已由某个 fixed_属性固定，否则在调整布局时仍然可以扩展该尺寸。默认时根据当前的布局动态地指定宽度。

15.6.3 对话框控件的 DCL 语法

1. 对话框

包含属性：initial_focus、label、value。

DCL 语法：

```
tile_dialog:dialog {
label = "Dialog";
ok_cancel;
}
```

对话框控件的效果图如图 15-11 所示。

作为对话框，可以不包含任何控件，但是至少要包含"确定"和"取消"按钮其中之一，否则会出现错误信息，如图 15-12 所示。

2．按钮（button）

包含属性：action、 alignment、fixed_height、fixed_width、height、is_cancel、is_default、is_enabled、is_tab_stop、key、label、mnemonic、width。

DCL 语法：

```
tile_button:dialog {
    label = "Button";
    spacer;
    : button {
      key = "Button ";
      label = "&This is a Button!";
      width=10;
      height=10;
      fixed_height=true;//指定宽度为
      fixed_width=true;//
      alignment=centered;
    }
    ok_cancel;
}
```

按钮控件的效果图如图 15-13 所示。

图15-11　对话框控件的效果图　　图15-12　出错信息效果图　　图15-13　按钮控件的效果图

3．编辑框（edit_box）

包含属性：action、alignment、allow_accept、edit_limit、edit_width、fixed_height、fixed_width、height、is_enabled、is_tab_stop、key、label、mnemonic、value、width、password_char。

DCL 语法：

```
tile_edit_box:dialog {
    label = "Dialog";
     :column{
     :edit_box{
         label="账号:";
         key="key_name";
         value="humsung";
```

```
                width=25;
                fixed_width=true;
            }
        :edit_box{
                label="密码:";
                key="key_passwd";
                value="888888";
                width=25;
                fixed_width=true;
                password_char="*";//用*号来代替密码显示，达到保密的效果
                edit_limit=8;//密码不得长于 8 位
            }
        }
    ok_cancel;
}
```

编辑框控件的效果图如图 15-14 所示。

4. 图像按钮(image_buton)

包含属性：action、alignment、allow、accept、aspect_ratio、color、fixed_height、fixed_width、height、is_enabled、is_tab_stop、key、mnemonic、width。

DCL 语法：

```
tile_image_button:dialog {
        label = "Image_Button";
         spacer;
        :image_button{
                key="key_image_button";
                width=20;
                aspect_ratio=0.68;
                color=0;
            }
        ok_cancel;
    }
```

图像按钮控件的效果图如图 15-15 所示。

图15-14 编辑框控件的效果图

图15-15 图像按钮控件的效果图

5. 列表框(list_box)

包含属性：action、alignment、allow_accept、fixed_height、fixed_width、height、is_enabled、is_tab_stop、key、label、list、 mnemonic、multiple_select、tabs、value、width。

DCL 语法：

```
tile_list_box:dialog {
        label = "列表框";
        spacer;
        :list_box{
            label="列表框";
            key="key_list_box";
            width=20;
            list="北京\n 上海\n 广州\n 天津\n 大连";//设定列表框的初始值
            multiple_select=true;
        }
        ok_cancel;
    }
```

列表框控件的效果图如图 15-16 所示。

图15-16 列表框控件的效果图

6. 打开列表(popup_list)

包含属性：action、alignment、edit_width、fixed_height、fixed_width、height、is_enabled、is_tab_stop、key、label、list、mnemonic、tabs、value、width。

DCL 语法：

```
tile_popup_list:dialog {
        label = "打开列表框";
        spacer;
        :popup_list{
            label="打开列表框";
            key="key_popup_list";
            width=20;
            list="北京\n 上海\n 广州\n 天津\n 大连";
            multiple_select=true;
```

```
        }
            ok_cancel;
        }
```

打开列表控件的效果图如图 15-17 所示。

7. 单选按钮(radio_button)

包含属性: action、alignment、fixed_height、fixed_width、height、is_enabled、is_tab_stop、key、label、mnemonic、value、width。

DCL 语法:

```
    tile_radio_button:dialog {
        label = "单选按钮";
        spacer;
        :row{
        :radio_button{
            label="单选按钮 1";
            key="key_popup_list1";
            value=1;
            }
        :radio_button{
            label="单选按钮 2";
            key="key_popup_list2";
        }
        }
        ok_cancel;
    }
```

单选按钮控件的效果图如图 15-18 所示。

图15-17　打开列表控件的效果图

图15-18　单选按钮控件的效果图

8. 滚动条(slider)

包含属性: action、alignment、big_increment、fixed_height、fixed_width、height、key、label、layout、 max_value、min_value、mnemonic、small_increment、value、 width。

DCL 语法:

```
    tile_slider:dialog {
        label = "滚动条";
        spacer;
        :slider{
            key="key_slider";
```

```
            fixed_width=true;
            width=30;
            max_value=10000;//设置滚动条最大值
            small_value=0;
            bit_increment=300;//设置跳动值
            small_increment=30;设置滚动值
        }
        ok_cancel;
    }
```

滚动条控件的效果图如图 15-19 所示。

图15-19　滚动条控件的效果图

9. 开关按钮(toggle)

包含属性: action、alignment、fixed_height、fixed_width、height、is_enabled、is_tab_stop、label、width。

DCL 语法:

```
tile_toggle:dialog {
    label = "开关按钮";
    spacer;
    :row{
        :toggle{
            key="key_slider";
            label="开关按钮 1";
            value=1;                //设置成为选中状态
        }
        :toggle{
            key="key_slider1";
            label="开关按钮 2";
            value=0;                //设置成为未选中状态
        }
    }
    ok_cancel;
}
```

开关按钮控件的效果图如图 15-20 所示。

10. 列(Column)

包含属性:alignment、children_alignment、children_fixed_height、children_fixed_ width、fixed_height、fixed_width、height、label、width。

DCL 语法：

```
tile_column:dialog {
    label = "列";
    spacer;
    :column{
    :edit_box{
        key="key_button1";
        label="X 坐标";
        value="100.0";
    }
    :edit_box{
        key="key_button2";
        label="y 坐标";
        value="100.0";
    }
    spacer;
    }
    ok_cancel;
}
```

列控件的效果图如图 15-21 所示。

图15-20　开关按钮控件的效果图　　　　图15-21　列控件的效果图

11. 加框列(boxed_column)

包含属性：alignment、children_alignment、children_fixed_height、children_fixed_width、fixed_height、fixed_width、height、label、width。

DCL 语法：

```
tile_boxed_column:dialog {
    label = "加框列";
    spacer;
    :boxed_column{
    label="屏幕坐标";
    :edit_box{
        key="key_edit1";
        label="X 坐标";
```

```
                value="100";
            }
        :edit_box{
                key="key_edit2";
                label="Y 坐标";
                value="100";
            }
        :edit_box{
                key="key_edit3";
                label="Z 坐标";
                value="100";
            }
        spacer;
        }
    ok_cancel;
    }
```

加框列控件的效果图如图 15-22 所示。

图15-22　加框列控件的效果图

12. 行(row)

包含属性：alignment、children_alignment、children_fixed_height、children_fixed_width、fixed_height、fixed_width、height、label、width。

DCL 语法：

```
    tile_row:dialog {
        label = "行";
        spacer;
        :row{
        :toggle{
                key="key_toggle1";
                label="开关 1";
                value=1;
            }
        :toggle{
                key="key_toggle2";
                label="开关 1";
                value=0;
            }
        spacer;
        }
    ok_cancel;
```

```
    }
```
行控件的效果图如图 15-23 所示。

13. 加框行(boxed_row)

包含属性：alignment、children_alignment、children_fixed_height、children_fixed_width、 fixed_height、fixed_width、height、label、width。

DCL 语法：

```
tile_boxed_row:dialog {
    label = "行";
    spacer;
    :boxed_row{
     :toggle{
         key="key_toggle1";
         label="开关 1";
         value=1;
     }
     :toggle{
         key="key_toggle2";
         label="开关 1";
         value=0;
     }
     spacer;
     }
     ok_cancel;
}
```

加框行控件的效果图如图 15-24 所示。

图15-23　行控件的效果图　　　　　　　　图15-24　加框行控件的效果图

14. 单选列(radio_column)

包含属性：alignment、children_alignment、children_fixed_height、children_fixed_width、 fixed_ height 、fixed_width、height、label、width。

DCL 语法：

```
tile_radio_column:dialog {
    label = "单选列";
    spacer;
    :radio_column{
```

```
:radio_button{
    key="key_radio_button1";
    label="北京";
    value=0;
}
:radio_button{
    key="key_radio_button2";
    label="上海";
    value=1;
}
:radio_button{
    key="key_radio_button3";
    label="深圳";
    value=0;
}
spacer;
}
ok_cancel;
}
```

单选列控件的效果图如图 15-25 所示。

15. 加框单选列（boxed_radio_column）

包含属性：同"单选列"。

DCL 语法：参见"单选列"。

加框单选列控件的效果图如图 15-26 所示。

图15-25 单选列控件的效果图　　　　　　图15-26 加框单选列控件的效果图

16. 单选行（radio_row）

包含属性：alignment、children_alignment、children_fixed_height、children_fixed_width、fixed_height、fixed_width、height、label、width。

DCL 语法：

```
tile_radio_row:dialog {
    label = "单选行";
    spacer;
    :radio_row{
```

```
        :radio_button{
            key="key_radio_button1";
            label="北京";
            value=0;
        }
        :radio_button{
            key="key_radio_button2";
            label="上海";
            value=1;
        }
        :radio_button{
            key="key_radio_button3";
            label="深圳";
            value=0;
        }
        spacer;
        }
        ok_cancel;
    }
```

单选行控件的效果图如图 15-27 所示。

17．加框单选行（boxed_radio_row）

包含属性：同"单选行"。

DCL 语法：参见"单选行"。

加框单选行控件的效果图如图 15-28 所示。

图15-27　单选行控件的效果图

图15-28　加框单选行控件的效果图

18．拼接（concatenation）

包含属性：无。

DCL 语法：

```
    tile_concatenation:dialog {
        label = "拼接";
        :concatenation{
            :radio_button{
                key="key_radio1";
                label="按钮";
```

```
                        value=1;
                    }
                    :text{
                        label="拼接一个文本控件";
                        key="key_text";
                    }
                }
            ok_cancel;
        }
```

拼接控件的效果图如图 15-29 所示。

19. 文本(text)

包含属性：alignment、fixed_height、fixed_width、height、is_bold key、label、value、width、label。

DCL 语法：

```
            tile_concatenation:dialog {
                label = "拼接";
                    :text{
                    label="欢迎使用 AutoLISP!";
                }
                    :text{
                        label="2021.8.17";
                        alignment=right;
                    }
                ok_cancel;
            }
```

文本控件的效果图如图 15-30 所示。

图15-29 拼接控件的效果图

图15-30 文本控件的效果图

20. 空格 (spacer/spacer_0/spacer)

包含属性：alignment、fixed_height、fixed_width height、width。

DCL 语法：

```
            tile_spacer:dialog {
                label="Spacer";
                spacer;
                :row{
                    :button{
```

```
                        label="button1";
                        key="key_b1";
                    }
                spacer_0;                              //第一行的空格
                :button{
                        label="button2";
                        key="key_b2";
                    }
            }
            :row{
                :button{
                        label="button3";
                        key="key_b3";
                    }
                :button{
                        label="button4";
                        key="key_b4";
                    }
            }
            :row{
                :button{
                        label="button5";
                        key="key_b5";
                    }
                spacer_1;                              //第三行的空格
                :button{
                        label="button6";
                        key="key_b6";
                    }
            }
        ok_cancel;
    }
```

空格控件的效果图如图 15-31 所示。

21. 段落（paragraph）

包含属性：无。

DCL 语法：

```
        tile_spacer:dialog {
                label="段落";
```

```
        spacer;
        : paragraph
        {
            : concatenation{
                : text_part{
                        label = "一个";
                }
                : text_part{
                        label = "好的改变";
                }
            }
            : text_part {
                label = "期待下一次的到来";
            }
        }
        ok_cancel;
    }
```

段落控件的效果图如图 15-32 所示。

图15-31 空格控件的效果图   图15-32 段落控件的效果图

22. 图像（image）

包含属性：action、alignment、allow、accept、aspect_ratio、color、fixed_height、fixed_width、height、is_enabled、is_tab_stop、key、mnemonic、width。

DCL 语法：

```
        tile_spacer:dialog {
            label="图像";
            spacer;
            :image{
                label="image1";
                key="key_image";
                width=16;
                aspect_ratio=0.68;
                color=7;
            }
```

```
        ok_cancel;
    }
```

图像控件的效果图如图 15-33 所示。

23. 确定/取消/帮助 按钮

AutoLISP 中包含 ok_cancel、ok_cancel_help、ok_cancel_help_errtile、ok_cancel_help_info 4 种形式的确定按钮。

包含属性：同 Button。

DCL 语法：

```
        tile_ok_cancel:dialog{
            label="ok_cancel";
            spacer;
            ok_cancel;
            ok_cancel_help;
            ok_cancel_help_errtile;
            ok_cancel_help_info;
        }
```

确定/取消/帮助按钮控件的效果图如图 15-34 所示。

图15-33　图像控件的效果图

图15-34　确定/取消/帮助按钮控件的效果图

15.7　对话框驱动程序

15.7.1　在 AutoLISP 中调用设计的对话框

在本章中介绍了许多的对话框控件，以及如何自己设计一个对话框。那么如何在 AutoLISP 程序中使用这些对话框呢？

下面通过一个例子来介绍如何编写对话框驱动程序。

设计一个简单的对话框，如图 15-35 所示。

图15-35　对话框

DCL 代码：

```
    hello : dialog {
        label = "Sample Dialog Box";
        : text {
            label = "Hello, world";
        }
        ok_only;
```

```
        }
```

以下是使用 AutoLISP 调用该对话框的程序代码：

```
(defun c:hello ()
  (setq index_value (load_dialog "hello.dcl"))        ;加载 DCL 文件
  (if (not (new_dialog "hello" index_value))          ;初始化对话框
    (exit)                                            ;如果不工作则退出
  )
  (start_dialog)                                      ;显示对话框
  (unload_dialog index_value)                         ;卸载 DCL 文件
  (princ)
)
```

在这个例子中显示对话框和响应用户按 OK 键的步骤如下：

1）用 load_dialog 函数加载 DCL 文件。

2）用 new_dialog 函数初始化对话框。

3）判断 new_dialog 函数是否调用成功，若成功，则进行下一步，否则退出。

4）用 start_dialog 函数将对话框的控制传递给 AutoCAD 2024 以便演示给用户。

5）调用 unload_dialog 函数，在用户响应后从内存中删除对话框。

对话框打开和关闭函数介绍如下：

1. load_dialog

格式：

(load_dialog dclfile)

本函数用于将一个 DCL 文件加载到内存。一个应用程序就是通过多次调用本函数而装入多个文件。本函数按照 AutoCAD 2024 库搜索路径来搜索指定的 DCL 文件。

dclfile 变量指定要装入的 DCL 文件的一个字符串，若未指定扩展名，则假定它的扩展名是.DCL。若本函数调用成功，则返回一个正整数值（假设存入变量在 index_value 中）；否则，返回一个负整数，这个 index_value 在随后调用 new_dialog 函数和 unload_dialog 函数时可用作被装入的 DCL 文件的句柄使用。

举例：

```
(if (> (setq index_value (load dialog "dialog_filename.dcl")) 0)
    (progn
        ......
    )
    (prompt "不能打开对话框")
)
```

在上例中，首先调用

```
        (load_dialog "dialog_filename.dcl")
```

将返回值赋给 index_value 变量，再进行判断，如果 index_value 大于 0，说明调用对话框成功，可以进行下一步操作，即运行 progn 块里面的内容；否则，显示"不能打开对话框"

的错误。

2．unload_dialog

格式：

(unload_dialog index_value)

unload_dialog 函数用于卸载与文件句柄 index_value（在用 load_dialog 函数调用对话框时所获得）相联系的那个 DCL 文件。本函数总是返回 nil。

本函数与 load_dialog 函数互为反函数.

请参考 load_dialog 函数和 new_dialog 函数。

3．new_dialog

格式：

(new_dialog dlgname index_value [action[screen_pt]])

本函数用于开始一个新的对话框，并显示该对话框，还能指定一个隐含动作。

dlgname 变量是指定对话框的一个字符串，而 index_value 变量用来识别一个对话框（它是在调用 load_dialog 函数时获得的，相当于一个对话框的句柄）。

如果指定了 screen_pt 变量，就必须指定 action 变量。action 变量是一个字符串，它包含了用来表示隐含动作的一个 AutoLISP 表达式。如果并不想定义一个隐含动作，可以在 action 变量的位置上传递一个空字符串（""）。screen_pt 变量是一个 2D 点表，它是用来指定对话框显示在屏幕上位置的 X、Y 坐标。这个点通常指定的是对话框的左上角，但它还与平台有关，其值通常用系统单位表示。如果将 screen_pt 变量的值设置为（-1，-1），当对话框被打开时它通常会显示在隐含位置上（即图形屏幕的中心位置上）。

当用户选中了一个激活的控件，而该控件既没有通过调用 action_tile 函数显式地分配给它的一个动作或回调函数，也没有在 DCL 文件中为它定义动作，那么由 new_dialog 函数指定的隐含动作就会被求值。

如果 new_dialog 函数调用成功，它将返回 T；否则，它返回 nil。

在应用程序中，在调用 Start_dialog 函数之前，必须先调用 new_dialog 函数。所有对话框的初始化工作，如设置控件值、生成图像、生成列表框的表以及将各个动作与特定的控件联系起来（用 action_tile 函数完成)等，都必须发生在调用 new_dialog 函数之后，同时也必须发生在用 start dialog 函数之前。

在应用程序中，应该总是检查由 new_dialog 函数返回的状态。当 new_dialog 函数调用失败时，调用 start_dialog 函数将有可能导致无法预料的后果。

4．term_dialog

格式：

(term_dialog)

一旦用户选中了对话框中任何一个 Cancel 按钮，本函数将立即终止现行的所有对话框。

当任何一个 DCL 文件被打开时，若一个应用程序被终止，系统将自动调用本函数。此函数主要用于中断嵌套对话框。此函数总是返回 nil。

5．start_dialog

格式：

(start_dialog)

本函数用于显示一个对话框,并开始接受用户的输入。

在调用本函数之前,必须先调用 new_dialog 函数,首先将对话框进行初始化。对话框一直保持激活状态,直到一个动作表达式或回调函数调用 done_dialog 函数。通常,done_dialog 函数与关键字为"accept"的那个控件相联系(典型情况下是 OK 按钮),也可以与关键字为"Cancel"的那个控件相联系(典型情况下是 Cancel 按钮)。

调用 start_dialog 函数不带变量。它返回一个传递给 done_dialog 函数的状态代码。如果用户按下了 OK 按钮,则 start_dialog 函数返回隐含值 1,如果用户按下了 Cancel 按钮,则 start_dialog 函数返回值 0;而如果所有对话框都被 term_dialog 函数终止,那么 start_dialog 函数将返回-1。但是,如果 done_dialog 函数传递了一个大于 1 的整型状态代码,start_dialog 函数就会将这个值返回,它的含义由应用程序决定。

6. done_dialog

格式:

(done_dialog [status])

必须从一个动作表达式或一个回调函数中调用 done_dialog 函数(参见 action_tile 函数的介绍)。

如果指定了任选变元 status(它必须是一个正整数),这个正整数将由 start_dialog 函数返回,而代替拾取 OK 按钮返回 1 或拾取 Cancel 按钮返回 0。任何大于 1 的 Status 值的具体含义取决于用户所编制的应用程序。

done_dialog 函数返回一个 2D 点表,该点表示当退出对话框时该对话框的位置坐标(X,Y)。该返回点取自对话框上的哪一个点作为参考点是由平台决定的,参考点的坐标单位同样也是由平台决定的。通常情况下,参考点是对话框的左上角。可以将这个点传给随后调用的 new_dialog 函数,在重新打开对话框时,将对话框定位在用户指定的位置上。

如果为关键字"accept"或"cancel"(通常为 OK 按钮和 Cancel 按钮)提供了一个回调函数,那么该回调函数必须显示地调用 done_dialog 函数,如果不这样做,用户就会被困在这个对话框中。如果不为这些按钮提供一个显式的回调函数,而使用标准的退出按钮,系统将自动处理它们。此外,为"accept"按钮提供的一个显式的回调函数必须使其在调用 done_dialog 函数时将变元 status 指定为 1(或由应用程序定义的其他值);否则,start_dialog 函数会返回隐含值 0,而 0 意味着用户取消了该对话框。

下面来看一个实例。

一个对话框通常具有 OK 按钮和 Cancel 按钮。用户如果选中这两个按钮,均需调用 done_dialog 对话框确定(OK)和取消(Cancel)按钮的回调函数。通常可以用下列两种方法之一进行编制,代码实例如下:

第一种形式:

```
((action_tile "accept" "set-variabls)(done_dialog 1)")
((action_tile "cancel" "done_dialog 0)")
```

第二种形式:

```
((action_tile "accept" "done_dialog 1)")
```

```
((action_tile "cancel" "done_dialog 0)")
(setq result (start_dialog))
(if(=1 result)
    (set-variables)
)
```

上述代码中的 set_variables 函数的功能是在退出对话框之前，将需要保存的局部变量值存储在全局变量中。

15.7.2　动作表达式和回调

要想定义在对话框中的某控件被选定时执行的动作，可以通过调用 action_tile 函数将 AutoLISP 表达式与该控件相关联。该表达式就是动作表达式。在动作表达式中，需要经常访问 DCL 文件中的属性。get_attr 函数和 get_tile 函数提供了这项功能。get_attr 函数可以检索 DCL 文件中的用户定义属性，get_tile 函数可获得控件的当前运行值（基于用户对该控件的输入）。定义动作表达式必须在调用 new_dialog 函数之后、调用 start_dialog 函数之前进行。

关于用户如何选定控件或修改控件内容的信息将作为回调返回给动作表达式。大多数情况下，对话框中每一个被激活的控件都将产生一个回调。响应回调的动作表达式通常被当作回调函数引用。该函数将检查关联控件的合法性，并更新对话框中关于控件值的信息。对话框的更新包括提示错误信息、禁用其他控件以及在编辑框或列表框显示相应文本。

只有 OK 按钮（或与之等效的控件）可以检查控件的值，以便永久保存用户最终选定的设置。换句话说，应该在 OK 按钮的回调中更新与控件值相关联的变量，而不是在单个控件的回调中更新。如果在单个控件的回调中更新永久变量，用户将无法通过选择"取消"按钮来恢复变量的原值。如果 OK 按钮的回调检测到错误，则不会退出对话框，而是显示错误信息并将焦点返回到错误控件处。

当一个对话框中包含几个有类似处理的控件时，可以简单地将这些控件与一个回调函数相关联。在这种情况下，直到选择 OK 按钮才提交用户修改的原则依然适用。

除调用 action_tile 函数之外，还有两种方法来定义动作。当调用 new_dialog 函数时，可以为整个对话框定义一个默认动作，还可以使用控件的 action 属性来定义一个动作。

1. 动作表达式

动作表达式可以存取表 15-5 中列出的变量，指示选定的控件，并说明动作执行期间的控件状态，同时保留变量名。这些值为只读且没有含义，除非动作表达式接受访问。

当一个已命名的控件被多个 action_tile 函数调用时，只有最后调用的那个（即在 start_dialog 函数前面的那个调用）才是有效的。可编程对话框仅允许一个控件具有一个动作。

2. 回调原因

由$reason 变量返回的回调原因代码指出了发生动作的原因。它为每种动作都设置了值，但只有该动作与一个 edit_box（编辑值）、list_box（列表框）、image_button（图像按钮）或

slider(滚动块)相关时，程序员才需要检查它的值。

表 15-5　动作表达式变量

变量	说　明
$key	被选择的控件的 key 属性，该变量可用于所有动作
$value	控件当前值的字符串形式。例如，它可以是编辑框中的字符串、开关按钮中的 1 或 0 等。$value 变量可用于所用动作。注意，如果控件是一个列表框(或打开式列表框)，并且没有被选中的项目，$value 变量的值将会是 nil
$data	$data 变量用于管理应用数据(如果存在)。该应用数据是刚调用 new _dialog 函数之后通过 client_data_tile 函数设置的。这个变量可用于所有动作。除非应用程序通过调用 client_data_tile 函数已经对它进行初始化，否则$data 没有意义
$reason	指出动作发生原因的原因代码变量。它可以用于指示 edit_box(编辑框)、list-box(列表框)、image-button(图像按钮)和 slider(滚动块)控件为什么会发生该动作。它所设置的值可用于任何种类的动作，但仅当该动作与一个 edit-box(编辑框)、image—button(图像按钮)或 slider(滚动块)控件相联系时才需要检查它

表 15-6 列出了回调原因代码。

代码 1 在表 15-6 中给出了详细说明，下面详细介绍代码 2、3 和 4。

（1）代码 2（编辑框）：用户已经按 Tab 键或选择其他控件退出了编辑框，但尚未做最后选择。如果这是一个编辑框回调的原因，应用程序不应更新其关联变量的值，而应检查编辑框中的值的合法性。

表 15-6　回调原因代码

代码	说　明
1	这是大多数动作控件所用的值(如果该控件是隐含的控件并且系统平台可识别快捷键的话，对该控件的选择也可能是通过按 Enter 键完成的)
2	编辑框所用。表明用户已经退出编辑框，但没有做最后的选择
3	滚动块所用。通过拖动滚动块的滚动条，用户已经改变了滚动块的值，但未做最后选择
4	列表框和图像按钮：该回调原因总是跟随代码 1，它通常表示"转移到前一个选择上"。不应放弃上一个选择，这会使用户感到困惑和麻烦

（2）代码 3（滑块）：用户通过拖动滑块(或等效操作)改变了滑动条的值，但尚未做最后选择。如果这是滑块回调的原因，应用程序不应更新其关联变量的值，而应更新显示滑块状态的文本。

（3）代码 4（列表框）：用户可以在应用程序中定义双击列表框的含义。如果对话框的主要目的是选择一个列表项，则双击做出选择，然后退出对话框(在这种情况下，list-box 控件的 is_default 属性应该是 true)。如果列表框不是对话框的主要控件，则双击应被看作是一个选择(代码 1)。

允许用户选择多个项目(multiple_select=true)的列表框不支持双击。

（4）代码 4（图像按钮）：用户可以在应用程序中定义双击图像按钮的含义。在很多情况下，用单击来选择按钮就可以了。但在某些情况下，用单击（或键盘操作）亮显按钮，而用 Enter 键或双击选择按钮会更合适一些。

action_tile 函数并非唯一可用于指定动作的函数。控件的 DCL 说明可包括 AutoLISP 中的 action 属性，并且 new_dialog 函数调用可为整个对话框指定一个默认动作。控件一次只能有一个动作，如果 DCL 和应用程序指定多个动作，它们会按下列优先顺序彼此替换（从最低到最高优先级）。

1）由 new_dialog 函数用于调用指定的隐含动作（仅当没有动作显式地指派给该控件时才可用）。

2）由 DCL 文件中的 action 属性指定的动作。

3）由 action_tile 函数调用指派的动作（最高优先级）。

下面介绍有关控件和属性处理的函数。

1）action_tile

格式：

(action_tile key action_expression)

action_tile 函数为某一控件指定一个动作表达式。当用户在对话框中选择了这个控件时，就会对这个动作表达式进行求值。

变元 key 和 action_expression 都是字符串。变元 key 是触发一个动作的控件名（这个控件名是由该控件的 key 属性指定的）。变元 key 是大小写敏感的。当该控件被选中时，就会对 action_expression（动作表达式）进行求值。

由 action_tile 函数指定的动作接替了对话框的隐含动作（对话框的隐含动作是在显示对话框时由 new_dialog 函数指定的）或该控件的 action 属性（在指定了这些属性的情况下）。动作表达式 action_expression 通过变量$value 可以引用控件的现行值（即它的 value 属性），通过变量$key 可以引用控件的名字，通过变量$data 可以引用控件的特定应用数据（特定应用数据是由 client_data_tile 函数设置的），通过变量$reason 可以引用控件的回调原因，通过$X 和$Y 可以引用控件的图像坐标（在该控件是一个图像按钮的情况下）。

2）get_attr

格式：

(get_attr key attribute)

本函数用于检索一个对话框属性的 DCL 值。key 变元是控件的关键字（区分大小写），变量 attribute 指定出现在该控件的 DCL 描述中的某个属性。这两个变量都是字符串。此函数返回值是属性的初始值，并不反映由于用户做了输入或调用 set_tile 函数属性值做了修改后的状态。

3）get_tile

格式：

(get_tile key)

本函数用于检索一个对话框控件的当前运行时的值。key 变元是指定控件的一个字符串（区分大小写），并以字符串的形式返回控件的值。本函数被更多地用于回调函数之中，而不是用于构件的初始化。此函数还可用于查看未被选中的控件的值。例如，对对话框进行出错检查并检查其设定值的一致性，这时只知道被选中的控件的值(在变量 value 中)是不够的，还要知道别的控件的值。

4）mode_tile

格式：

(mode_tile key mode)

本函数用于设置一个对话框控件的状态。变量 key 是指定某个控件的关键字符串（区分大小写），变量 mode 的取值及含义见表 15-7。

表 15-7　变量 mode 的取值及含义

mode 的取值	含 义
0	启用该控件
1	禁用该控件
2	聚焦于该控件
3	选择编辑框的内容
4	图像高亮度显示的触发开关

5）set_tile

格式：

(set_tile key value)

set_tile 函数用来为一个对话框控件设置值。

key 变元是指定控件的一个字符串，而 value 则是指定新值的一个字符串变量名（控件的初始值是由 value 属性设置的）。

set_tile 函数设置和修改控件值的效果，与控件的类型有关。

下面的程序代码改变关键字为"Text_tile_key"的文本控件的值，当文本控件的值被修改之后，显示在该控件上的文字也做相应的改变。

(setq new_text "Look for change") ;;;初始化一个字符串变量

(setq_tile "Text_tile_key" new_text) ;;;赋新值

📖15.7.3　列表框/下拉列表框处理

在设计对话框时，对于列表框/下拉列表框，虽然可以设置它的初始值，但是如果需要动态修改下拉列表框内的值，那么只能够用 AutoLISP 进行动态生成数据。

首先来看一下与列表框/下拉列表框相关的一些 AutoLISP 函数。

1. start_list

格式：

(start_list key [operation [index]])

用 start_list 函数开始对话框中的一个列表框或一个打开式列表控件的处理。

key 变元是一个指定对话框控件的字符串。key 变元是大小写敏感的。operation 变元是一个整型值，它的含义见表 15-8。

表 15-8　operation 变元的取值及其含义

operation 变元的取值	含义
1	改变所选择的表的内容
2	追加新的表项
3	删除旧表，并生成新表(这是隐含方式)

除非 start_list 函数调用开始的是一个改变表的内容的操作(这时 operation 变元的值指定为 1)，否则 index 变元就会被忽略。如果调用 start_list 函数是为了改变所选择的表的内容(即 operation 变元的值为 1)，所提供的 index 变元会指出随后调用 add_list 函数要改变的表项。index 变元的取值从 0 开始。如果没有指定 operation 变元，那么隐含的 operation 的取值为 3(生成新表)；如果指定了 operation 而没有指定 index，那么 index 取隐含值 0。

随后所调用的 add_list 函数将影响由 start_list 函数启动的表，直到应用程序调用 end_list 函数。

2. add_list

格式：

(add_list string)

add_list 函数用于在现行激活的对话框的表中增加一个字符串，或者修改其中的一个字符串。

在使用 add_list 函数之前，必须用 start_list 函数打开和初始化一个表，根据 start_list 函数调用中指定的参数 operation 的不同，即

(start_list key [operation [index]])

或

(start_list string [inter [integer]])

add_list 函数调用中的 string 变元要么被加到现行表中，要么替换掉现行表中的一个表项。

3. end_list

格式：

(end_list)

end_list 函数用来结束现行激活对话框的表的处理。

该函数是 start_list 函数的配套函数。它关闭由 start_list 函数所打开的表控件。在 start_list 函数调用之后一定要调用 end_list 函数。

在对话框设计当中，所有的列表框/下拉列表框处理都是由 start_list、add_list、end_list 这三个函数来完成的。

通过使用上述三个函数的调用序列，可以在列表框和打开列表框中显示一个表。一旦一个表被生成之后，就可以修改它。对表的修改存在三种可能的操作。每一种操作都是通过 start_list 函数的 operation 变量来指定的。

1）创建新列表：

operation 变量值：3。

这是为了生成一个新列表。生成新列表的操作是隐含操作。

在调用 start_list 函数之后，即可重复调用 add_list 函数。每调用一次 add_list 函数就会往列表中增加一个新项。通过调用 end_list 函数可结束表的处理。

例如：

```
(start_list "selections")
(mapcar 'add_list list_names)
(end_list)
```

下面来看一个例子。先用 DCL 来设计一个对话框，包含有初始值，代码如下：

```
tile_list_box:dialog {
label = "列表框";
spacer;
:list_box{
label="a sample of list_box";
key="key_list_box";
width=20;
list="1\n2\n3\n4\n5\n6\n7";
}
ok_cancel;
}
```

可以看到，给列表框"key_list_box"赋了初值"1\n2\n3\n4\n5\n6\n7"。先通过预览功能，查看所设计的对话框，如图 15-36 所示。

编辑 LSP 文件。

```
        ;主程序
(DEFUN C:list_box()
 (setq list_names (list "a" "b" "c" "d" "e" "f"))
 (setq return_value (load_dialog "tile_list_box"))
 (if (null (new_dialog "tile_list_box" return_value))
 (exit)
);end if
 (start_list "key_list_box");        开始列表处理
 (mapcar 'add_list list_names);        逐行增加
 (end_list)                ;结束列表处理
 (start_dialog);显示对框
 (unload_dialog return_value)
 (princ)
)
```

通过主程序运行，可以发现列表框的内容已经不是"1\n2\n3\n4\n5\n6\n7"了，而变成了（"a" "b" "c" "d" "e" "f"），如图 15-37 所示。

图15-36 列表框显示1 　　　　　图15-37 列表框显示2

2）改变已存在的列表中的值：

operation 变量值：1。

这种情况是为了改变表中的一项。

使用时，除了需要指定 operation 变量值以外，还要指定需要改变项的 index 值，即其在列表中的位置。

如上一个例子中，初始化值是"1\n2\n3\n4\n5\n6\n7"，现在希望将第 4 个值（也就是数字 4）改变一下，变成"Item Changed"。

可以通过 operation 的 1 操作来完成这项功能。

```
(DEFUN C:list_box()
    (setq return_value (load_dialog "tile_list_box"))
    (if (null (new_dialog "tile_list_box" return_value))
        (exit)
    );end if
;注意，这里使用了 operation 的 1 操作,后面接的是
;被操作项的序列号。
;需要注意的是 autolisp 是从 0 开始算的。
    (start_list "key_list_box" 1 3)
;在这里进行修改
    (add_list "Item Changed!")
    (end_list)
    (start_dialog);显示对框
    (unload_dialog return_value)
    (princ)
)
```

从上面的代码可以看到，采用 start_list 函数的 operation 的 1 操作，并且指定了被操作数的序号，即 3，从 0 开始算，也就是"4"这个字符。

(add_list "Item Changed!")

这条语句将字符"Item Changed!"替换掉原有的字符"4"。可以看到，程序运行的结果如图 15-38 所示。

图15-38　改变列表框中的值

4．在已存在的列表中增加新的值

operation 变量值：2。

如果想在列表中增添新的项，可以使用 operation 的 2 操作。

首先，调用 start_list 函数，指定 2 操作。

(start_list "key_list_box" 2)

然后，用 add_list 函数加入一个新项。

(add_list "New Item Here!")

最后调用 end_list 函数即可。

如果列表框支持多个选择，应用程序就必须对值串中的多个值分步取出，并分别进行转换。下面给出的 Multi_LIST 函数返回的一个表就包含了用户从源 displist 中所选择的那些表项。在本例中，显示表 displist 作为全局变量被维持。

MK_LIST 函数要求用列表框的$value 来调用。

```
(defun MK_LIST (readlist / count item retlist)
  (setq count 1)
  (while (setq item (read readlist))
    (setq retlist (cons (nth item displist) retlist))
    (while (and (/= " " (substr readlist count 1))
      (/= "" (substr readlist count 1)))
      (setq count (1+ count))
    )
    (setq readlist (substr readlist count))
  )
  (reverse retlist)
)
```

上述所有样例都在单选情况下工作。

15.7.4　图像处理

与列表框/下拉列表框一样，图像按钮控件和图像控件也需要通过 AutoLISP 函数来进行驱动。

1. start_image

格式：

(start_image key)

执行 start_image 函数以后，开始生成对话框控件中一个图像。

在调用这个函数之后，即可调用 fill_image、slide_image 和 vector_image 等函数对图像控件进行各种处理，直到应用程序调用 end_image 函数才会结束对指定的图像控件的处理。key 变元是指定对话框控件的一个字符串。key 变元是大小写敏感的。

2. end_image

格式：

(end_image)

本函数用于结束图像处理函数。

本函数是 start_image 函数的配套函数。它关闭由 start_image 函数所打开的图像控件。在 start_image 函数调用之后一定要调用 end_image 函数。

3. dimx_tile 和 dimy_tile

格式：

(dimx_tile key)

(dimy_tile key)

这两个函数用于按对话框单位返回一个控件的尺寸。

dimx_tile 函数返回控件的宽度，而 dimy_tile 函数返回控件的高度。在这两个函数中，key 变元都是指定控件的一个字符串。key 变元是大小写敏感的。

由这两个函数返回的坐标都是某个控件所允许的最大值。由于控件的坐标值是从 0 开始算起的，所以假设 X 和 Y 分别是一个控件的总宽度和高度值，那么由这两个函数返回的值不会超过 X-1 和 Y-1。dimy_tile 函数在与 vector_image、fill_image 和 slide_image 等函数配套使用时，可为这些函数提供表明指定控件大小的绝对坐标。

下面来看一个例子。

在指定的控件 image_key（即关键字）上，绘制幻灯片库 SLIB 中名为"test.sld"的幻灯片。

```
(start_image "key_image")
        (setq max_x (dimx_tile "key_image"))
        (setq max_y (dimy_tile "key_image"))
        (fill_image 0 0 max_x max_y "SLIB(test)")
        (end_image)
```

4. fill_image

格式：

(fill_image x1 y1 wid hgt color)

fill_image 函数的功能是在现行激活对话框的图像控件上画一个填充矩形。

fill_image 函数必须用在 start_image 和 end_image 两个函数调用之间。color 参数可以是 AutoCAD 2024 的一个颜色代码，也可以是取自表 15-9 中的逻辑颜色代码之一。

(x1,y1)坐标指定填充矩形第一个角（左上角）的位置。该填充矩形的第二个角（右下角）

由(wid,hgt)指定，它是相对于第一个角的第一个相对距离，其值必须为正数。原点(0,0)是该图像的左上角。通过调用控件尺寸函数 dimx_tile 和 dimy_tile，可以获得图像控件右下角的坐标。

表 15-9　颜色属性所用符号的名称

颜色代码	ADI 助记符	说明
-2	BGLCOLOR	AutoCAD 图形屏幕的现行背景
-15	DBGLCOLOR	现行对话框背景颜色
-16	DFGCOLOR	现行对话框前景颜色（文本）
-18	LINELCOLOR	现行对话框线的颜色

下面的程序代码可在关键字为"image-key"的图像控件上绘制一个红色的矩形。

```
(start_image "image_key")
(setq max_x (dimx_tile "image_key")
(setq max_y (dimy_tile "image_key")
(fill_image 0 0 max_x max_y 1);1 代表红色
(end_image)
```

5. slide_image

格式：

(slide_image x1 y1 wid hgt sldname)

slide_image 函数的功能是在现行激活对话框图像控件上显示一个 AutoCAD 2024 的幻灯片。

幻灯既可以是一个.sld 类型的幻灯文件，也可以是幻灯库文件(.slb)中的一个幻灯。sld_name 用于指定要显示的幻灯片名，可以用如下两种格式之一指定：

sldname 或 libname (sldname)

幻灯的第一个角（左上角），也就是它的插入点。其坐标是(x1,y1)，而它的第二个角（右下角）是离第一个角的相对距离(wid, hgt)，wid 和 hgt 必须是正值。原点 (0,0) 是图像的左上角。通过调用尺寸函数 dimx_tile 和 dimy_tile，可以获得右下角的坐标值。

幻灯片就像绘有图形的胶片一样，用户可以将多个幻灯片叠加起来构成一幅复杂的图像。在图像控件显示幻灯片时要注意两点：第一，幻灯片上的图像如果与先前控件底色相同的其他背影色相同，该矢量将不显示，从而造成丢失；第二，要考虑到时间因素，由于显示幻灯片需要装入和绘制时间，所以要尽量使用简单的幻灯片。

下面的程序代码可在关键字为"my_key"的图像控件上绘制幻灯片库 MYLIB 中的 XYZ 幻灯片。

```
(start_image "my_key")
(setq hax_x (demx_tile "my_key"))
(setq max_y (dimy_tile "my_key"))
(slid_image 0 0 max_x max_y "MYLIB(XYZ)")
```

6. vector_image

格式：

(vector_image x1 y1 x2 y2 color)

vector_image 函数的功能是在现行激活对话框的图像控件上画一条矢量。

本函数在现行激活的图像近控件(该图像控件由 start_image 函数打开))上，从(x1,y1)到(x2,y2))画一条矢量。变元 color 指定画矢量时所使用的颜色代码，也可以是给出的逻辑颜色代码之一。

图像控件的原点(0,0)位于该图像的左上角，通过调用尺寸函数(dimx_tile 和 dimy_tile)，可以获得图像控件的右下角坐标。

下面的程序实例示范了如何在关键字为 image_key 的图像控件上绘制一个红色的 X(其实就是画矩形的两条对角线)。

图15-39　用vector_image绘制的图形

```
(start_image "key_image")
(setq max_x (dimx_tile "key_image"))
(setq max_y (dimy_tile "key_image"))
(vector_image 0 0 max_x max_y 1)
(vector_image 0 max_y max_x 0 1)
(end_image)
```

结果如图 15-39 所示。

15.7.5　对话框嵌套

在实际应用中常常会遇到这样的情况，就是对话框 1 需要调用对话框 2，对话框 2 又要调用对话框 3 等。

我们称对话框 1 为主对话框，称对话框 2、3 分别为一级子对话框和二级子对话框。完成了子对话框的操作而回到上一级对话框，称为对话框的嵌套。

实现对话框嵌套的原理是：在父对话框某控件的回调函数中调用 new_dialog 函数和 start_dialog 函数，就可以在顶层显示子对话框。在子对话框某控件的回调函数中调用 done-dialog 函数，子对话框消失，即可返回到父对话框。

15.7.6　隐藏对话框

当对话框被激活时，用户不能进行交互式选择。如果用户想在图形屏幕上选择，必须先隐藏对话框，然后再将其恢复。

隐藏对话框与用 done_dialog 函数来关闭对话框是相同的，但回调函数必须调用 done_dialog 函数的 status 参数指示该对话框是被隐藏而不是结束或取消。应将 status 参数设置为应用程序定义的值。

当对话框消失时，start_dialog 函数返回应用程序定义的 status。然后，程序必须检查 start_dialog 函数返回的状态以决定下一步动作。有关标准和应用程序定义的 status 值，请参考 done_dialog 函数。

📖15.7.7 特定应用数据

client_data_tile 函数用于为控件指定特定应用数据。就像$data 变量，该数据在回调时有效，且其值为字符串。客户端数据未在 DCL 文件中声明，它只在应用程序运行时是有效的。

使用客户端数据与使用用户定义属性类似，其主要差别是，用户定义属性是只读的，而客户端数据在运行期间是可修改的。

同样，最终用户可以在应用程序的 DCL 文件中检验用户定义属性，而客户端数据则是不可见的。

因为程序必须管理列表框(或打开式列表框)中显示的列表，所以用客户端数据来处理列表信息十分适宜。下例为对 MK_LIST 函数进行改进，将表作为函数的一个参数：

(defun MK_LIST (readlist displist /)

这样，一个全局列表变量不再是必需的。下面的对话框处理程序的主要部分为调用 client_data_tile 函数将一个短表与控件关联起来，然后通过一个动作表达式将该列表传递给 MK_LIST。

```
(client_data_tile
    "colorsyslist"
    "Red-Green-Blue Cyan-Magenta-Yellow Hue-Saturation-Value"
)
(action_tile
    "colorsyslist"
    "(setq usrchoice (mk_list $value $data))"
)
```

15.8 综合演练

📖15.8.1 绘制弹簧

1. 绘制三维螺旋线

三维螺旋线是应用较广的空间曲线，如图 15-40 所示。一动点 M 沿圆柱的母线做等速直线运动，而该母线又绕圆柱的轴线做等角速旋转时，动点 M 的运动轨迹即为三维螺旋线。当三维螺旋线的轴线与坐标系的 Z 轴重合时，三维螺旋线上动点 M（x，y，z）的参数方程如下：

x=rcos α

$y=r\sin\alpha$

$z=\pm t1*\alpha/(2\pi)$

式中，r 为圆柱面的半径；α 为螺旋线升角；t1 为导程（即母线旋转一周时，动点 M 沿轴线方向上升的距离），右旋取正号，左旋取负号。

1）设计对话框。"绘制三维螺旋线"对话框如图 15-41 所示，对话框的 DCL 代码如下：

图15-40　三维螺旋线　　　　　　　　图 15-41　"绘制三维螺旋线"对话框

```
//对话框代码
helix:dialog{
    label="绘制三维螺旋线";
    :boxed_column{
        :edit_box{
            label="半径:";
            key="key_r";
            fixed_width=true;
            width=10;
        }
        :edit_box{
            label="节距:";
            key="key_t";
            fixed_width=true;
            width=10;
        }
        :edit_box{
            label="段数:";
            key="key_k";
            fixed_width=true;
            width=10;
        }
        :edit_box{
            label="圈数:";
            key="key_n";
            fixed_width=true;
```

```
                    width=10;
                }
            }
        ok_cancel;
}
```

2）程序编制。编制主程序，获取用户输入，并且进行图形的绘制。

```lisp
;autoLISP 程序代码
(defun c:helix()
    (setq index_value (load_dialog "helix.dcl"))          ;加载 DCL 文件
    (setq what_next 2)
    (while (>= what_next 2)
        (if (not   new_dialog "helix" index_value))       ;初始化对话框
            (exit)                                         ;如果不工作则退出
        )

        (action_tile "accpet" "(getdata)(done_dialog 1)")
        (setq what_next (start_dialog))                    ;显示 duihuakuang
        (if (= what_next 1)
            (draw)
        )
    )
    (unload_dialog index_value)                            ;卸载 DCL 文件
    (princ)
)

(defun getdata()
    ; 获取半径
    (setq r (atof (get_tile "key_r")))
    ; 获取节距
    (setq t1 (atof (get_tile "key_t")))
    ; 获取段数
    (setq k (atof (get_tile "key_t")))
    ; 获取圈数
    (setq n (atof (get_tile "key_n")))
)
(defun draw()
    (setq delta (/ (* 2 3.14159) k))
    (setq j1 (/ t1 k))
```

```
        (setq a 0)
        (setq jj 0)
        (setq ii 0)
        (command "3dpoly"    (list r 0 0))
        ;循环画螺旋线
        (repeat n
            (repeat k
                    (setq jj (+ jj 1))
                    (setq a (+ delta a))
                    (setq x (* r (cos a)))
                    (setq y (* r (sin a)))
                    (setq z (* j1 jj))
                    (setq p2 (list x y z))
                    (command p2)
            )
            (setq ii (+ ii 1))
            (setq z (* t1 ii))
        )
        (command "")
    )
```

AutoCAD 2024

3）程序测试。运行程序，输入数据，如图 15-42 所示，单击"确定"按钮，即可生成如图 15-40 所示的三维螺旋线（段数 k 即为将一个圆周分为多少等份，n 为总圈数）。

2．绘制弹簧

通过刚绘制的三维螺旋线，将一个圆截面沿着螺旋线进行拉伸即可生成弹簧。

通过修改绘制三维螺旋线的程序，即可绘制三维弹簧，如图 15-43 所示。

1）修改对话框。需要增加一个获取截面圆的半径，并且增加一个 image 对象，如图 15-44 所示。

图15-42　输入数据　　　　图15-43　三维弹簧　　　　图15-44　"绘制三维弹簧"对话框

2）程序编制。修改 draw 函数，并增加一个用来显示图形的 show 函数。程序代码如下：

```
(defun draw(/ point ob1 ob2)
    (command "ucs" "w");设置用户坐标系为世界坐标系
```

```
(setq delta (/ (* 2 3.14159) k))
    (setq j1 (/ (+ t1 0.0) k))
    (setq a 0)
    (setq jj 0)
    (setq ii 0)
    (setq point (list r 0 0))
    (command "3dpoly"    (list r 0 0))
    ;循环画螺旋线
    (repeat n
        (repeat k
            (setq jj (+ jj 1))
            (setq a (+ delta a))
            (setq x (* r (cos a)))
            (setq y (* r (sin a)))
            (setq z (* j1 jj))
            (setq p2 (list x y z))
            (command p2)
        )
        (setq ii (+ ii 1))
        (setq z (* t1 ii))
    )
(command "")
(setq ob1 (entlast))
;进行拉伸处理, 首先设置用户坐标系, 在三维螺旋线的开始端绘制一个圆, 然后沿着三维螺旋线进
行拉伸
(command "ucs" "m" point "")
(command "ucs" "n" "x" "")
(command "circle" (list 0 0) c)
(setq ob2 (entlast))
(command "extrude" ob2 "" "p" ob1 "" "")
(command "ucs" "w")
)
;显示图块函数
    (defun show(image_name file_name)
(setq x1 (dimx_tile image_name))
(setq y1 (dimy_tile image_name))
(start_image image_name);
(slide_image 0 0 x1 y1 file_name)
```

```
    (end_image)
    )
```

📖 15.8.2 绘制带轮

1. 绘制二维带轮

首先确定带轮的各个参数，定义对话框，然后编制程序。绘制的二维带轮如图 15-45 所示。

1）分析数据。首先要确定轮槽的参数，包括带轮外径 d_w、内轴径 d、带轮宽 B、槽深 h、槽间距 e、顶宽 b_0、边距 f、楔角 φ 等，如图 15-46 所示。

图15-45　二维带轮

表 15-10 列出了带轮轮槽的尺寸。表 15-11 列出了不同规格的带轮直径。

表 15-10　带轮轮槽的尺寸　　　　　　　　　　　（单位：mm）

轮槽尺寸		槽型						
		Y	Z	A	B	C	D	E
槽轮的基准直径D_d	$\phi=32°$	≤60						
	$\phi=34°$		≤80	≤118	≤190	≤315		
	$\phi=36°$	>60					≤475	≤600
	$\phi=38°$		>80	>118	>190	>315	>475	>600
h		6	9	11.5	14.5	19	27	33
h_a		1.6	2.0	2.75	3.5	4.8	8.1	9.6
f		6	7	9.5	12.5	17	24	29
节宽b_p		5.3	8.5	11.0	14.0	19.0	27.0	32.0
槽间距e		8±0.3	12±0.3	15±0.3	19±0.4	25.5±0.5	37±0.6	44.5±0.7
外径d_w		$D_w=D_d+2h_a$						
带轮宽B		$B=(z-1)e+2f$，z为带轮槽数						

表 15-11　不同规格的带轮直径　　　　　　　　　　（单位：mm）

带型	d
Y	27、31.5、35.5、40、45、50
Z	50、56、63、71、75、80、90
A	75、80、85、90、95、100、106、112、118、125、132、140、150、160、180
B	125、132、140、150、160、170、180、200、224、250、270
C	200、212、224、236、250、265、270、300、315、335、355、400、450
D	355、375、400、425、450、475、500、560、600、630、710、750、800
E	500、530、560、600、630、670、710、800、900、1000、1120

接着把参数图换成设计时所需要的参数。用 AutoCAD 2024 绘制带轮需要的参数如图 15-47 所示。

图15-46　带轮参数　　　　　　　图15-47　绘制带轮需要的参数

然后计算出以下参数：

$$L = h / \cos \frac{\varphi}{2} \qquad \text{(setq L (/ m\_h (cos (* 0.5 phi))))}$$

$$a_2 = b_0 - 2 \times L \sin \frac{\varphi}{2} \qquad \text{(setq a2 (- b0 (* 2 L (sin (* 0.5 phi)))))}$$

$$a_1 = f - \frac{a_2}{2} - L \sin \frac{\varphi}{2} \qquad \text{(setq a1 (- f (* 0.5 a2) (* L (sin (* 0.5 phi)))))}$$

$$a_3 = e - a_2 - 2 \times L \sin \frac{\varphi}{2} \qquad \text{(setq a3 (- e a2 (* 2 (* L (sin (* 0.5 phi))))))}$$

由于带轮已经标准化，所以根据用户选择的带型，可以自动生成一些数据，而不用由用户输入全部参数。因此，所需要的数据项为：带轮槽型、轮直径、轮轴直径、带的根数、键槽深度、键槽宽度。

2）定义对话框。根据数据分析项中整理出来的数据项设计对话框，如图 15-48 所示。

在设计了带型、带轮直径、带的根数、轮轴直径、轮槽深度、键宽等参数后，为了界面的友好和美观，还可以加入图像控件，用于显示带轮的参数。然后加入帮助按钮，用于提供一些帮助信息。

图15-48　设计对话框

```
/*绘制带轮对话框设计 dailun.dcl*/
dailun:dialog{
    label="绘制 V 形带轮";
    :image{
        label="Image";
        key="key_image";
        width=16;
        aspect_ratio=2;
        color=7;
    }
    :row{
        :column{
            :popup_list{label = "带型";key = "key_belt_type";edit_width = 6;
                    list = "Y\nZ\nA\nB\nC\nD\nE";}
            :edit_box{label = "轮轴直径";key = "key_shaft";
                    edit_width = 6.7;}
            }
        :column{
            :popup_list{label = "轮直径";key = "key_diameter";edit_width = 6;}
            :edit_box{label = "键槽深度";key = "key_dep";
                    edit_width = 6.7;}
            }
        :column{
```

AutoCAD
2024

```
            :popup_list{label = "带的根数";key = "key_number";edit_width = 6;
                        list="1\n2\n3\n4\n5\n6\n7\n8\n9\n10";}
            :edit_box{label = "键宽";key = "key_wid";
                        edit_width = 6.7;}
                }
            }
        ok_cancel_help;
}
```

3）程序编制。前面已经对参数进行了分析，并且设计出了对话框，接下来需要做的就是编制对话框的驱动程序、绘图函数以及标注等。程序代码如下：

```
;主程序(dailun.lsp)
(DEFUN C:dailun()
    (setq return_value (load_dialog "dailun.dcl"))
    (setq what_next 2)
    (setq cnt 1)
    (while (>= what_next 2)
        (if (null (new_dialog "dailun" return_value))
            (exit)
        );end if
        (initial)
        (start_list "key_diameter")
        (mapcar 'add_list ddy1_list)
        (end_list)
        (change)
        (action_tile "accept" "(getdata)(done_dialog 1)");用 getdata 函数获取用户输入数据
        (action_tile "key_diameter" "(setq m_diameter $value)");获取直径信息
        (action_tile "key_belt_type" "(setq category $value)(change)");获取带型信息
        (setq what_next (start_dialog));显示对话框
        (if(= what_next 1)(draw))
    )

    (unload_dialog return_value)
    (princ)
);绘图函数
(defun draw(/ Po Pt Pt1 P0 P1 xx point1 point2);将对象捕捉等全部关闭
    (command "layer" "m" "0" "ON" "0" "L" "continuous" "0" "");打开 0 层
    (setq Po (getpoint "\n 输入基点："))
```

```
(setq P0 Po);保存基点坐标
(setq Po (polar Po (* 0.5 pi) (/ m_d 2))) ;准备绘制带轮齿
(setq xx (/ (- m_dw m_d) 2))
(setq Pt (polar Po (* 0.5 pi) xx))
(command "pline" Po Pt)
    (command (setq Pt1 (polar Pt 0 a1)))
(setq n m_num)
;(setq counter 0)
(setq Pt2 Pt1)
(setq cta (/ phi 2)) ;开始循环绘制带轮齿
(repeat (- n 1)
    (command
        (setq Pt1 (polar Pt1 (- cta (* 0.5 pi)) L))
        (setq Pt1 (polar Pt1 0 a2))
        (setq Pt1 (polar Pt1 (- (* 0.5 pi) cta) L))
        (setq Pt1 (polar Pt1 0 a2))
    )
);绘制齿轮末端
(command
    (setq Pt1 (polar Pt1 (- cta (* 0.5 pi)) L))
    (setq Pt1 (polar Pt1 0 a2))
    (setq Pt1 (polar Pt1 (- (* 0.5 pi) cta) L))
    (setq Pt1 (polar Pt1 0 a1))
    (setq Pt1 (polar Pt1 (* -0.5 pi) xx))
    "c"
    );存储对象
(setq object1 (entlast));绘制两线;绘制右边的竖线
(setq Pt (polar Pt1 (* -0.5 pi) (/ m_d 2)))
(setq P1 Pt)
(command "pline" Pt1 Pt "");绘制左边的竖线
(setq Pt1 (polar P0 (* 0.5 pi) (/ m_d 2)))
(command "pline" P0 Pt1 "");新建2层
(command "layer" "m" "2" "ON" "2" "c" "red" "2" "L" "center" "2"
"")
(setq point1 (polar P0 (* 0.5 pi) (/ m_dd 2)))
(setq point2 (polar P1 (* 0.5 pi) (/ m_dd 2)));绘制上面的齿轮基准线
(command "line" point1 point2 "")
(command "line" (polar P0 (* -1 pi) (/ m_d 8)) (polar P1 0 (/ m_d 8)) "");画中心线
```

```
(setq ss (ssget "X" (list (cons 8 "0"))));选取 0 层上的实体
(command "layer" "s" "0" "ON" "0" "");打开层
(command "mirror" ss "" P0 P1 "");关于中心线进行镜像层
(setq point1 (polar P0 (* 0.5 pi) (/ m_d 2)))
(setq point2 (polar P0 (* 1.5 pi) (/ m_d 2)))
(command "hatch" "ansi31" "" "0" object1 point2 "");绘制齿轮中线
(command "layer" "s" "2" "ON" "2" "");打开层
(setq point1 (polar P0 (* 0.5 pi) (/ m_dd 2)))
(setq point2 (polar P1 (* 0.5 pi) (/ m_dd 2)))
(command "line" point1 point2 "")
(setq point1 (polar P0 (* 1.5 pi) (/ m_dd 2)))
(setq point2 (polar P1 (* 1.5 pi) (/ m_dd 2)))
(command "line" point1 point2 "");绘制侧视图;绘制中心线
(setq cir_p0 (polar P1 0 10))
(setq cir_p1 (polar cir_p0 (* 1.5 pi) (/ m_dw 2)))
(setq cir_p2 (polar cir_p0 (* 0.5 pi) (/ m_dw 2)))
(setq cir_p3 (polar cir_p0 0 (/ m_dw 2)))
(setq cir_p1_1 (polar cir_p0 (* 1.5 pi) (/ m_dd 2)))
(command "arc" "c" cir_p0 cir_p1_1 "a" "180")
(command "line" cir_p1 cir_p2 "")
(command "line" cir_p0 cir_p3 "");绘制实体部分
(command "layer" "s" "0" "ON" "0" "");打开层
(command "arc" "c" cir_p0 cir_p1 "a" "180")
(setq x (/ (sqrt (- (* m_d m_d) (* m_wid m_wid))) 2))
(setq cir_c1 (polar (polar cir_p0 0 x) (* 0.5 pi) (/ m_wid 2)))
(setq cir_c2 (polar cir_c1 (* 1.5 pi) m_wid))
(setq cir_c3 (polar cir_p0 (* 0.5 pi) (/ m_d 2)))
(setq cir_c4 (polar cir_p0 (* 1.5 pi) (/ m_d 2)))
(command "arc" "c" cir_p0 cir_c1 cir_c3)
(command "arc" "c" cir_p0 cir_c4 cir_c2)
(command "line" cir_c1
    (setq temp (polar cir_c1 0 m_dep))
    (setq temp (polar temp (* -0.5 pi) m_wid))
    (setq temp (polar temp (* -1 pi) m_dep))
    ""
    )
(princ)
);获取数据函数
```

```
(defun getdata(/ m_temp temp_list)
    (setq m_type (get_tile "key_belt_type"));获取带型
    ;获取轮径(开始)
    (setq m_temp    (get_tile "key_diameter"))
    (setq m_type (atoi m_type))
    (setq temp_list (eval (read (strcat "dd" (nth m_type '("y" "z" "a"
"b" "c" "d" "e")) "l_list"))))
    (setq m_dd (nth (atoi m_temp) temp_list));获取轮径(结束);获取带轮轴径
    (setq m_d (get_tile "key_shaft"))
    (setq m_d (atoi m_d));获取槽深
    (setq m_dep (atof(get_tile "key_dep")));获取槽宽
    (setq m_wid (atof(get_tile "key_wid")));  获取带数
    (setq m_num (+ 1 (atoi (get_tile "key_number"))));调用转换数据函数
    (ChangeData)
);转换数据
(defun ChangeData(/ temp_list);根据带型，选取不同的数据
    (setq temp_list (eval (read (strcat "data_" (nth m_type '("y" "z"
"a" "b" "c" "d" "e")) "_list"))))
    ;取 f,e,b0,h,ha
    (setq m_f    (nth 0 temp_list));取 f
    (setq m_e    (nth 1 temp_list));取 e
    (setq m_b0 (nth 2 temp_list));取 b0
    (setq m_h    (nth 3 temp_list));取 h
    (setq m_ha (nth 4 temp_list));取 ha;判断 phi 值
    (setq m_dd (atof m_dd))
    (cond
      ((= m_type 0) (if (<= m_dd 60) (setq phi 32) (setq phi 36)))
      ((= m_type 1) (if (<= m_dd 80) (setq phi 34) (setq phi 38)))
      ((= m_type 2) (if (<= m_dd 118) (setq phi 34) (setq phi 38)))
      ((= m_type 3) (if (<= m_dd 190) (setq phi 34) (setq phi 38)))
      ((= m_type 4) (if (<= m_dd 315) (setq phi 34) (setq phi 38)))
      ((= m_type 5) (if (<= m_dd 475) (setq phi 36) (setq phi 38)))
      ((= m_type 6) (if (<= m_dd 600) (setq phi 36) (setq phi 38)))
      );开始计算
    (setq phi (dtr phi))
    (setq L (/ m_h (cos (* 0.5 phi))));计算 L 值
    (setq a2 (- m_b0 (* 2 L (sin (* 0.5 phi)))));计算 a2
    (setq a1 (- m_f (* 0.5 a2) (* L (sin (* 0.5 phi)))));计算 a1
```

```
    (setq a3 (- m_e a2 (* 2 (* L (sin (* 0.5 phi))))));计算 a3
    (setq m_dw (+ m_dd (* 2 m_ha)))
);初始化对话框
(defun initial();/ ddy1_list ddz1_list dda1_list ddb1_list ddc1_list ddd1_list dde1_list)
    ;设置轮直径
    (setq ddy1_list '( "27" "31.5" "35.5" "40" "45" "50" ))
    (setq ddz1_list '("50" "56" "63" "71" "75" "80" "90"))
    (setq dda1_list '("75" "80" "85" "90" "95" "100" "106" "112" "118" "125" "132"
                "140" "150" "160" "180")
    )
    (setq ddb1_list '("125" "132" "140" "150" "160" "170" "180" "200" "224" "250"
                "270")
    )
    (setq ddc1_list '("200" "212" "224" "236" "250" "265" "270" "300" "315" "335"
                "355" "400" "450")
    )
    (setq ddd1_list '("355" "375" "400" "425" "450" "475" "500" "560" "600" "630"
                "710" "750" "800")
    )
    (setq dde1_list '("500" "530" "560" "600" "630" "670" "710" "800" "900" "1000"
                "1120")
    );设置轮的齿参数 $f, e, b_0, h, h_a$
    (setq data_y_list '(6 8 5.3 6 1.6))
    (setq data_z_list '(7 12 8.5 9 2.0))
    (setq data_a_list '(9.5 15 11.0 11.5 2.75))
    (setq data_b_list '(12.5 19 14.0 14.5 3.5))
    (setq data_c_list '(17 25.5 19.0 19 4.8))
    (setq data_d_list '(24 37 27.0 27 8.1))
    (setq data_e_list '(29 44.5 32.0 33 9.6));设置对话框初始化参数
    (setq category "-1")
    (show "key_image" "dailun.sld")
);设置相关动作
(defun change()
    (start_list "key_diameter")
    (if (/= category "-1")
        (progn
            (cond
                ((= category "0")
```

2024

AutoCAD

```
                    (mapcar 'add_list ddy1_list)
                    );Y 型带
                    ((= category "1")
                    (mapcar 'add_list ddz1_list)
                    );Z 型带
                    ((= category "2")
                    (mapcar 'add_list dda1_list)
                    );A 型带
                    ((= category "3")
                    (mapcar 'add_list ddb1_list)
                    );B 型带
                    ((= category "4")
                    (mapcar 'add_list ddc1_list)
                    );C 型带
                    ((= category "5")
                    (mapcar 'add_list ddd1_list)
                    );D 型带
                    ((= category "6")
                    (mapcar 'add_list dde1_list)
                    );E 型带
                )
                )
            (mapcar 'add_list ddy1_list)
            )
        (end_list)
);显示图块函数
(defun show(image_name file_name)
    (setq x1 (dimx_tile image_name))
    (setq y1 (dimy_tile image_name))
    (start_image image_name);
    (slide_image 0 0 x1 y1 file_name)
    (end_image)
)
(defun dtr (cta) (* pi (/ cta 180.0)))
```

4）运行程序。首先调用程序 dailun.lsp。在命令行键入 (c:dailun)，即出现交互界面，如图 15-49 所示。

图15-49　交互界面

　　选择带型后，与之对应的带轮直径会发生相应的变化。在选取或输入带的根数、轮轴直径、键槽深度以及键宽以后，按"确定"按钮，即可自动生成相应的带轮，如图 15-50 所示。

　　2．绘制三维带轮

　　首先利用绘制的二维图形，通过旋转以及差集操作，完成三维图形的绘制，然后编制带轮的三维参数化设计系统。三维带轮效果图如图 15-51 所示。绘制三维带轮的原理图如图 15-52 所示。

图15-50　用dailun.lsp程序绘制出的带轮

图15-51　三维带轮效果图

图15-52　绘制三维带轮的原理图

　　1）对话框设计。对原有对话框进行编辑，添加一个"绘三维图"的按钮，如图 15-53 所示。

图15-53　添加"绘三维图"按钮

在程序中添加按钮的响应语句：

```
(action_tile "key_3d" "(setq category 3)(getdata)(done_dialog 1)")
```

同时修改主函数中的如下代码：

```
(setq what_next (start_dialog));显示对话框
(if(= what_next 1)
    (progn (if (= category 2)    (draw) (draw3d))));根据 category 值来判断绘制函数
```

2）程序设计。在 15.8.2 节已经建立了二维带轮的参数化设计系统，因此可以直接添加二维图形旋转代码，将绘制的二维带轮图形进行旋转，实现三维图形的绘制。以下是绘制三维带轮的函数 Draw3d。

```
;绘制三维图形函数
(defun draw3d(/ Po Pt Pt1 P0 P1 xx point1 point2 object1 object2 len);将对象捕捉等全部关闭
    (command "layer" "m" "0" "ON" "0" "L" "continuous" "0" "");打开 0 层
    (setq Po (getpoint "\n 输入基点："))
    (setq P0 Po);保存基点坐标
    (setq point3 P0);保存点
    (setq Po (polar Po (* 0.5 pi) (/ m_d 2)));准备绘制带轮齿
    (setq xx (/ (- m_dw m_d) 2))
    (setq Pt (polar Po (* 0.5 pi) xx))
    (command "pline" Po Pt)
        (command (setq Pt1 (polar Pt 0 a1)))
    (setq n m_num)
    ;(setq counter 0)
    (setq Pt2 Pt1)
    (setq cta (/ phi 2));开始循环绘制带轮齿
    (repeat (- n 1)
        (command
            (setq Pt1 (polar Pt1 (- cta (* 0.5 pi)) L))
            (setq Pt1 (polar Pt1 0 a2))
```

AutoCAD 2024

```
      (setq Pt1 (polar Pt1 (- (* 0.5 pi) cta) L))
      (setq Pt1 (polar Pt1 0 a2))
    )
);绘制齿轮末端
(command
    (setq Pt1 (polar Pt1 (- cta (* 0.5 pi)) L))
    (setq Pt1 (polar Pt1 0 a2))
    (setq Pt1 (polar Pt1 (- (* 0.5 pi) cta) L))
    (setq Pt1 (polar Pt1 0 a1))
    (setq Pt1 (polar Pt1 (* -0.5 pi) xx))
    "c"
    )
(setq len (- (car Pt1) (car P0)));保存点
(setq point4 pt1);存储对象
(setq object1 (entlast))
;绘制中轴线
(setq pt1 (polar p0 0 20))
(command "line" p0 pt1 "")
(setq object2 (entlast));绘制三维回转体
(command "revolve""" object1 " "o"    "object2")
(setq object2 (entlast));绘制键槽;设置用户坐标系
(command "ucs" "m" "p0 ")
(command "ucs" "n" "y" "")
(setq point1 (list (/ m_wid 2) 0))
(setq point2 (list (* -1 (/ m_wid 2)) (+ (/ m_d 2) m_dep)))
(command "rectang" point1 point2)
(setq object1 (entlast))
(command "extrude" object1 "" len "")
(setq object1 (entlast))
(command "subtract" object2 "" object1 "")
(command "ucs" "w")
(princ)
)
```

3）程序测试。运行程序，输入参数，单击"绘制三维图"按钮，即可生成如图 15-51
所示的三维带轮。

15.9 动手练一练

 【实例】设计一个包含各种对话框控件的综合对话框，如图 15-54 所示

1. 目的要求

1）了解对话框部件，学会用 DCL 定义对话框。

2）掌握如何调整对话框的布局。

2. 操作提示

1）设计对话框时，首先应该分析、设计它的树状结构，然后按从上到下、从左向右的顺序布置合适的控件。

2）经过分析，完成对话框的设计。

图15-54 对话框